Biosphäre 1

Baden-Württemberg

Cornelsen

Biosphäre
Band 1 Gymnasium Baden-Württemberg

Autorinnen und Autoren:
Simone Grimm, Hünxe; Stefan Auerbach, Karlsruhe;
Dr. Werner Bils, Reutlingen; Robert Felch, Mögglingen;
Andre Linnert, Siegen; Gabriele Rupp, Stutensee;
Dr. Matthias Stoll, Tübingen; Michael Szabados, Denzlingen;
Dr. Hans-Joachim Winkhardt, Stuttgart

Redaktion:
Dirk Boehme,
Dr. Peggy Radant

Designberatung:
Katharina Wolff-Steininger

Layoutkonzept, Umschlaggestaltung,
Layout und technische Umsetzung:
SOFAROBOTNIK GbR, Augsburg & München

Grafik:
Marina Goldberg, Berlin
Karin Mall, Berlin
Tom Menzel, Rohlsdorf

www.cornelsen.de

1. Auflage, 1. Druck 2010

Alle Drucke dieser Auflage sind inhaltlich unverändert und
können im Unterricht nebeneinander verwendet werden.

Druck:
CS-Druck CornelsenStürtz, Berlin

ISBN 978-3-06-420000-5

Inhalt gedruckt auf säurefreiem Papier aus
nachhaltiger Forstwirtschaft.

Säugetiere sind Wirbeltiere 12

Der Mensch – ein Säugetier 66

Vögel 86

Weitere Wirbeltiere 118

Wirbellose Tiere 160

Blütenpflanzen 204

Gefährdung und Schutz einheimischer Tiere und Pflanzen 270

Kennzeichen der Lebewesen

Die Biologie ist die Wissenschaft von den Lebewesen. Ob etwas lebendig ist, kann man anhand von Merkmalen erkennen. Diese Merkmale sind die ***Kennzeichen der Lebewesen.***

BEWEGUNG

Lebewesen können sich aus eigener Kraft bewegen!

Das Reh kann bei Gefahr flüchten, schnell läuft es davon. Eine Schnecke bewegt sich langsam kriechend fort. Obwohl Pflanzen sich nicht wie die Tiere von einem Ort zum anderen bewegen, kann das Kennzeichen Bewegung auch bei ihnen beobachtet werden: So schließen sich zum Beispiel nachts oder bei Regen die Blüten des Gänseblümchens, während sie sich bei Sonnenschein öffnen.

STOFFWECHSEL

Lebewesen nehmen Stoffe auf, verarbeiten sie und geben Stoffe an die Umgebung ab!

Das Schaf frisst Gras, trinkt Wasser und atmet Sauerstoff ein. Die aufgenommenen Stoffe werden im Körper des Schafs verarbeitet. Nicht verwertbare Stoffe werden ausgeschieden. Auch Pflanzen besitzen einen Stoffwechsel. So nimmt die Heckenrose Wasser und Stoffe über die Wurzeln aus dem Boden und Stoffe aus der Luft über die Blätter auf. Im Inneren werden sie umgewandelt und die Heckenrose bildet unter anderem Duftstoffe, die sie über die Blüten an ihre Umgebung abgibt.

FORTPFLANZUNG UND ENTWICKLUNG

Lebewesen pflanzen sich fort. Ihre Nachkommen entwickeln sich und pflanzen sich ebenfalls fort!

Die Stute trägt ein Fohlen, das sich im Mutterleib entwickelt. Nach etwa einem Jahr wird es geboren. Das Jungtier entwickelt sich, wird fortpflanzungsfähig und zeugt eigene Nachkommen. Pflanzen wie zum Beispiel der Apfelbaum pflanzen sich fort, indem sie Samen bilden. Aus einem Samen kann sich ein neuer Apfelbaum entwickeln.

WACHSTUM

Lebewesen wachsen!

Die neugeborene Maus ist noch nackt und blind. Sie wächst schnell und nach wenigen Tagen hat sie bereits ein Fell. Auch bei den Pflanzen wie zum Beispiel bei einem Kastanienbaum wächst aus einem Samen ein hoher Baum.

REIZBARKEIT

Lebewesen nehmen Reize wahr und reagieren auf diese Reize!

Das Murmeltier sieht, hört, riecht und tastet. Durch Reize erhält das Murmeltier Informationen aus seiner Umwelt. Sieht es zum Beispiel einen Greifvogel, kann es reagieren. Schnell flüchtet es in seinen schützenden Bau. Auch Pflanzen reagieren auf Reize. Berührt man beispielsweise eine Mimose, dann falten sich die Blättchen, die Fiederblättchen, zusammen und der Blattstiel knickt ein.

Die Biologie beschäftigt sich mit Lebewesen

*Mit dem Wechsel auf die neue Schule steht auf deinem Stundenplan der fünften Klasse auch ein neues Fach: **Biologie.** Die verschiedenen Themen des Faches findest du in deinem Schulbuch. So wirst du dich mit Tieren, Pflanzen und dem Menschen beschäftigen.*

Das Wort Biologie kommt aus dem Griechischen und setzt sich aus zwei Begriffen zusammen: *bios* heißt Leben und *logos* bedeutet Wissenschaft. So erfährst du in diesem Fach nicht nur vieles über die Pflanzen, die Tiere und den Menschen, sondern du lernst auch, wie man in der Wissenschaft Biologie arbeitet. Viele der Arbeitsmethoden im Fach Biologie findest du in deinem Schulbuch.

Eine wichtige Arbeitsmethode ist das **Experiment.** Wie man bei einem solchen Versuch vorgeht und was man alles berücksichtigen muss, soll dir ein Beispiel verdeutlichen.

In einer Tüte mit Bohnensamen wachsen keine Bohnenpflanzen heran. Auch wenn man die Tüte öffnet und die Bohnensamen auf einen Teller legt, bleiben sie unverändert. Eine solche **Beobachtung** steht am Anfang eines Experiments. Beobachtungen werfen häufig Fragen auf. In unserem Beispiel könnte die Frage lauten: „Wie ist diese Beobachtung zu erklären“, oder: „unter welchen Bedingungen keimen die Bohnensamen?“ Um eine Frage zu beantworten, planen Biologinnen und Biologen Experimente. Man bezeichnet Experimente daher auch als „Fragen an die Natur“.

Doch bevor ein Experiment im Fach Biologie geplant und durchgeführt werden kann, müssen mögliche Antworten zu der oben gestellten Frage formuliert werden. Solche **Vermutungen** könnten in unserem Beispiel lauten:

Die Bohnensamen benötigen für ihre Entwicklung, das Keimen, folgende Bedingungen: Erde, Wasser, Wärme, Luft und Licht!

Erst jetzt überlegt man sich ein Experiment, mit dem die Vermutungen überprüft werden können. Als Erstes wird der Versuchsaufbau geplant und die für den Versuch notwendigen *Materialien* beschafft. Zunächst startet man mit einem Kontrollversuch, der alle Bedingungen erfüllt. Dann wird jede einzelne mögliche Bedingung für die Entwicklung des Bohnensamens überprüft. Wenn zum Beispiel die Bedingung Wasser überprüft werden soll, bedeutet das:

- ein Topf mit Bohnensamen und Blumenerde auf einer warmen, luftigen Fensterbank im Licht, der *regelmäßig* gegossen wird;
- ein Topf mit Bohnensamen und Blumenerde auf der warmen, luftigen Fensterbank im Licht, der *nicht* gegossen wird.

Die Bohnensamen entwickeln sich tatsächlich nur in dem Topf, der regelmäßig gegossen wird. Die Vermutung, Bohnensamen benötigen Wasser, wird durch das Experiment bestätigt. Auch die anderen Vermutungen zu den Bedingungen, die für eine Entwicklung von Bohnensamen notwendig sind, werden in Versuchen überprüft.

Alle Experimente werden in einem *Versuchsprotokoll* festgehalten. Ein solches Protokoll enthält die zunächst gestellten Fragen und die Vermutungen. Dann folgt die Beschreibung des Versuchsaufbaus mit dem Material und dem Ablauf des Experiments. Nach dem Experiment werden die Beobachtungen als Text oder Tabelle in das Versuchsprotokoll aufgenommen. Erst ganz am Schluss kommt die **Deutung** oder **Auswertung,** in der man prüft, welche Vermutungen richtig oder falsch waren. In der Deutung werden die richtigen Antworten auf die ursprünglich gestellten Fragen gegeben.

Auf der nächsten Seite findest du ein Versuchsprotokoll zu den hier beschriebenen Versuchen.

1 Führe die Experimente durch, die im Versuchsprotokoll auf Seite 10 beschrieben werden! Übertrage das Versuchsprotokoll in dein Heft!

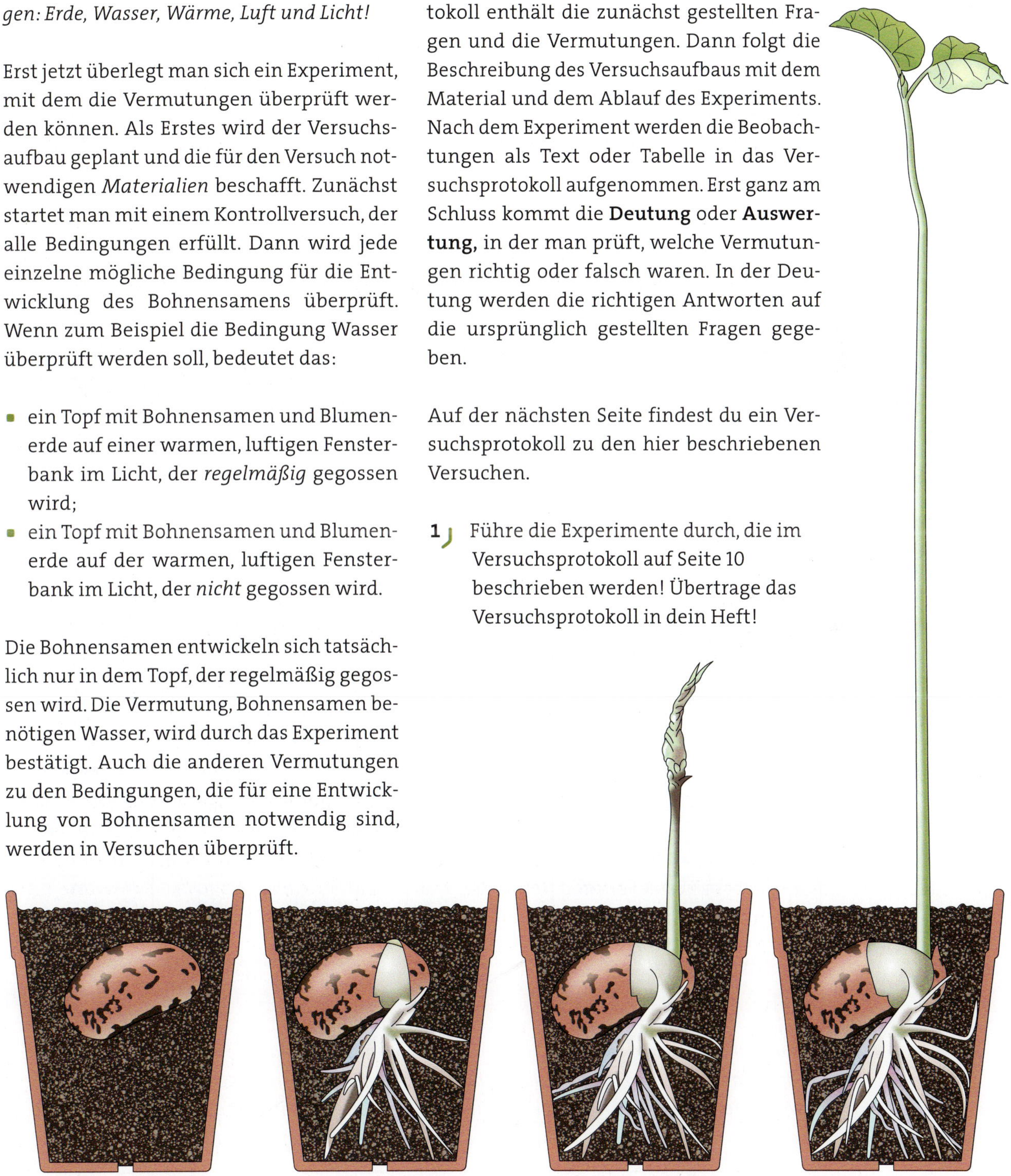

02 Die Entwicklung der Feuerbohne

METHODE

Ein Versuchsprotokoll erstellen

Versuchsprotokoll

Datum: 15.11.2010

Frage: Was benötigen Bohnensamen, um zu keimen?

Vermutung: Die Bohnensamen benötigen für ihre Entwicklung, das Keimen, folgende Bedingungen: Erde, Wasser, Wärme, Luft und Licht!

Material: 6 Blumentöpfe, 6 Etiketten, Schreibstift, Bohnensamen, Blumenerde, Schuhkarton, Klarsichtfolie, Gießkanne

Aufbau und Durchführung: Auf 6 Blumentöpfe werden Etiketten mit folgenden Beschriftungen geklebt:

- → Topf 1 Kontrollansatz: Dieser Blumentopf enthält Blumenerde und steht auf einer hellen, luftigen Fensterbank. Die Erde wird während der Versuchsdauer feucht gehalten.
- → Topf 2 ohne Wasser: Der Blumentopf wird wie im Kontrollansatz vorbereitet, die Erde aber nicht gegossen.
- → Topf 3 ohne Wärme: Der wie im Kontrollansatz vorbereitete Topf steht in einem kalten Kellerraum am Fenster.
- → Topf 4 ohne Licht: Der Topf wird vorbereitet wie im Kontrollansatz und in einem Schuhkarton auf die Fensterbank gestellt.
- → Topf 5 ohne Luft: Der wie im Kontrollansatz vorbereitete Topf wird mit einer Klarsichtfolie luftdicht abgeschlossen.
- → Topf 6 ohne Erde: Ein Topf mit Samen wird auf die Fensterbank gestellt und über die Versuchsdauer regelmäßig befeuchtet.

Beobachtung:

Ansatz	Kontrollansatz	Ansatz 2	Ansatz 3	Ansatz 4	Ansatz 5	Ansatz 6
Versuchsbedingungen	Wasser, Wärme, Licht, Luft, Erde	ohne Wasser, die anderen Bedingungen sind erfüllt	ohne Wärme, die anderen Bedingungen sind erfüllt	ohne Licht, die anderen Bedingungen sind erfüllt	ohne Luft, die anderen Bedingungen sind erfüllt	ohne Erde, die anderen Bedingungen sind erfüllt
Beobachtung nach 10 Tagen	Bohnen keimen	Bohnen keimen nicht	Bohnen keimen nicht	Bohnen keimen	Bohnen keimen nicht	Bohnen keimen
Beobachtung nach 30 Tagen	Bohnenpflanze wächst	Bohnenpflanze wächst nicht	Bohnenpflanze wächst nicht	Bohnenpflanze wächst nicht	Bohnenpflanze wächst nicht	Bohnenpflanze wächst nicht

Deutung/Auswertung: Die Bohnensamen benötigen zum Keimen Wasser, Wärme und Luft.

Auch ohne Erde und Licht wachsen aus den Bohnen kleine Pflänzchen, die dann aber ihr Wachstum einstellen. Diese Beobachtung, dass aus den Bohnensamen zunächst auch ohne Licht und Erde kleine Pflänzchen hervorgehen, kann wieder Grundlage eines neuen Experiments sein. Informationen hierzu findest du auf den Seiten 232 bis 235.

METHODE

Anlegen eines Biologieheftes

Im Fach Biologie musst du viele Arbeitsaufträge im Unterricht oder zu Hause erledigen. Zur Bearbeitung dieser Arbeitsaufträge wird ein Biologieheft angelegt. Mit einem gut geführten Biologieheft kannst du Unterrichtsinhalte leichter wiederholen und dich gezielt auf Klassenarbeiten vorbereiten.

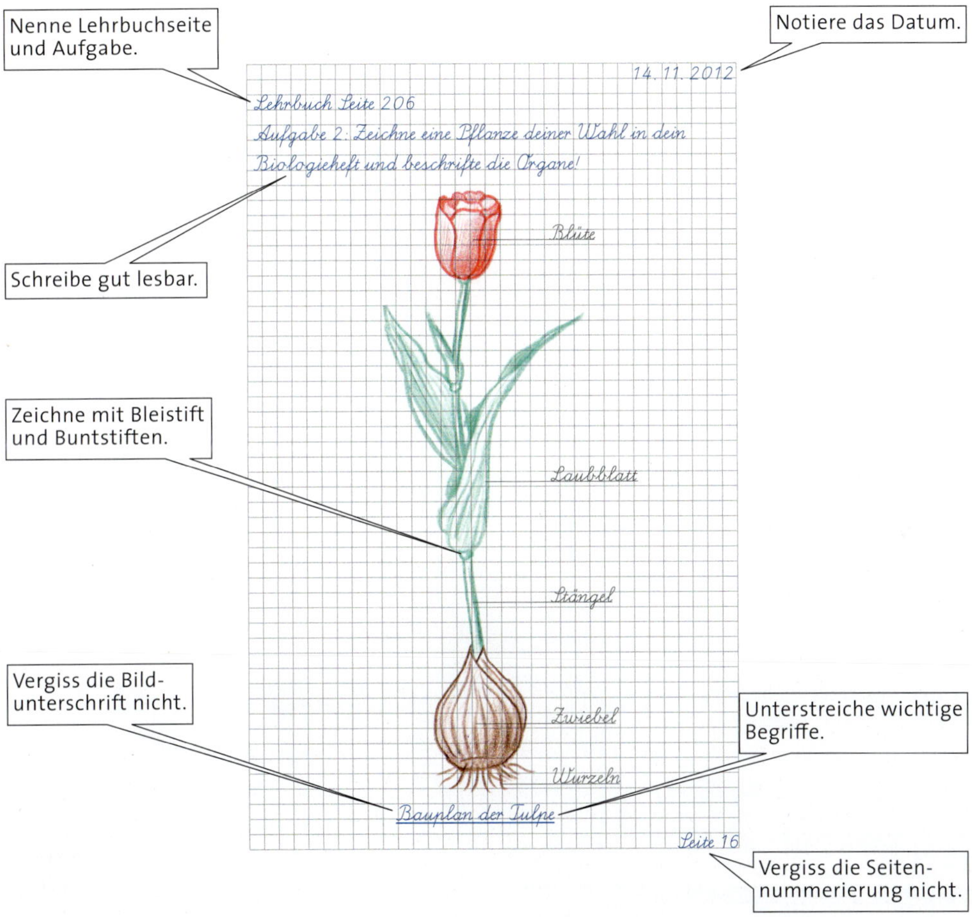

***Hinweise:* 1.** *Führe vorn in deinem Heft ein Inhaltsverzeichnis mit Datum, Thema und Seite.* **2.** *Fang für jedes Thema eine neue Seite an.* **3.** *Lösungen für Aufgaben aus dem Schulbuch erhalten einen Verweis auf die Lehrbuchseite.* **4.** *Fertige Zeichnungen nur mit Bleistift und Buntstiften an.* **5.** *Jede Zeichnung, jedes Foto und jede Tabelle erhält eine Bildunterschrift.* **6.** *Schreibe sorgfältig und gut lesbar.* **7.** *Klebe auch Arbeitsblätter und Versuchsprotokolle sorgfältig in das Biologieheft an der richtigen Stelle ein.* **8.** *Hebe Überschriften, wichtige Begriffe und Merksätze durch Unterstreichen hervor.* **9.** *Achte auf Vollständigkeit deines Biologieheftes.*

Säugetiere sind Wirbeltiere

In diesem Kapitel beschäftigst du dich mit

- den Kennzeichen von Säugetieren. Du erfährst, weshalb man Säugetiere zu den Wirbeltieren zählt.
- den Haustieren Hund und Katze. Du lernst etwas über ihre Abstammung und ihre Züchtung. Auch das Verhalten von Hund und Katze wird beschrieben.
- den Nutztieren Rind, Pferd und Schwein. Du beschäftigst dich mit dem Nutzen dieser Tiere für den Menschen und lernst etwas über ihre Haltung.
- Säugetieren in verschiedenen Lebensräumen. Dabei lernst du vor allem etwas darüber, wie die Säugetiere an das Leben in den verschiedenen Lebensräumen angepasst sind.
- der Verwandtschaft der Säugetiere. Du erfährst an einem Beispiel, wie man Säugetiere vergleichen und ordnen kann.

01 Familienhund

Der Hund – Begleiter des Menschen

Hunde sind treue Begleiter des Menschen. Mit Familienhunden spielen und toben viele Kinder. Hunde begleiten den Menschen und können vielfältige Aufgaben übernehmen. Welche sind das?

HUNDE HELFEN DEM MENSCHEN · Blinde Menschen können sich sicher zurechtfinden, wenn sie von einem **Blindenhund** geführt werden. Dieser warnt vor Hindernissen und kann auf Kommando bestimmte Ziele, zum Beispiel einen Zebrastreifen, aufsuchen. Ein Hund, der in der Lage ist, Personen oder Gegenstände aufzuspüren, wird **Spürhund** genannt. Er kann bei der Polizei als *Suchhund* eingesetzt werden. Zum Hüten von Nutztieren, wie zum Beispiel Schafen, begleitet der Hund einen Hirten als **Hütehund.** Ein Grundstück, das der Hund als Revier betrachtet, wird von ihm verteidigt. Er dient dem Menschen so als **Wachhund.** Die besonderen Fähigkeiten, mit denen Hunde Menschen unterstützen, verdanken sie unter anderem ihren Sinnesorganen. Was ist aber das Besondere an den Sinnesorganen eines Hundes?

SINNESORGANE · Das Schnuppern an Gegenständen oder die Kontaktaufnahme mit anderen Hunden erfolgt über die Nase. Der Hund kann manche Geruchsstoffe viel besser riechen als ein Mensch. Die Fähigkeit zum Riechen bezeichnet man als einen *Sinn.* Wegen seines feinen Geruchssinns ist der Hund ein **Nasentier.** Lange bevor man an der Tür eines Hundebesitzers klingelt, nimmt der Hund schon Geräusche wahr und reagiert mit Bellen. Er kann sogar so hohe Töne hören, die ein Mensch nicht mehr wahrnehmen kann. Wegen seines feinen Gehörs bezeichnet man den Hund als **Ohrentier.**

Die Sehschärfe und die Farbwahrnehmung der Hundeaugen sind deutlich schlechter als die eines Menschen. Geruchsstoffe, Geräusche und Licht sind Umwelteinflüsse, die vom Körper wahrgenommen werden. Für die Aufnahme solcher *Reize* besitzen die Tiere und der Mensch Organe. Zu diesen **Sinnesorganen** zählen Nase, Ohr und Auge.

KÖRPERBAU · Schnell und ausdauernd rennen Hunde über eine Wiese. Dies wird dem Hund auch durch sein Knochengerüst, das *Skelett,* ermöglicht. Es lässt sich in *Schädel, Rumpfskelett* und *Beine*, die *Extremitäten,* gliedern. Die *Wirbelsäule* verläuft vom Kopf des Hundes über den Rumpf bis zum Schwanz und besteht aus einzelnen Wirbeln. Der Hund ist ein **Wirbeltier.** Über die *Schulterblätter* und die *Beckenknochen* sind die kräftigen Vorder- und Hinterbeine mit dem Rumpfskelett über Gelenke beweglich verbunden. Der *Oberschenkelknochen* der hinteren Laufbeine steht über das Kniegelenk mit den *Unterschenkelknochen* in Verbindung. Diese werden *Schien-* und *Wadenbein* genannt. Der an den Unterschenkelknochen ansetzende Fuß teilt sich in die *Fersenknochen, Mittelfußknochen* und *Zehenknochen* auf. Der Hund tritt nur mit den Zehen auf, unterstützt durch die starken Krallen, die nicht in die Pfote eingezogen werden können. Der Hund ist ein **Zehengänger.** Sprünge werden von den weichen, belastungsfähigen Ballen der Hundepfoten abgefedert.

FLEISCHFRESSERGEBISS · Wenn ein Hund an einem Knochen nagt, werden die spitzen **Eckzähne** sichtbar, die sich neben den **Schneidezähnen** im Ober- und Unterkiefer befinden. Da sie dem Ergreifen und Festhalten der Beute dienen, werden die vier Eckzähne als **Fangzähne** bezeichnet. Genagt und zerkleinert wird die Nahrung mit den Backenzähnen. Jeweils zwei **Backenzähne** im Ober- und Unterkiefer sind größer, kräftiger und schärfer als die anderen. Es sind **Reißzähne,** mit denen die größte Kraft aufgewendet werden kann. Das Gebiss eines Hundes ist ein typisches *Fleischfressergebiss.* Die Anordnung der Zähne wird in einer *Zahnformel* zusammengefasst.

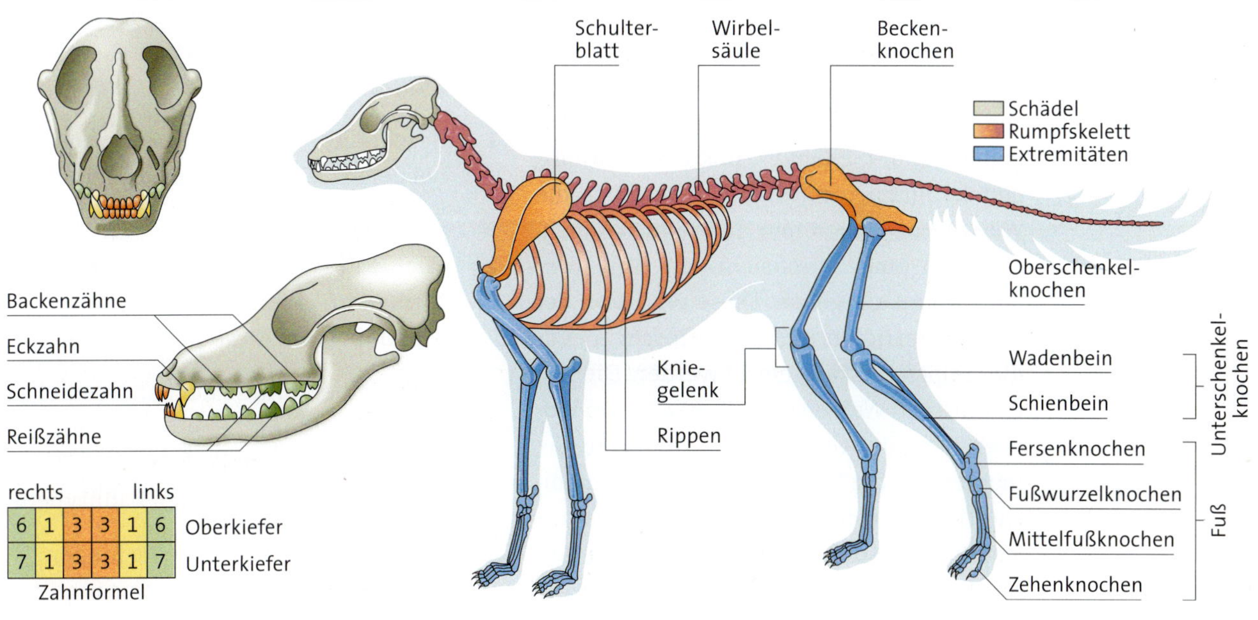

02 Skelett und Gebiss des Hundes

03 Hündin mit neugeborenen Welpen

FORTPFLANZUNG · Die Fortpflanzung bei Hunden setzt wie bei vielen anderen Tieren ein weibliches und männliches Tier voraus, eine *Hündin* und einen *Rüden.*
Eine Hündin wird zwischen dem 6. und 18. Monat zum ersten Mal *läufig,* was bedeutet, dass sie bereit ist, sich mit einem Rüden zu paaren. Nach der **Paarung** mit dem Rüden können sich im Leib der Hündin vier bis zehn Jungtiere entwickeln. Die Zeit, in der sich die Jungen im Mutterleib entwickeln, dauert etwa 63 Tage und wird **Tragzeit** genannt. Während dieses Zeitraums ist die Hündin *trächtig.*
Etwa einen Tag vor der Geburt wird die Hündin unruhig und sucht sich einen ruhigen Platz für die *Geburt.* In kurzen Abständen kommen die jungen Hunde auf die Welt. Die neugeborenen Hunde, die **Welpen,** sind von einer durchsichtigen Hülle, der *Fruchtblase,* umgeben. Diese wird von der Hündin zerrissen und aufgefressen, bevor die Welpen trocken geleckt werden. Die völlig hilflosen Welpen sind bis etwa zwei Wochen nach der Geburt blind und taub. Sie müssen von der Mutter betreut werden. Solche Tiere bezeichnet man als **Nesthocker.**
Regelmäßig suchen die Welpen nach den Milchzitzen der Mutter. Haben sie diese gefunden, treten sie mit den Beinen gegen den Bauch der Mutter, um die Milchdrüsen zur Abgabe von Milch anzuregen. Die Milch der Hündin beinhaltet alles, was die Welpen für ihre Entwicklung benötigen.
Da Hunde lebende Jungtiere zur Welt bringen und diese vom Muttertier gesäugt werden, gehört der Hund zu den **Säugetieren.**

HUNDEHALTUNG · Die jungen Hunde wirken besonders anziehend auf Kinder. Doch bevor sich eine Familie ein neues „Familienmitglied“ anschafft, sollte sie prüfen, ob alle Lebensansprüche eines Hundes erfüllt werden können.
Hunde brauchen viel Bewegung, genügend Platz und Auslaufmöglichkeiten. Neben einem Schlafplatz, Futter und Pflege sind auch der ständige Kontakt zur Familie und die Erziehung des Hundes sehr wichtig. Dies benötigt viel Zeit, Aufmerksamkeit und Beschäftigung durch die Familienmitglieder.
Nicht nur die Anschaffung eines Hundes als Haustier kostet Geld. Eine ganze Reihe von Folgekosten kommt auf den Hundebesitzer zu. Hundefutter und Tierarztkosten müssen ebenso regelmäßig bezahlt werden wie Hundesteuer und Versicherungen.

1 Beschreibe verschiedene Situationen, bei denen Suchhunde eingesetzt werden können!

2 „Der Hund ist ein Säugetier und ein Wirbeltier!“ Erkläre, auf welche Merkmale sich diese Aussage bezieht!

3 Beschreibe mithilfe der Zahnformel in der Abbildung 2 den Aufbau eines Hundegebisses und erkläre die Funktionen der einzelnen Zahntypen!

4 Begründe, weshalb man die jungen Welpen als Nesthocker bezeichnet!

Material A ▸ Körperbau

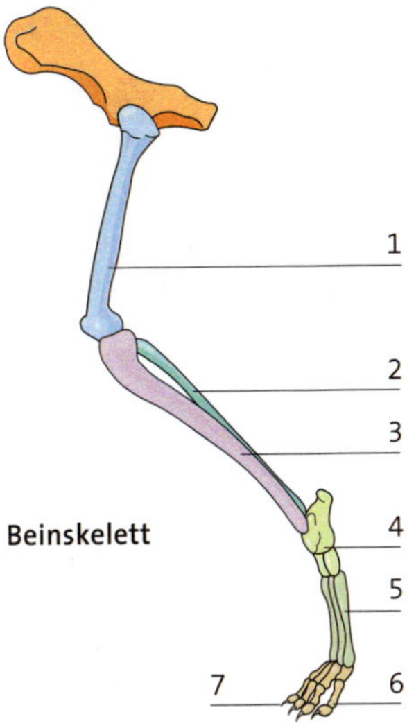

Beinskelett

Pfote

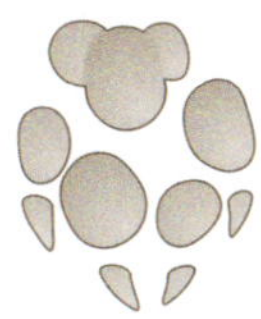

Pfotenabdruck

A1 Zeichne das Beinskelett in dein Heft und ordne den Zahlen die entsprechenden Fachbegriffe zu!

A2 Erkläre den Begriff Zehengänger!

A3 Erläutere den Begriff Laufbein! Nimm für die Antwort auch die Abbildung der Pfote und den Pfotenabdruck zu Hilfe!

Material B ▸ Sinnesleistungen

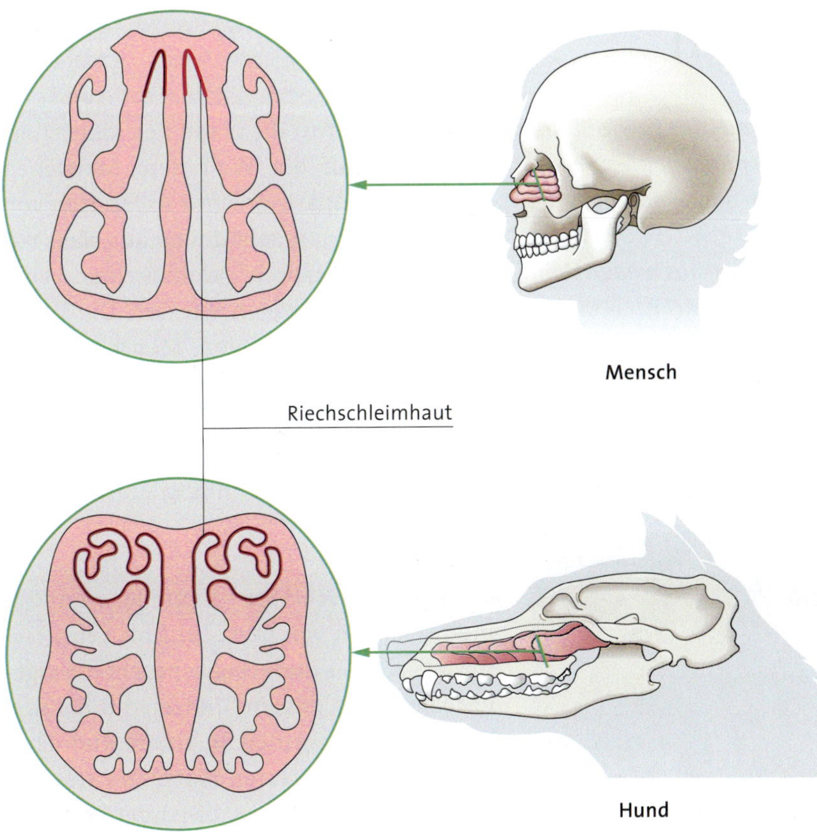

Die Nase ist mit einer Schleimhaut ausgekleidet, die dem Riechen dient. Deshalb nennt man sie *Riechschleimhaut*.
Ihre Oberfläche beträgt beim Hund 85 cm^2, beim Menschen 4 cm^2, bei der Katze 20 cm^2 und beim Kaninchen 9 cm^2.

B1 **a)** Zeichne für die Größen der Riechschleimhaut ein Säulendiagramm (Hochachse: Fläche in cm^2, Rechtsachse: Hund, Mensch, Katze, Kaninchen)! Nimm die Seiten 214 und 215 zu Hilfe!
b) Werte das Diagramm aus und deute die Ergebnisse!

B2 **a)** Erkläre die Begriffe Nasentier und Ohrentier!
b) Beschreibe, wofür der Mensch die besonderen Sinnesleistungen des Hundes nutzt!

01 Wolfsrudel

Der Hund – das älteste Haustier des Menschen

In Gräben und Höhlen aus der Steinzeit findet man immer wieder Knochen von Hunden. Man geht deshalb davon aus, dass die Zähmung des Wolfes vor etwa 15 000 Jahren erfolgte. Wie aber konnten aus wilden Wölfen zahme Haustiere werden?

ZÄHMUNG · Die Beziehung zwischen dem Wolf und dem Menschen lässt sich über 25000 Jahre zurückverfolgen. Zurückgelassene Nahrungsreste lockten die Wölfe wohl immer wieder in die Nähe der Menschen. Vielleicht half der Wolf dem Menschen sogar als Jagdpartner beim Aufspüren von Beutetieren. Man geht davon aus, dass vor etwa 15000 Jahren Wolfswelpen vom Menschen aufgezogen wurden. Die Wölfe gewöhnten sich an den Menschen und wahrscheinlich haben sie sich in der Gefangenschaft auch weitervermehrt. Im Laufe der Zeit entwickelten sich zahme Wölfe. Das **Wildtier** war durch **Zähmung** zum **Haustier** geworden.

02 Rangordnungskampf

VERHALTENSWEISEN · Wölfe leben in Gemeinschaften von etwa fünf bis zehn Tieren. Ein solches **Rudel** beansprucht ein eigenes Jagdrevier, dessen Grenzen mit Kot und Urin markiert werden. In einem Rudel hat jedes Tier einen festen Platz. Das stärkste Tier führt das Rudel an. Es ist der **Leitwolf.**

Alle anderen Rudelmitglieder ordnen sich ihm in einer festgelegten Reihenfolge unter. Diese **Rangordnung** kann man im Verhalten der Wölfe beobachten. Das ranghöchste Tier stellt seinen Schwanz auf, hebt den Kopf und spitzt die Ohren. Dieses **Imponierverhalten** kann in **Drohverhalten** umschlagen. Dann zeigt der Wolf seine Zähne. Rangniedere Wölfe legen daraufhin die Ohren an, ziehen den Schwanz ein oder legen sich sogar auf den Rücken und bieten dem Gegner ihre Kehle an. Dieses **Demutsverhalten** verhindert, dass der Gegner zubeißt. Die Rangordnung legt auch fest, wer zuerst fressen oder trinken darf.
Ihre Beute jagen die Wölfe des Rudels gemeinsam. Dabei verständigen sie sich durch lautes *Heulen.* Mit hoher Geschwindigkeit und Ausdauer wird die Beute den anderen Rudelmitgliedern entgegengehetzt, bis es für das Beutetier keine Fluchtmöglichkeit mehr gibt. Der Wolf ist ein **Hetzjäger.**

ZÜCHTUNG · Die Menschen beobachteten, dass sich die gezähmten Wölfe zum Beispiel in den Merkmalen Größe und Fellfarbe unterschieden. Daraufhin wurden nur noch die Wölfe miteinander gepaart, auf deren Merkmale man Wert legte. Im Laufe von Jahrtausenden hat der Mensch so aus dem Wolf, dem Stammvater des Hundes, eine große Zahl von Hunderassen **gezüchtet.**

1 Nenne Verhaltensweisen von Wolf und Hund und vergleiche sie miteinander!

2 Erstelle Regeln für Hundehalter, die sich aus der Lebensweise der Wölfe ableiten lassen!

3 Beschreibe verschiedene Zuchtziele, die der Mensch bei der Züchtung von Hunden anstrebt!

03 Körpersprache des Wolfes: **A** Imponieren, **B** schwaches Drohen, **C** Demutsverhalten, **D** Überlegenheit des ranghöheren rechten Wolfes

BIOLOGISCHES PRINZIP

Variabilität

Alle Wölfe weisen gemeinsame Merkmale auf und sie können miteinander Junge bekommen. Deshalb gehören alle zur gleichen ***Art,*** *nämlich der Art der Wölfe. Man kann aber auch Unterschiede zwischen den Wölfen, ja sogar zwischen Elterntieren und ausgewachsenen Jungtieren erkennen. Die Wölfe unterscheiden sich zum Beispiel in der Körpergröße, in der Dichte des Fells oder in der Fellfarbe. Die Merkmale der Wölfe liegen also in verschiedenen Ausprägungen vor. Sie variieren. Diese* ***Variabilität*** *ist bei allen Lebewesen zu beobachten und eine Ursache für die Vielfalt des Lebens auf der Erde!*

METHODE

Einen Steckbrief erstellen

Ein Steckbrief kennzeichnet ein Tier oder eine Pflanze sehr genau. Die Informationen werden knapp und übersichtlich dargestellt. Einen Steckbrief erstellst du in folgenden Schritten:

1. ***Informationsbeschaffung*** · *Informiere dich über das Lebewesen. Nutze hierzu Bücher, Lexika, Zeitschriften, Zeitungen oder auch das Internet.*
2. ***Informationen auswählen*** · *Überlege dir nach deiner Informationsbeschaffung, welche Merkmale und Eigenschaften das Lebewesen am besten beschreiben und charakterisieren: Bild, wissenschaftlicher Name, Tiergruppe, Körperbau, Fortbewegung, Ernährung, Fortpflanzung, Lebensraum, Angepasstheit, Verbreitung, Gefährdung oder auch weitere Besonderheiten.*
3. ***Informationen zusammenstellen*** · *Stelle Informationen in deinem Biologieheft (mindestens halbe DIN-A4-Seite groß) dar.*

STECKBRIEF

Afrikanischer Wildhund
Lebensraum: *Savannen Afrikas;*
Aussehen: *schwarz im Bereich der Kehle und im vorderen Teil des Gesichts;*
Größe: *etwa 75 Zentimeter;*
Gewicht: *etwa 32 Kilogramm;*
Ernährung: *Fleischfresser, Jagd im Rudel;*
Fortpflanzung: *Tragezeit von elf Wochen, 7 bis 11 Junge pro Wurf*

STECKBRIEF

Deutscher Schäferhund
Größe: *etwa 60 Zentimeter;*
Gewicht: *etwa 30 Kilogramm;*
Wesen: *selbstbewusst, robust, aktiv, aufmerksam;*
Verwendung: *Spürhund, Wachhund*

STECKBRIEF

Bernhardiner
Größe: *etwa 70 Zentimeter;*
Gewicht: *etwa 80 Kilogramm;*
Wesen: *ruhig und gutmütig;*
Verwendung: *Rettungshund, Familienhund*

STECKBRIEF

Rauhaardackel
Größe: *etwa 30 Zentimeter;*
Gewicht: *etwa 7 Kilogramm;*
Wesen: *mutig, ausgeprägte „Persönlichkeit";*
Verwendung: *Jagdhund, Familienhund*

Material A ▸ **Rangordnungskampf zwischen Wölfen**

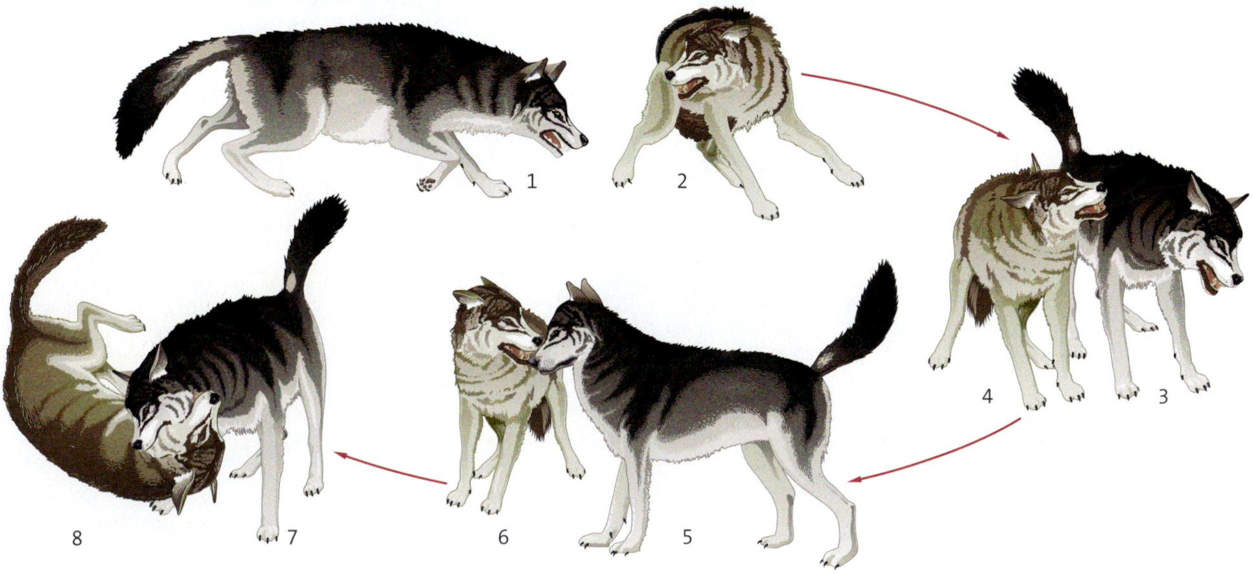

A1 Ordne den abgebildeten Wölfen 1 bis 8 Begriffe zu, die ihre jeweilige Stimmung beschreiben! Verwende zum Beispiel Begriffe wie „ängstlich", „angriffslustig", „demütig" und beschreibe die dargestellten Körperhaltungen!

A2 Beschreibe den Rangordnungskampf! Begründe, welcher Wolf der ranghöhere ist!

Material B ▸ **Variabilität**

Das linke Foto zeigt einen in den kanadischen Wäldern lebenden Wolf, das rechte einen am Polarkreis lebenden Wolf.

B1 **a)** Beschreibe die beiden Wölfe!
b) Erkläre die Vorteile des jeweiligen Körperfells der Wölfe! Berücksichtige hierbei auch den Lebensraum der Tiere!

B2 Stelle Vermutungen an, wie aus ursprünglich einer Art zwei Arten werden könnten! Berücksichtige bei deinen Überlegungen die beiden Fotos!

B3 Erläutere die Aussage „Ohne Variabilität keine Züchtung"!

01 Katze auf der Lauer

Die Katze – ein Schleichjäger

Tief geduckt und mit gespitzten Ohren lauert die Katze im Feld. Fast bewegungslos sitzt sie dort und beobachtet mit weit geöffneten Augen ihre Beute. Wie schafft es die Katze, eine flinke Maus zu fangen?

JAGDVERHALTEN · Hat die Katze eine Maus entdeckt, *schleicht* sie sich sehr langsam, tief geduckt und fast lautlos an das Beutetier heran. Die Katze ist ein **Schleichjäger.** In Sprungnähe verharrt sie dann fast regungslos und verliert dabei die Maus nicht aus den Augen. Die Katze *lauert.* Blitzschnell stößt sich die Katze mit den Hinterbeinen zum Sprung ab und packt die Maus mit ihren scharfen Krallen. Sie tötet das Beutetier mit einem Biss. Katzen jagen in ihrem Revier alleine. Sie sind **Einzelgänger.** Wie ist der Körper der Katze an ihr Jagdverhalten angepasst?

KÖRPERBAU · Mit ihren kurzen Beinen kann sich die Katze in geduckter Haltung anschleichen. Die Krallen kann sie im Gegensatz zum Hund einziehen. Mit ihren weichen Ballen tritt sie wie mit „Samtpfoten" auf und wird von ihren Beutetieren nicht gehört. Wie der Hund tritt auch sie

02 Katze bei der Jagd

nur mit den Zehen auf. Die Katze ist ein *Zehengänger.* Sie kann sehr gut klettern und große Sprünge machen. Hierbei hilft der Schwanz, das Gleichgewicht zu halten. Ihre *Wirbelsäule* ist sehr beweglich. Die Katze ist ein **Wirbeltier.** Mit den spitzen Eckzähnen tötet die Katze ihre Beutetiere wie zum Beispiel Mäuse und Vögel, aber auch Kaninchen und Frösche durch einen Nackenbiss. Die kräftigen Reißzähne wirken wie eine *Brechschere* und dienen dem Zerbrechen von Knochen und dem Zerkleinern der Beute. Die Katze hat, wie der Hund, ein *Fleischfressergebiss.*

SINNESLEISTUNGEN · Um ein Beutetier aufzuspüren, nutzt die Katze ihren leistungsfähigen **Sehsinn.** Sie kann bei Dunkelheit fast genauso gut sehen wie bei Tageslicht. Bei der Jagd hilft ihr auch ihr sehr guter **Hörsinn.** Die Ohren können aufgestellt und gedreht werden, wodurch auch das Piepsen und das Nagen von kleinen Beutetieren über eine weite Entfernung noch sehr genau wahrgenommen werden können.

Der **Geruchssinn** ist zwar schlechter ausgebildet als der eines Hundes, aber dennoch mehr als doppelt so gut wie der eines Menschen. Er hilft nicht nur bei der Jagd, sondern auch bei der Erkennung von Reviermarkierungen.

Mit sensiblen *Tasthaaren* gelingt es der Katze, sich auch in der Dunkelheit sicher zu bewegen. Die weit abstehenden *Schnurrhaare* und andere *Borstenhaare* am Kopf können Berührungen wahrnehmen. So gelingt es der Katze, auch bei vollständiger Dunkelheit Hindernissen auszuweichen. Neben dem **Tastsinn** kann sich die Katze in der Nacht auch auf ihre ausgezeichneten Augen verlassen. Die hervorragenden Sinnesleistungen ermöglichen ein Jagen im Dunkeln. Die Katze ist ein **Nachtjäger.**

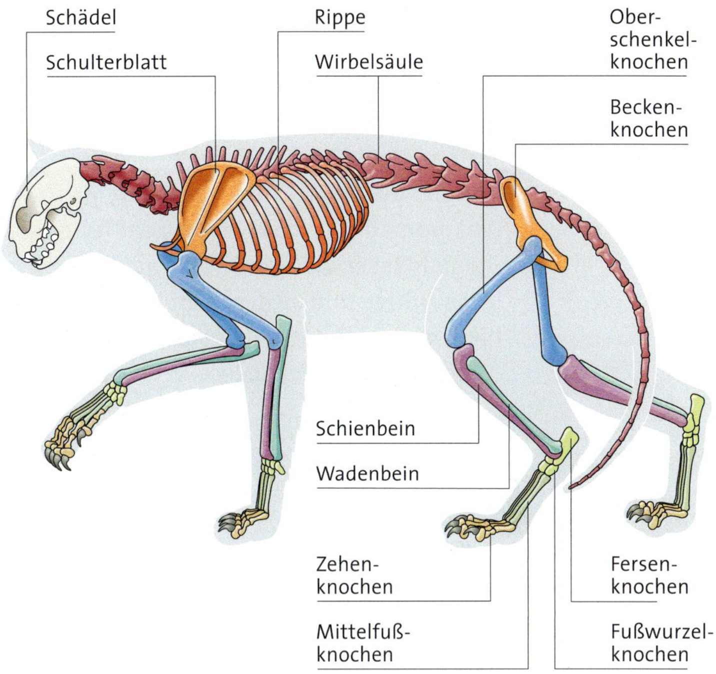

03 Skelett der Katze

1 Beschreibe die verschiedenen Körperhaltungen der Katze bei der Jagd!

2 Beschreibe die Angepasstheiten des Katzenkörpers an die Lebensweise der Katze!

ENTWICKLUNG · Die Hauskatze stammt ursprünglich von der nordafrikanischen **Falbkatze** ab. Aus den Nachkommen dieser Wildkatze haben sich über Jahrtausende zahme Haustiere entwickelt.
Bereits neun Wochen nach der Paarung bekommt die Katze zwei bis acht Jungtiere, die zunächst völlig hilflos sind. Um sie in eine ruhige und sichere Umgebung zu tragen, packt die Katze ihre Jungtiere mit den Zähnen im Genick. Diese verharren dann beim Wegtragen regungslos in **Tragstarre.** In den ersten Wochen werden die kleinen Katzen *gesäugt*. Die Katze ist ein **Säugetier.** Nach wenigen Wochen schon lernen die jungen Katzen dann das Anschleichen und Anspringen von Beute. Hierzu bringt die Katzenmutter lebende Mäuse mit. So werden die Jungtiere, die miteinander das Jagen üben, spielerisch auf das eigenständige Leben vorbereitet.

BIOLOGISCHES PRINZIP

Struktur und Funktion

Mit Leichtigkeit klettert die Katze auf einen Baum. Hierzu dienen ihr die scharfen Krallen, die in die Rinde des Baumes eindringen. Dafür müssen die in den Hautfalten liegenden Krallen ausgestreckt werden. Wie funktioniert dieser Mechanismus? An der unteren Sehne erzeugt ein kleiner Muskel einen Zug. Durch den Zug der Sehne wird das elastische Band zwischen den Zehenknochen gedehnt und die Kralle am letzten Zehenknochen aus der Hautfalte ausgefahren. Um die Kralle wieder einzuziehen, erzeugt wiederum ein kleiner Muskel einen Zug auf die obere Sehne. Der Muskel ist angespannt. Das elastische Band verkürzt sich und die Kralle verschwindet wieder in der Hautfalte. Die ***Funktion*** *der Katzenkralle wird also ermöglicht durch Knochen, Sehnen und Bänder. Diese „Bauteile" der Katzenpfote werden auch als* ***Struktur*** *bezeichnet. Struktur und Funktion stehen in einem Zusammenhang.*

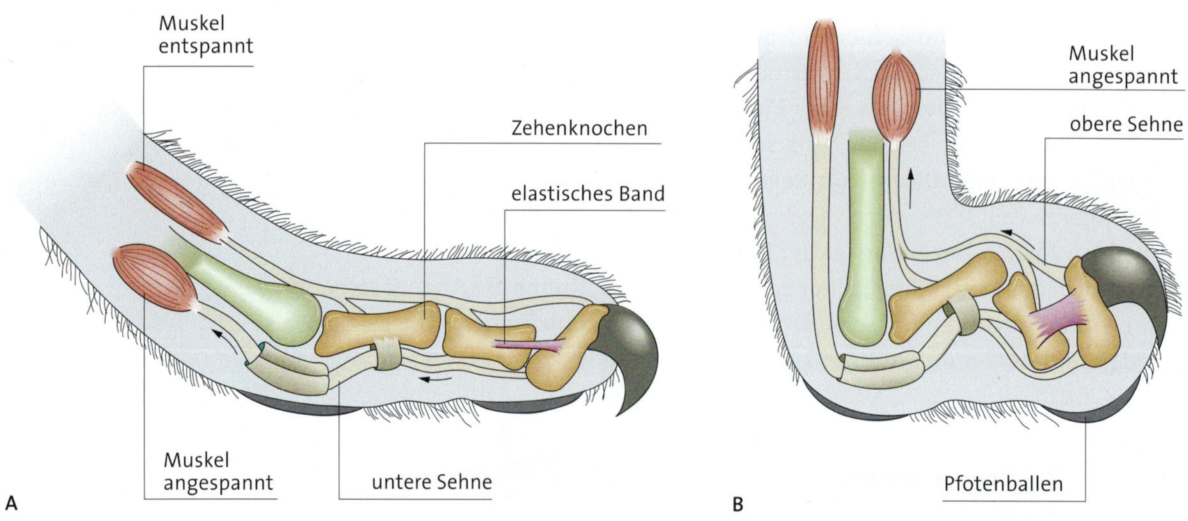

04 Katzenpfote: **A** ausgestreckte Kralle, **B** eingezogene Kralle

Material A ▸ Katzenpfote

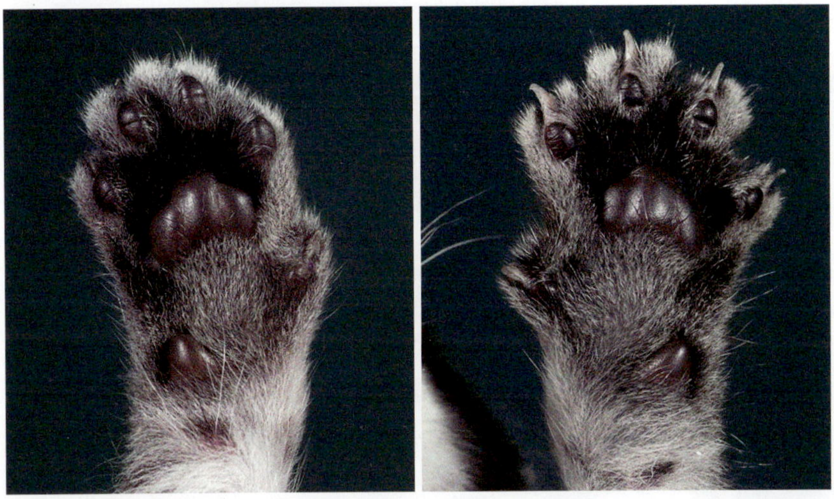

A1 „Katzenkrallen sind immer scharf!" Erläutere diese Aussage! Nimm die Abbildung auf Seite 24 zu Hilfe!

A2 Erläutere, welche Bedeutung Katzenpfote und Katzenschwanz beim Klettern und Jagen haben!

Material B ▸ Katzengebiss

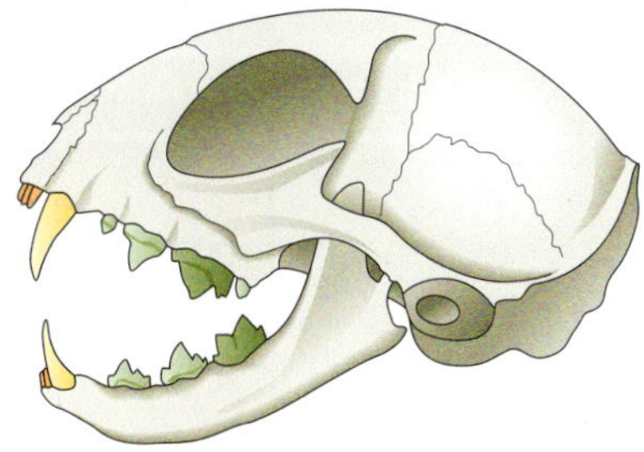

B1 Erstelle eine Zahnformel für das Katzengebiss! Nimm die Abbildung 02 auf Seite 15 zu Hilfe!

B2 „Das Gebiss der Katze ist ein typisches Fleischfressergebiss." Begründe diese Aussage!

Material C ▸ Katzenaugen

Durch die Pupillen gelangt das Licht in die Augen der Katze. Über die Größe der Pupillen wird die Menge des einfallenden Lichtes reguliert. So schließen sich die Pupillen tagsüber zu schmalen senkrechten Schlitzen, während sie nachts weit und kreisrund geöffnet sind. Von einer hinteren Schicht des Auges wird das einfallende Licht gespiegelt. Dadurch leuchten Katzenaugen. Die geringe Lichtmenge in der Dämmerung oder in der Nacht wird durch die Spiegelung optimal genutzt, denn das einfallende Licht wird so den Sinneszellen im Auge mehrfach zugeführt.

C1 Ordne den Augenpaaren A und B eine ungefähre Tageszeit zu! Begründe deine Zuordnung!

C2 Erkläre, weshalb sich die Katze auch im Dunkeln sicher orientieren kann! Nimm auch Seite 23 zu Hilfe!

C3 Erkläre, weshalb die Reflektoren am Fahrrad als Katzenaugen bezeichnet werden!

01 Hund und Katze

Verhalten bei Hund und Katze

Hund und Katze leben häufig gemeinsam in einem Haus. Hierbei kann man beobachten, dass sie unterschiedliches Verhalten zeigen. Welche Verhaltensweisen kennzeichnen Hund und Katze?

VERHALTENSWEISEN · Eine Katze, die Kontakt aufnehmen will, hat die Ohren nach vorne gerichtet und den Schwanz steil aufgestellt. Sie begrüßt ihr Gegenüber freundlich. Eine Lautäußerung bei Zufriedenheit der Katze ist das *Schnurren*. Wenn die Pfoten zusätzlich vor- und zurückgestreckt werden, tretelt die Katze. So zeigt sie ihrem Gegenüber ein großes Wohlbehagen. Den Milchtritt, das *Treteln*, nutzen die Jungtiere zum Anregen des Milchflusses an der Mutterbrust. Später dient dieses Verhalten der Katze eher als Anerkennung und Liebesbeweis.

Droh- und Abwehrverhalten werden hingegen durch Fauchen und einen hin und her peitschenden Schwanz angezeigt. Macht die Katze einen *Katzenbuckel* und sträubt das Fell, so ist dies eine *Drohgebärde*. Zusätzlich wird dem Gegenüber die Seite zugedreht, um größer zu wirken und die *Imponierhaltung* zu verstärken. Angriff oder Flucht können die Folge sein.

Wenn ein Hund Kontakt aufnimmt, bellt er häufig. Sein Blick und die Ohren sind ebenfalls nach vorne gerichtet, der Schwanz

wird waagerecht gehalten. Der Hund ist dann *aufmerksam*. Wenn die Nackenhaare aufgestellt, der Schwanz nach oben gestreckt und die Zähne gezeigt werden, droht der Hund. Dies kann durch *Knurren* noch verstärkt werden.
Zur Revierverteidigung oder bei Erregung *bellt* der Hund laut. Wenn er mit dem Schwanz wedelt, drückt er im Gegensatz zur Katze Freude aus. Duckt sich der Hund, fordert er zum Spiel auf.

1 Beschreibe das Verhalten bei Hund und Katze mithilfe der Abbildung 02!

2 Stelle Vermutungen an, weshalb sich Hund und Katze oft „nicht verstehen"!

BIOLOGISCHES PRINZIP

Information und Kommunikation

Im Tierreich werden zwischen den einzelnen Lebewesen viele Informationen ausgetauscht. So bringt zum Beispiel die Katze in ihrem Revier ständig Duftmarken an. Dazu reibt sie ihre Wangen an einem Gegenstand. Der an dem Gegenstand haften bleibende Duftstoff signalisiert anderen Katzen, dass das Revier besetzt ist. Aus dem Duftsignal ist eine wichtige ***Information*** *für andere Katzen geworden. Informationen können Angaben über Nahrung, Rivalen oder Feinde enthalten. Die dabei zu beobachtenden Signale der Tiere sind vielfältig. So können in Lauten, Körperhaltungen oder Verhaltensweisen ganz unterschiedliche Informationen verschlüsselt sein. Der Austausch von Informationen und damit die Verständigung unter den Lebewesen werden als* ***Kommunikation*** *bezeichnet.*

02 Verhaltensweisen von Hund und Katze:

A Begrüßung,

B Drohen,

C Drohen,

D Aufforderung zum Spiel

HALTUNGSBEDINGUNGEN · Hund und Katze sind beliebte Haustiere. Voraussetzung für die Haltung von Tieren ist, dass man über ihre Lebensweise informiert ist. Für den Hund als Rudeltier ist tägliche Beschäftigung mit den Familienmitgliedern wichtig. Er braucht Bewegung und muss Zeit zum Schnüffeln haben. Für Futter und einen festen Schlafplatz sollte gesorgt sein. Fell, Pfoten, Augen und Ohren müssen regelmäßig gereinigt werden.
Bei einer Katze muss man beachten, dass sie meist nicht so anhänglich wie ein Hund wird. Auch lässt sie sich schwerer erziehen. Die Katze ist im Gegensatz zum Hund meist an das Haus und weniger an den Menschen gebunden. Deshalb sollte man ihr ausreichend Auslaufmöglichkeiten außerhalb der Wohnung oder im Haus bieten.
Da die Katze eigentlich nur bei der Jagd ein Einzelgänger ist, darf die tägliche Beschäftigung mit ihr ebenfalls nicht zu kurz kommen. Kletter- und Spielmöglichkeiten sind auch sehr wichtig. Sie hat allerdings ein größeres Ruhebedürfnis als ein Hund.
Bei beiden Haustieren ist auf ein ausreichendes Platzangebot, Bewegungsfreiheit und Auslaufmöglichkeiten zu achten.

3 Vergleiche die Haltungsbedingungen von Hund, Katze und einem weiteren Haustier deiner Wahl!

4 Erstelle für ein Haustier deiner Wahl einen Steckbrief. Orientiere dich dabei an den unten dargestellten Steckbriefen!

STECKBRIEF

Meerschweinchen
Lebensweise: *gesellige Tiere, tagaktiv;*
Haltung: *mehrere Tiere im Käfig, im Sommer Freilandhaltung, tägliche Zuwendung und Betreuung;*
Futter: *rohkostreiche Nahrung, Fertigfutter, Obst;*
Nachwuchs: *2 bis 6 Jungtiere, etwa 4 Würfe pro Jahr;*
Lebenserwartung: *etwa 8 Jahre*

STECKBRIEF

Rennmaus
Lebensweise: *gesellige Tiere; tag- und nachtaktiv;*
Haltung: *hoher Käfig, am besten nur zwei gleichgeschlechtliche Tiere;*
Futter: *lebende Insekten, Mehlwürmer, Gemüse, Getreidekörner, wenig Obst;*
Nachwuchs: *1 bis 9 nackte und blinde Jungtiere;*
Lebenserwartung: *2 bis 6 Jahre*

STECKBRIEF

Goldhamster
Lebensweise: *Einzelgänger, dämmerungs- und nachtaktiv;*
Haltung: *Einzeltierhaltung, Käfig mit Einstreu und Klettermöglichkeiten wie Pappröhren und Schachteln, Schlafhäuschen und Wasserspender;*
Futter: *Trockenfutter, Gemüse, Obst und tierisches Eiweiß;*
Nachwuchs: *3 bis 12 Jungtiere;*
Lebenserwartung: *2 bis 4 Jahre*

Material A ▸ Schädel im Vergleich

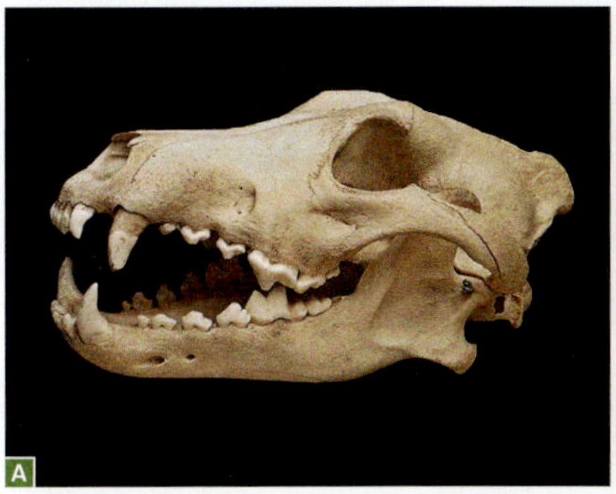

A1 Beschreibe die beiden Schädel und ordne die Abbildungen Hund oder Katze zu!

A2 Beschreibe die Funktion eines der beiden Gebisse!

Material B ▸ Pfoten im Vergleich

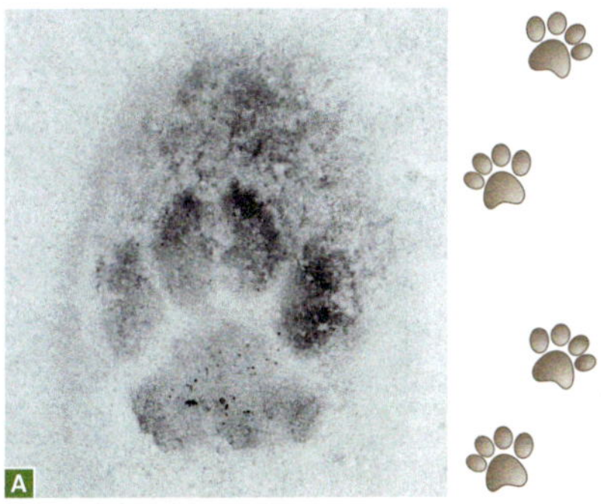

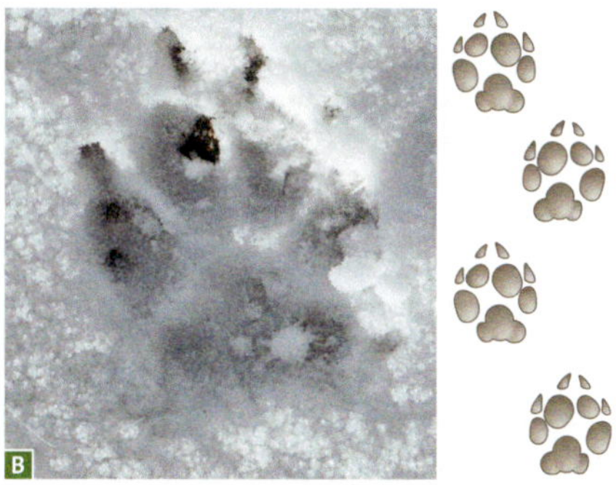

B1 Ordne den Pfotenabdrücken im Schnee Hund oder Katze zu! Begründe deine Zuordnung!

B2 Erläutere, wie die Pfoten von Hund und Katze an ihre Lebensweise angepasst sind!

Material C ▸ Verhalten im Vergleich

Merkmal	Hund	Katze
Gebiss	–	–
Jagdweise	–	–
Besondere Sinnesleistungen	–	–
Sozialverhalten	–	–

C1 Beschreibe das Verhalten von Hund und Katze in den Abbildungen!

C2 Stelle Vermutungen an, welche Bedeutung diese Verhaltensweise bei Hund und Katze hat!

C3 Erstelle nach dem Tabellenmuster links eine Tabelle in deinem Biologieheft zum Vergleich von Hund und Katze!

01 Rinder auf der Weide

Das Rind – ein wichtiges Nutztier

Auf einer Weide sieht man oft Rinder, die grasen, aber auch Rinder, die sich nach der Nahrungsaufnahme niedergelegt haben und scheinbar ruhen. Wenn man genau hinschaut, bemerkt man, dass sie beim Ruhen ständig kauen. Weshalb machen Rinder das?

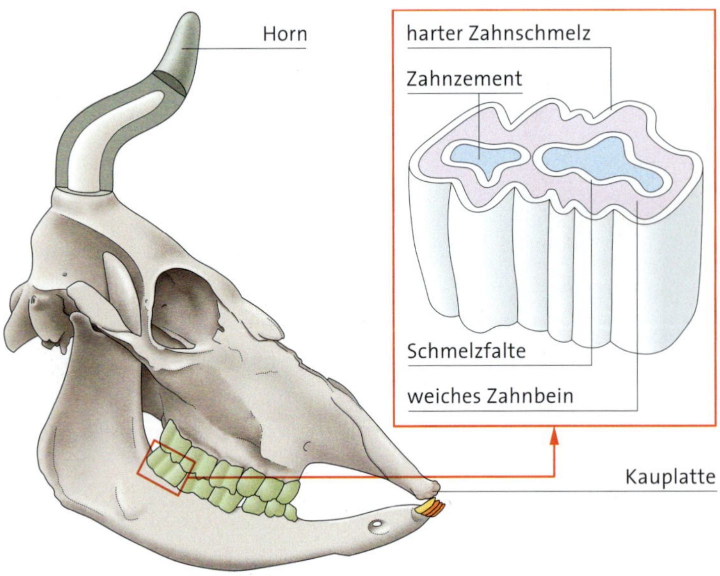

02 Schädel und Gebiss des Rindes

NAHRUNGSAUFNAHME · Mit gesenktem Kopf stehen die Rinder auf der Weide und grasen. Mit der langen, rauen Zunge umfasst das Rind das hohe Gras und reißt es mit einem ruckartigen Heben des Kopfes ab. Ein kurzes Grasbüschel dagegen klemmt das Rind zwischen die *Schneide-* und *Eckzähne* des Unterkiefers und die *Kauplatte* des Oberkiefers. Hebt das Rind den Kopf, wird das Gras durchtrennt. Es verschluckt das Gras immer unzerkaut. Das Rind ist ein **Pflanzenfresser.**

Nach stundenlangem Weiden legt sich das Rind nieder und beginnt zu kauen. Mit seitlich mahlenden Bewegungen des Unterkiefers wird das Gras durch die scharfen Kanten der *Backenzähne,* die *Schmelzfalten,* zerrieben. Die Schmelzfalten bestehen aus hartem *Zahnschmelz,* zwischen dem das weichere Material, *Zahnbein* und *Zahnzement,* liegt. Es nutzt sich schneller ab. Das Rind hat ein **Pflanzenfressergebiss.** Weshalb schluckt das Rind die Pflanzennahrung erst unzerkaut hinunter?

WIEDERKÄUERMAGEN · Pflanzennahrung ist nährstoffarm und schwer verdaulich. Deshalb muss ein Rind bis zu 80 Kilogramm Pflanzen am Tag fressen. Die Nahrung gelangt zunächst unzerkaut über die Speiseröhre in den geräumigen **Pansen.** Er kann bis zu 200 Liter aufnehmen. Hier befinden sich Bakterien und winzige Wimpertierchen, die bei der Verdauung helfen, indem sie die Pflanzennahrung zersetzen. Hat das Rind genug Nahrung aufgenommen, legt es sich nieder. Durch Bewegungen der Wand des Pansens wird die Nahrung durchmischt und in den **Netzmagen** weitergeleitet. An seinen netzartig gefalteten Innenwänden bilden sich Nahrungsballen, die über die Speiseröhre zurück ins Maul gestoßen werden. Dort werden sie mit viel Speichel vermischt und zwischen den Backenzähnen zu einem dünnflüssigen Nahrungsbrei mahlend zerkaut. Das Rind ist ein **Wiederkäuer.** Nach dem Wiederkäuen gelangt der feine Nahrungsbrei in den **Blättermagen,** wo ihm Wasser entzogen wird. Der eingedickte Speisebrei wird schließlich in den **Labmagen** weitergeleitet. Hier findet die weitere Verdauung statt, bis die Nahrung in ihre Bestandteile, die *Nährstoffe,* zerlegt ist. Die einzelnen Bausteine der Nährstoffe werden dann über die Wand des Darms, der über 50 Meter lang ist, in das Blut des Rindes aufgenommen.

HUFTIERE · Der Fuß des Rindes besitzt zwei vollständig ausgebildete Zehen aus jeweils drei Knochen. Das Rind tritt nur mit den vordersten Zehenknochen auf. Es ist ein **Zehenspitzengänger.** Diese zwei Zehenknochen sind sehr kräftig und haben einen Hornüberzug, den *Huf.* Das Rind ist ein **Huftier.** Da die behuften Zehen paarweise angeordnet sind, gehört das Rind zu den **Paarhufern.**

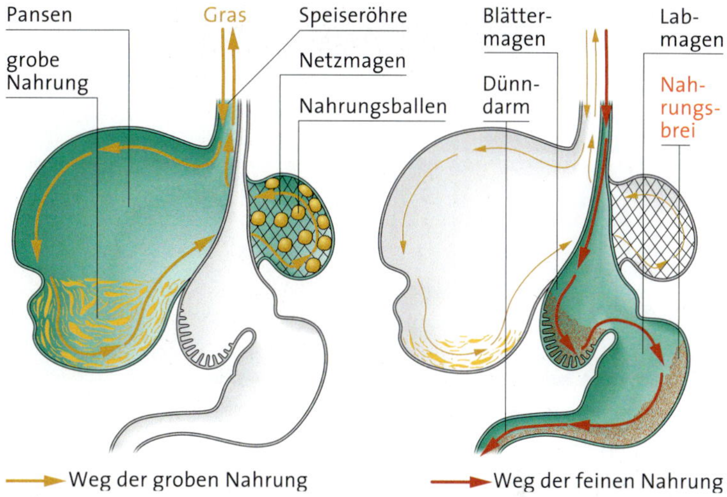

03 Wiederkäuermagen

1 Erstelle die Zahnformel für das Rindergebiss!

2 Begründe, weshalb das Rindergebiss ein Pflanzenfressergebiss ist!

3 Beschreibe den Weg der Nahrung durch den Wiederkäuermagen! Nimm die Abbildung 03 zu Hilfe!

4 „Das Rind ist ein Zehenspitzengänger und ein Paarhufer zugleich!" Erkläre diese Aussage! Nimm die Abbildung 04 zu Hilfe!

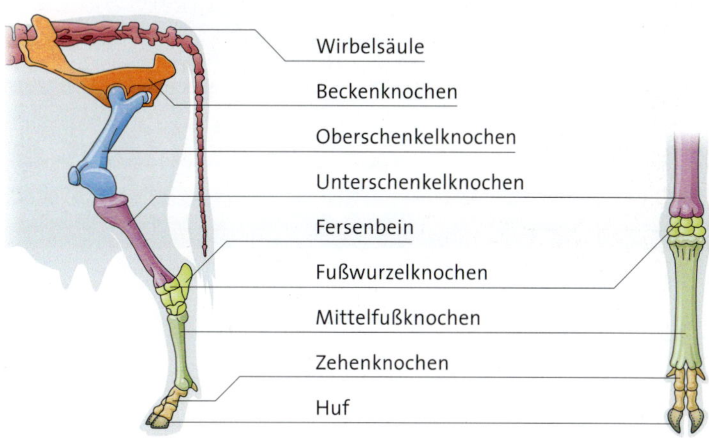

04 Rinderbein

05 Massentierhaltung

06 Stallhaltung

07 Freilandhaltung

NUTZTIERE · Milch wird von einem weiblichen Rind, einer **Kuh,** erst nach der Geburt des ersten Jungtieres, eines **Kalbes,** gegeben. Eine Kuh der **Milchrinderrasse** kann mehr als doppelt so viel Milch geben wie eine „normale" Kuh, über 7500 Liter pro Jahr. Rinder, die besonders viel Muskelfleisch ansetzen, zählt man zu der **Fleischrinderrasse.** Vor allem **Bullen,** männliche Rinder, die auch als *Stiere* bezeichnet werden, sind für die *Mast* geeignet. Wird bei der Rinderzucht nur auf die Leistungssteigerung eines Merkmals Wert gelegt, spricht man von einer **Einnutzungsrasse.** Ist sowohl die Milchleistung als auch die Fleischleistung einer Rasse stark erhöht, handelt es sich um eine **Zweinutzungsrasse.**

Um sehr viel Milch oder Fleisch in einem landwirtschaftlichen Betrieb produzieren zu können, werden oft mehrere Hundert Tiere auf engstem Raum gehalten. In einer solchen **Massentierhaltung** können sich die Rinder kaum bewegen. Deshalb wird nur wenig der im Kraftfutter steckenden Energie für die Fortbewegung benötigt. Die meiste Energie aus dem Kraftfutter nutzt das Rind zum Aufbau von Muskelmasse. Die Ställe werden sauber gehalten, damit sich keine Krankheitserreger ausbreiten. Kommt es trotzdem zu einer Erkrankung, ist die Ansteckungsgefahr hoch. Deshalb werden die Rinder ständig von einem Tierarzt betreut. Im Gegensatz zur Massentierhaltung haben die Tiere bei der **Stallhaltung** die Möglichkeit, sich frei im Stall zu bewegen und im Stroh niederzulegen. Ein Haltungsverfahren, das den natürlichen Ansprüchen der Tiere gerecht wird, ist die **Freilandhaltung.** Die Rinder können sich weiträumig im Freien bewegen. Es dauert allerdings länger, bis sie schlachtreif sind, da sie viele Nährstoffe durch die Bewegung verbrauchen, anstatt Muskelmasse anzusetzen.

5 Vergleiche die Lebensbedingungen von Rindern bei Massentierhaltung, Stallhaltung und Freilandhaltung!

Material A ▸ Rinderrassen im Vergleich

Rinderrasse	durchschnittliche Körpermasse	durchschnittliche Milchleistung pro Jahr	durchschnittliche Zunahme der Körpermasse pro Tag
Schwarzbunte	680 kg	7300 l	0,9 kg
Fleckvieh	750 kg	5690 l	1,3 kg
Charolais	850 kg	3500 l	1,4 kg
Rotbunte	700 kg	6650 l	1,0 kg

A1 Ordne den in der Tabelle aufgelisteten Rinderrassen die Begriffe Milchrinderrasse, Fleischrinderrasse oder Zweinutzungsrasse zu! Begründe deine Zuordnung!

A2 Sammle Argumente, die für und gegen eine Massentierhaltung von Rindern sprechen!

Material B ▸ Pferd

Aus dem Wildpferd hat der Mensch das Hauspferd gezüchtet. Es diente überwiegend als Trage- und Reittier. Heute hat es im Freizeitsport als Spring-, Reit- und Dressurpferd eine große Bedeutung. Sein Körperbau ist an schnelles Laufen sehr gut angepasst. An jedem Fuß besitzt es nur eine große Zehe, die von einem Huf aus Horn umgeben ist. Das Pferd ist ein **Zehenspitzengänger** und **Unpaarhufer.**

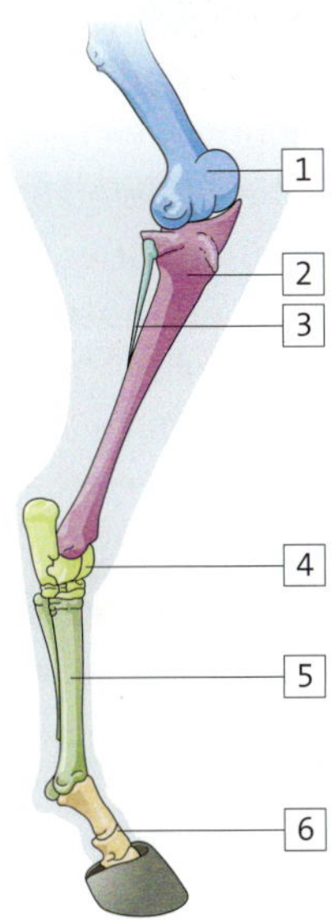

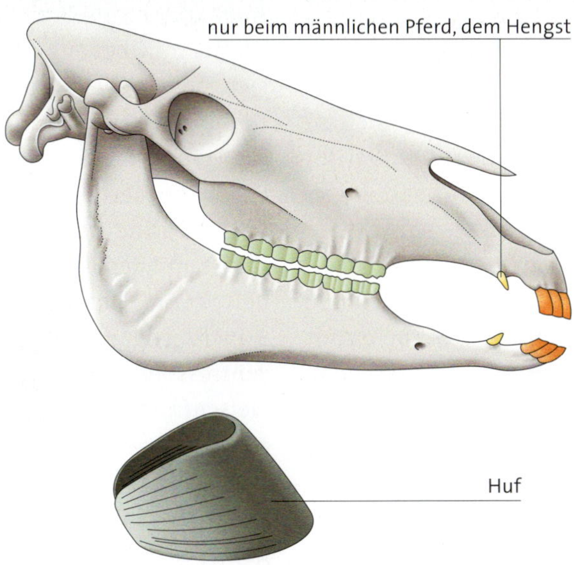

B1 Erstelle die Zahnformel für das Pferdegebiss! Begründe mithilfe des Gebisses, wovon sich das Pferd ernährt!

B2 Ordne den Zahlen Fachbegriffe zu! Nimm die Abbildung 04 auf Seite 31 zu Hilfe!

B3 Nenne Gemeinsamkeiten und Unterschiede im Aufbau eines Rinderbeines und eines Pferdebeines!

01 Wildschwein mit Frischlingen

Das Schwein – ein Allesfresser

Wildschweine leben in Laub- und Mischwäldern in einer Familiengemeinschaft. Mit ihrem Rüssel durchwühlen sie den Waldboden. Was suchen sie im Boden?

LEBENSWEISE · Wildschweine bevorzugen große Waldgebiete mit feuchten und sumpfigen Böden. Tagsüber ziehen sie sich in dichtes Unterholz zurück und ruhen. Bei der Nahrungssuche am späten Abend legen Wildschweine lange Strecken zurück. Sie durchwühlen mit ihrer rüsselartigen Schnauze Falllaub und lockeren Erdboden. Mit ihrem ausgezeichneten Geruchssinn suchen sie im Boden gezielt nach Wurzeln, Würmern, Mäusen, Schnecken und Pilzen. Im Herbst fressen sie zusätzlich Eicheln, Kastanien und Nüsse. Im Frühjahr ernähren sie sich auch von Farnen und Gräsern. Wildschweine sind **Allesfresser.** Selbst bei geschlossenem Maul sind vom Gebiss die stark entwickelten Eckzähne, die **Hauer,** sichtbar. Sie sind bei den männlichen Wildschweinen besonders groß und dienen dem Aufwühlen des Erdbodens, aber auch als Waffe. Im Ober- und Unterkiefer befinden sich jeweils sechs *Schneidezähne,* zwei *Eckzähne* und 14 *Backenzähne.* Die vorderen Backenzähne haben scharfe Kanten, wie es bei Fleischfressern üblich ist. Die hinteren Backenzähne besitzen eine breite Oberfläche, mit der Nahrung gut zermahlen werden kann. Das Gebiss im keilförmigen Schädel zeigt sowohl Merkmale eines Pflanzenfressergebisses als auch Merkmale eines Fleischfressergebisses. Wildschweine haben ein **Allesfressergebiss.**

Wildschweine wälzen sich oft in schlammigen Wasserlöchern, sie *suhlen.* Nach dem

Suhlen trocknet der Schlamm am Körper und bildet eine Kruste, die die Haut vor Ungeziefer und Verletzungen schützt. Wenn Wildschweine durch den feuchten Untergrund des Waldes laufen, spreizen sich die Hufe weit auseinander. Sie verhindern so zusammen mit den beiden nach hinten gerichteten *Afterzehen* ein Einsinken in den matschigen Untergrund. Wildschweine sind **Paarhufer** und **Zehenspitzengänger.**
Der Familienverband, die **Rotte,** besteht aus mehreren weiblichen Wildschweinen, den **Bachen,** und vielen Jungtieren. Männliche Wildschweine, die **Keiler,** sind Einzelgänger. Nur zur Paarungszeit zwischen November und Februar gesellen sie sich zu einer Rotte. Im Frühjahr werden drei bis zwölf Jungtiere geboren. Diese **Frischlinge** tragen etwa sechs Monate lang auf dem dunkelbraunen Fell hellbraune Längsstreifen. Danach wechseln sie ihr Haarkleid und nehmen die braune bis schwarze Färbung des Borstenfells der Alttiere an. Im Wald sind sie so gut vor Feinden *getarnt.* Die Augen sind klein und die großen Ohrmuscheln stehen aufrecht. Hören können Wildschweine sehr gut, das Sehvermögen ist nur schwach ausgebildet.

HAUSSCHWEIN · Das Hausschwein stammt vom Wildschwein ab und wird seit mehr als 5000 Jahren vom Menschen gezüchtet. Viele Körpermerkmale haben sich verändert. Im Vergleich zum Wildschwein ist der Kopf weniger keilförmig. Der Körper ist länger, aber niedriger gebaut. Auffällig sind die Schlappohren und der Ringelschwanz. Das weibliche Hausschwein, die **Sau,** wirft zweimal im Jahr sechs bis 20 Jungtiere. Bis zu einer Körpermasse von fünf Kilogramm werden sie **Ferkel** genannt. Das männliche Hausschwein heißt **Eber.** Der Mensch nutzt das Hausschwein vor allem zur Fleischerzeugung.

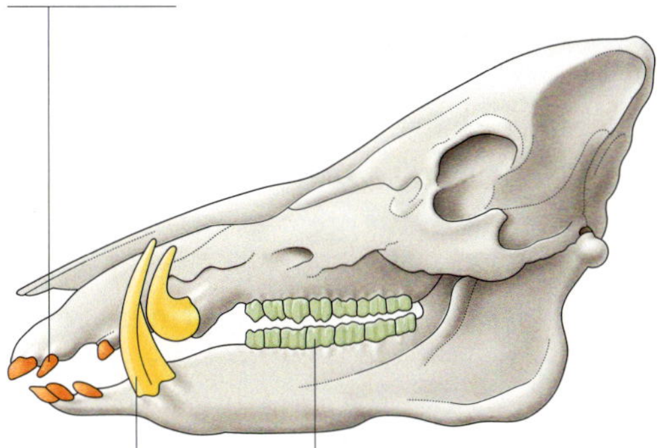

02 Gebiss eines Keilers

1) Erstelle die Zahnformel für das Gebiss eines Keilers!

2) Beschreibe, wie das Gebiss eines Keilers an die Nahrungsaufnahme angepasst ist!

3) Erläutere, welchen Vorteil die Fellfarbe für die Wildschweine hat!

BIOLOGISCHES PRINZIP

Reproduktion

Wildschweine pflanzen sich wie alle Lebewesen fort. Hierzu sind zwei Partner mit unterschiedlichem Geschlecht nötig. Die Bache und der Keiler zeugen gemeinsam eine hohe Anzahl von Nachkommen, die Frischlinge. Die Nachkommen wachsen heran und pflanzen sich ebenfalls wieder fort. So folgt auf eine Generation Wildschweine die nächste. Alle Lebewesen, Pflanzen, Tiere und Menschen, produzieren Nachkommen, damit die Art erhalten bleibt. Deshalb spricht man vom biologischen Prinzip der ***Reproduktion.***

SCHWEINEHALTUNG · Um die Nachfrage nach Schweinefleisch zu decken, wurden Hausschweine gezüchtet, die möglichst schnell wachsen und viel Muskelfleisch ansetzen. Die Schweine werden zu Hunderten in Ställen untergebracht. Die kleinen Boxen in den Ställen sind mit Bodenplatten so ausgestattet, dass Kot und Urin in einem Behälter unter den Boxen aufgefangen werden können. Häufiges Füttern und wenig Bewegung der Tiere führen zu einer schnellen Zunahme der Körpermasse. Durch diese **Intensivhaltung** sind die Schweine schon in acht bis zehn Monaten schlachtreif. Für den Menschen bedeutet dies weniger Arbeitsaufwand und eine billige Fleischproduktion. Die Tiere sind unter diesen Haltungsbedingungen aber viel anfälliger für Krankheiten und müssen häufig mit Medikamenten behandelt werden. Bietet man den Schweinen viel Auslauf im Freien, außerhalb von Ställen, so spricht man von der **Freilandhaltung.** Die Tiere haben viel Bewegung und können im Boden wühlen, sich suhlen und so ihren natürlichen Verhaltensweisen nachgehen. Viel Auslauf führt dazu, dass das Hausschwein bis zu zwei Jahre braucht, bis es mit einer Körpermasse von 100 Kilogramm schlachtreif ist. Erfüllt eine Tierhaltung die natürlichen Lebensbedingungen der Tiere, bei denen sie ihre ursprünglichen und natürlichen Verhaltensweisen zeigen können, so handelt es sich um eine **artgerechte Tierhaltung.**

4 Nenne Merkmale eines Hausschweins, die durch Züchtung aus Wildschweinen verändert wurden!

5 Beschreibe die Lebensbedingungen für das Hausschwein bei Intensivhaltung und Freilandhaltung!

03 Intensivhaltung

04 Freilandhaltung

Material A ▸ Körperbau des Hausschweines

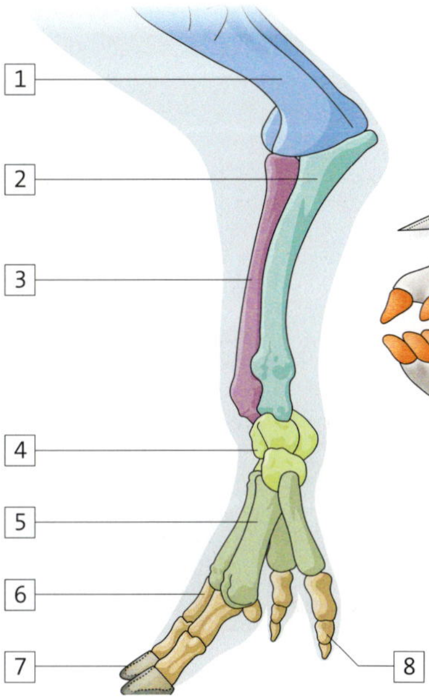

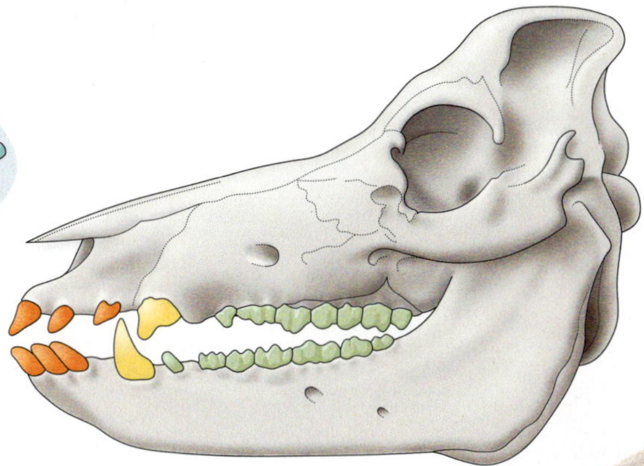

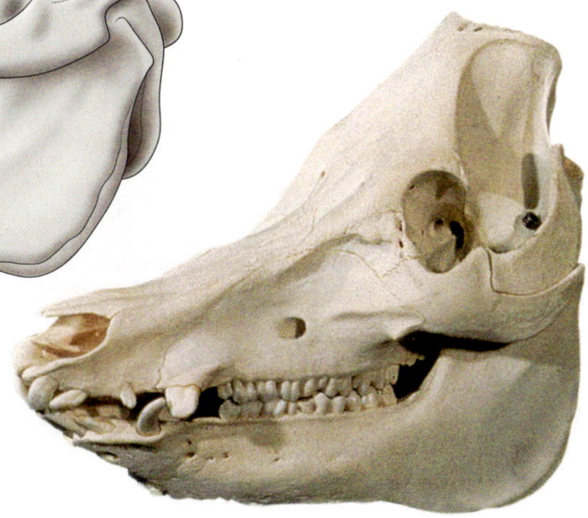

A1 Ordne den Zahlen entsprechende Fachbegriffe zu!

A2 Vergleiche das Bein des Schweines mit dem des Rindes! Nenne Gemeinsamkeiten und Unterschiede! Nimm die Abbildung 04 auf Seite 31 zu Hilfe!

A3 Vergleiche den Schädel eines Wildschweines mit dem eines Hausschweines und beschreibe Gemeinsamkeiten und Unterschiede! Nimm die Abbildung 02 auf Seite 35 zu Hilfe!

A4 Beschreibe verschiedene Angepasstheiten des Wildschweines an seinen Lebensraum!

Material B ▸ Verhältnis von Darmlänge zu Körperlänge bei verschiedenen Säugetieren

Säugetier	durchschnittliche Darmlänge	durchschnittliche Körperlänge	Verhältnis von Darmlänge zu Körperlänge
Schwein	2 240 cm	160 cm	–
Hund	500 cm	100 cm	5
Rind	5 000 cm	200 cm	–
Ratte	130 cm	13 cm	–

B1 Berechne das Verhältnis von Darmlänge zu Körperlänge für jedes Tier (Darmlänge in Zentimeter dividiert durch Körperlänge in Zentimeter)!

B2 Stelle Vermutungen an, inwieweit die Darmlänge mit der Ernährungsweise zusammenhängt!

B3 Erkläre, weshalb es wichtig ist, das Verhältnis von Darmlänge zu Körperlänge zu berechnen und nicht nur die Darmlängen der Tiere zu vergleichen!

01 Maulwurf

Der Maulwurf – ein Leben im Boden

Auf dem Rasen sind viele kleine Erdhügel zu sehen. Sie verraten, dass hier ein Maulwurf lebt. Wie lebt er unter der Erde?

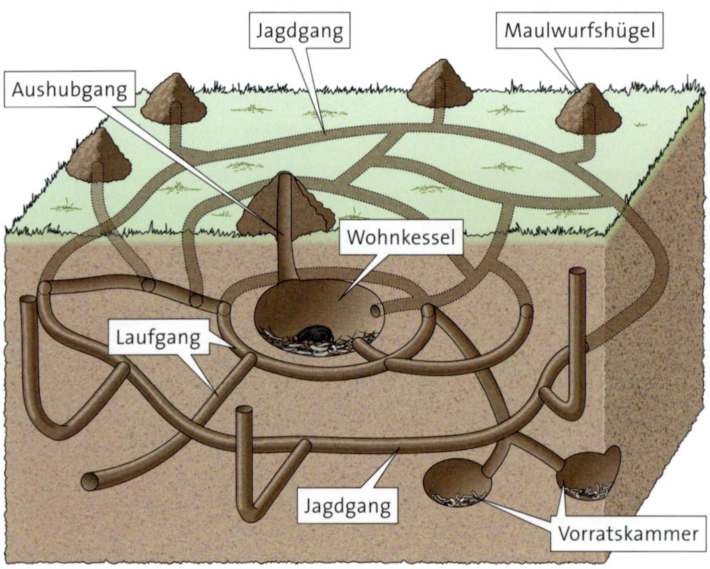

02 Gangsystem des Maulwurfs

LEBENSWEISE · Unter den Maulwurfshügeln verbirgt sich ein weit verzweigtes System unterirdischer Gänge und Kammern. Im Mittelpunkt liegt in etwa 60 Zentimeter Tiefe der **Wohnkessel,** der mit Gras und anderem weichem Polstermaterial ausgelegt ist. Das Maulwurfweibchen bringt hier ihre bis zu fünf Jungtiere zur Welt. Vom Wohnkessel zweigen viele feste, geglättete *Laufgänge* zu den *Jagdgängen* mit lockeren Wänden ab. Dadurch brechen in den Jagdgängen Kleintiere wie Regenwürmer, Insektenlarven, Spinnen und Schnecken viel leichter ein. Der Nahrungsbedarf des Maulwurfs ist sehr hoch. Er benötigt am Tag bis zu 120 Gramm an Nahrung, was etwa seiner Körpermasse entspricht. Regenwürmer, die er nicht sofort frisst, werden durch einen Biss gelähmt und eingesammelt. In tiefer gelegenen **Vorratskammern** legt der Maulwurf Vorräte an, um auch in der kalten

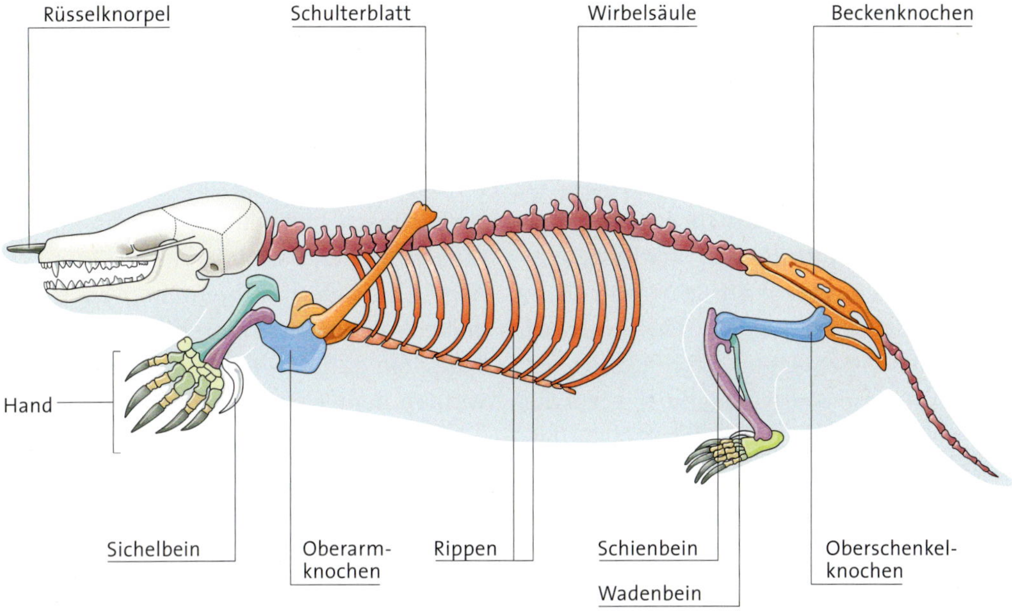

03 Skelett des Maulwurfs

Jahreszeit ausreichend Beutetiere fressen zu können. Der Maulwurf ist **winteraktiv.** Die Beutetiere werden mit den kräftigen, spitzen Zähnen zerkleinert. Der Maulwurf besitzt ein **Insektenfressergebiss.**
Entsteht beim Graben zu viel Abraum, schaufelt der Maulwurf einen **Aushubgang** nach oben. Dann schiebt er die Erde mit dem Kopf auf der Erdoberfläche zu einem frisch aufgeworfenen Maulwurfshügel zusammen. Fremde Artgenossen werden aus dem Revier verjagt, nur zur Paarungszeit im Frühjahr werden Geschlechtspartner geduldet. Der Maulwurf ist ein *Einzelgänger.* Das Leben im Boden ist ein idealer Schutz vor Fressfeinden wie Wildschweinen, Füchsen und Greifvögeln.

KÖRPERBAU · Der Maulwurf ist an das Leben im Boden durch seinen Körperbau hervorragend angepasst. Sein walzenförmiger Körper, der spitz zulaufende Kopf und die kleine rüsselartige Nase, die durch einen harten Knorpel geschützt ist, erleichtern das Leben im Boden. Mit seinen scharfen Grabkrallen lockert er die Erde auf und schaufelt sie beiseite. Dabei helfen ihm seine hinteren Beinkrallen, indem sie den Körper abstützen und ein Zurückrutschen verhindern. Die kurzen Haare seines dichten, weichen Fells können sich beim Vor- oder Rückwärtslaufen jeweils in die entgegengesetzte Richtung legen. Sie weisen also keine Strichrichtung auf, weshalb die Fortbewegung in den engen Gängen nicht behindert wird. Der Mund und die Nasenöffnungen sind nach unten gerichtet, sodass beim Graben keine Erde eindringen kann. Seine Augen sind winzig und im Fell verborgen. Der Maulwurf hat keine Ohrmuscheln und die Gehörgänge sind über ein Häutchen verschließbar.

1 Beschreibe mithilfe der Abbildung 02 das Revier des Maulwurfs!

2 Nenne Gründe, weshalb der Maulwurf auch im Winter aktiv ist!

SINNESORGANE · Wie spürt der Maulwurf in den dunklen Gängen seine Beute auf? Alle drei bis vier Stunden durchstreift er seine Jagdgänge auf der Suche nach eingedrungenen Kleintieren. Dabei leistet ihm sein ausgeprägter Geruchssinn gute Dienste. Er kann die Tiere sogar durch die Erde hindurch riechen. Mithilfe von Tasthaaren an der Nase, um das Maul, am Schwanz und an den Handwurzeln nimmt der Maulwurf schon die leichtesten Erschütterungen wahr. Auf diese Weise bemerkt er selbst die Beute, die sich auf der Erdoberfläche bewegt. Die Ohren sind zwar von außen nicht zu sehen, aber das Gehör ist dennoch sehr gut ausgebildet.

BEDEUTUNG DES MAULWURFS · Beim Graben der Gänge wühlt der Maulwurf den Boden auf. Dadurch wird der Boden aufgelockert und besser durchlüftet, was die *Bodenfruchtbarkeit* verbessert. Zudem frisst er Wurzelschädlinge und trägt so zur natürlichen Bekämpfung von Schädlingen bei. Dennoch ist der Maulwurf bei vielen Gartenbesitzern nicht beliebt. Nicht nur die Maulwurfshügel sind für sie ein Grund zur Ärgernis, sondern sie befürchten auch, dass er die Wurzeln der Pflanzen fressen könnte. Trotzdem darf der Maulwurf nicht getötet werden, denn er steht unter Naturschutz.

3 Beschreibe die Bedeutung des Maulwurfs für den Menschen!

4 Erläutere, weshalb die Befürchtung der Gartenbesitzer nicht gerechtfertigt ist!

BIOLOGISCHES PRINZIP

Angepasstheit

Besonders auffällig am Maulwurf sind seine seitlich abstehenden, kurzen und kräftigen Vordergliedmaßen. Diese ***Grabhände*** *mit den langen Krallen sind durch die Fingerknochen, die verwachsen sind, besonders kompakt. Mit den langen, ausgehöhlten* ***Grabkrallen*** *kann er feste Erdteilchen und Steinchen im Boden loslösen. Die Handfläche ist zusätzlich verbreitert durch einen weiteren Knochen, das* ***Sichelbein.*** *Die Vordergliedmaßen erhalten so die Form von* ***Grabschaufeln.*** *Die nach außen gedrehten schaufelförmigen Hände ermöglichen das Wegschieben der Erde nicht nur zur Seite, sondern auch nach oben in die Aushubgänge. Mit seinen Grabhänden ist der Maulwurf an das Leben im Boden sehr gut angepasst. So wie der Maulwurf zeigen auch alle anderen Lebewesen Angepasstheiten an ihre Lebensweise und ihren Lebensraum. Man spricht deshalb von dem biologischen Prinzip* ***Angepasstheit****!*

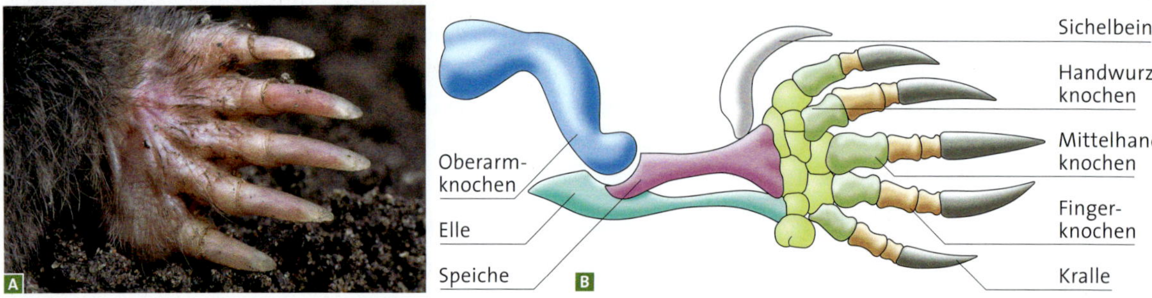

04 Grabhand: **A** Foto, **B** Skelett

Material A ▸ **Schädel des Maulwurfs**

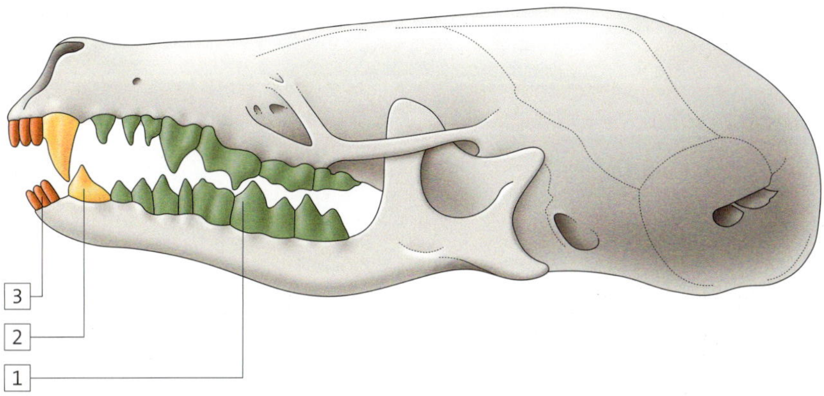

A1 Ordne den Zahlen die entsprechenden Fachbegriffe zu!

A2 Erstelle eine Zahnformel!

A3 Erkläre, woran man erkennen kann, dass der Maulwurf ein Insektenfressergebiss besitzt!

Material B ▸ **Körperbau des Maulwurfs**

B1 Beschreibe die Körperform des Maulwurfs! Erläutere, weshalb die Körperform eine Angepasstheit an seine Lebensweise darstellt!

B2 Nimm Stellung zu folgender Aussage: „Es ist ein Vorteil, dass die Fellhaare des Maulwurfs keine Strichrichtung aufweisen"!

Material C ▸ **Energiebedarf bei Säugetieren**

Säugetiere	Körpermasse	benötigte Energie pro Kilogramm Körpermasse
Kaninchen	2,6 kg	186 KJ
Hund	14,0 kg	145 KJ
Hausrind	600,0 kg	84 KJ
Elefant	3672,0 kg	56 KJ

Wissenschaftler haben bei verschiedenen Säugetieren gemessen, wie viel Energie sie in 24 Stunden benötigen. Die Energie wird in Kilojoule (KJ) angegeben. In der Tabelle sind die Messergebnisse festgehalten.

C1 Beschreibe und vergleiche die in der Tabelle festgehaltenen Messergebnisse der Wissenschaftler!

C2 Ein Maulwurf wiegt etwa 0,13 Kilogramm. Vergleiche seine Körpermasse mit der Körpermasse der in der Tabelle aufgeführten Säugetiere! Stelle Vermutungen über seinen Energiebedarf an!

01 Biber beim Bauen

Der Biber – ein Baumeister am Wasser

Der Biber ist ein fleißiger „Holzfäller" und ein großer „Baumeister" in einem: Unermüdlich schleppt er Material aus Ästen, Zweigen, Rindenstücken und baut damit stabile Burgen und Dämme. Weshalb baut der Biber Burgen und Dämme?

02 Biberburg

LEBENSWEISE · Eine *Biberfamilie* besteht aus fünf bis acht Tieren: den beiden Eltern, den letztjährigen Jungtieren und den Neugeborenen. Nach dem zweiten Lebensjahr werden die Jungtiere aus dem *Revier* vertrieben. Die Reviergrenzen werden mit einem öligen Duftstoff aus einer Drüse im Afterbereich markiert und gegen Eindringlinge verteidigt. Kennzeichnend für eine Biberfamilie ist ihre *Wohnburg*. Stehen steile Uferböschungen zur Verfügung, gräbt sich der Biber eine Höhle hinein. Gibt es keine erhöhten Ufer, baut sich der Biber im Wasser eine große *Biberburg* von mehreren Metern Durchmesser und Höhe. Als Baumaterial dienen abgenagte Äste, Zweige, Rindenstücke und Schlamm. Die Eingänge zur Wohnkammer liegen in der Regel unterhalb der Wasseroberfläche. Die Burg ist gut gegen Temperaturschwankungen isoliert. Selbst wenn im Winter –15 Grad Celsius gemessen werden, bleibt die Lufttemperatur in der Wohnkammer meistens über dem Gefrierpunkt. Sinkt der Wasserstand im Fluss, beginnt der Biber, Dämme zu bauen. Dadurch wird das Wasser aufgestaut und die Eingänge der Biberburg liegen wieder unter Wasser. Bei Hochwasser öffnet der Biber Teile seines Dammes, damit die Wohnkammer nicht überflutet wird. Für den Bau eines Dammes wird zunächst ein Wall aus Steinen und Schlamm errichtet. In und auf diesem Wall werden Baumstämme und Zweige gesteckt, die dann mit Schlamm abgedichtet werden. Auf diese Weise wächst der Damm stetig. Die Dämme können bis zu 30 Metern lang und bis zu 1,5 Metern hoch sein.

Den Winter verbringt der Biber ruhend in seiner Burg. Er ist ein **Winterruher.** Er unterbricht seinen Ruhezustand nur, um die im Sommer angelegten Pflanzenvorräte zu fressen. Diese *Wintervorräte* befinden sich in der Nähe der Burg unter Wasser. Im Sommer fällt der Biber ganze Bäume und gelangt so an die jungen Baumtriebe. Damit kommt er als **Pflanzenfresser** auch an die nährstoffreichen Knospen heran. Wie schafft es der Biber, Bäume mit einem Durchmesser von bis zu einem Meter zu fällen?

KÖRPERBAU · Beim Fällen des Baumes stellt sich der Biber auf seine Hinterbeine und stützt sich mit seinem kräftigen Schwanz ab. Er nagt den Stamm mit seinen meißelförmigen, scharfen *Nagezähnen* so lange an, bis der Baum an der Nagestelle „sanduhrförmig" aussieht und schließlich umfällt. Der Biber hat ein **Nagergebiss** und ist das größte Nagetier Europas. Ein auffälliges Merkmal ist sein breiter, flacher und schuppenartiger Schwanz, die *Biberkelle.* Diese Kelle dient dem Biber beim Schwimmen und Tauchen als Steuerruder und Antrieb. Beim Tauchen werden Nase und Ohren verschlossen, und die Augen werden durch ein durchsichtiges Augenlid, die *Nickhaut,* geschützt. Biber können bis zu 20 Minuten tauchen. Während seine Vorderfüße das Baumaterial geschickt greifen können, sind seine Hinterfüße breit und besitzen Schwimmhäute zwischen den Zehen. Sein Fell ist sehr dicht und wird regelmäßig mit einer öligen Abscheidung gefettet, sodass der Biber gut vor Nässe und Auskühlung geschützt ist.

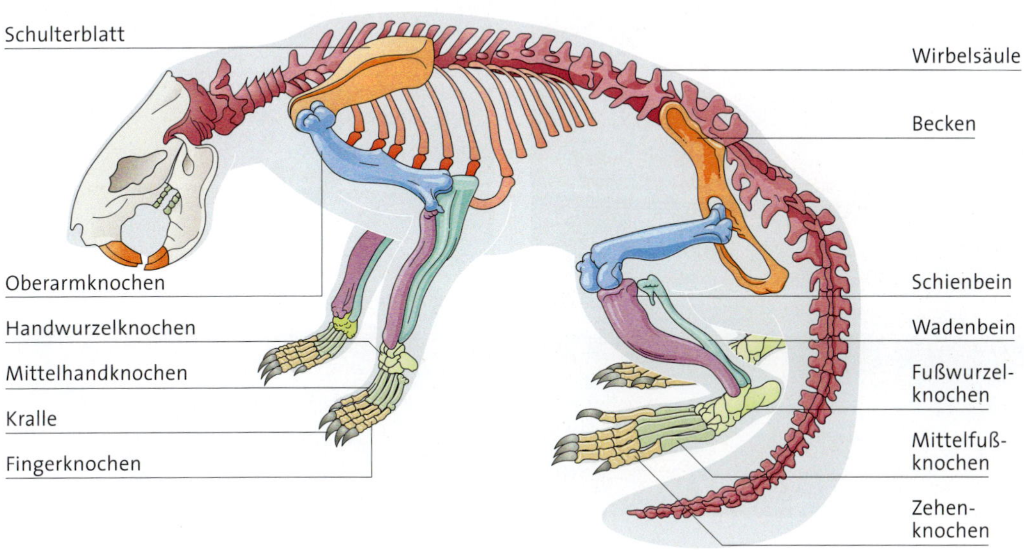

03 Skelett des Bibers

GEFÄHRDUNG UND SCHUTZ · Ursprünglich war der Europäische Biber weit verbreitet. Obwohl der Biber kaum natürliche Feinde wie Wölfe oder Bären hat, wurde er in weiten Teilen Europas ausgerottet. Was waren die Gründe, die zur Ausrottung des Bibers geführt hatten? Der Mensch jagte den Biber wegen seines wertvollen Pelzes. Das Biberfleisch war ebenfalls begehrt. Insbesondere der Biberschwanz war im Mittelalter während der Fastenzeit erlaubt. Er galt nicht als Fleisch, sondern wurde als der „fischige" Teil des Bibers angesehen. Als Wundermittel gegen Krankheiten wurde die ölige Abscheidung, das *Bibergeil,* eingesetzt.
Die starken Eingriffe des Menschen in die Natur haben den Bestand des Bibers ebenfalls stark verringert. Durch die Begradigung von Flüssen, das Anlegen von Uferbefestigungen, das Beseitigen der Ufervegetation und das Trockenlegen von Auenlandschaften wurde an vielen Orten der natürliche Lebensraum des Bibers zerstört. Seitdem der Biber unter Schutz steht, nimmt die Zahl der Tiere wieder zu. Die Wiederherstellung naturnaher Flusslandschaften und pflanzenreicher Ufer unterstützen die Verbreitung des Bibers. Allerdings freuen sich nicht alle Menschen über diese Entwicklung. Der Biber gerät in Konflikt mit den Forst- und Landwirten, weil er Bäume fällt und Dämme baut, die die Bäche stauen und zu Überschwemmungen führen. Außerdem berichten Landwirte von Ernteverlusten, denn der Biber frisst die Feldfrüchte in Gewässernähe.

1 Nenne Angepasstheiten des Bibers an seine Lebensweise im und am Wasser!

2 Erläutere, weshalb der Biber in weiten Teilen Europas ausgerottet wurde!

3 Nenne Maßnahmen, die den Biberbestand in Europa wieder erhöht haben!

4 Nenne Gründe, weshalb der Biber auch heute noch den Unmut von Menschen auf sich zieht!

04 Biberfamilie

05 Nagespur des Bibers

Material A ▸ Gebisstypen

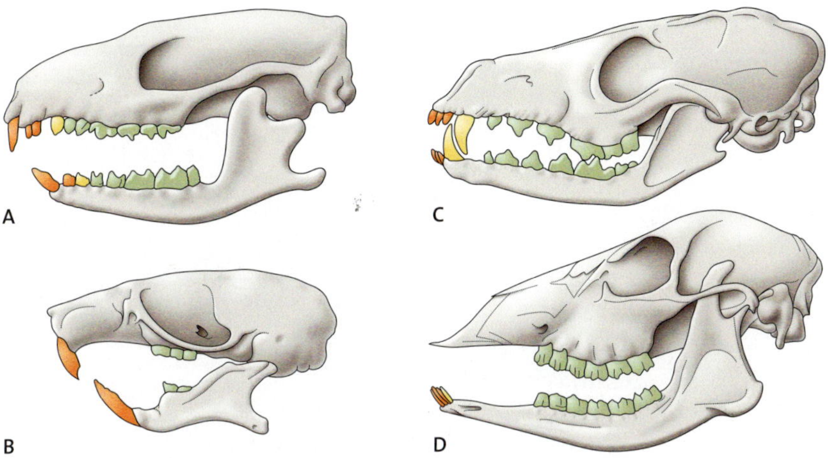

A1 Die Abbildung zeigt die Schädel einer Maus, eines Rehs, eines Fuchses und eines Igels. Ordne den Tieren die Begriffe Fleischfresser-, Insektenfresser-, Pflanzenfresser- und Nagergebiss zu! Begründe deine Zuordnung!

A2 Erstelle für das Nagergebiss eine Zahnformel!

A3 Erläutere, weshalb das Nagergebiss eine Angepasstheit an die Lebensweise des Bibers darstellt!

Material B ▸ Säugetiere im Winter

Außentemperatur		Körpertemperatur		Atemzüge pro Minute		Herzschläge pro Minute	
		Eichhörnchen	Fuchs	Eichhörnchen	Fuchs	Eichhörnchen	Fuchs
im Sommer	20 °C	37 °C	38,5 °C	60	24	170	100
im Herbst	15 °C	37 °C	38,5 °C	60	24	170	100
im Winter	02 °C	37 °C	38,5 °C	45	24	160	100
im Frühjahr	10 °C	37 °C	38,5 °C	40	24	140	100

B1 In der Tabelle sind die Messergebnisse einer Untersuchung dargestellt. Übertrage die Messergebnisse für die Körpertemperatur, die Atemzüge pro Minute und die Herzschläge pro Minute jeweils in ein Diagramm! Trage jeweils auf der Rechtsachse im gleichen Abstand die vier Jahreszeiten mit den angegebenen Temperaturen ein! Nimm die Seiten 214 und 215 zu Hilfe!

B2 Deute die Ergebnisse anhand der Tabelle und der Diagramme! Berücksichtige bei dieser Deutung die Begriffe winterruhend und winteraktiv!

Material C ▸ Sommerfell und Winterfell des Hermelins

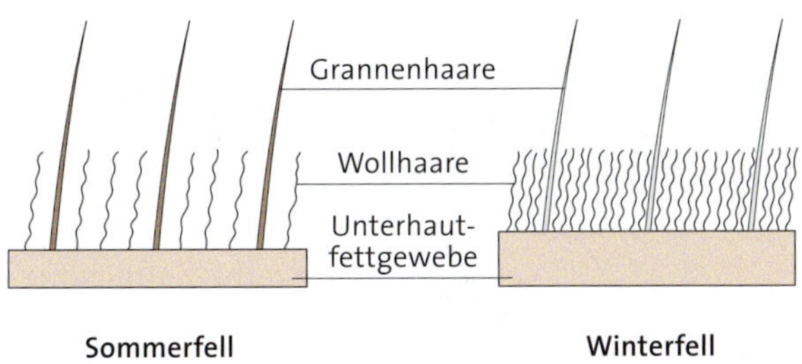

C1 Beschreibe die Unterschiede zwischen Sommer- und Winterfell des Hermelins!

C2 Nenne weitere Beispiele für Angepasstheiten der Haare an die Lebensweise und den Lebensraum bei den Säugetieren!

01 Braunes Langohr im Flug

Fledermäuse – Jäger der Nacht

Bei einbrechender Dunkelheit kann man im Sommer mit etwas Glück kleine Tiere beobachten, die im unruhigen Zickzack lautlos und schnell umherfliegen. Dabei weichen sie geschickt jedem Hindernis aus. Es handelt sich um Fledermäuse. Wie orientieren sich Fledermäuse in der Dunkelheit?

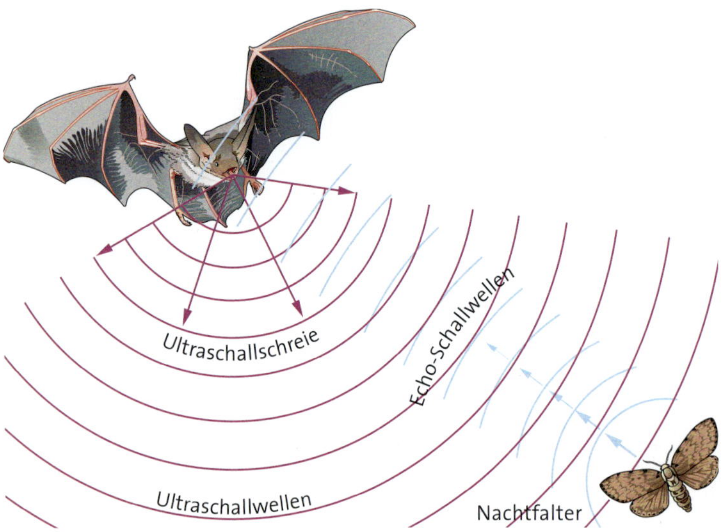

02 Orientierung einer Fledermaus

ORIENTIERUNG · Man hat herausgefunden, dass Fledermäuse wie das Braune Langohr während des Fluges durch Mund oder Nase Schreie ausstoßen. Diese hohen Töne sind Schallwellen, die der Mensch nicht hört. Man nennt sie **Ultraschallwellen.** Treffen die *Ultraschallschreie* auf ein Hindernis oder ein Beutetier, kehren sie als *Echo* zurück. Mit seinen großen, trichterförmigen Ohren fängt das Braune Langohr die *Echo-Schallwellen* wieder auf. Je weiter ein Beutetier entfernt ist, desto länger dauert es, bis das Echo wahrgenommen wird. Mit Hilfe dieser *Echo-Ortung* kann das Braune Langohr nicht nur die Entfernung und Richtung des Beutetiers bestimmen, sondern auch dessen Größe und Gestalt. Die Fledermaus orientiert sich nicht mit den Augen in ihrer Umgebung, sondern mit dem **Gehörsinn.** Dadurch ist sie in der Lage, auch bei völliger Dunkelheit auf Nahrungssuche zu gehen.

KÖRPERBAU · Wie bei den Vögeln sind die Vordergliedmaßen der Fledermaus zu Flü-

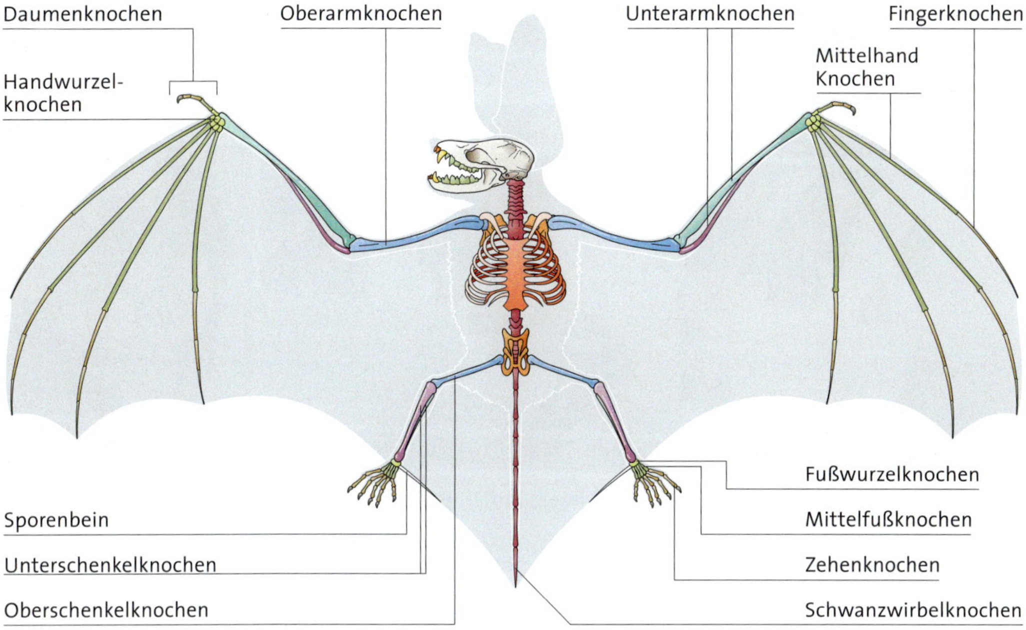

03 Skelett einer Fledermaus

geln umgewandelt. Die Flügelfläche wird aber nicht wie bei den Vögeln von Federn gebildet, sondern von einer dünnen Haut. Diese *Flughäute* spannt die Fledermaus zwischen Armen, Beinen, Rumpf und Schwanz zu **Hautflügeln.** Durch die stark verlängerten Mittelhand- und Fingerknochen haben die Flügel eine ausreichend große Oberfläche zum Fliegen. Ein zusätzlicher Knochen, das *Sporenbein,* dient dem Spannen der Schwanzflughaut. Nur die kleinen Füße und die kurzen Daumen liegen frei und tragen scharfe Krallen. Beim Fliegen werden die Hautflügel ununterbrochen in schneller Folge auf und ab bewegt. Wegen dieser flatterartigen Flugbewegungen zählt man die Fledermäuse zu den **Flattertieren.**

LEBENSWEISE · Der Flatterflug des Braunen Langohrs ist sehr anstrengend, deshalb benötigt es viel Energie. Schon kurz nach Sonnenuntergang geht es auf Insektenjagd. Die Fledermaus ist ein **nachtaktives** Tier. Das hat den Vorteil, dass es auf weniger Nahrungskonkurrenten trifft. In einem Sommer kann eine Fledermaus mit ihrem *Insektenfressergebiss* bis zu 60 000 Mücken fressen.

In den Tropen gibt es Fledermäuse, die sich auch von Nektar und Früchten ernähren oder von Blut wie die Vampirfledermaus. Mit ihren spitzen Zähnen beißt sie aus größeren Säugetieren ein Stück der Haut heraus und leckt das Blut ab. Tagsüber ist die Fledermaus nicht zu sehen. Sie zieht sich in ihr Tagquartier wie Baumhöhlen, Felsspalten oder Dachböden zurück. Dort krallt sie sich mit ihren Füßen an der Decke fest und verbringt schlafend den Tag. Im Spätsommer sucht die Fledermaus ein frostsicheres Winterquartier auf. Höhlen sind besonders gut geeignet, da in ihnen die Temperatur keinen starken Schwankungen unterliegt, gleichzeitig bieten sie Schutz vor Feinden. In diesen Höhlen überbrückt die Fledermaus oft in großer Zahl die kalten Monate bis zum Frühjahr im **Winterschlaf.**

04 Fledermäuse: **A** Große Hufeisennasen im Winterquartier; **B** Kleiner Abendsegler mit Traglingen

FORTPFLANZUNG UND ENTWICKLUNG · Die *Paarung* der Fledermäuse findet im Winterquartier statt. Das Männchen sucht das schlafende Weibchen auf, umklammert es mit seinen Flügeln und beißt es in den Nacken. Sobald das Weibchen erwacht, wird es von dem Männchen *begattet*. Die *Befruchtung* der Eizelle erfolgt jedoch erst nach dem Winterschlaf. Die *Tragzeit* ist vom Nahrungsangebot abhängig und kann bis zu 70 Tage dauern. Die Fledermäuse fliegen dann in ihre Sommerquartiere. Die Männchen suchen sich Tagquartiere. Die Weibchen versammeln sich in den **Wochenstuben,** um die Jungtiere zur Welt zu bringen. Jedes Weibchen gebärt in der Regel nur ein Jungtier. Das nackte und blinde Neugeborene wird bis zu sieben Wochen lang gesäugt. Das Jungtier klammert sich am Fell des Muttertieres fest und wird in den ersten Tagen zu den Jagdflügen mitgenommen.

05 Flughund

FLUGHUNDE · Flughunde sind die nächsten verwandten Tiere der Fledermäuse. Sie sind in den Tropen Afrikas und Asiens verbreitet. Flughunde leben nachtaktiv, orientieren sich aber im Gegensatz zu den Fledermäusen vor allem mithilfe ihrer großen Augen. Eine Echoortung besitzen nur Höhlen bewohnende Flughunde. Da sie in wärmeren Gebieten leben, halten sie keinen Winterschlaf.

1 Beschreibe, wie die Fledermaus in der Dunkelheit ihre Beute aufspürt!

2 Erläutere, inwiefern die späte Befruchtung der Eizelle eine Angepasstheit an die Lebensweise der Fledermäuse darstellt!

3 „Fledermäuse sind Säugetiere!“ Begründe diese Aussage!

Material A ▸ Armskelette im Vergleich

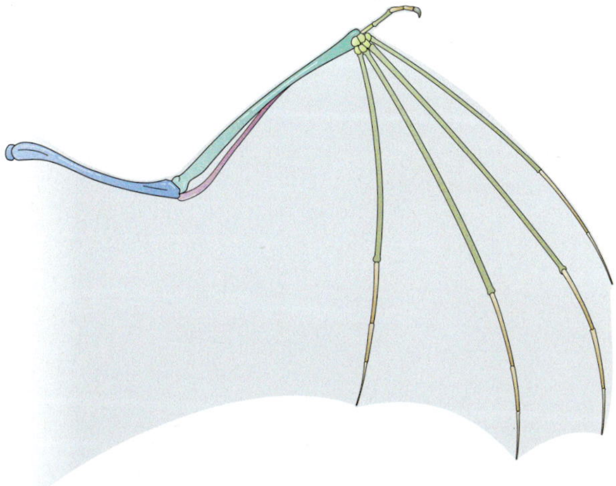

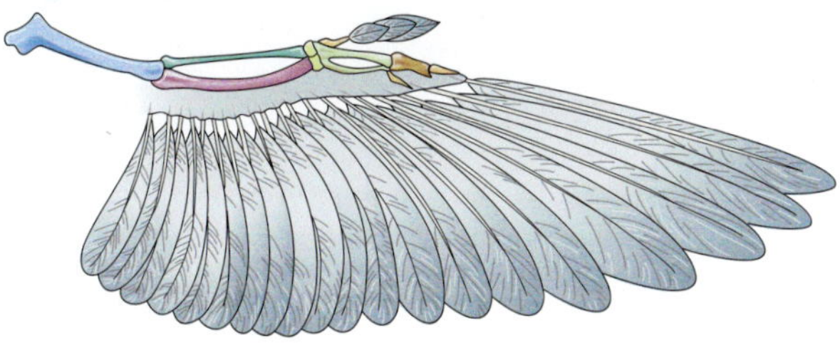

A1 Vergleiche das Armskelett der Fledermaus mit dem eines Vogels! Nenne Gemeinsamkeiten und Unterschiede!

A2 Erläutere, wie das Flügelskelett der Fledermaus an das Fliegen angepasst ist!

Material B ▸ Orientierung der Fledermäuse

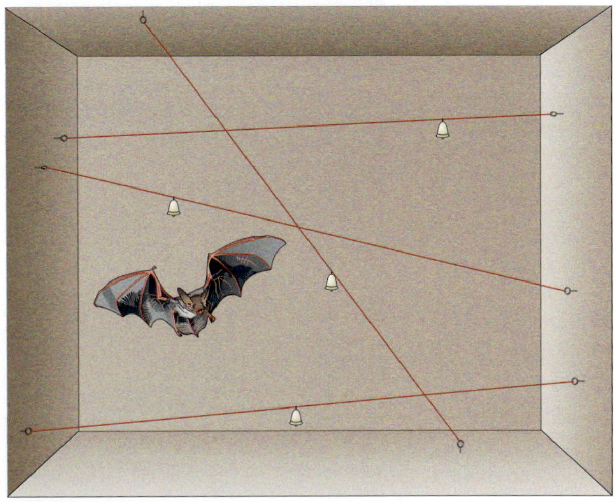

Der italienische Naturforscher SPALLANZANI führte 1793 Experimente durch, um herauszufinden, welches Sinnesorgan die Fledermäuse zur Orientierung nutzen. Dazu hängte er in einem verdunkelten Raum Glocken an Schnüren auf. Anschließend ließ er Fledermäuse in diesem Raum fliegen:

a) mit verbundenen Augen,
b) mit durch Wachs verschlossenen Ohren oder
c) mit zugebundenem Maul und zugebundener Nase.

B1 Erläutere, in welchem Versuchsansatz SPALLANZANI die Glocken läuten hören konnte!

Material C ▸ Untersuchung bei Fledermäusen

Umgebungs-temperatur	Körpertemperatur	Atemzüge pro Minute	Herzschläge pro Minute
20 °C	37 °C	35	200
13 °C	25 °C	20	100
10 °C	10 °C	10	50
2 °C	5 °C	2	20
0 °C	35 °C	35	200

Biologen haben die Körpertemperatur sowie die Atemzüge und Herzschläge pro Minute einer Fledermaus bei unterschiedlicher Umgebungstemperatur untersucht. In der Tabelle sind die Untersuchungsergebnisse dargestellt.

C1 Deute die in der Tabelle festgehaltenen Untersuchungsergebnisse!

C2 Stelle Vermutungen an, welche Vorteile Fledermäuse durch ihren Winterschlaf haben!

C3 Nenne Eigenschaften, die ein Winterquartier der Fledermäuse haben sollte!

01 Buckelwal mit Jungtier

Wale – ein Leben im Meer

Das Beobachten von Walen ist an vielen Küsten der Erde eine Touristenattraktion. Dabei sind die Wale nur zu sehen, wenn sie zum Atmen an die Wasseroberfläche kommen. Weshalb müssen Wale im Gegensatz zu den Fischen zum Atmen auftauchen?

LEBENSWEISE · Der Buckelwal lebt in allen Ozeanen der Erde. Er ist ein sehr guter Schwimmer und Taucher. Bis zu 30 Minuten kann der Buckelwal unter Wasser bleiben, dann muss er zum Luftholen auftauchen. Dies ist schon von Weitem zu erkennen, denn beim Ausatmen entsteht eine hohe Wasserfontäne, der *Blas*. Wale atmen nicht mit Kiemen wie die Fische, sondern wie alle Säugetiere mit der *Lunge*. Die Atemluft wird über die verschließbaren Nasenlöcher aufgenommen. Diese Blaslöcher liegen oben auf dem Kopf. Dadurch wird das Atmen beim Schwimmen erleichtert. An Land können Wale nicht überleben, da sie von ihrer eigenen Körpermasse erdrückt werden. In den Sommermonaten lebt der Buckelwal in den kalten Polarmeeren. Diese sind viel nährstoffreicher als warme, tropische Gewässer. Wale haben wie Menschen eine Körpertemperatur von etwa 37 Grad Celsius. Gegen die Kälte schützen sich die Wale durch eine dicke Speckschicht unter der Haut. Zur Geburt wandern die Wale aber Tausende von Kilometern in wärmere Gewässer, da die neugeborenen *Kälber* noch nicht über dicke Speckpolster verfügen. Sobald ein Jungtier den Mutterleib verlassen hat, muss es schwimmen. Wenn das Jungtier erschöpft ist, ruht es sich auf dem Rücken des Muttertieres aus. Es wird über mehrere Monate gesäugt. Die Zitzen liegen in Hautfalten am Bauch des Muttertieres verborgen. Die Muttermilch ist besonders nährstoffreich, sodass das Jungtier schnell

02 Blas eines Buckelwals

wächst. Bevor der Buckelwal seine Wanderung in die kalten Polarmeere wieder aufnimmt, lernen die Jungtiere von ihren Müttern das schnelle Schwimmen.

KÖRPERBAU · Durch die *stromlinienförmige* Gestalt und die glatte Haut ist der Wasserwiderstand gering. Die kraftvollen Schläge der waagerecht gestellten Schwanzflosse, der *Fluke,* dienen dem Antrieb. Als Steuer nutzen die Wale die flossenartigen Vordergliedmaßen, die *Flipper.* Zusätzlich bietet die bei den meisten Walen auf dem Rücken liegende *Finne* Seitenstabilität. Die hinteren Gliedmaßen fehlen bei allen Walen.

ERNÄHRUNG · Im Polarmeer angekommen findet der Buckelwal reichlich Nahrung. Mit weit aufgerissenem Maul nimmt er mit dem Wasser massenhaft kleine Krebstiere, den *Krill,* auf. Beim Schließen des Mauls drückt seine Zunge gegen die hängenden Hornplatten im Oberkiefer, die **Barten.** Der Krill und andere Beutetiere wie kleine Fische bleiben an der Innenseite der bis zu einem Meter langen, ausgefransten Barten wie in einem Sieb hängen, während das Wasser nach außen gepresst wird. Wale, die sich auf diese Weise ernähren, gehören zu den **Bartenwalen,** wie zum Beispiel der Blauwal oder der Buckelwal. Im Gegensatz dazu besitzen die Pottwale viele spitze Zähne, mit denen sie Tintenfische und andere Meerestiere erbeuten. Sie gehören zu den **Zahnwalen.** Außerdem sind die beiden Nasenlöcher bei den Zahnwalen zu einer Öffnung, dem Blasloch, verschmolzen.

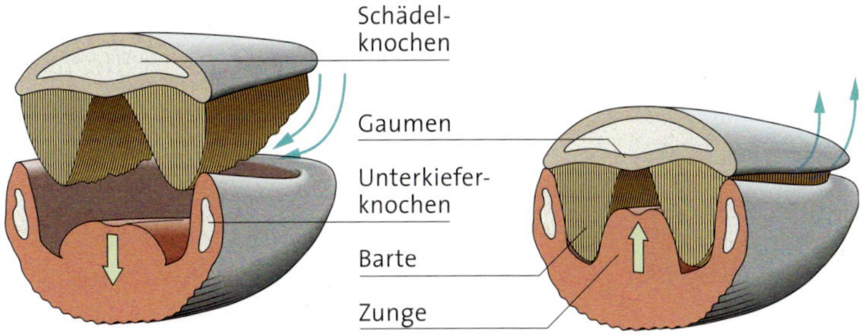

04 Querschnitt durch den Kopf eines Bartenwals

1 Nenne die Angepasstheiten des Walkörpers an das Leben im Wasser!

2 Beschreibe die Funktion der Barten!

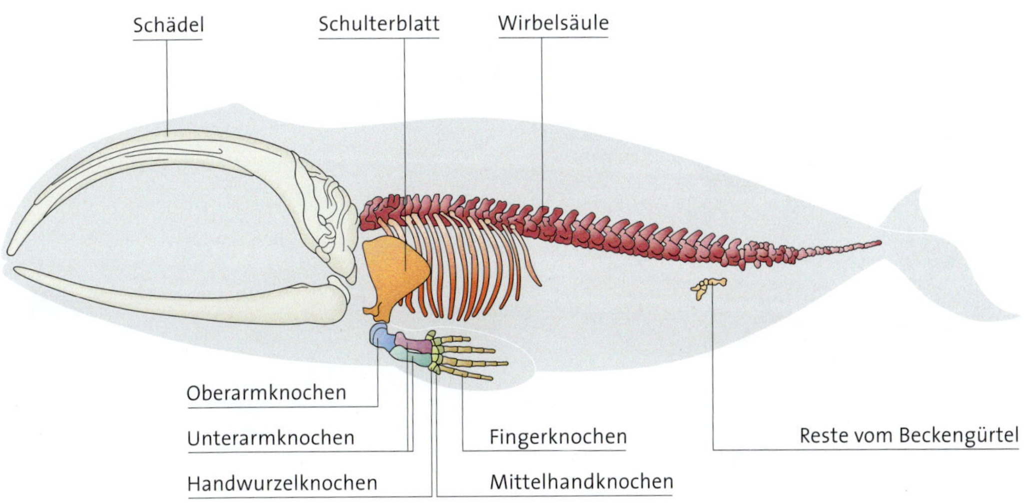

03 Skelett eines Bartenwals (Schema)

05 Zähne des Delfins

INFORMATION UND KOMMUNIKATION · Zu den Zahnwalen gehört der Delfin. Er ist ein schneller Jäger, und kann mit einer Geschwindigkeit von bis zu 60 Kilometer pro Stunde schwimmen. Beim Beutefang und zur Orientierung nutzt er ein Ortungssystem. In seinen Nasengängen erzeugt der Delfin sehr hohe Töne, die man als *Ultraschall* bezeichnet. Der Ultraschall besteht aus *Schallwellen*. Wenn diese *Ultraschallwellen* auf Beutetiere treffen, werden diese als *Echoschallwellen* reflektiert. Sogar kleine Beutetiere können so aufgespürt werden. Durch diese Peilung kann der Delfin seine Umwelt exakt wahrnehmen, dennoch erkennt er die für den Fischfang verwendeten Kunststoffnetze nicht. Viele Delfine verfangen sich daher in diesen Netzen und sterben. Delfine leben in Gruppen, die man *Schulen* nennt. Die einzelnen Tiere verständigen sich untereinander durch Töne, die wir Menschen auch hören können. Sie kommunizieren außerdem über Körperkontakt. Welche Vorteile bietet das Leben in der Gruppe? Es bietet einen besseren Schutz vor Feinden und ermöglicht gemeinsame Treibjagden auf Fischschwärme. Die Delfine schwimmen dabei in geringem Abstand nebeneinander und treiben die Fische dicht zusammen, indem sie pfeifen, schnattern und mit der Schwanzflosse auf die Wasseroberfläche schlagen. Die größten Fische werden aus dem Schwarm geschnappt. Die Ausbeute ist so höher als bei der Einzeljagd. Alle Wale einschließlich der Delfine senden Töne aus. Der *„Gesang der Wale“* dient wahrscheinlich in den Fortpflanzungsgebieten der Partnerwahl. Die Gesänge der Schwertwale und Buckelwale sind die bekanntesten, da diese Wale die lautesten und vielfältigsten Töne erzeugen.
Alle Wale sind in ihrem Bestand bedroht und stehen unter Naturschutz.

3 Nenne Situationen, in denen die Delfine miteinander kommunizieren!

4 Begründe, weshalb der Delfin in den Kunststoffnetzen der modernen Hochseefischerei verendet!

5 Nenne anhand der Abbildung 06 typische Körpermerkmale von Walen, die auch bei einem Delfin zu erkennen sind!

06 Delfine

Material A ▸ Skelett des Seehundes

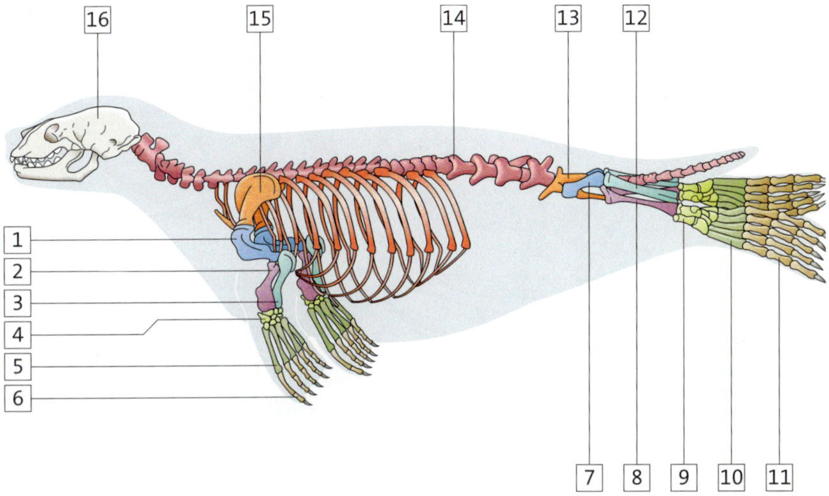

A1 Ordne den Zahlen die entsprechenden Fachbegriffe zu!

A2 Informiere dich in Lexika, Tierbüchern oder im Internet über den Seehund und erstelle einen Steckbrief zu folgenden Merkmalen: Vorkommen, Ernährung, Fortpflanzung und eine Besonderheit!

A3 Nenne Unterschiede zwischen den Skeletten von Wal und Seehund! Berücksichtige ihren Lebensraum!

Material B ▸ Bartenwale und Zahnwale

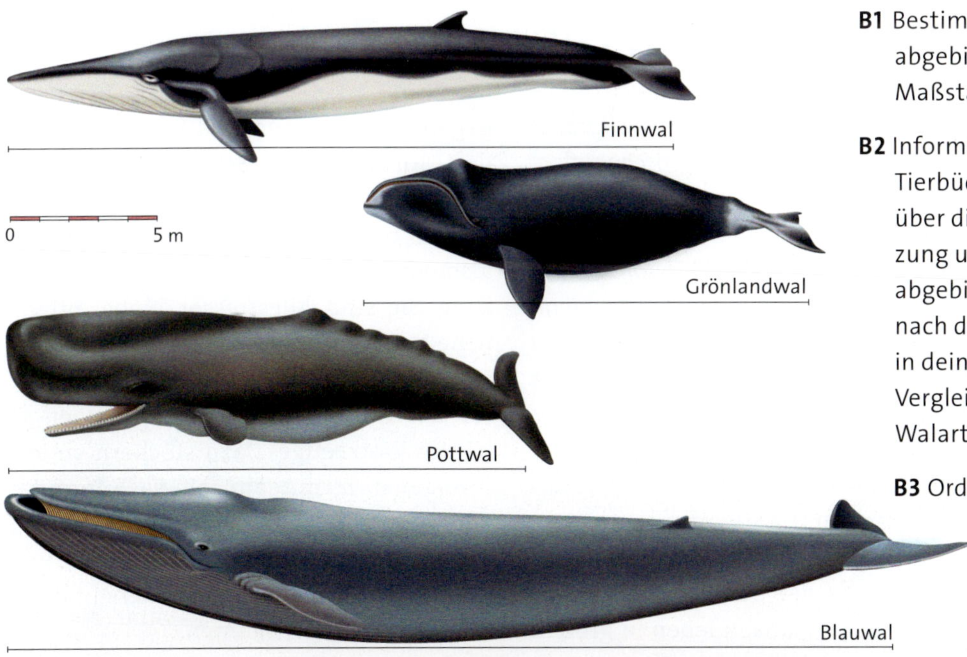

B1 Bestimme die Körperlängen der abgebildeten Wale mithilfe des Maßstabes!

B2 Informiere dich in Lexika, Tierbüchern oder im Internet über die Ernährung, Fortpflanzung und Entwicklung der abgebildeten Wale! Erstelle nach dem Muster eine Tabelle in deinem Biologieheft zum Vergleich der abgebildeten Walarten!

B3 Ordne den abgebildeten Walarten die Begriffe Zahnwal oder Bartenwal zu!

Merkmale	Blauwal	Pottwal	Finnwal	Grönlandwal
Ernährung	–	–	–	–
Fortpflanzung	–	–	–	–
Entwicklung	–	–	–	–

01 Pongoland Zoo Leipzig

Säugetiere – ein Leben im Zoo

Das Pongoland in Leipzig ist die weltgrößte Zooanlage, in der alle vier Menschenaffenarten – Schimpanse, Bonobo, Gorilla und Orang-Utan – beobachtet werden können. Insgesamt kümmern sich 14 Tierpfleger um die Fütterung, Reinigung und Instandhaltung der Gehege. Dennoch fragen Schüler oft: Fühlen sich Tiere wie zum Beispiel die Schimpansen im Zoo wohl?

SCHIMPANSEN IN IHREM LEBENSRAUM · Um diese Frage zu beantworten, muss man sich zunächst über den Lebensraum und die Lebensweise der Schimpansen informieren. Die Schimpansen leben in großen *Gruppen*. Man findet sie am häufigsten in Zentralafrika. Dort kann man sie sowohl im Regenwald als auch in der trockenen Savanne beobachten. Eine Gruppe besteht aus mehreren Männchen und Weibchen. Der Gruppenzusammenhalt wird durch die gegenseitige Körper- und Fellpflege gefördert. Im Leben der Schimpansen nimmt die Futtersuche viel Zeit in Anspruch. Sie suchen in ihrem *Revier* sowohl am Boden als auch kletternd auf Bäumen nach Nahrung. Sie sind Allesfresser, wobei pflanzliche Nahrung den Hauptanteil ausmacht, wie zum Beispiel Früchte, Nüsse und Blätter. Zur Nahrungsbeschaffung nutzen sie häufig Werkzeuge. Dazu stochern sie mit Zweigen in Termitenhügeln nach Termiten oder verwenden Steine, um Nüsse zu knacken. Schimpansen sind tagaktiv und bauen sich für die Nacht immer wieder ein neues Blätternest in den Bäumen.

SCHIMPANSEN IM ZOO · Im Pongoland lebt eine Schimpansengruppe, die sich aus elf weiblichen und sieben männlichen Tieren unterschiedlichen Alters zusammensetzt. Damit sich die Schimpansen in ihrem

02 Schimpansen auf Futtersuche

03 Schimpansenweibchen mit Jungtieren

Gehege wohlfühlen, muss es so gestaltet sein, dass sie ihre natürlichen Verhaltensweisen zeigen können. Die Reviergröße von wild lebenden Schimpansen hängt stets vom Nahrungsangebot ab. Da die Schimpansen im Zoo ausreichend Nahrung erhalten, spielt die Größe ihres Geheges eine untergeordnete Rolle. Die sehr zeitaufwendige Suche nach Nahrung entfällt im Zoo, daher ist es wichtig, dass die Schimpansen beschäftigt werden und sich somit ausreichend bewegen. Das Schimpansengehege bietet feste und bewegliche Klettermöglichkeiten wie Bäume und Seile. Um das Neugierverhalten zu fördern, werden diese regelmäßig umgestellt oder umgehängt. Auch die Nahrungsversorgung wird abwechslungsreich gestaltet. In den ausgehöhlten Bäumen sind Nüsse versteckt, sodass die Schimpansen nur mit einem Stock an die Nahrung gelangen. Das Futter wird in Futterzöpfen oder Müslirollen aus Jute oder Bambus verpackt und in die Äste gehängt. Rosinen, Sonnenblumenkerne und andere kleine Futterbrocken werden von den Tierpflegern im Gehege verstreut, um das Futtersuchverhalten zu fördern. Auch Laub wird reichlich ausgelegt, sodass die Schimpansen sich Nester bauen können. Zur weiteren Beschäftigung wird verschiedenes Spielzeug wie zum Beispiel Jutesäcke zur Verfügung gestellt.

Wird es draußen kühler, können sich die Schimpansen in der *Tropenhalle* aufhalten. Wasserfälle, üppiger Pflanzenbewuchs, hohe Temperaturen und Luftfeuchtigkeit sorgen für ein angenehmes Klima wie in einem ihrer natürlichen Lebensräume.

Der Zoo Leipzig versucht, möglichst viele natürliche Verhaltensweisen zu fördern. Je ähnlicher ein Gehege im Zoo dem natürlichen Lebensraum ist und je mehr natürliche Verhaltensweisen ausgelebt werden, desto **artgerechter** ist die Haltung der Tiere im Zoo und desto wohler fühlen sie sich.

1 Nenne typische Verhaltensweisen von Schimpansen in freier Natur!

2 Beurteile, inwieweit das Pongoland im Zoo Leipzig eine artgerechte Haltung der Schimpansen ermöglicht!

04 Spielender Eisbär im Zoo

05 Tauchender Eisbär im Zoo

EISBÄR IN SEINEM LEBENSRAUM · Der Eisbär lebt als *Einzelgänger* rund um den Nordpol. Er besitzt ein sehr dichtes, öliges und Wasser abweisendes Fell. Unter der Haut liegt eine dicke Fettschicht, sodass sehr wenig Körperwärme an die kalte Umgebung abgegeben wird. Kleine Ohren und ein kurzer Stummelschwanz halten ebenso den Wärmeverlust gering. Die Fußsohlen des Eisbären sind dicht behaart. Diese Behaarung ist nicht nur ein hervorragender Kälteschutz, sondern verhindert auch ein Ausrutschen auf dem Eis. Die vorderen Tatzen sind paddelförmig und besitzen Schwimmhäute zwischen den Zehen: Der Eisbär ist auch ein guter Schwimmer. Seine Hauptnahrung, die Ringelrobben, fängt er jedoch an Eislöchern. Gut getarnt durch sein gelblich-weißes Fell wartet er neben den Atemlöchern der Ringelrobben, bis diese zum Luftholen auftauchen. Durch seinen ausgeprägten Geruchssinn kann er seine Beute sogar unter dem Eis aufspüren.

Durch den Klimawandel schmilzt das Eis in seinem natürlichen Lebensraum. Dadurch werden die vom Eisbären bewohnten Eisflächen kleiner und die erfolgreiche Jagd nach Ringelrobben seltener. Der Eisbär ist deshalb vom Aussterben bedroht. Die erfolgreiche Zucht von Eisbären im Zoo ist somit ein wichtiger Beitrag zum Erhalt der Art.

EISBÄR IM ZOO · Im Zoo wird der Eisbär entgegen seiner natürlichen Lebensweise nicht als Einzelgänger gehalten. Daher muss bei der Gestaltung seines Geheges darauf geachtet werden, dass die Eisbären sich aus dem Weg gehen können. Das Gehege muss weitläufig sein und Plätze anbieten, die nicht einsehbar sind. Suhlplätze zum Wälzen, Aussichtspunkte, schattige Stellen und kühles Wasser müssen vorhanden sein. Zur Beschäftigung der Tiere wird ein Teil der Fischration in große Eisblöcke eingefroren. Der Eisbär benötigt einige Zeit, um die Fische herauszuschlecken. Plastikkanister oder Holzklötze zum Herumrollen oder zum Untertauchen eignen sich zum Spielen hervorragend.

3 Beschreibe die Auswirkungen der Klimaerwärmung auf die Lebensweise des Eisbären!

Material A ▸ Das Dromedar – ein Leben in Hitze und Trockenheit

Das Dromedar ist an den Lebensraum Wüste hervorragend angepasst. Auf die extremen Temperaturschwankungen in der Wüste kann es mit einer Körpertemperaturanpassung zwischen 34 °C und 40 °C reagieren. So muss es erst ab 41 °C Schweiß zur Kühlung bilden. Auch das dichte Fell schützt vor der Hitze am Tag und der Kälte in der Nacht. In wenigen Minuten kann das Dromedar bis zu 100 Liter Wasser aufnehmen. Es kann bis zu acht Tagen ohne Trinken auskommen. In seinem Höcker speichert es Fett, sodass es auch längere Zeit ohne Nahrung auskommt.

A1 Folgende Angepasstheiten an den Lebensraum Wüste kennzeichnen das Dromedar: 1. Reservefettspeicherung und Wärmehaushalt, 2. Schutz vor Sandstürmen, 3. Tarnung, 4. Schutz gegen Hitze und Kälte, 5. Schutz vor Wassermangel, 6. Schutz gegen Einsinken im Sand. Ordne mithilfe der Abbildung und des Textes den Angepasstheiten Merkmale zu!

A2 Erläutere, welche Angepasstheiten des Dromedars bei einem Leben im Zoo nicht erforderlich sind!

Material B ▸ Tierfüße

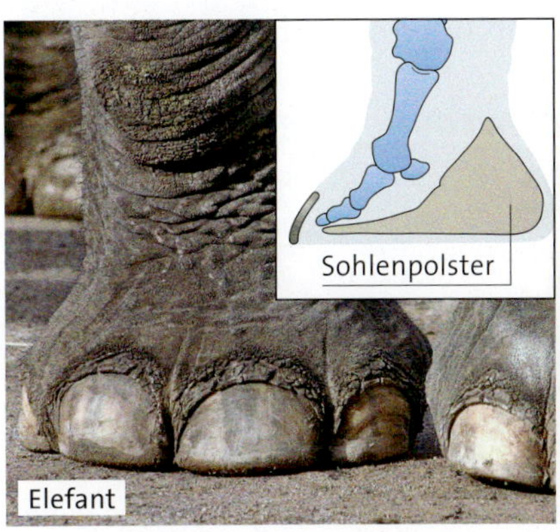

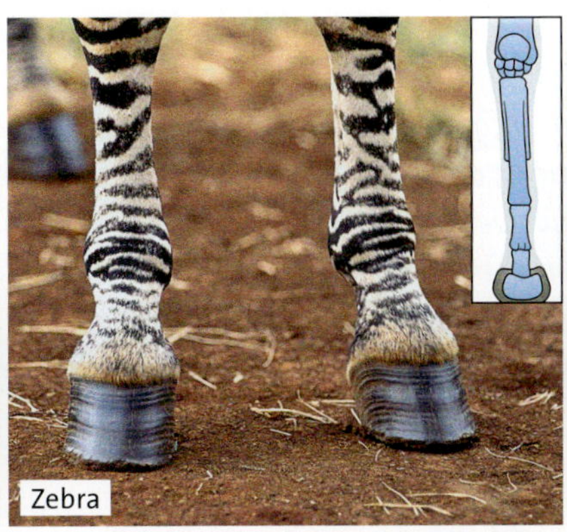

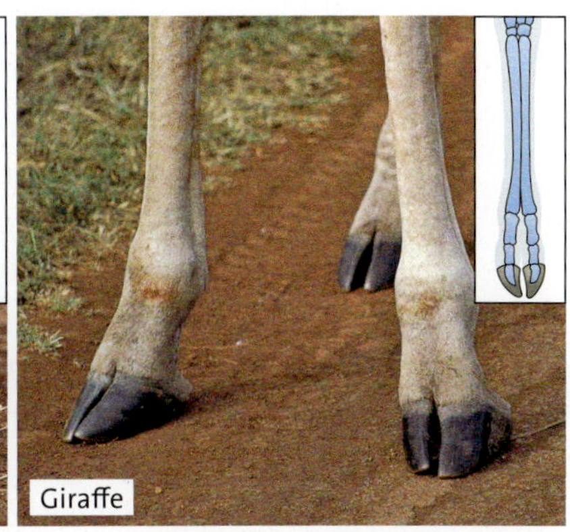

B1 Beschreibe die abgebildeten Tierfüße!

B2 Begründe für jedes Tier, ob seine Füße besser an den Lebensraum Grasland oder den Lebensraum Sandwüste angepasst sind!

METHODE

Beobachten und Beschreiben

01 Elefanten im Karlsruher Zoo

Im Karlsruher Zoo leben die zwei asiatischen Elefantenkühe SHANTI und RANI. Kinder beobachten fasziniert, wie sich ihre Rüssel ständig bewegen. Das Beobachten ist für Biologen eine grundlegende Arbeitsmethode. Wie geht man bei einer solchen Beobachtung vor? Um diese Frage zu beantworten, muss man folgende Kriterien berücksichtigen.

ELEFANTENRÜSSEL BEOBACHTEN *· Für die Beobachtung der Rüsselbewegungen ist mehr Zeit einzuplanen als nur für bloßes Hinsehen. Viele Einzelheiten entgehen ansonsten dem Beobachter. Wichtig ist auch, dass man die Fragestellung nicht aus dem Auge verliert sowie die Beobachtung nicht mit Erklärungen oder persönlichen Empfindungen vermischt wird. Beim Beobachten erfasst man ein ausgewähltes Merkmal, hier den Elefantenrüssel und seine Bewegungen, sorgfältig und genau. Dazu wird ein Beobachtungsprotokoll angefertigt, in dem zusätzliche Angaben über die Bedingungen vor Ort festgehalten werden.*

BEOBACHTUNGEN FESTHALTEN *· Die Beobachtungen können in Zeichnungen, Tabellen oder Diagrammen dargestellt werden. Der Beobachter muss die beiden Elefanten unterscheiden können. Am leichtesten geht das, wenn man die beiden Elefanten hinsichtlich stark abweichender Körpermerkmale in einer Tabelle vergleichend beschreibt. Vorgänge wie den Bewegungsablauf des Elefantenrüssels in bestimmten Situationen kann man nur ausführlich beschreiben, wenn genau beobachtet wird.*

RÜSSELBEWEGUNGEN BESCHREIBEN *· Bei einer Beschreibung gibt man die beobachteten Merkmale und Vorgänge, hier die Bewegungen des Elefantenrüssels, mit den eigenen Worten ohne Erklärung und Begründung genau wieder. „Vermenschlichungen", wie zum Beispiel: „Der Elefant bewegt seinen Rüssel gelangweilt", sind zu vermeiden. Eine Beschreibung ist sachlich, die Reihenfolge der Vorgänge wird genau beachtet und Fachausdrücke für die Körperteile des Elefanten sind zu verwenden.*

Beobachtungsprotokoll: Rüsselbewegungen von Elefanten

Ort: Karlsruher Zoo

Uhrzeit: 11.00 Uhr

Datum: 15.09.2010

Wetter: sonnig, warm

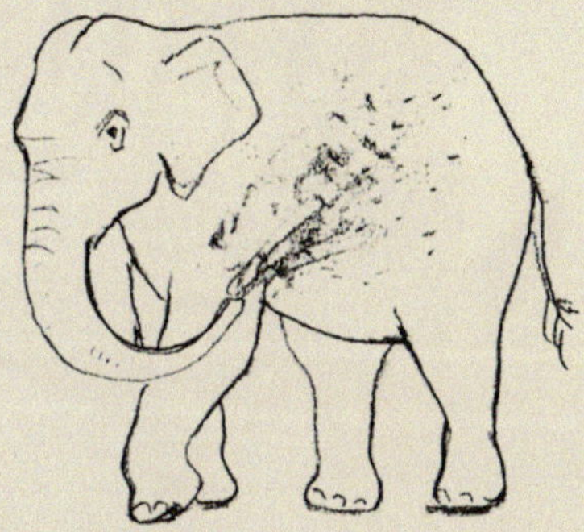

Aufgabenstellung: Beobachtung der Rüsselbewegungen von RANI

Merkmale	RANI	SHANTI
Kopfform	kantig, schmal	rund, breit
Ohrenform	dreieckig, mit Welle zur Wange	dreieckig, am Ansatz zur Wange runder als bei RANI
Färbung der Haut (Ohren, Rüssel, Körper)	graue Ohren, grauer Körper mit einem schmalen dunklen Farbstreifen, Rüssel durchgängig mit dunklen Flecken	braune Ohren, graubrauner Körper mit einem breiten dunklen Farbstreifen, Rüssel mit nur einzelnen dunklen Farbflächen
weitere Kennzeichen wie Narben	Narbe an ihrem rechten Ohr	keine sichtbaren Narben

Beobachtete Rüsselbewegungen bei RANI

RANI streckt den Rüssel und bewegt ihn von einer Seite zur anderen Seite, plötzlich berührt sie die vordere Bauchseite von SHANTI mit der Rüsselspitze.

RANI streckt ihren Rüssel nach unten und nimmt so Wasser auf, danach rollt sie ihren Rüssel an der Spitze ein und lässt die Rüsselspitze in ihrem Maul verschwinden.

RANI streckt ihren Rüssel nach unten und nimmt erneut Wasser auf. Danach dreht sie die Rüsselspitze ein und führt gleichzeitig den Rüssel zu ihrem Nacken und spritzt ihren Rücken mit Wasser nass.

RANIS Rüssel bewegt sich nach vorne. Der Rüssel ist dabei lang gestreckt. Jetzt schwenkt sie den Rüssel gleichmäßig nach beiden Seiten und erfasst dann mit ihrem „Greiffinger" an der Rüsselspitze einen Zweig. Nun dreht sie ihren Rüssel ein und umschließt den Zweig. So führt RANI den aufgerollten Rüssel mit dem Zweig in ihr Maul.

02 Muster eines Beobachtungsprotokolls

01 Sibirischer Tiger

Säugetiere kann man ordnen

Die Kopf-Rumpf-Länge des Sibirischen Tigers kann bis zu 2,80 Meter betragen. Obwohl Jaguar und Luchs wesentlich kleiner sind als der Sibirische Tiger und sie sich in der Fellzeichnung deutlich voneinander unterscheiden, ordnet man die drei Tiere den Katzen zu. Sie weisen nämlich trotz der Unterschiede die typischen Merkmale der Katzen auf. Weshalb ordnet man Tiere in Gruppen?

MERKMALE · Der *Sibirische Tiger* lebt als Einzelgänger in einem Revier. Diese Lebensweise ist ein *Merkmal* des Tigers. Anhand dieses Merkmals kann er mit anderen Katzen verglichen werden. Jaguar und Luchs sind ebenfalls Einzelgänger und zeigen somit eine *Gemeinsamkeit* mit dem *Sibirischen Tiger.* Alle drei ernähren sich von Fleisch und besitzen ein Fleischfressergebiss. Die bevorzugten Beutetiere sind hingegen sehr unterschiedlich. Der Tiger jagt hauptsächlich Rothirsche, Rehe und Wildschweine. Während der *Luchs* ähnlich wie Füchse und Marder kleine Säugetiere jagt, zählen beim *Jaguar,* neben Säugetieren, auch Reptilien oder sogar Fische zu den Beutetieren. In diesem Merkmal, den Beutetieren, *unterscheiden* sich die Katzen voneinander. Je mehr gemeinsame Merkmale Tiere aufweisen, desto näher sind sie miteinander *verwandt.*

VERWANDTSCHAFT · Um die Vielfalt der Katzen in Verwandtschaftsgruppen einzuordnen, nutzt man Merkmale als *Ordnungskriterien.* Alle Katzen gebären ihre Jungtiere lebend und säugen sie. Außerdem haben sie alle ein Fell und eine gleichwarme Körpertemperatur. Katzen und alle anderen Tiere, die diese Merkmale zeigen, fasst man zu den **Säugetieren** zusammen. Diese werden in verschiedene Ordnungen wie beispielsweise die Insektenfresser, die Nagetiere oder die Paarhufer eingeteilt. Jede **Ordnung**

hat ganz bestimmte Merkmale, in denen sie sich von den anderen Ordnungen unterscheidet. Das Fleischfressergebiss ist ein typisches Merkmal, das nur bei der Ordnung der Raubtiere in unterschiedlicher Ausprägung vorhanden ist. Alle Raubtiere sind deshalb miteinander näher verwandt als mit den anderen Ordnungen der Säugetiere. Vergleicht man die Raubtiere untereinander, so unterscheiden sie sich wiederum in einigen speziellen Merkmalen wie zum Beispiel dem Bau und der Funktion der Vorderextremitäten oder der Jagdweise. Innerhalb dieser Ordnung lassen sich deshalb die Tiere in unterschiedliche **Familien** einordnen, wie zum Beispiel in die Familie der Hundeartigen, der Marderartigen oder der Katzenartigen. Innerhalb einer Familie sind Tiere am engsten miteinander verwandt, wenn sie sich untereinander fortpflanzen und fruchtbare Nachkommen haben. Diese Tiere fasst man zu einer **Art** zusammen. *Sibirischer Tiger*, *Jaguar* und *Luchs* gehören gemeinsam zu den Säugetieren, zu der Ordnung der Raubtiere und zur Familie der Katzenartigen, bilden aber jeweils eine Art. Das Ordnen der Tiere in Gruppen hilft den Biologen, eine Übersicht, trotz der großen Anzahl verschiedener Tierarten, zu erlangen.

03 Jaguar

04 Luchs

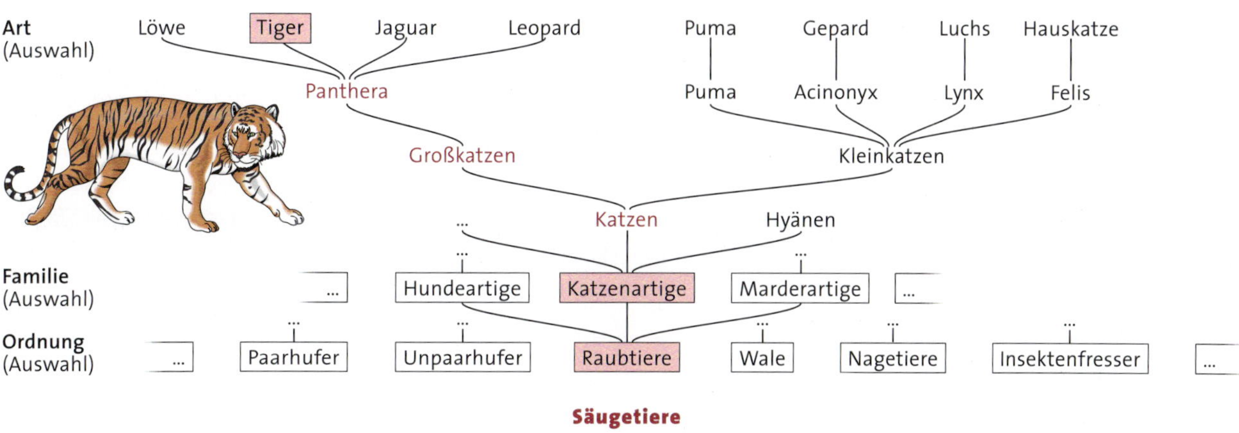

02 Ordnungssystem der Säugetiere am Beispiel der Katzen

METHODE

Vergleichen

STECKBRIEF

Löwen
Kopf-Rumpf-Länge: *bis etwa 2,50 Meter;*
Körpermasse: *bis etwa 225 Kilogramm;*
Beutetiere: *große Herdentiere wie Zebras und Antilopen;*
Lebensweise: *lebt und jagt in einem Rudel (ein Männchen, mehrere Weibchen und Jungtiere);*
Laufgeschwindigkeit: *bis zu 55 Kilometer pro Stunde*

STECKBRIEF

Gepard
Kopf-Rumpf-Länge: *bis etwa 1,50 Meter;*
Körpermasse: *bis etwa 50 Kilogramm;*
Beutetiere: *kleine bis mittelgroße Gazellen und Antilopen, Kaninchen oder Vögel;*
Lebensweise: *lebt als Einzelgänger und jagt alleine;*
Laufgeschwindigkeit: *bis zu 112 Kilometer pro Stunde*

Löwen und Geparden kann man heute fast nur noch in den Graslandschaften Afrikas beobachten. Dort jagen beide nach Beute. Machen sich Löwe und Gepard dabei Konkurrenz? Um diese Frage zu beantworten, muss man die beiden Katzenarten miteinander vergleichen. Für den ***Vergleich*** *werden verschiedene Merkmale wie beispielsweise die Lebensweise, die Beutetiere oder die Laufgeschwindigkeit von Löwe und Gepard zusammengestellt und betrachtet. Diese Merkmale dienen als Vergleichskriterien. Der Vergleich ist eine Gegenüberstellung von ausgewählten Merkmalen. Das Vergleichsergebnis ist eine Antwort auf die Ausgangsfrage und beinhaltet die Unterschiede und Gemeinsamkeiten der beiden Tierarten.*

Der Gepard ist an das Jagen als Einzelgänger sehr gut angepasst. Mit einer Laufgeschwindigkeit von über 110 Kilometern pro Stunde jagt er kleine und schnelle Beutetiere wie zum Beispiel Gazellen. Die in Rudeln lebenden Löwen jagen dagegen gemeinsam. Sie treiben die in großen Herden lebenden Zebras auseinander. Einzelne, von der Herde getrennte Tiere, werden dann von den Löwen erbeutet. Für diese gemeinsame Jagd nach großen Beutetieren ist die geringere Laufgeschwindigkeit des Löwen im Vergleich zum Gepard vollkommen ausreichend. Der Vergleich von Lebensweise, Beutetieren und Laufgeschwindigkeit bei Löwen und Geparden zeigt, dass sich beide Katzenarten bei der Jagd nach Beutetieren keine Konkurrenz machen.

1 Nimm Stellung zur Aussage „Luchs und Tiger sind verwandt“! Nimm die Abbildung 02 auf Seite 61 zu Hilfe!

2 Erläutere, weshalb Jaguar und Gepard trotz vieler Gemeinsamkeiten jeweils eine eigene Art sind!

Material A ▸ Säugetiere vergleichen und ordnen

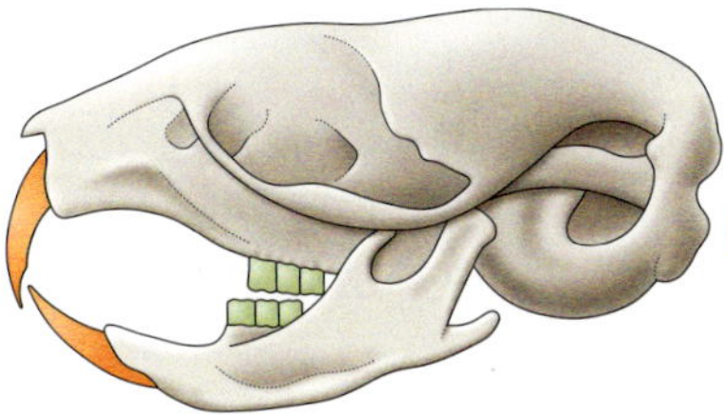

Feldmaus

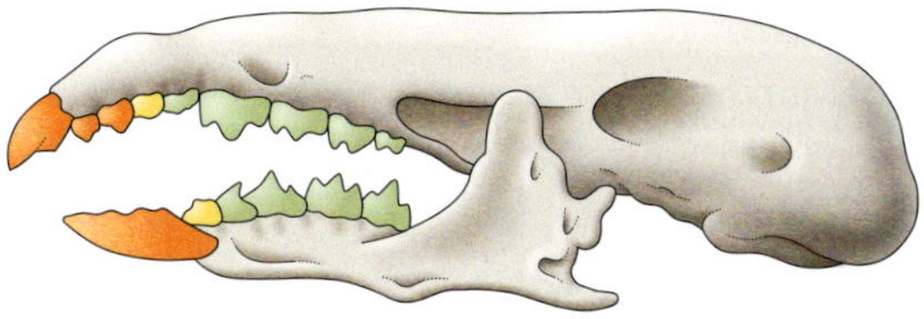

Spitzmaus

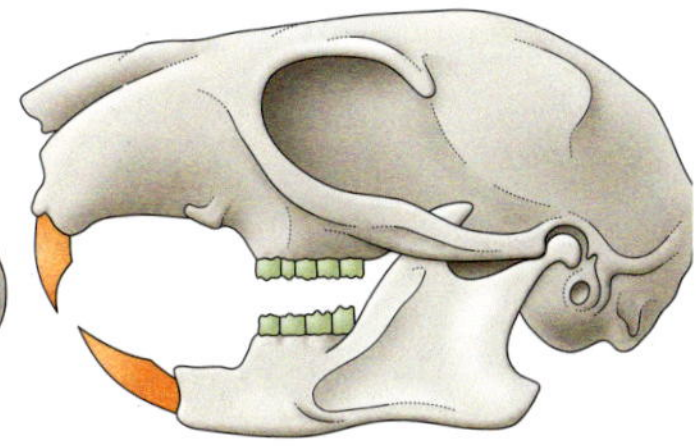

Eichhörnchen

A1 Vergleiche die Schädel von Feldmaus, Spitzmaus und Eichhörnchen miteinander!

A2 Erstelle für diese Tiere jeweils eine Zahnformel und vergleiche sie!

A3 Ordne mithilfe des Vergleichs der Zahnformeln die Tiere jeweils ihrer Ordnung zu! Nimm die Abbildung 02 auf Seite 61 zu Hilfe!

Material B ▸ Meerestiere vergleichen

STECKBRIEF

Schwertwal

Lebensraum: *in warmen und kalten Ozeanen;*
Körperlänge: *bis etwa 10 Meter;*
Nahrung: *Fische, Robben, Pinguine, Delfine;*
Atmung: *Lungenatmung;*
Lebensweise: *lebt und jagt in Gruppen*

STECKBRIEF

Walhai

Lebensraum: *in warmen Ozeanen;*
Körperlänge: *bis etwa 15 Meter;*
Nahrung: *vorwiegend pflanzliche und tierische Kleinstlebewesen sowie kleine Meerestiere;*
Atmung: *Kiemenatmung;*
Lebensweise: *lebt als Einzelgänger*

B1 Beschreibe Gemeinsamkeiten und Unterschiede von Schwertwal und Walhai! Nimm die Abbildungen und die Steckbriefe zu Hilfe!

B2 Ordne den Schwertwal einer Gruppe von Tieren zu! Nimm die Abbildung 02 auf Seite 61 zu Hilfe!

B3 Nimm Stellung zum Namen Walhai!

Kennzeichen der Säugetiere

Säugetiere gehören zu den Wirbeltieren und haben eine konstante Körpertemperatur. Man bezeichnet sie als gleichwarme Tiere. Sie gebären in der Regel ihre Jungtiere lebend und säugen sie. Außerdem besitzen die meisten Säugetiere ein Fell. Säugetiere sind Lungenatmer.

Körpermerkmal

Skelett: Den Körper der Säugetiere durchzieht eine Wirbelsäule. Das Knochengerüst lässt sich in Schädel, Rumpfskelett und Extremitäten unterteilen. Je nach Säugetierart ist das Skelett unterschiedlich ausgebildet und somit an die jeweilige Lebensweise und den Lebensraum der Tierart angepasst **(biologisches Prinzip: Angepasstheit).**

Fortbewegung

Zur Fortbewegung dienen zwei paar Gliedmaßen. Diese sind je nach Lebensweise des Säugetiers zum Laufen, Schwimmen, Fliegen, Klettern oder Graben spezialisiert **(biologische Prinzipien: Angepasstheit** sowie **Struktur und Funktion).**

Im Wasser: Zum Schwimmen und Tauchen besitzen im Wasser lebende Säugetiere flossenartige Extremitäten.

An Land: Säugetiere lassen sich in der Art und Weise, wie sie auf dem Boden auftreten, unterscheiden:
Ein *Zehengänger* tritt mit den Zehenknochen auf.
Ein *Zehenspitzengänger* tritt nur mit den vordersten Zehenknochen auf.
Ein *Sohlengänger* tritt mit der Sohle, in der Regel mit dem ganzen Fuß, auf.

In der Luft: Fliegende Säugetiere besitzen zu Flügeln umgewandelte Vordergliedmaßen.

Ernährung

Säugetiere lassen sich in Fleischfresser, Pflanzenfresser, Allesfresser oder Insektenfresser unterscheiden. Sie haben jeweils ein an die Nahrung angepasstes Gebiss. Die verschiedenen Gebisstypen lassen sich aufgrund der Anzahl, Anordnung und Form der Zähne unterscheiden. Auch die Verdauungsorgane sind an die bevorzugte Nahrung entsprechend angepasst **(biologische Prinzipien: Angepasstheit** sowie **Struktur und Funktion).**

Fleischfressergebiss: Ein Fleischfressergebiss ist durch lange spitze Eckzähne gekennzeichnet, die als Fangzähne dienen. Scharfkantige Backenzähne zerkleinern das Fleisch.

Pflanzenfressergebiss: Ein Pflanzenfressergebiss hat in der Regel keine Eckzähne. Für die Zerkleinerung von Pflanzennahrung befinden sich große, breitflächige Backenzähne im Ober- und Unterkiefer. Diese zermahlen die pflanzliche Nahrung.

Allesfressergebiss: Ein Allesfressergebiss zeigt sowohl Merkmale eines Fleischfressergebisses als auch Merkmale eines Pflanzenfressergebisses.

Insektenfressergebiss: Bei einem Insektenfressergebiss sind alle Zähne spitz und messerscharf. Diese sind notwendig, um Insektenpanzer aufbrechen zu können.

Nagergebiss: Ein Nagergebiss besitzt meißelförmige, scharfe Schneidezähne, die als Nagezähne bezeichnet werden. Sie wachsen ständig nach.

Fortpflanzung

Alle Säugetiere produzieren Nachkommen. Sie pflanzen sich fort. Hierzu sind zwei Partner mit unterschiedlichem Geschlecht notwendig. Säugetiere haben somit eine geschlechtliche (sexuelle) Fortpflanzung **(biologisches Prinzip: Reproduktion).**

Entwicklung

Bei den meisten Saugtieren entwickeln sich die Jungtiere im Körper des Muttertieres. Ab einem gewissen Reifezeitpunkt wird das Jungtier geboren und von der Mutter gesäugt, bis es sich selbstständig ernähren kann. Das Jungtier entwickelt sich weiter, wird fortpflanzungsfähig und kann dann eigene Nachkommen zeugen.

Wärmehaushalt

Säugetiere regulieren ihre Körpertemperatur. Unabhängig von ihrer Umgebungstemperatur halten sie ihre Körpertemperatur konstant.

Winterschlaf: Während der kalten Jahreszeit suchen sich Winterschläfer geschützte Plätze. Wenn die Tagestemperatur und die Tageslänge stark abnehmen, fallen sie in einen Winterschlaf. Hierbei werden der Herzschlag, die Atmung und weitere Körperfunktionen herabgesetzt. Auch die Körpertemperatur sinkt. Sie erwachen erst wieder im nächsten Frühjahr, wenn die Umgebungstemperatur ansteigt.

Winterruhe: Säugetiere, die Winterruhe halten, ziehen sich während der kalten Winterzeit in eine Behausung zurück und ruhen. Im Unterschied zu den Winterschläfern werden die Körperfunktionen wie Herzschlag und Atmung nur wenig herabgesetzt. Die Körpertemperatur schwankt nur leicht. Die Tiere zehren von angefressenen Fettreserven oder erwachen für kurze Zeit, um sich von Nahrungsvorräten zu ernähren.

Verhaltensweisen

Durch Verhaltensweisen wie zum Beispiel Lautäußerungen, Körpersprache und Abgabe von Duftstoffen verständigen sich Säugetiere untereinander **(biologisches Prinzip: Information und Kommunikation).**

Einzelgänger: Säugetiere sind Einzelgänger, wenn sie ein eigenes Revier beanspruchen und nicht in einer Gemeinschaft mit Artgenossen leben.

Rudeltier: Säugetiere, die gesellig in Gemeinschaften leben, werden als Rudeltiere bezeichnet. Oft haben sie ein gemeinsames Jagdrevier. Innerhalb eines Rudels kann man häufig eine Rangordnung beobachten.

Artgerechte Tierhaltung

Entspricht eine Tierhaltung weitgehend den natürlichen Lebensbedingungen der Tiere, bei denen sie ihre ursprünglichen Verhaltensweisen zeigen können, so handelt es sich um eine artgerechte Tierhaltung.

Der Mensch – ein Säugetier

In diesem Kapitel beschäftigst du dich mit

- den Merkmalen des Menschen. Du lernst, wie der menschliche Körper gebaut ist und welche Bedeutung das Skelett, die Wirbelsäule und die inneren Organe haben.
- der Entwicklung des Menschen. Dabei lernst du die körperlichen Veränderungen bei der Entwicklung vom Kind zum Erwachsenen kennen. Du lernst auch, wie sich das Verhalten von Jungen und Mädchen während der Pubertät verändert.
- der Fortpflanzung des Menschen. Hierbei lernst du den Bau und die Funktion der Geschlechtsorgane von Mann und Frau kennen. Du erfährst auch etwas über die Vorgänge bei einer Schwangerschaft und der Geburt eines Kindes.

01 Turnerin beim Flickflack

Merkmale des Menschen

Wie beweglich der Körper des Menschen ist, kann man beim Turnen beobachten. Die Turnerin läuft, springt, beugt und streckt ihren Körper. Dabei fängt ihr Körper Stöße und Erschütterungen ab. Wie ist es möglich, dass der Körper so stabil und doch so beweglich ist?

SKELETT · Der Körper des Menschen lässt sich gliedern in *Kopf*, *Rumpf* und *Gliedmaßen*. Im Inneren des Körpers befinden sich über 200 **Knochen.** Sie sind zu einem *Knochengerüst*, dem Skelett, zusammengesetzt. Die Knochen unterscheiden sich nach Struktur und Funktion. Die plattenartigen Knochen des Kopfes bilden den *Schädel* und schützen das Gehirn. Er sitzt auf der zentralen Stütze des Körpers, der *Wirbelsäule*. Flache *Schulterblätter*, *Rippen*, *Schlüsselbein* und *Brustbein* bilden den *Brustkorb*, der Lunge und Herz schützend umgibt. Über die Schulterblätter ist das Armskelett mit dem übrigen Skelett verbunden. Das Armskelett besteht aus langen, röhrenförmigen Knochen, dem *Oberarmknochen* und den zwei *Unterarmknochen*, *Elle* und *Speiche*, sowie aus den Knochen der *Hand*. Das Handskelett setzt sich aus rundlichen *Handwurzelknochen* und länglichen *Mittelhand-* und *Fingerknochen* zusammen.

Am unteren Teil der Wirbelsäule ist das *Becken* angewachsen. Seine schüsselförmigen Knochen stützen und schützen die inneren Organe des Bauchraumes. Das Beinskelett setzt an den Beckenknochen an. Es gliedert sich in den *Oberschenkelknochen* und die zwei *Unterschenkelknochen*, *Schienbein* und *Wadenbein*, die alle lang und röhrenförmig sind, sowie in die Knochen des Fußes. Das Fußskelett ist gewölbt und kann so beim Gehen, Laufen und Springen Stöße und Erschütterungen abfedern. Es ist in *Fußwurzel-*, *Mittelfuß-* und *Zehenknochen* unterteilt.

Der Körper des Menschen ist trotz des stabilen Skeletts sehr beweglich. Hierzu müssen allerdings viele Knochen beweglich miteinander verbunden sein. Wie wird dies erreicht? Das kugelförmige Ende des Oberschenkelknochens, der *Gelenkkopf*, liegt in

einer Vertiefung, der *Gelenkpfanne,* des Unterschenkelknochens. Damit die Knochen nicht direkt aneinanderreiben, sind sie mit einem elastischen *Gelenkknorpel* überzogen. Zwischen den beiden Knochen, im *Gelenkspalt,* macht die *Gelenkflüssigkeit* die zwei Knochen gleitfähig. Gelenkkopf, Gelenkspalt und Gelenkpfanne bilden zusammen ein **Gelenk.**
Die Knochen können sich aber nicht aus eigener Kraft gegeneinander bewegen. Für die Beweglichkeit des Körpers sind auch die **Muskeln** von großer Bedeutung. Sie sind über **Sehnen** mit den Knochen verbunden. Wenn die Muskeln sich verkürzen, ziehen sie an den Knochen und erzeugen auf diese Weise eine Körperbewegung.

WIRBELSÄULE · Vom Kopf bis zum Becken verläuft die Hauptstütze des menschlichen Körpers, die *Wirbelsäule.* Sie setzt sich aus einzelnen Wirbelknochen, den *Wirbeln,* zusammen. Sie werden nach ihrer Lage im Körper in sieben *Hals-,* zwölf *Brust-* und fünf *Lendenwirbel* unterteilt. Weitere fünf Wirbelknochen sind zum *Kreuzbein* verwachsen. Die letzten Wirbel sind verkümmert und bilden das *Steißbein.* Betrachtet man die Wirbelsäule von der Seite, so fällt auf, dass sie nicht gerade verläuft. Vom Kopf bis zum Brustbereich ist sie „S-förmig" gebogen. Ab dem Brustbereich zeigt sie eine zusätzliche „S-förmige"-Krümmung bis zum Kreuzbein. Die Wirbelsäule ist also *„doppelt-S-förmig".* So kann sie beim Gehen, Springen und Laufen Stöße abfedern. Zwischen den einzelnen Wirbelknochen liegen elastische Scheiben, die **Bandscheiben.** Sie ermöglichen die große Beweglichkeit der Wirbelsäule. Die Bandscheiben wirken bei Erschütterungen wie Stoßdämpfer und verhindern gleichzeitig die Reibung der Wirbelknochen aneinander.

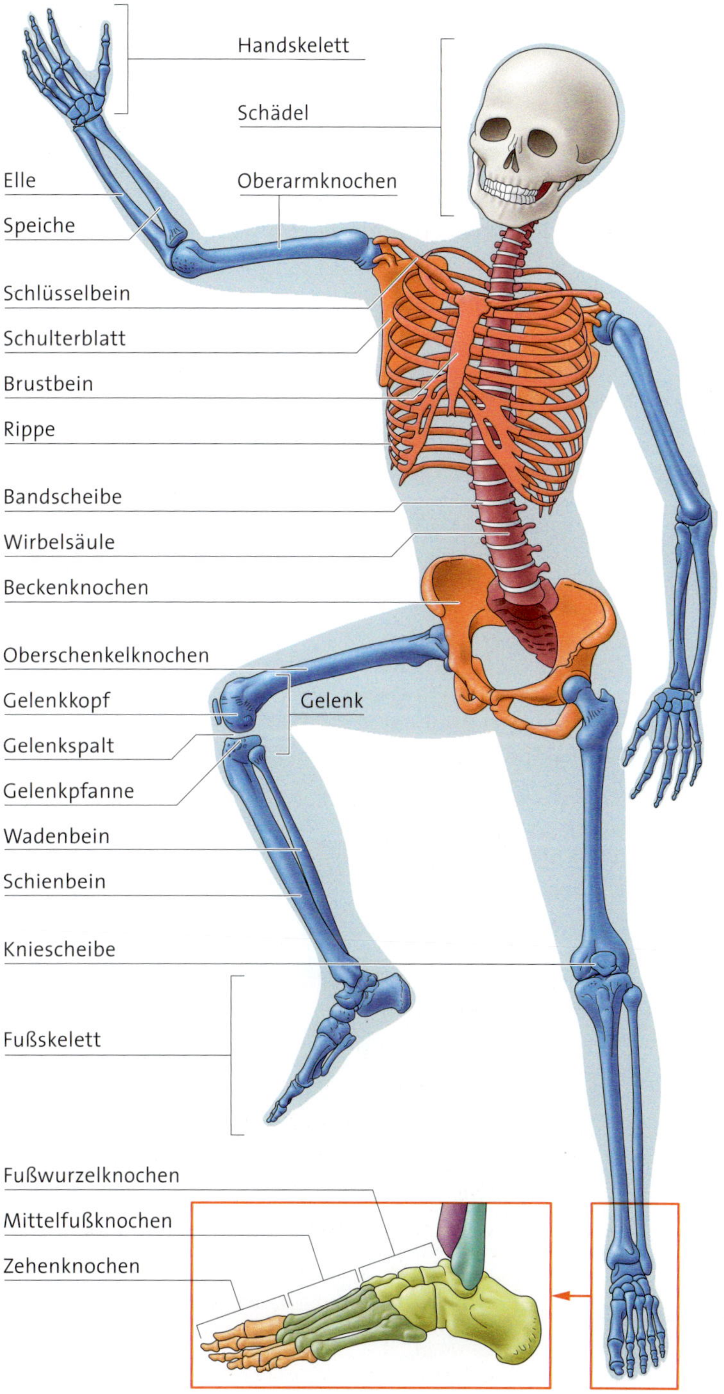

02 Skelett des Menschen

1 Erläutere, wie die Stabilität und die Beweglichkeit des menschlichen Körpers erreicht werden!

ORGANE DES MENSCHEN · Der Körper des Menschen muss ununterbrochen eine Vielzahl von lebenswichtigen Aufgaben erfüllen. So muss er zum Beispiel den mithilfe der Lunge eingeatmeten Sauerstoff ständig im Körper verteilen oder die über den Mund aufgenommene Nahrung weiterverarbeiten, um daraus Energie für wichtige Lebensvorgänge gewinnen zu können. Für diese und weitere vielfältige Aufgaben besitzt der Körper im Inneren spezielle Bereiche, die inneren **Organe.** Im Brustraum befinden sich zum Beispiel das Herz und die Lunge. Organe im Bauchraum sind beispielsweise der Magen, die Leber, die Bauspeicheldrüse und der Darm sowie die Nieren und die Harnblase. Jedes Organ übernimmt spezielle Aufgaben im Körper. Oft wirken aber auch Organe eng zusammen und sind voneinander abhängig. Sie bilden ein komple-

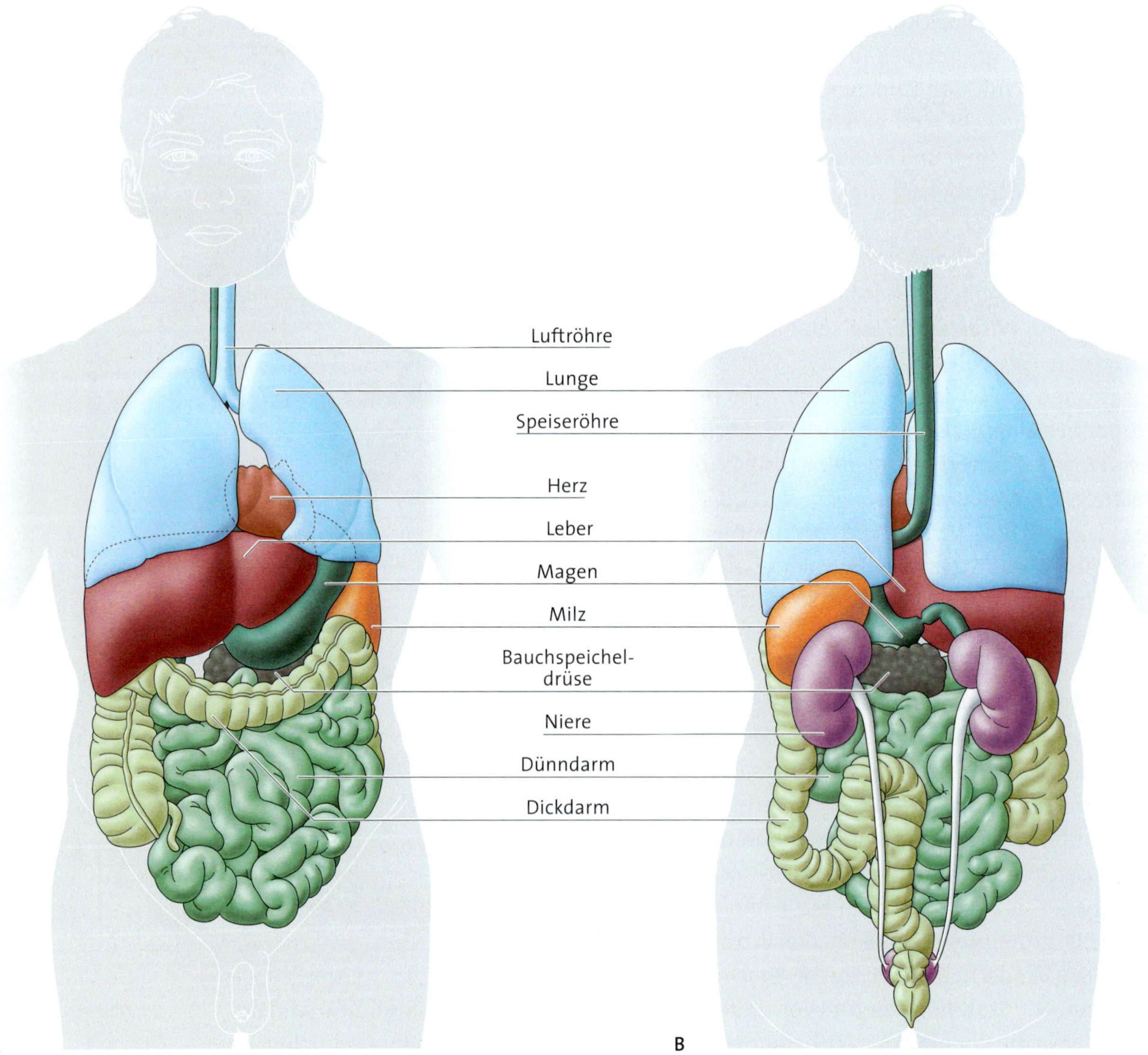

03 Innere Organe des Menschen: **A** Vorderansicht, **B** Rückansicht

xes **Organsystem.** So werden zum Beispiel alle Organe, die der Aufnahme und Weiterverarbeitung von Nahrung dienen, zum *Verdauungssystem* zusammengefasst. Die Nahrungsaufnahme und Zerkleinerung findet im Mund statt. Über die Speiseröhre wird der Nahrungsbrei in den Magen weitergeleitet. Von dort gelangt die Nahrung zur Weiterverarbeitung in den Dünndarm und anschließlich über den Dickdarm in den Enddarm. Über diesen werden die unverdaulichen Nahrungsreste ausgeschieden. Jedes der Organe übernimmt eine bestimmte Aufgabe bei der Verarbeitung der Nahrung. Auch Organe wie zum Beispiel die Leber und die Bauchspeicheldrüse sind an der Nahrungsverarbeitung beteiligt, auch wenn die Nahrung nicht direkt in das Organ gelangt. Solche Organe können auch für andere Organsysteme Aufgaben übernehmen.

METHODE

Modelle

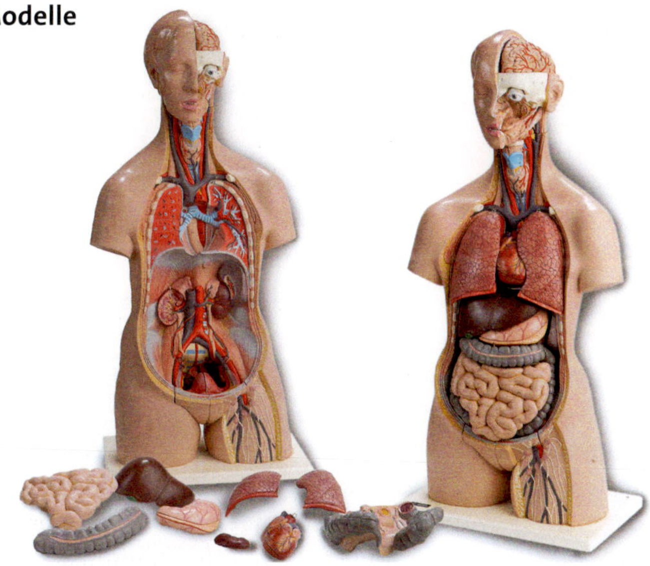

04 Rumpfmodell

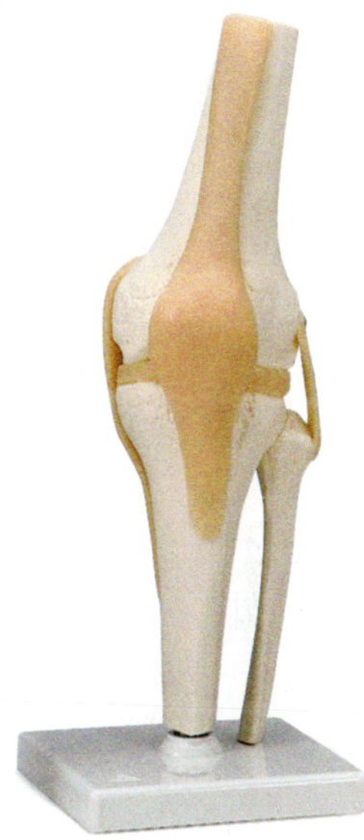

05 Kniegelenk-Modell

Ein Modell kann helfen, die Wirklichkeit in vereinfachter und anschaulicher Form darzustellen. So ist es zum Beispiel möglich, sich die Leber im Rumpfmodell des Menschen anzuschauen. Das Modell zeigt die Lage im Körper und die Größe des Organs. Außerdem ermöglicht es, die in der Bauchhöhle liegenden Organe zu entnehmen und wieder zusammenzusetzen. Die Farbgebung kann helfen, wichtige Strukturen in einem Modell zu betonen und hervorzuheben. Viele Eigenschaften wie zum Beispiel Farbe, Feuchte oder Masse des Rumpfmodells und seiner Teile entsprechen nicht genau dem Original. Es ist auch nicht beweglich und verdeutlicht nicht die Funktion der einzelnen Organe. Mit speziellen Modellen, den Funktionsmodellen, können sogar auch Funktionen, wie zum Beispiel die Arbeitsweise eines Kniegelenks, veranschaulicht werden. Besonders kleine Tiere, Pflanzen oder deren Teile kann man mithilfe eines großen Modells leichter beschreiben. Man muss sich immer bewusst machen, dass die verschiedenen Modelle nicht die Wirklichkeit abbilden, aber helfen können, die Wirklichkeit zu verstehen.

01 Aus einem Mädchen wird eine Frau

Vom Kind zum Erwachsenen

Vergleicht man eine erwachsene Frau mit einem Mädchen und einen erwachsenen Mann mit einem Jungen, so fallen sowohl im Aussehen als auch im Verhalten viele Unterschiede auf. Welche sind das?

PUBERTÄT · Etwa zwischen dem 9. und dem 14. Lebensjahr beginnt für alle Mädchen und Jungen eine aufregende Zeit großer Veränderungen. Sie entwickeln sich von Mädchen zu jungen Frauen und von Jungen zu jungen Männern. Diesen Zeitraum bezeichnet man als **Pubertät.**

02 Mädchen und Jungen: **A** gemeinsam, **B** getrennt, **C** gemeinsam

VERÄNDERUNGEN DES VERHALTENS · Im Kindergarten spielen Jungen und Mädchen oft noch ganz unbekümmert mit Kindern des anderen Geschlechts. Hier steht das Spiel im Vordergrund, nicht die Frage, ob der Spielkamerad ein Mädchen oder ein Junge ist.

Zu Beginn der Pubertät jedoch beginnen Mädchen und Jungen eigene Wege zu gehen. Auf dem Schulhof sieht man nun sehr häufig reine Jungen- oder Mädchengruppen. Jungen finden Mädchen zu dieser Zeit oft zickig und Mädchen bezeichnen die Jungen dagegen als kindisch. Häufig treten Konflikte zwischen den Geschlechtern, aber auch in Familie und Schule auf. Mädchen und Jungen sind gelegentlich unsicher, fühlen sich missverstanden und ziehen sich zurück. Auch diese schwierige Zeit gehört zur Pubertät, da sich jeder erst einmal mit seinen persönlichen Veränderungen auseinandersetzen muss. Das ist nicht immer leicht. Im Laufe der Pubertät lassen die Streitigkeiten nach, denn meist werden die Jungen und Mädchen wieder selbstsicherer. Viele Jugendliche verlieben sich zum ersten Mal und möchten viel Zeit mit ihrem Freund oder ihrer Freundin verbringen.

KÖRPERLICHE VERÄNDERUNGEN · Ob ein neugeborenes Baby ein Junge oder ein Mädchen ist, kann man nur an den äußerlich vorhandenen Geschlechtsmerkmalen erkennen. Beim Mädchen sind zum Beispiel die großen Schamlippen, beim Jungen sind Hoden und Penis als Unterscheidungsmerkmale sichtbar. Alle inneren und äußeren Geschlechtsmerkmale, die jeder Mensch von Geburt an hat, werden als **primäre Geschlechtsmerkmale** bezeichnet. Im Laufe der Entwicklung verändern sich Mädchen und Jungen jedoch deutlich und in der Pubertät bilden sich weitere Körpermerkmale aus, die typisch männlich oder typisch weiblich sind. An diesen lassen sich Männer und Frauen eindeutig unterscheiden. Man bezeichnet diese körperlichen Merkmale als **sekundäre Geschlechtsmerkmale.**

ENTWICKLUNG BEI MÄDCHEN · Mädchen können äußerlich an sich beobachten, dass die Brust allmählich zu wachsen beginnt, die Hüfte breiter und die Taille schmaler wird. Unter den Achseln und in der Schamgegend beginnen Haare zu wachsen. Im Körper reifen nun in den Eierstöcken die Eizellen und die erste Menstruation, die monatliche Regelblutung, setzt ein.

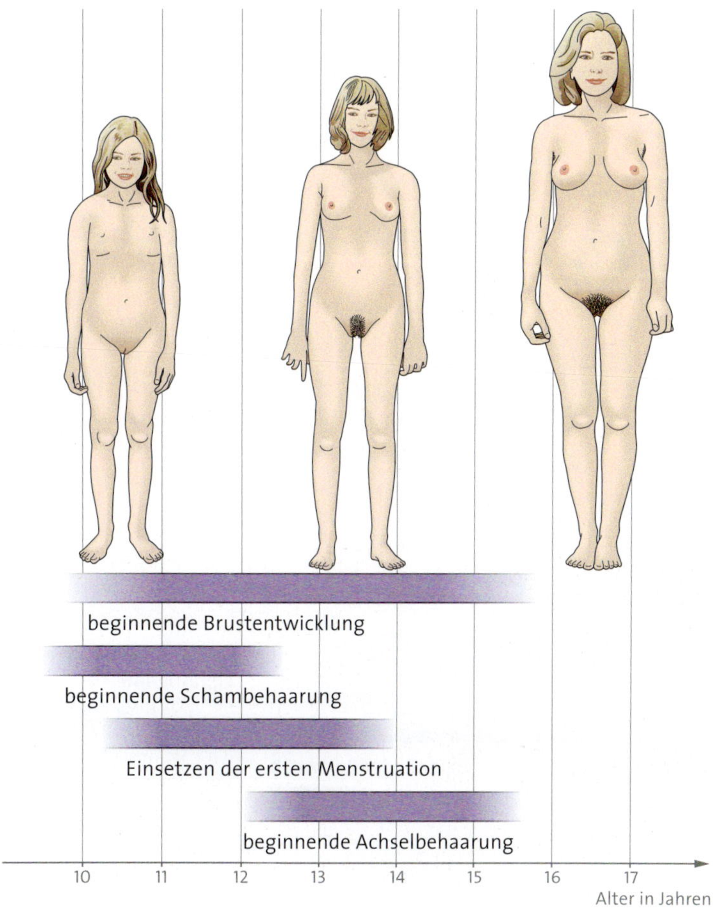

03 Entwicklung vom Mädchen zur Frau

ENTWICKLUNG BEI JUNGEN · Jungen können während der Pubertät ebenfalls körperliche Veränderungen an sich entdecken. Die Schultern nehmen häufig an Umfang zu und werden breiter, die Hüfte bleibt jedoch schmal. Bei den meisten Jungen nimmt die gesamte Körpermuskulatur zu, sie werden dadurch kräftiger. Genau wie bei den Mädchen beginnen auch bei Jungen unter den Achseln und im Schambereich Haare zu wachsen. Außerdem nimmt die Behaarung bei vielen Jungen im Gesicht, auf der Brust, den Armen und den Beinen zu. Irgendwann beginnt die Stimme des Jungen zwischen tiefen und hohen Tönen plötzlich umzuschlagen. Der Junge befindet sich im *Stimmbruch*.

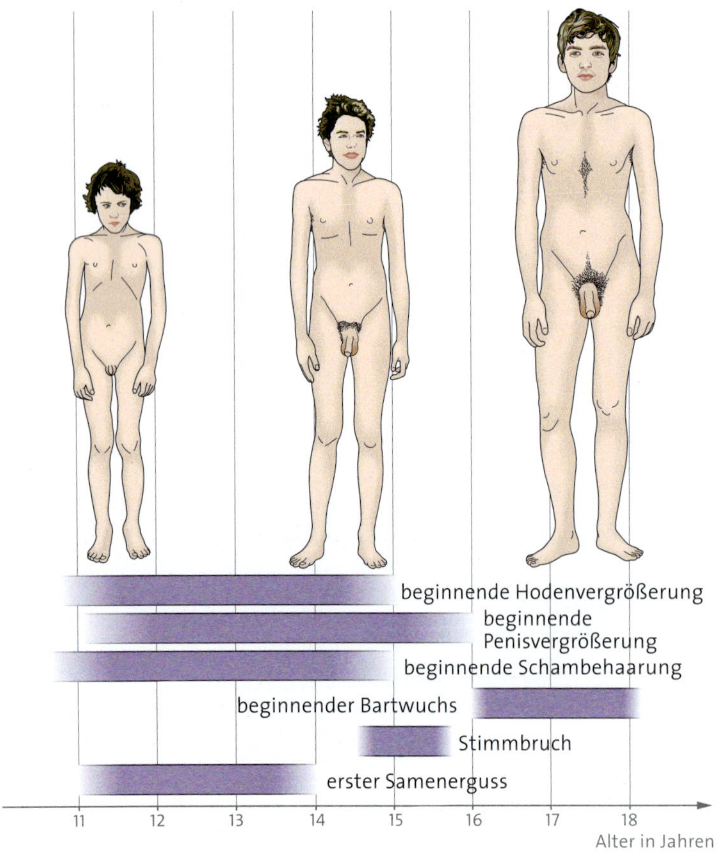

04 Entwicklung vom Jungen zum Mann

Dieser Wechsel in der Stimme verliert sich nach einigen Monaten und eine oft viel tiefere, männlichere Stimme als vorher ist nun zu hören. Jungen wachsen während der Pubertät meist sehr schnell. Penis und Hoden werden allmählich größer. Auch im Körper des Jungen treten nun einige Veränderungen auf. Beispielsweise werden in den Hoden regelmäßig Spermienzellen gebildet. Der Junge könnte jetzt Kinder zeugen.

„FRUST" IN DER PUBERTÄT · Viele Jugendliche haben in der Pubertät mit Pickeln zu kämpfen. Diese können im Gesicht, auf Schultern, Rücken, Brust und Oberarmen ganz unterschiedlich stark vorkommen und werden als **Akne** bezeichnet. Akne entsteht durch verstopfte Drüsen in der Haut, die normalerweise Talg nach außen abgeben. Talg ist eine Form des Hautfetts, das die oberste Schicht der Haut geschmeidig hält. Ist der Ausgang der Drüse durch abgestorbene Hautschüppchen verstopft, sammelt sich Talg an und es kann zu Entzündungen kommen. Während der Pubertät bilden die Drüsen häufig mehr Talg, sodass Pickel entstehen können. Akne ist unangenehm und stört die meisten Jugendlichen sehr, ist aber keine Krankheit und verschwindet meist im Laufe der Pubertät wieder.

1 Beschreibe die körperlichen Veränderungen von Jungen und Mädchen während der Pubertät!

2 Betrachte die Diagramme zur Entwicklung von Jungen und Mädchen. Erläutere, wieso die Balken in den Abbildungen 03 und 04 auf den Seiten 73 und 74 nicht begrenzt sind!

3 Informiere dich über Hautpflegetipps bei Akne und notiere diese in deinem Biologieheft!

Material A ▸ Typisch Junge – typisch Mädchen

A B C D

Viele Menschen haben eine genaue Vorstellung davon, was typisch für Jungen und was typisch für Mädchen ist oder sein sollte. Häufig sind diese Vorstellungen jedoch von Vorurteilen belastet und werden nicht auf die Wirklichkeit hin überprüft. In diesem Fall bezeichnet man diese Vorstellungen als **Klischee.** Menschen, die nicht dem gängigen Klischee entsprechen, bekommen deshalb häufig Probleme.

A1 Beschreibe, was auf den Fotos zu sehen ist!

A2 Schreibe zu jedem Foto einen kurzen Kommentar! Berücksichtige dabei, ob die dargestellten Tätigkeiten den gängigen Klischees entsprechen!

A3 Diskutiert anhand eurer Kommentare, mit welchen Problemen Menschen, die nicht dem gängigen Klischee entsprechen, möglicherweise zu kämpfen haben!

Material B ▸ Wer darf das?

- deine Hand halten
- dich lange umarmen
- sich vor dir ausziehen
- mit sexuellen Ausdrücken über dich sprechen
- STOPP!?
- dir Süßigkeiten anbieten
- dich nach Hause einladen
- Fotos von dir machen
- dich medizinisch untersuchen
- Bemerkungen über deine Figur machen
- dich im Auto mitnehmen
- dich küssen

B1 Erläutere anhand der Beispiele, wer das mit dir machen darf und wer nicht. Wann sagst du „Stopp!"? Begründe deine Entscheidungen!

B2 Formuliere Verhaltensregeln für Situationen, in denen deine persönliche Berührungsgrenze überschritten wurde!

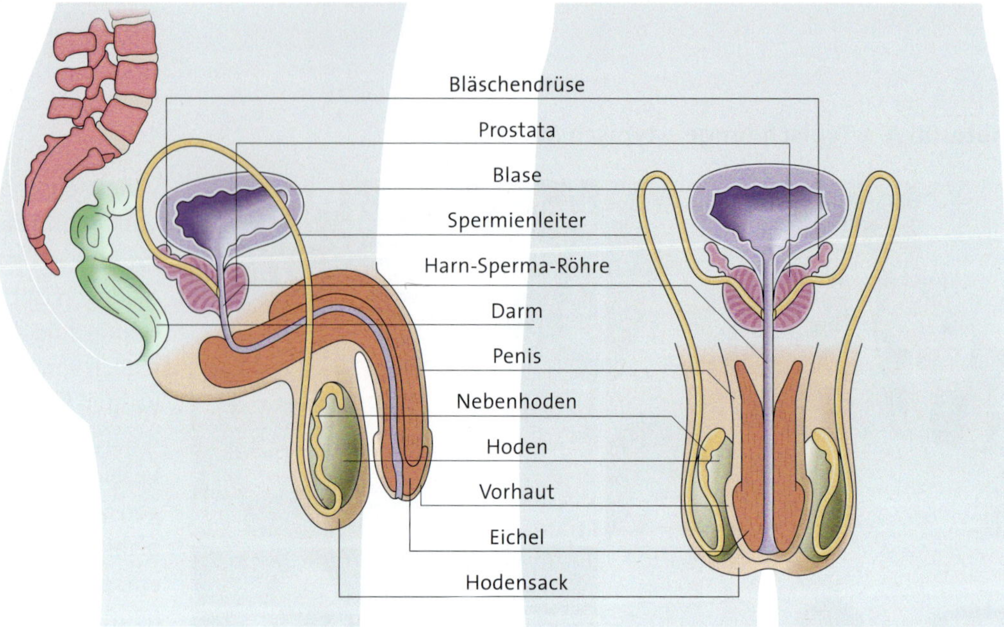

01 Bau der männlichen Geschlechtsorgane

Die Geschlechtsorgane von Mann und Frau

In der Pubertät reift unter dem Einfluss von Wirkstoffen, den Hormonen, der Körper von Jungen und Mädchen. Die Veränderungen kann man deutlich an den Geschlechtsorganen erkennen. Wie sind die Geschlechtsorgane von Mann und Frau aufgebaut?

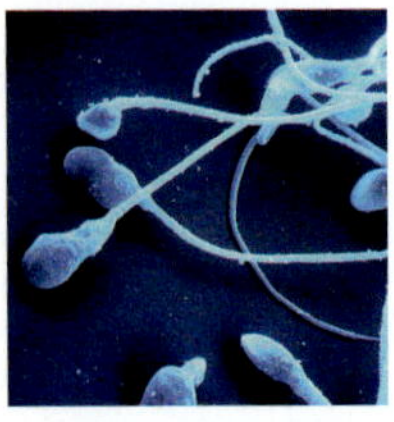

02 Spermienzellen

DIE MÄNNLICHEN GESCHLECHTSORGANE · Äußerlich sichtbar sind von den Geschlechtsorganen bei Jungen und Männern der **Penis** und die beiden **Hoden.** Diese sind häufig nicht gleich groß und liegen in einem Hautbeutel, dem **Hodensack.** Neben den Hoden befinden sich im Hodensack die **Nebenhoden.** Ab der Pubertät werden im Hoden **Spermienzellen,** die männlichen Geschlechtszellen, gebildet. Spermienzellen haben einen Schwanzfortsatz, mit dem sie sich fortbewegen können. Sie werden in den Nebenhoden gespeichert. Sind diese gefüllt, werden die Spermienzellen über den Spermienleiter nach außen befördert. Auf ihrem Weg passieren die Spermienzellen die **Bläschendrüse** und die Vorsteherdrüse, die **Prostata.** Bläschendrüse und Prostata bilden Flüssigkeiten, die zu den Spermienzellen hinzugegeben werden. In diesen können sich die Spermienzellen bewegen und einige Stunden überleben. Zusammen mit den Spermienzellen wird die Flüssigkeit als **Sperma** bezeichnet. Der Spermienleiter mündet in die Harn-Sperma-Röhre, die den gesamten Penis durchzieht, sodass das Sperma genau wie der Urin über die Harn-Sperma-Röhre nach außen tritt. Den Austritt des Spermas aus dem Penis nennt man **Samenerguss** oder **Ejakulation.** Den ersten Samenerguss haben die meisten Jungen während der Pubertät im Alter von 10 bis 14 Jahren. Der Samenerguss ist ein sicheres Zeichen der Geschlechtsreife. Bevor es zu einem Samenerguss kommt, versteift sich der Penis und richtet sich auf. Dies bezeichnet man als **Erektion.** Dabei fließt Blut in

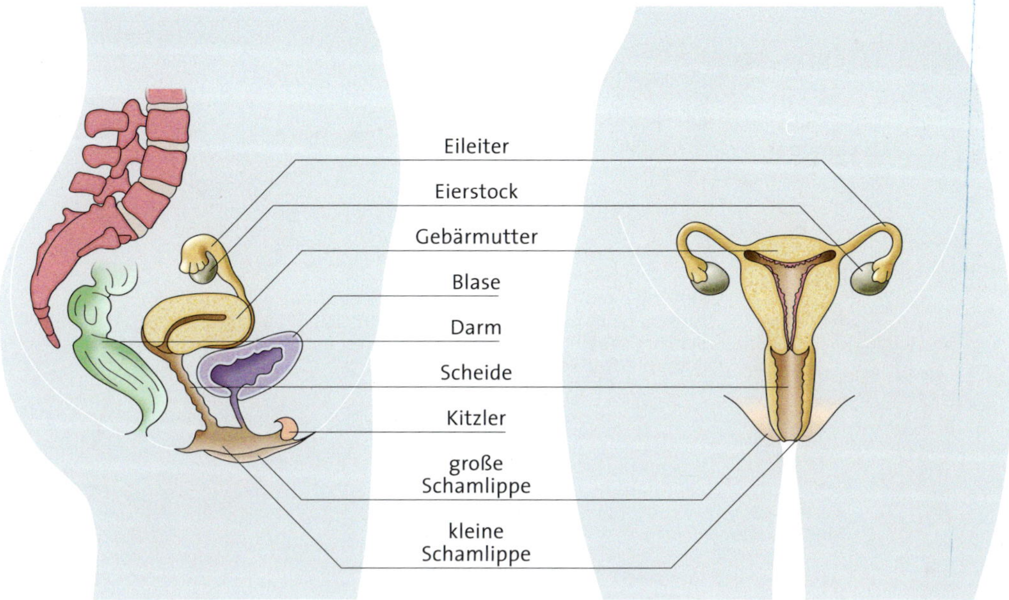

03 Bau der weiblichen Geschlechtsorgane

die Schwellkörper des Penis. Es staut sich dort, sodass der Penis dicker und länger wird. Während einer Erektion wird die Vorhaut hinter die Eichel gezogen. Da sich in der Falte zwischen Vorhaut und Eichel Bakterien ansammeln können, ist gerade in diesem Bereich *Hygiene* sehr wichtig. Ist die Vorhaut zu eng, kann sie nicht über die Eichel gezogen werden. In diesem Fall wird ein Teil der Vorhaut in einer einfachen Operation entfernt, der Junge wird *beschnitten*.

DIE WEIBLICHEN GESCHLECHTSORGANE · Bei Mädchen und Frauen sind von den Geschlechtsorganen äußerlich die **großen** und **kleinen Schamlippen** sowie der **Kitzler** zu sehen. Zwischen den Schamlippen sind zwei Öffnungen zu erkennen. Die obere kleine Öffnung ist der Ausgang der Harnröhre und die untere größere Öffnung ist der Scheideneingang. Die **Scheide** ist ein schlauchähnlicher Gang, der in der **Gebärmutter** endet. Zusammen mit den **Eileitern** und den **Eierstöcken** bilden sie die inneren Geschlechtsorgane. Vom oberen Teil der Gebärmutter führen rechts und links die Eileiter zu den Eierstöcken. In jedem Eierstock liegen etwa 200 000 unreife Eizellen. Jeden Monat reift in einem der beiden Eierstöcke meistens nur eine Eizelle in einem mit Flüssigkeit gefüllten Bläschen, dem **Follikel,** heran. Nach 14 Tagen platzt das Bläschen und die Eizelle wird in den Eileiter gespült. Dieser Vorgang heißt **Eisprung.** Durch den Eileiter wird die Eizelle durch Muskelbewegungen und die Bewegung kleiner Flimmerhärchen bis in die Gebärmutter transportiert. Wird die Eizelle im Eileiter von einer Spermienzelle befruchtet, so kann sie sich in der *Gebärmutterschleimhaut* einnisten. Die Gebärmutterschleimhaut kleidet die Gebärmutter aus und wächst während der Eireifung auf ein Vielfaches ihrer ursprünglichen Dicke an. Sie wird stark durchblutet und soll die befruchtete Eizelle aufnehmen und versorgen.

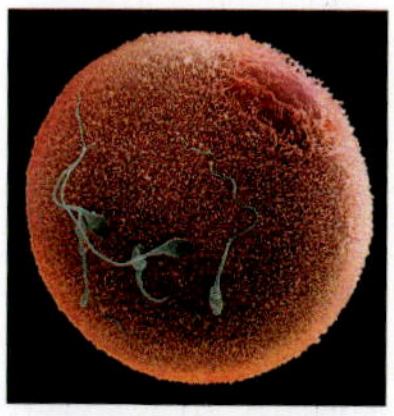

04 Eizelle

1 Nenne jeweils die inneren und äußeren Geschlechtsorgane von Mann und Frau!

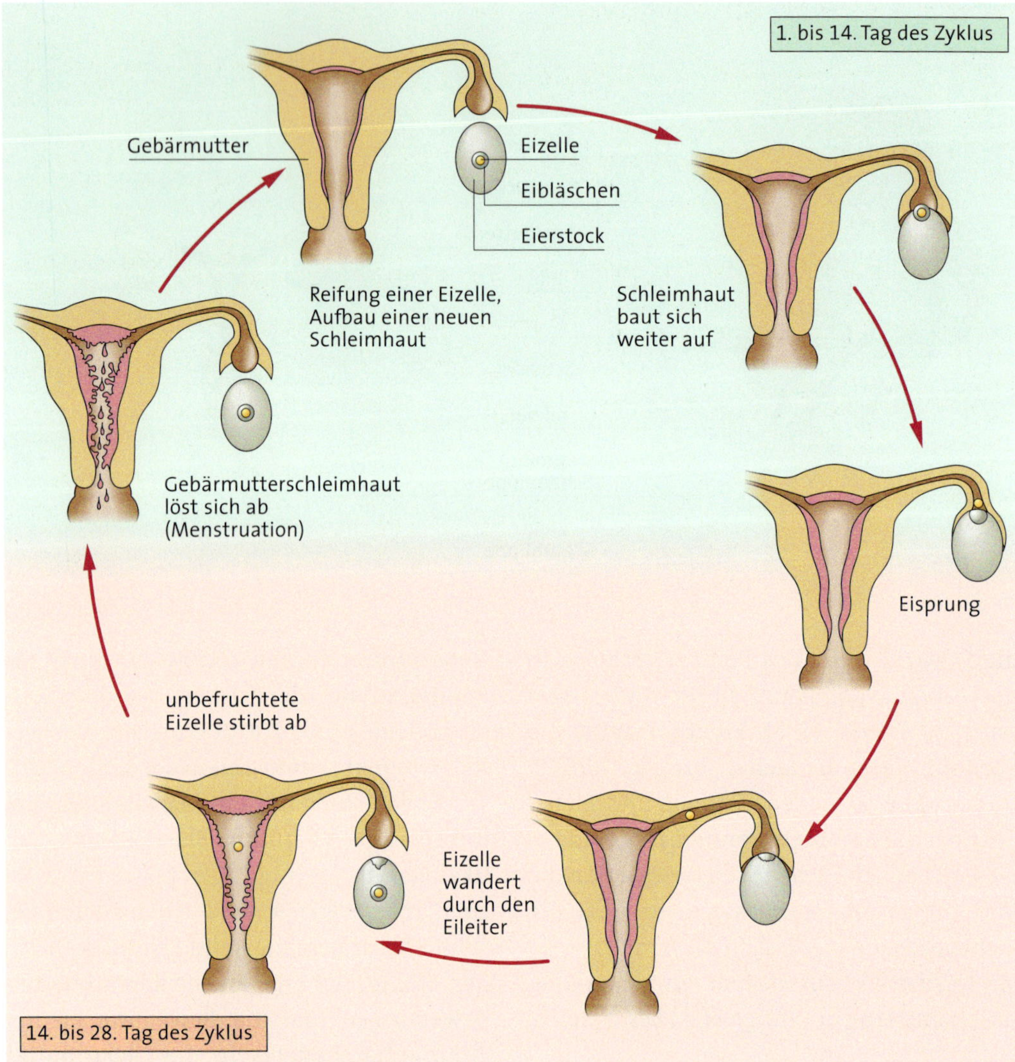

05 Ablauf von Eireifung und Menstruation

lateinisch cyclus = regelmäßiger Kreislauf

MENSTRUATION · Wird die Eizelle nicht befruchtet, stirbt sie ab. Die Gebärmutterschleimhaut wird noch etwa 14 Tage lang erhalten und dann bis auf die Grundschicht abgestoßen. Die Schleimhautreste werden zusammen mit der Eizelle durch die Scheide abgegeben. Diese regelmäßige Blutung nennt man **Menstruation.** Die Menstruation dauert im Durchschnitt vier bis fünf Tage. Sobald die Gebärmutterschleimhaut abgestoßen wurde, beginnt in einem Eierstock wieder ein Ei zu reifen. Dieser Ablauf wiederholt sich etwa alle 28 Tage, man spricht von einem Zyklus. Er kann aber besonders bei jungen Mädchen noch ganz unterschiedlich lang sein. Das Zusammenziehen der Gebärmutter während der Menstruation verursacht oft Schmerzen. Diese halten meist zwei Tage an.

2 Erläutere, weshalb man auch von einem Menstruationszyklus spricht!

Material A ▸ Der Menstruationszyklus

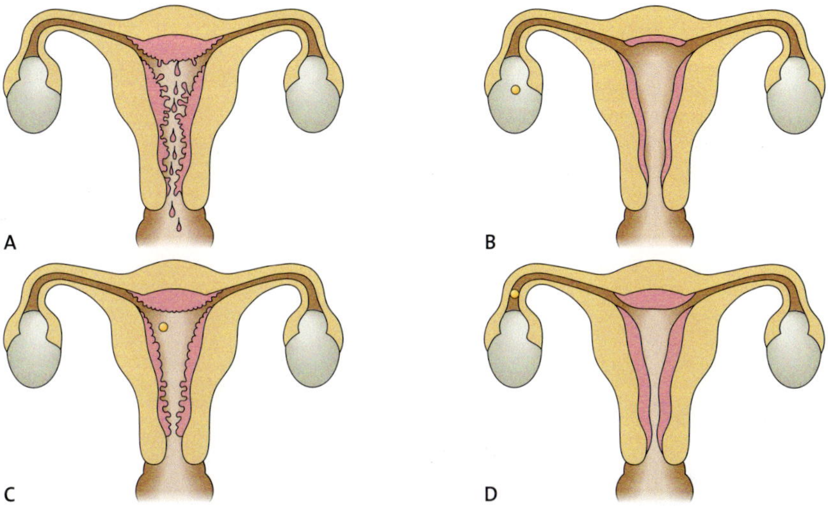

September						
Mo	Di	Mi	Do	Fr	Sa	So
					1	2
3	4	5	6	7	8	9
10	11	12	13	14	~~15~~	~~16~~
~~17~~	~~18~~	~~19~~	~~20~~	21	22	23
24	25	26	27	28	29	30

Oktober						
Mo	Di	Mi	Do	Fr	Sa	So
1	2	3	4	5	6	7
8	9	10	11	~~12~~	~~13~~	~~14~~
~~15~~	~~16~~	17	18	19	20	21
22	23	24	25	26	27	28
29	30	31				

November						
Mo	Di	Mi	Do	Fr	Sa	So
			1	2	3	4
5	6	7	8	9	10	11
12	13	14	15	16	17	18
19	20	21	22	23	24	25
26	27	28	29	30		

A1 Bringe die Abbildungen zum Menstruationszyklus in die richtige Reihenfolge und beschreibe den Ablauf in eigenen Worten!

A2 In einem Menstruationskalender sind für die Monate September und Oktober die Blutungstage eingetragen. Gib an, wann in den Monaten jeweils der Eisprung stattgefunden hat! Bestimme den ersten Blutungstag im November!

A3 Erstelle in deinem Heft eine Tabelle für die Geschlechtsorgane der Jungen und eine Tabelle für die der Mädchen! Ordne jedem Organ die entsprechenden Funktionen zu!

Material B ▸ Hygiene ist wichtig

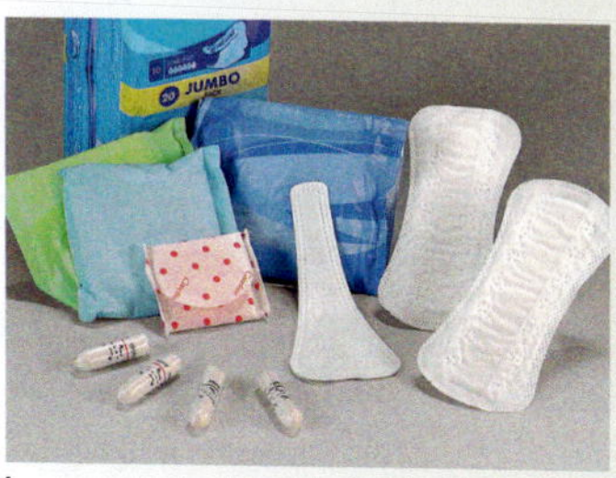

34

Hygiene bei Mädchen

In der Pubertät beginnt die Scheide ein milchiges Sekret abzusondern. Die Haut produziert nun mehr Schweiß. Daher ist es wichtig, sich täglich Gesicht, Achselhöhlen und Geschlechtsorgane zu waschen. Besonders während der Menstruation ist dies wichtig, da auch das Menstruationsblut unangenehm riechen kann. Dieses Blut kann mit Binden oder Tampons aufgenommen werden.

35

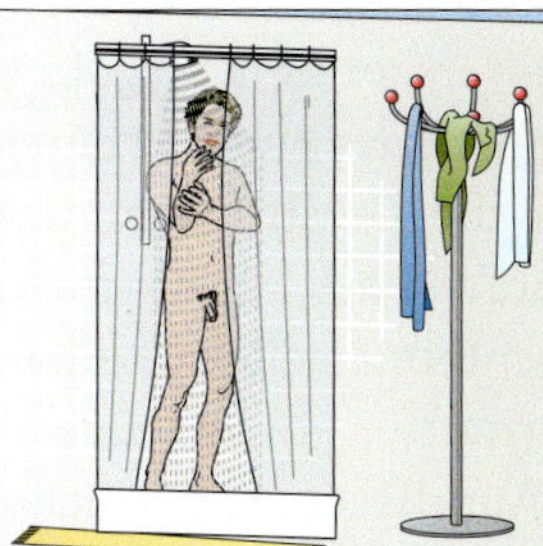

28

Hygiene bei Jungen

In der Pubertät wird vom Körper mehr Schweiß und Talg produziert. Es ist daher wichtig, sich täglich das Gesicht, die Achselhöhlen und die Geschlechtsorgane zu waschen. Jungen müssen besonders darauf achten, die Stelle zwischen Vorhaut und Eichel zu reinigen, damit sich keine Bakterien ansammeln und schmerzhafte Entzündungen hervorrufen können.

29

B1 Lies die Texte zur Körperhygiene bei Mädchen und Jungen! Erläutere, weshalb eine regelmäßige und gründliche Hygiene für Jungen und Mädchen ab der Pubertät besonders wichtig ist!

01 Ein Kind wird mit Spannung erwartet

Befruchtung, Schwangerschaft und Geburt

Leas Mutter ist im achten Monat schwanger. Wenn Lea ihre Hände auf den Bauch ihrer Mutter legt, kann sie die Bewegungen ihres Bruders im Bauch spüren. Wie entsteht ein Kind?

GESCHLECHTSVERKEHR · Zur Entstehung eines Kindes müssen die Eizelle einer Frau und die Spermienzelle eines Mannes aufeinandertreffen. Der Mann führt seinen steifen Penis in die Scheide der Frau ein. Bei diesem Geschlechtsverkehr empfinden Mann und Frau durch die Bewegungen des Penis in der Scheide ein angenehmes Gefühl. Es kann zu einem Samenerguss kommen. Dabei gelangen ungefähr 250 Millionen Spermienzellen des Mannes in die Scheide der Frau. Mithilfe ihres Schwanzfortsatzes schwimmen sie von der Scheide in die Gebärmutter und von dort in die Eileiter.

BEFRUCHTUNG · Die Lebensdauer einer Eizelle beträgt nach dem Eisprung etwa 12 bis 24 Stunden. In diesem Zeitraum versuchen die Spermienzellen, in die Eizelle einzudringen. Aber nur eine einzige von ihnen kann ihre Hülle durchdringen. Während der Kopf der Spermienzelle in die Eizelle eindringt, wird der Schwanzfortsatz abgetrennt und verbleibt außerhalb der Zelle. Erst wenn die Zellkerne von Ei- und Spermienzelle miteinander verschmelzen, spricht man von einer *Befruchtung*. Die befruchtete Eizelle nennt man **Zygote.** Die Zygote wird durch die Bewegung der Flimmerhärchen des Eileiters in die Gebärmutter transportiert. Schon während des Transports beginnt sich die befruchtete Eizelle zu teilen, sodass in der Gebärmutter ein kugeliger Zellhaufen eintrifft. Aus diesem bildet sich eine kleine Blase, das **Keimbläschen.**

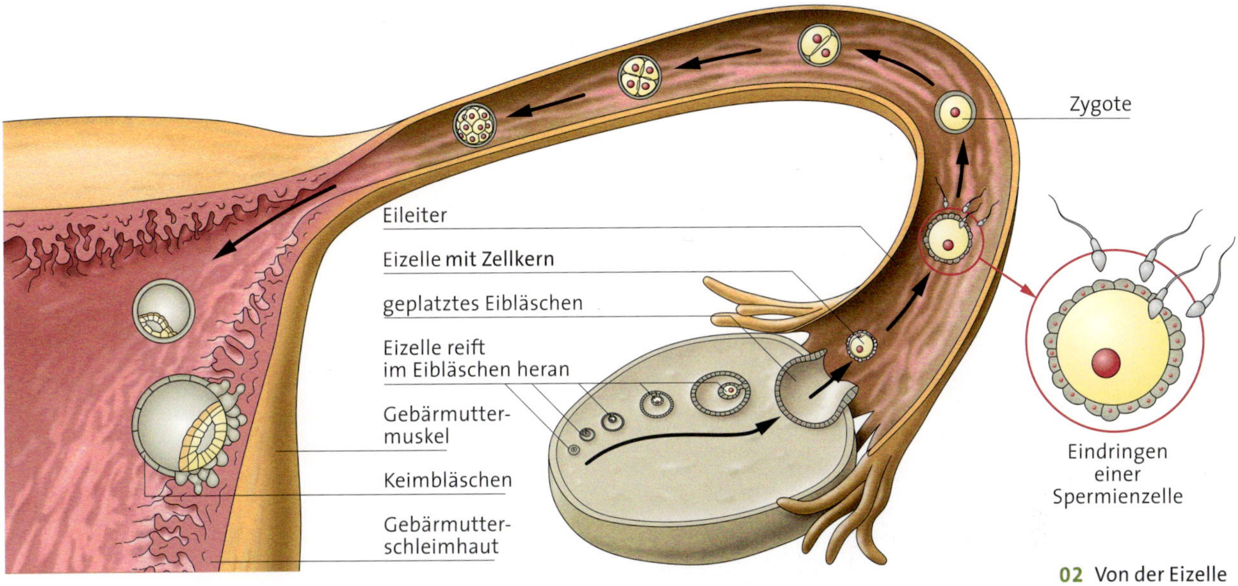

02 Von der Eizelle zum Keimbläschen

SCHWANGERSCHAFT · Wenn sich das Keimbläschen in der Gebärmutterschleimhaut einnistet, beginnt die Schwangerschaft. Da die Gebärmutterschleimhaut nun nicht mehr abgestoßen wird, bleibt auch der monatliche Menstruationszyklus der Frau aus. Dies ist ein Hinweis darauf, dass sie schwanger ist und ein Mensch in der Gebärmutter entsteht. Die im Inneren des Keimbläschens liegenden Zellen entwickeln sich zum **Embryo.** Die äußeren Zellen des Keimbläschens wachsen in die Gebärmutterschleimhaut hinein. Dort bilden sie fingerförmige Ausstülpungen, die *Zotten.* Die Gebärmutterschleimhaut und die Zotten bilden zusammen den Mutterkuchen, die **Plazenta.** Die in die Gebärmutterschleimhaut hineinragenden Zotten werden von dem mütterlichen Blut umspült. Aus dem Blut der Mutter gelangen hier Nährstoffe und Sauerstoff in die Blutgefäße der Zotten. Kohlenstoffdioxid und „Abfallstoffe" werden hingegen in das Blut der Mutter abgegeben. In der Plazenta findet also ein Stoffaustausch zwischen dem mütterlichen und dem kindlichen Blut statt. Von der Plazenta geht später die **Nabelschnur** ab. Sie ist von Blutgefäßen durchzogen und verbindet den wachsenden Embryo mit der Mutter. Über die Nabelschnur können auch Stoffe wie Alkohol, Medikamente oder Nikotin in das Blut des Embryos gelangen. Solche Stoffe können vor allem in der frühen Entwicklung des Kindes im Mutterleib Missbildungen und geistige Entwicklungsstörungen verursachen. Ab dem vierten Schwangerschaftsmonat nennt man das heranwachsende Kind **Fetus,** da nun alle inneren Organe angelegt sind. Im Laufe der nächsten Monate wächst ein Fetus heran, der am Ende der Schwangerschaft durchschnittlich 50 Zentimeter lang und 3000 Gramm schwer ist.

1 Beschreibe den Weg, den die Spermienzellen bis zur Eizelle zurücklegen müssen!

2 Erläutere den Begriff Befruchtung!

3 Beschreibe die Plazenta und ihre Bedeutung!

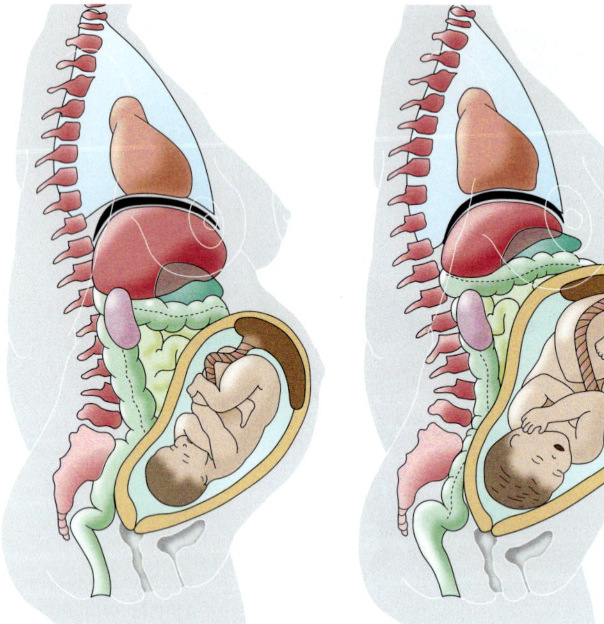

03 Schwangerschaft im 6. und 9. Monat

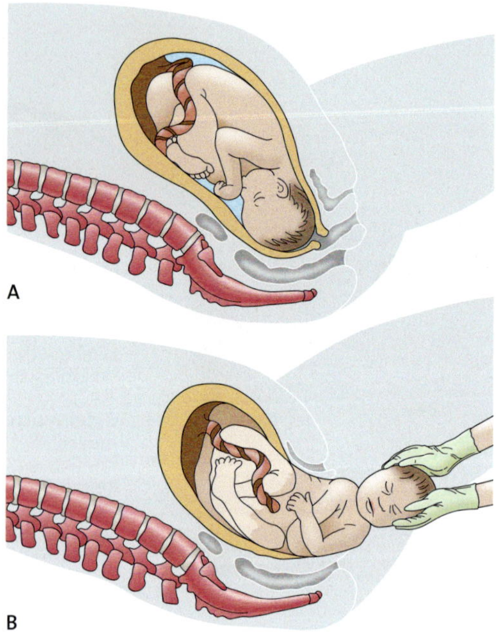

04 Geburt: **A** Eröffnungsphase, **B** Austreibungsphase

GEBURT · Nach etwa neun Monaten ist die Entwicklung des Kindes im Mutterleib abgeschlossen. Vor der Geburt dreht sich das Kind. Der Kopf zeigt nun nach unten und die Gebärmutter senkt sich nach vorn. Die Geburt des Kindes kündigt sich jetzt durch immer wiederkehrendes Zusammenziehen der Gebärmuttermuskulatur an. Dieses Zusammenziehen der Gebärmutter tut weh. Man bezeichnet es deshalb als **Wehen.** Mit dem Einsetzen der ersten Wehen platzt oft die Fruchtblase und das Fruchtwasser läuft aus der Scheide heraus. Zu Beginn dieser **Eröffnungsphase** kehren die Wehen in Zeitabständen von etwa 20 Minuten wieder. Im Laufe der Zeit verkürzen sich die Abstände immer mehr. Die Wehen drücken das Kind gegen den Gebärmuttermund, sodass sich dieser genau wie die Scheide weitet. Im Anschluss daran wird das Kind durch sehr starke Wehen, die *Presswehen*, in den Scheidenkanal gedrückt. Meist wird der Säugling in dieser **Austreibungsphase** durch wenige Presswehen auf die Welt gebracht. Der Säugling ist noch über die Nabelschnur mit der Mutter verbunden. Diese wird am kindlichen Bauch abgebunden und dann durchtrennt. Die übrige Nabelschnur und die Plazenta werden durch einige Wehen abgestoßen und verlassen den Körper der Mutter über die Scheide. Plazenta und Nabelschnur bezeichnet man als **Nachgeburt.** Manchmal kommt es vor, dass sich das Kind vor der Geburt nicht in die richtige Geburtslage dreht. In diesen Fällen muss ein **Kaiserschnitt** durchgeführt werden. Dabei werden Haut, Bauchmuskulatur und Gebärmutter der Mutter durch einen Schnitt geöffnet und das Kind kann herausgehoben werden.

4 Begründe, weshalb schwangere Frauen keinen Alkohol trinken sowie keine Drogen und Medikamente nehmen sollen!

05 „Lebenskurve" des Menschen

LEBENSABSCHNITTE · Der Mensch durchläuft, wie alle Lebewesen, in seinem Leben verschiedene Phasen der **Entwicklung.** Diese Entwicklungsphasen werden beim Menschen als *Lebensabschnitte* bezeichnet. Sie beginnen mit der *Geburt* am Ende einer Schwangerschaft der Frau. Das *Neugeborene* ist völlig hilflos und muss ständig durch die Eltern betreut werden. Meistens stillt die Mutter den *Säugling* mit ihrer Milch. In den ersten zwei Jahren lernt das Kind vor allem Laufen und Sprechen. An diesen Lebensabschnitt schließt sich, vom dritten bis etwa dreizehnten Lebensjahr, die Entwicklungsphase der *Kindheit* an. Diese ist gekennzeichnet durch ein ständiges körperliches Wachstum, eine zunehmende geistige Entwicklung und Selbstständigkeit des Kindes. Diese Lebensphase endet mit dem Beginn der Reifezeit, der *Pubertät.* In dieser Phase entwickelt sich der Körper bis zur Geschlechtsreife. Jetzt kann der junge Mensch Nachkommen zeugen. Während der Pubertät entwickeln sich auch die Geschlechterrolle und die Persönlichkeit der *Jugendlichen.* Ist die körperliche Entwicklung abgeschlossen, tritt der Mensch in seinen nächsten Lebensabschnitt als *Erwachsener* ein. Er sollte nun in der Lage sein, für sich selbst zu sorgen und Verantwortung für Kinder zu übernehmen. Mit zunehmendem Alter nimmt die Leistungsfähigkeit des Körpers in allen Bereichen ab. Dieses *Altern* eines Menschen endet schließlich im *Sterben.* Dies ist der Übergang vom Leben zum Tod. Mit dem *Tod* des Menschen atmet er nicht mehr, das Herz hat aufgehört zu schlagen und die Gehirnaktivität ist nicht mehr vorhanden.

5 Nenne die Lebensabschnitte, die der Mensch durchläuft!

6 Ordne jedem Lebensabschnitt ein typisches Merkmal zu!

Material A ▸ Wie Zwillinge entstehen

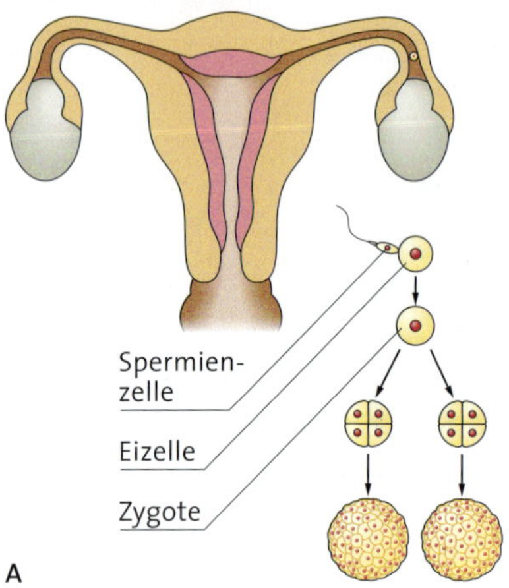

A

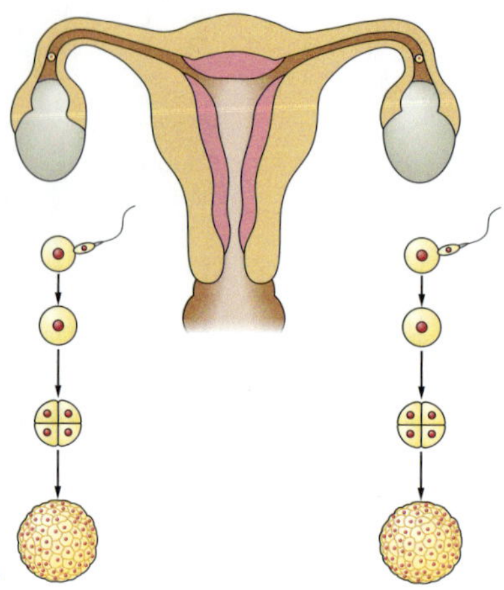

B

A1 Beschreibe mithilfe der Abbildungen A und B die zwei Möglichkeiten der Entstehung von Zwillingen!

A2 Erläutere, wieso man von „eineiigen Zwillingen“ und von „zweieiigen Zwillingen“ spricht! Ordne die Begriffe den Abbildungen A und B zu!

Material B ▸ Verhütungsmittel

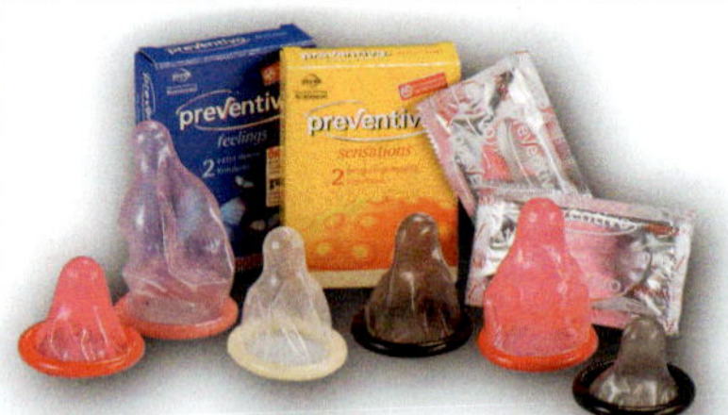

Kondome
Das Kondom ist an einer Seite dicht verschlossen und wird über den steifen Penis gezogen.

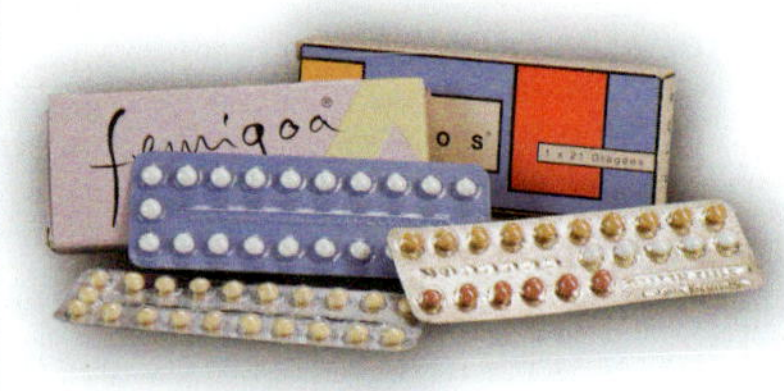

Antibabypille
Die Antibabypille enthält Hormone, die einen Eisprung verhindern.

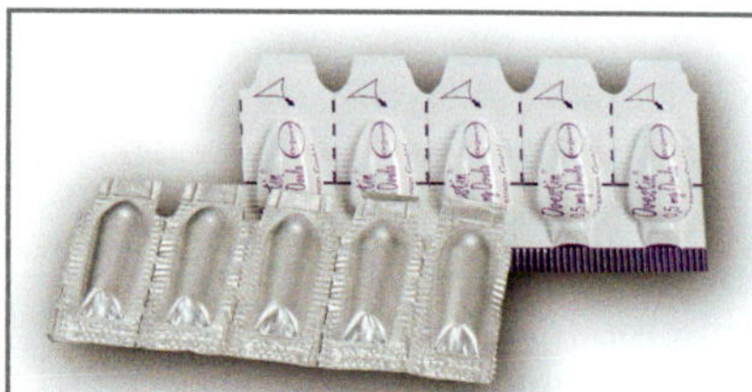

Chemische Mittel
Chemische Mittel werden vor dem Geschlechtsverkehr in die Scheide eingeführt. Sie töten die Spermienzellen ab oder verhindern ihre Bewegung.

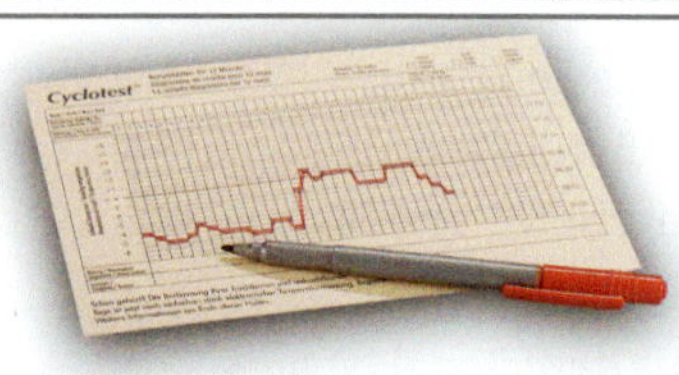

Temperaturmethode
Jeden Morgen wird die Körpertemperatur gemessen und notiert. Da nach dem Eisprung die Temperatur leicht ansteigt, können so die fruchtbaren Tage bestimmt werden.

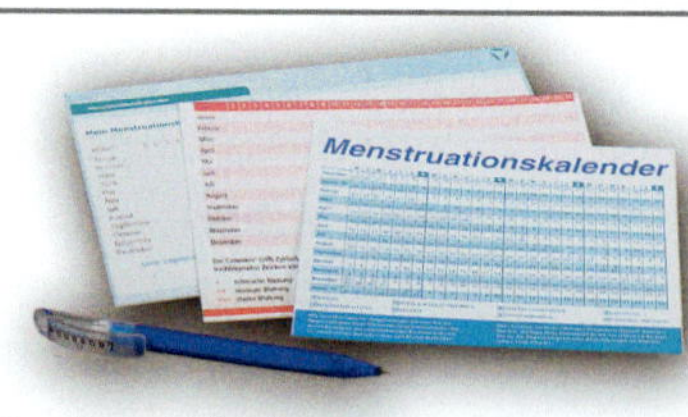

Kalendermethode
In jedem Zyklus werden die Blutungstage einer Frau in einem Menstruationskalender notiert. So können die fruchtbaren Tage bestimmt werden.

Sicherheit von Verhütungsmitteln

Methode	**ungewollte Schwangerschaft** (bei 1000 Frauen in einem Jahr)
Hormonpille	5
Kondom	40
chemische Mittel	50
natürliche Methoden	180

B1 Beschreibe für jedes Verhütungsmittel, wie eine Befruchtung verhindert wird! Berücksichtige dabei:
a) Spermienzellen fehlen zur Befruchtung,
b) Eizelle fehlt zur Befruchtung,
c) Spermienzellen und Eizelle können nicht zusammentreffen.

B2 Beurteile anhand der Tabelle die Sicherheit der aufgeführten Verhütungsmittel!

Körpermerkmale

Skelett: Das Skelett ist aus über 200 Knochen zu einem Knochengerüst zusammengesetzt und gibt dem Körper seine Form und Stabilität. Der Körper des Menschen lässt sich in Kopf, Rumpf und Gliedmaßen gliedern.

Gelenke: Gelenkkopf, Gelenkspalt und Gelenkpfanne bilden zusammen ein Gelenk. Durch die Gelenke ist der Körper des Menschen trotz des stabilen Skeletts sehr beweglich.

Muskeln: Für die aktive Beweglichkeit des menschlichen Körpers sind auch die Muskeln wichtig. Sie sind über Sehnen mit den Knochen verbunden.

Wirbelsäule: Die Wirbelsäule ist die Hauptstütze des menschlichen Körpers. Sie setzt sich aus einzelnen Wirbelknochen zusammen. Die Wirbelsäule ist „doppelt-S-förmig" gebaut und kann deshalb Stöße abfedern.

Bandscheiben: Die Bandscheiben sind elastisch und liegen zwischen den einzelnen Wirbelknochen. Sie ermöglichen die große Beweglichkeit der Wirbelsäule.

Organe: Organe übernehmen bestimmte Aufgaben im Körper des Menschen. Mehrere Organe können zusammen ein Organsystem bilden.

Fortpflanzung und Entwicklung

Befruchtung: Wenn der Zellkern einer Eizelle mit dem Zellkern einer Spermienzelle verschmilzt, ist die Eizelle befruchtet. Die befruchtete Eizelle nennt man Zygote.

Schwangerschaft: Während der Schwangerschaft einer Frau entwickelt sich die befruchtete Eizelle im Mutterleib zum Embryo und wächst zu einem Fetus heran.

Geburt: Die Entwicklung des heranwachsenden Kindes im Mutterleib ist nach etwa neun Monaten abgeschlossen. Bei der Geburt verlässt das Kind den Mutterleib. Als Säugling wird es von der Mutter gestillt.

Primäre Geschlechtsmerkmale: Alle Geschlechtsmerkmale, die jeder Mensch von Geburt an hat, werden als primäre Geschlechtsmerkmale bezeichnet. Bei Jungen und Männern sind dies der Penis und die beiden Hoden. Bei Mädchen und Frauen sind dies die großen und kleinen Schamlippen sowie der Kitzler. Scheide, Gebärmutter, Eileiter und Eierstöcke sind die inneren Geschlechtsorgane der Frau.

Sekundäre Geschlechtsmerkmale: Neben den primären Geschlechtsmerkmalen gibt es noch weitere Körpermerkmale, die typisch männlich oder typisch weiblich sind. Sie werden als sekundäre Geschlechtsmerkmale bezeichnet und entwickeln sich während der Pubertät.

Pubertät: Während der Pubertät entwickeln sich Mädchen zu jungen Frauen und Jungen zu jungen Männern. Hierbei kommt es zu körperlichen Veränderungen und Veränderungen im Verhalten.

Lebensabschnitte: Der Mensch durchläuft in seinem Leben verschiedene Phasen der Entwicklung. Diese Lebensabschnitte sind: Embryonalentwicklung, Geburt, Säuglingsalter, Kindheit, Pubertät, Jugend- und Erwachsenenalter.

Vögel

In diesem Kapitel beschäftigst du dich mit

- den Kennzeichen von Vögeln. Du lernst, wie die Vögel fliegen und sich fortpflanzen. Auch erfährst du etwas über das Verhalten der Vögel.
- Vögeln in verschiedenen Lebensräumen. Du lernst, wie die Vögel an ihre Lebensweise angepasst sind.
- der Überwinterung von Vögeln. Dabei lernst du Vögel kennen, die die kalte Jahreszeit im warmen Süden verbringen, aber auch Vögel, die im Winter bei uns bleiben.

01 Tauben

Der Vogelkörper

Tauben lassen sich auf Straßen und Plätzen unserer Städte beobachten. Geschickt weichen sie den Fußgängern aus. Mit wenigen Flügelschlägen erheben sie sich in die Luft und gleiten nur wenige Meter weiter wieder zu Boden. Welche besonderen Eigenschaften besitzen Tauben, um fliegen zu können?

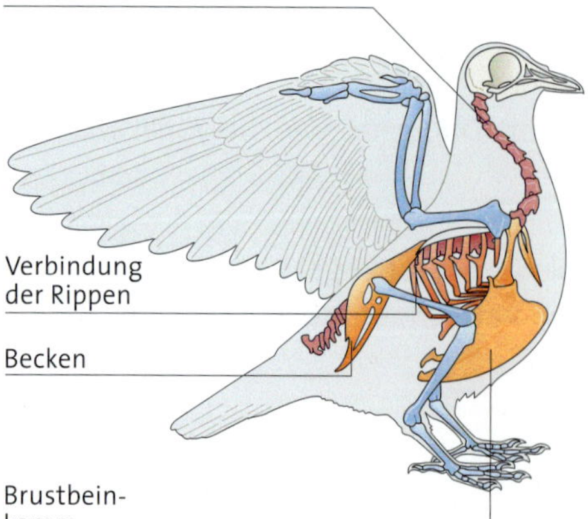

02 Bau des Taubenkörpers

KÖRPERBAU · Die Taube trägt wie alle Vögel ein Federkleid. Nur Schnabel und Füße besitzen kein *Gefieder.* Den Vogelkörper durchzieht wie bei allen Wirbeltieren eine **Wirbelsäule.** Bis auf die Halswirbel sind alle Wirbel miteinander verwachsen. Sie bilden eine *starre Achse* und verhindern, dass sich der Rumpf beim Fliegen verbiegt. Die starren Verbindungen der Rippen untereinander und mit dem *Brustbein* sorgen zusätzlich für Festigkeit des Knochengerüstes. Die Taube besitzt wie alle Vögel einen *stromlinienförmigen* Körper. Diese Körperform erleichtert das Fliegen, denn sie bietet der Luft weniger Widerstand.

FLÜGEL · Vergleicht man die Flügel der Taube mit den Vorderbeinen eines Säugetieres oder den Armen eines Menschen, erkennt man Ähnlichkeiten. So besteht auch das Flügelskelett aus einem *Oberarmknochen,*

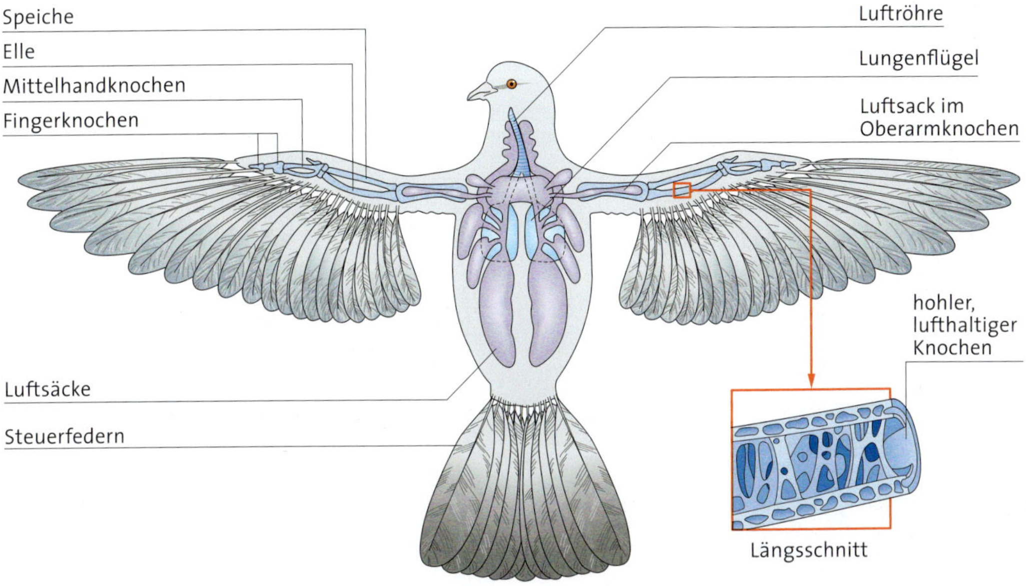

03 Leichtbauweise des Taubenkörpers

den *Unterarmknochen* und den *Handknochen.* Flügel sind also zu Flugorganen umgewandelte Vordergliedmaßen. Die Federn stecken in der Haut des Unterarms und der Hand.

LEICHTBAUWEISE · Um fliegen zu können, dürfen die Vögel nicht schwer sein. Sie sind leichter als ein vergleichbar großes Säugetier. Ein Igel wiegt zum Beispiel das Doppelte bis Dreifache einer Taube. Sie besitzt im Gegensatz zum Igel **dünnwandige** und **hohle Knochen.** Diese leichten Knochen werden durch Verstrebungen verstärkt und haben eine hohe Festigkeit. Das Kopfskelett ist besonders leicht. Der zahnlose Schnabel besteht aus leichtem *Horn.*
Die Lunge der Taube unterscheidet sich von den Lungen anderer Wirbeltiere durch die **Luftsäcke.** Diese liegen zwischen inneren Organen und Muskeln und reichen sogar in hohle Knochen. Mit den Luftsäcken können Vögel sehr viel Atemluft speichern. Der große Atemluftvorrat macht es möglich, den erhöhten Sauerstoffbedarf beim Fliegen zu decken. Der Sauerstoff aus der Atemluft gelangt von der Lunge über die Blutgefäße zu den Flugmuskeln und Organen.

ERNÄHRUNGSWEISE · Die Taube nimmt viel Nahrung auf, denn der Energiebedarf beim Fliegen ist sehr hoch. Die große Nahrungsmenge dient auch dazu, eine konstante Körpertemperatur aufrechtzuerhalten. Vögel gehören zu den **gleichwarmen Tieren.** Um das Körpergewicht niedrig zu halten, verdauen die Vögel schnell. Sie besitzen keine Harnblase, die das Körpergewicht erhöhen würde. Ihren Harn scheiden sie zusammen mit dem Kot aus.

FORTPFLANZUNG · Die Eier reifen im Körper des Taubenweibchens nacheinander und werden mit zeitlichem Abstand gelegt. Der Nachwuchs entwickelt sich im Ei außerhalb des mütterlichen Körpers, dessen Körpergewicht dadurch auch in der Fortpflanzungszeit niedrig bleibt.

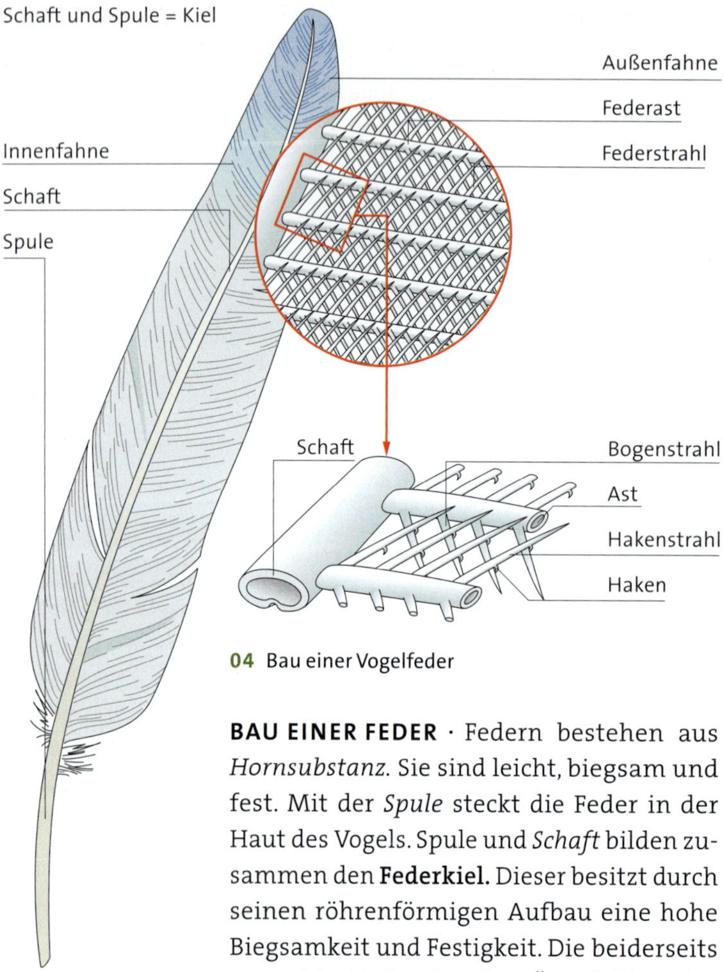

04 Bau einer Vogelfeder

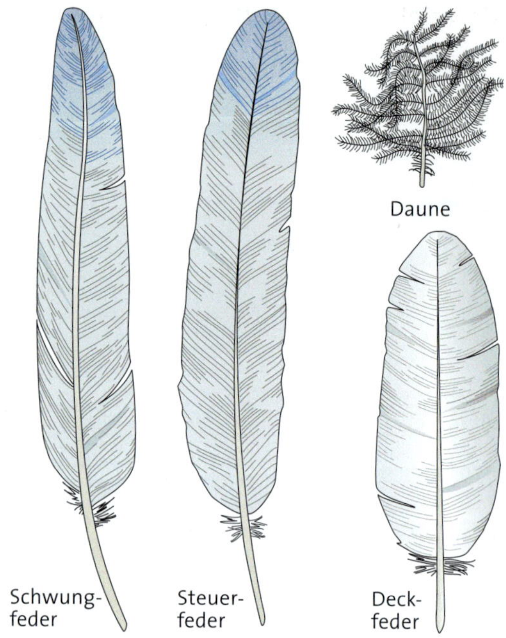

05 Federtypen

BAU EINER FEDER · Federn bestehen aus *Hornsubstanz.* Sie sind leicht, biegsam und fest. Mit der *Spule* steckt die Feder in der Haut des Vogels. Spule und *Schaft* bilden zusammen den **Federkiel.** Dieser besitzt durch seinen röhrenförmigen Aufbau eine hohe Biegsamkeit und Festigkeit. Die beiderseits vom Schaft abgehenden Äste bilden die **Fahne.** Von jedem Ast gehen zur einen Seite bogenförmige Strahlen und zur anderen Seite Strahlen mit kleinen Haken ab. Dadurch liegen zwischen den benachbarten Ästen sowohl *Bogenstrahlen* als auch *Hakenstrahlen.* Die über den Bogenstrahlen liegenden gezackten Hakenstrahlen verzahnen die Strahlen ähnlich wie ein Klettverschluss. Dadurch entsteht eine Federfläche, die kaum Luft durchlässt.

FEDERTYPEN · Die großen und kräftigen **Schwungfedern** bilden die Tragflächen des Flügels. Ähnlich gebaut sind die **Steuerfedern** des Schwanzes. Mit ihnen steuert und bremst die Taube ihren Flug. Der Rumpf des Vogels wird von den kleineren **Deckfedern** eingekleidet. Sie schützen den Körper und geben ihm eine glatte, *stromlinienförmige* Gestalt. Unter den Deckfedern liegen die **Daunenfedern.** Ihre Strahlen sind nicht miteinander verhakt. Durch den lockeren Aufbau enthalten sie viel Luft. Das dadurch entstehende Luftpolster schützt den gleichwarmen Vogel vor Wärmeverlusten, denn Luft leitet Wärme schlecht.

1 Erläutere, weshalb man den Vogelkörper als Leichtbaukonstruktion bezeichnet!

2 Beschreibe den Bau der verschiedenen Federtypen!

3 Ordne die Federtypen den verschiedenen Körperbereichen des Vogels zu!

4 Nenne die Aufgaben der verschiedenen Federtypen!

Material A ▸ Taubenflügel und menschlicher Arm im Vergleich

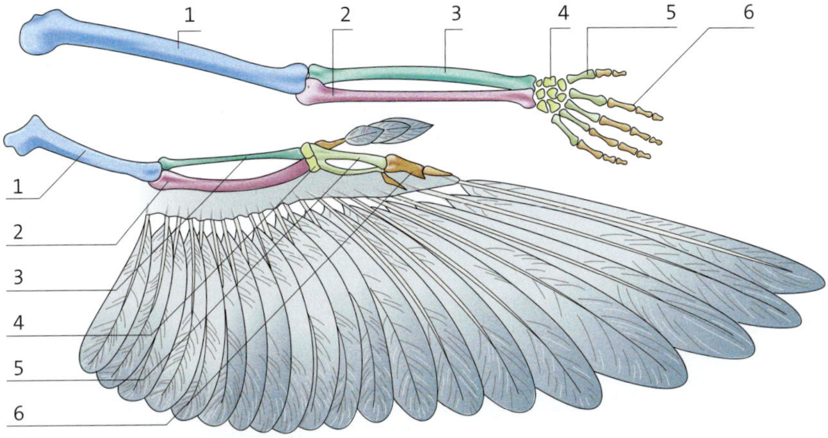

A1 Ordne den Zahlen die entsprechenden Knochennamen zu!

A2 Nenne Gemeinsamkeiten und Unterschiede zwischen dem Taubenflügel und dem menschlichen Arm! Beachte dabei auch die Funktion des Taubenflügels und des menschlichen Arms!

Material B ▸ Federn und Wärme

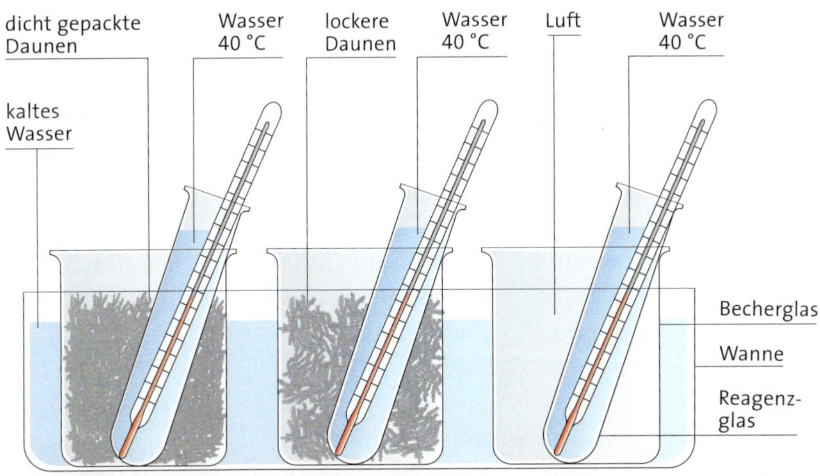

	Beginn	5 min	10 min	15 min	20 min
Federn, locker	40 °C	35,1 °C	29,8 °C	27,1 °C	24,7 °C
Federn, dicht	40 °C	32,2 °C	27,1 °C	23,9 °C	21,4 °C
Luft	40 °C	29,5 °C	26,3 °C	22,3 °C	19,5 °C

B1 Erstelle ein Versuchsprotokoll! Nimm die Seite 10 zu Hilfe!

Material C ▸ Körperlängen und Körpermassen im Vergleich

Art	Körperlänge	Körpermasse
Wildkatze	80 cm	6200 g
Graugans	80 cm	3300 g
Feldhase	60 cm	4000 g
Stockente	60 cm	1200 g
Wildkaninchen	46 cm	1800 g
Rabenkrähe	46 cm	560 g

C1 Die Tabelle zeigt das Ergebnis der Messung einzelner Tiere. Berechne für jedes Tier in der Tabelle die Masse pro Zentimeter Körperlänge! Zeichne ein Säulendiagramm (Hochachse: Masse pro Zentimeter, Rechtsachse: Tiere der Tabelle) und stelle dabei die gleich langen Tiere nebeneinander dar! Nimm die Seite 214 zu Hilfe!

C2 Erläutere das Ergebnis des Vergleichs! Nimm auch das Diagramm zu Hilfe!

01 Mäusebussard im Gleitflug

Der Vogelflug

Ohne Flügelschlag gleitet der Mäusebussard über die Wiese auf einen Waldrand zu. Langsam verliert er an Höhe. Kurz vor einem Baum breitet er seine Flügel aus, um zu bremsen. Sicher landet er auf einem Ast. Wie ist dieser Gleitflug möglich?

GLEITFLUG · Von besonderer Bedeutung für den Gleitflug des Mäusebussards ist die Form seines Flügels. Im Querschnitt eines ausgebreiteten Flügels erkennt man, dass die Oberseite des Flügels stärker gewölbt ist als die Unterseite. Die Flügel wirken wie Tragflächen. Beim Gleiten strömt die Luft über und unter dem Flügel hinweg. Durch die Wölbung der Flügeloberseite ist der Weg für die Luft hier länger als an der Unterseite. So strömt die Luft auf der Oberfläche des Flügels ein wenig schneller. Dabei entsteht über dem Flügel ein geringerer Druck als unter dem Flügel. Der Unterschied, die Differenz, zwischen dem Luftdruck oberhalb und unterhalb des Flügels ergibt den Auftrieb. Ohne diese **Auftriebskraft** würde der Mäusebussard durch seine *Körpermasse* zu Boden sinken. Welche Einflüsse wirken noch auf den Gleitflug eines Vogels ein?

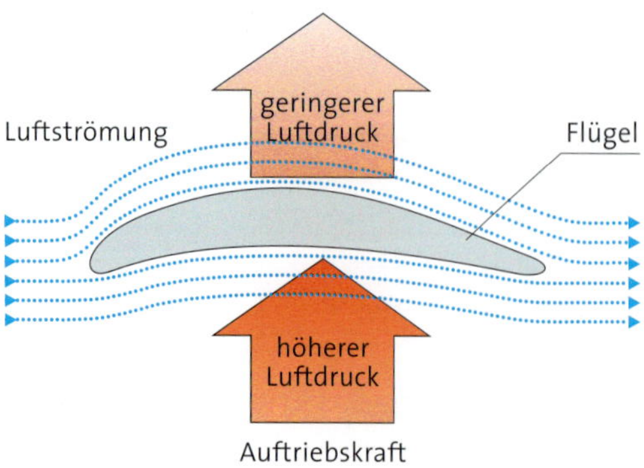

02 Flügelquerschnitt mit Luftströmung

Die *Gleitfähigkeit* eines Vogels hängt von der *Körpermasse*, von seiner *Flügelfläche* und *-form* sowie vom *Luftwiderstand* ab.

Zum Vergleich der Gleitfähigkeit verschiedener Vögel dient die **Gleitzahl.** Diese kann in einem einfachen Experiment festgestellt werden. Bei Windstille und einer bestimmten Abflughöhe vergleicht man die Gleitstrecken der Vögel und teilt die Gleitstrecke durch die Abflughöhe. Den erhaltenen Wert nennt man die Gleitzahl. Wenn zum Beispiel ein Vogel von einem zehn Meter hohen Baum 80 Meter weit ohne Flügelschlag gleitet, ist die Gleitzahl 8. Je besser die Gleitfähigkeit eines Vogels ist, desto höher ist seine Gleitzahl.

SEGELFLUG · Häufig kann man den *Mäusebussard* beobachten, wie er mit ausgebreiteten Flügeln in der Luft kreist. Obwohl der Mäusebussard nicht mit den Flügeln schlägt, verliert er nicht an Höhe. Manchmal steigt der Vogel mit ausgebreiteten Flügeln sogar noch weiter empor. Er nutzt die nach oben aufsteigenden warmen *Aufwinde.* Diese entstehen dann, wenn sich die Luft über der Landschaft unterschiedlich erwärmt. Über Wäldern ist die Luft zum Beispiel kühler als über Ackerflächen und Siedlungen. Auch an Berghängen wird Luft nach oben geleitet. Das Fliegen ohne Flügelschlag in aufsteigender Luft nennt man **Segelflug.**

Adler, Geier und *Störche* legen mit ihren breiten, großflächigen Flügeln weite Strecken in einer Kombination von Segel- und Gleitflug über Land zurück. Seevögel wie Möwen, Albatrosse und Sturmvögel können sogar wochenlang über dem Meer auch bei Sturm gleiten und segeln. Dies ermöglicht ihnen eine besondere Flügelform, die ebenfalls eine große Fläche aufweist, aber lang und schmal ist und am Ende spitz zuläuft.

1 Beschreibe den Segelflug des Mäusebussards!

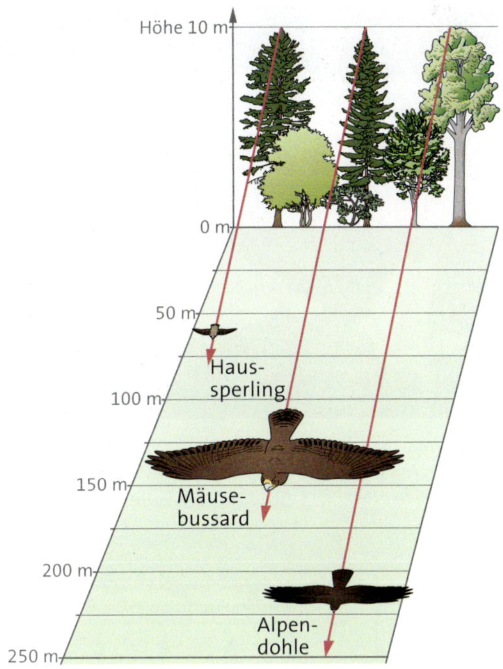

03 Gleitstrecken

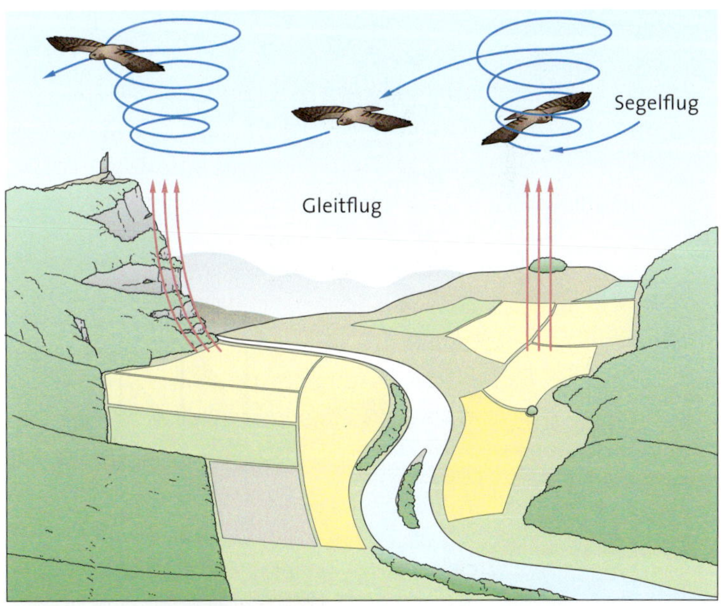

04 Segelflug beim Mäusebussard

2 Erläutere die Bedeutung der Flügelform für das Fliegen! Berücksichtige bei deiner Erläuterung auch die Auftriebskraft!

05 Ruderflug einer Taube

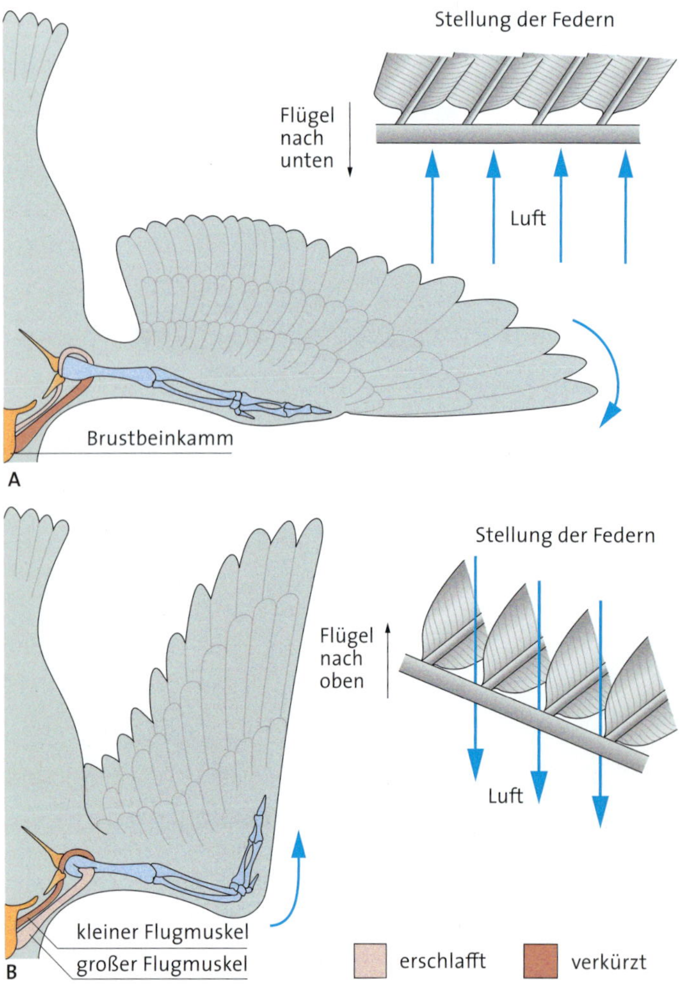

06 Ruderflug: **A** Abschlag, **B** Aufschlag

RUDERFLUG · Die Taubenflügel werden durch eine kräftige Muskulatur bewegt. Die *Flugmuskulatur* setzt am Brustbeinkamm an und teilt sich in einen kleinen und einen großen Flugmuskel. Zieht sich der große Flugmuskel zusammen, schlägt der Flügel abwärts. Beim **Abwärtsschlag** bilden die Flügel eine geschlossene Fläche, in der die Schwungfedern übereinanderliegen. Die Flügel werden gestreckt und auch nach hinten bewegt. Dadurch gewinnt der Vogel an Höhe und fliegt nach vorn. Beim **Aufwärtsschlag** zieht sich der kleine Flugmuskel zusammen. Die Flügel werden leicht geknickt und die Schwungfedern wie bei einer Jalousie so gestellt, dass die Luft von oben zwischen ihnen hindurchströmen kann. Der Luftwiderstand bleibt gering. So wird verhindert, dass die Taube wieder zurückfällt und absackt. Die auf- und abwärtsschlagenden Flügel ähneln den Bewegungen eines Ruders. Man spricht deshalb vom **Ruderflug.**

3 Erläutere den Fachbegriff *Gegenspielerprinzip* am Beispiel der Zusammenarbeit der Flugmuskulatur!

4 Erläutere die Bedeutung des großflächigen Brustbeinkamms für das Fliegen!

VERSUCH A ▸ Gleitflug mit Papierfliegern

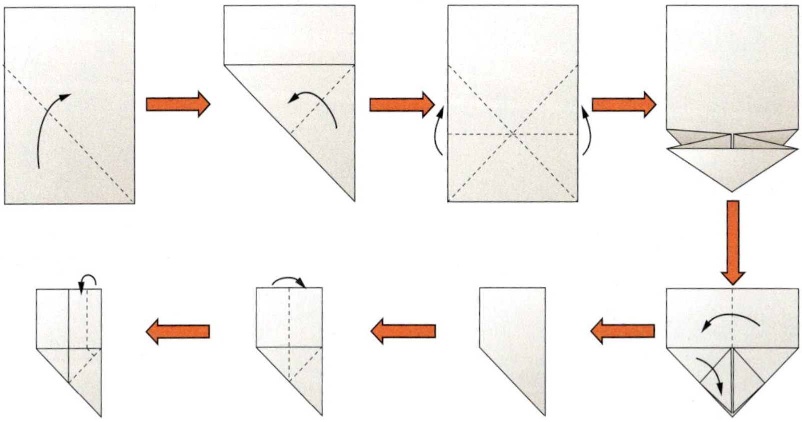

Material:
Papier (DIN A3, DIN A4), Büroklammern

Durchführung:
Baue nach der Faltskizze zwei verschiedene Papierflieger. Die gepunkteten Linien geben die Faltlinien an, die Pfeile geben die Faltrichtung an.

Baue zwei weitere Papierflieger, an deren Rumpf du Büroklammern heftest!

A1 Beschreibe und erkläre, welcher Papierflieger am besten gleitet!

A2 Vergleiche Modell und Flügel und erläutere die Grenzen des Modells!

VERSUCH B ▸ Auftrieb

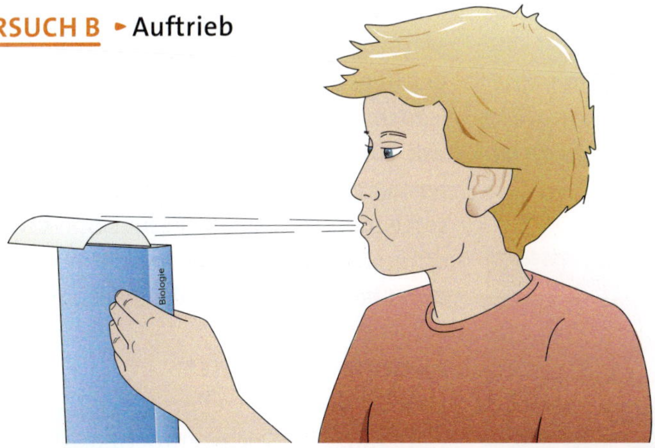

Material:
Papier (DIN-A4), Buch

Durchführung:
Puste über das im Buch eingeklemmte Papier.

B1 Beschreibe deine Beobachtung!

B2 Erkläre mithilfe des Versuchs, weshalb die Vögel in der Luft gleiten können! Nimm die Seite 92 zu Hilfe!

Material C ▸ Aufwind

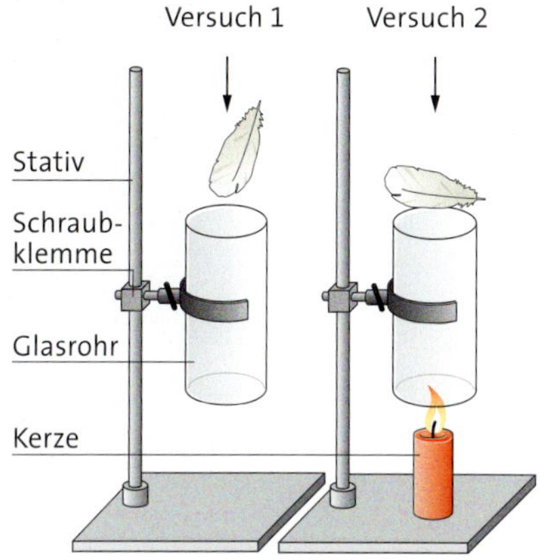

C1 Schreibe für den in der Abbildung dargestellten Versuch ein Versuchsprotokoll!

C2 Übertrage den Versuch auf den Segelflug eines Vogels und erläutere!

Material D ▸ Gleitstrecken

Ein Storch hat die Gleitzahl 17.

D1 Wenn er von Spanien nach Afrika zieht, muss er mindestens 15 Kilometer ohne Aufwinde über das Meer fliegen. Berechne, wie hoch der Storch über dem Land aufsteigen muss, um die Strecke über das Meer nur im Gleitflug zu überwinden!

D2 Wenn er den direkten Weg über Italien wählen würde, müsste er ab Sizilien etwa 170 Kilometer über das Meer fliegen. Berechne auch hier die Höhe, auf die der Storch steigen müsste, um die Strecke über das Meer nur im Gleitflug zu überwinden!

01 Hühnerküken aus dem Ei geschlüpft

Fortpflanzung und Entwicklung bei Vögeln

Im Frühling hört man auf manchen Bauernhöfen tiefe Gluck-Geräusche und hohes, vielstimmiges Piepsen. Eine Henne führt ihre Küken aus. Sie sind am Tag zuvor aus ihren Eiern geschlüpft. Aus Hühnereiern, die man in einem Geschäft kauft, schlüpfen keine Küken. Wie lässt sich das erklären?

02 Haushahn begattet Haushenne

BEGATTUNG · Hühnereier, aus denen Küken schlüpfen sollen, müssen von einem Hahn befruchtet worden sein. Dies geschieht nach der Begattung der Henne. Dazu wirbt der Haushahn um die Henne und lockt sie mit Futter an. Wenn die Henne bereit ist, besteigt der Hahn ihren Rücken und presst seine hintere Körperöffnung, seine *Kloakenöffnung,* auf die der Henne. Dann gibt er sein Sperma in die Kloake der Henne ab.

BILDUNG EINES EIES · Im *Eierstock* der Henne werden Eizellen gebildet, die viel Nährstoffe im *Dotter* enthalten. Als *Dotterkugeln* werden sie dann in den Eileiter transportiert. Wenn nun ein Spermium des Hahns nach der Begattung auf eine Eizelle im Eileiter trifft, dringt es ein und verschmilzt mit ihr. Die Eizelle wird dabei **befruchtet.**

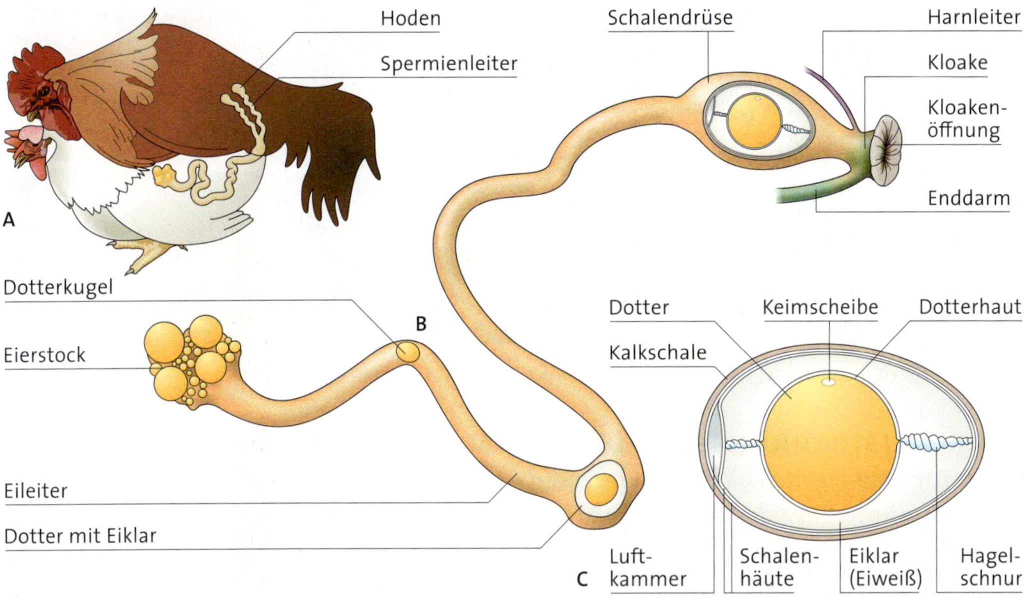

03 Ein Ei entsteht:
A Begattung,
B Bildung des Eies,
C Längsschnitt durch ein Ei

Die im Eileiter befruchtete Eizelle teilt sich vielfach, wächst und entwickelt sich zu einer flachen **Keimscheibe** auf dem Dotter. Während des Transports im Eileiter erhält das Ei weitere Dottermasse, *Eiklar* und zum Schluss zwei zähe, wasserdichte *Schalenhäute* sowie eine schützende *Kalkschale*. *Hagelschnüre* im Ei sorgen dafür, dass die Keimscheibe stets oben auf dem Dotter liegt. Auch unbefruchtete Eizellen entwickeln sich zu fertigen Eiern. Sie enthalten jedoch keine Keimscheibe, aus der sich ein Küken entwickeln kann.

VOM EI ZUM KÜKEN · Die Henne legt ihre Eier in ein Nest, setzt sich darauf und bebrütet sie. Die *Brutwärme* bewirkt im Ei die Weiterentwicklung der Keimscheibe zu einem **Embryo,** aus dem das Küken wird. Der Embryo wird über zusätzlich ausgebildete Blutgefäße im Ei mit Nährstoffen aus dem Dotter und dem Eiklar versorgt. Der benötigte Sauerstoff gelangt durch die Kalkschale in das Ei. Nach 20 Tagen ist die Entwicklung zum Küken abgeschlossen.

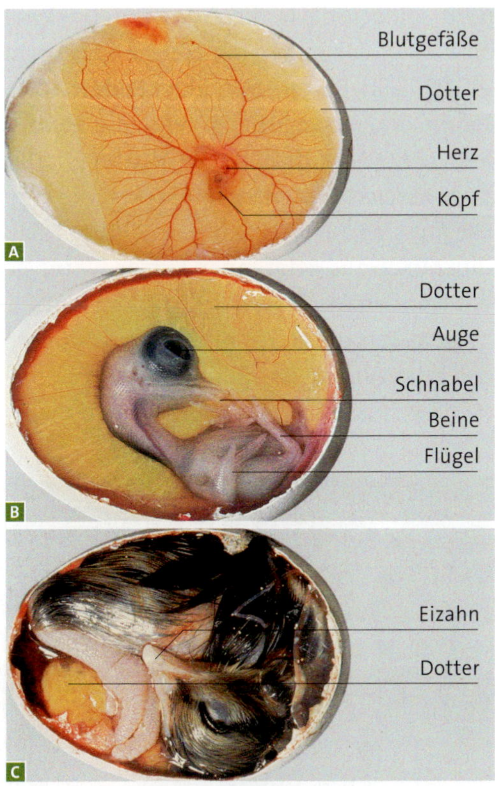

04 Vom Ei zum Küken:
A 6. Tag
B 14. Tag
C 19. Tag

1 Beschreibe die Begattung bei Haushühnern!

05 Schlüpfen eines Hühnerkükens: **A** Aufbrechen der Eischale, **B** schlüpfendes Küken, **C** Trocknen des Federkleid

AUS DEM LEBEN EINES HÜHNERKÜKENS · Das fertig entwickelte Küken im Ei pickt ein Loch in die innere Schalenhaut zur *Luftkammer* und atmet die Luft. Dann bricht es mit einem Zacken auf dem Schnabel, dem *Eizahn*, die Eischale auf und schlüpft. Nachdem seine Federn, die *Dunen*, getrocknet sind, folgt das Küken der Henne und sucht eifrig nach Futter. Mit gluckenden Locktönen und Bewegungen zeigt die Henne, jetzt die *Glucke*, dass sie die Mutter ist. Das Küken macht mit seinem Piepsen die Glucke auf sich aufmerksam. Die Glucke führt ihre Küken aus, zeigt ihnen Futter, warnt sie vor Feinden und bietet Schutz und Wärme. Vogelküken, die gleich nach dem Schlüpfen das Nest verlassen und weitgehend selbstständig sind, nennt man **Nestflüchter.**

06 Fasanenhenne mit Küken

AUS DEM LEBEN EINES FASANENKÜKENS · Auch das Küken des Fasans ist ein *Nestflüchter.* Fasane leben als *Wildvögel* in offenen Feld- und Wiesenlandschaften. Das Leben eines Fasanenkükens ist viel stärker bedroht als das eines Hühnerkükens auf dem Bauernhof. Zahlreiche Feinde stellen dem Fasanenküken nach. Deshalb besitzt es beim Schlüpfen eine **Tarnfarbe,** die den Erdbrocken auf Feldern ähnelt. Weil das Fasanenküken in den ersten Lebenswochen noch nicht fliegen kann, *versteckt* es sich bei Gefahr stumm und regungslos auf dem Boden. Die Fasanenhenne, die ähnlich wie eine Glucke ihre Küken führt, trägt ebenfalls eine Tarnfarbe. Damit schützt sie sich und ihre Küken. Der Fasanenhahn hingegen ist prächtig gefärbt und gemustert. Damit kann er anderen Hähnen imponieren und den Hennen gefallen. Er führt seine Küken nicht und kann daher bei Gefahr eher fliehen.

2 Erkläre, weshalb die Befruchtung der Eizelle nicht am Ende des Eileiters erfolgen kann!

3 Begründe, weshalb aus Hühnereiern aus dem Supermarkt keine Küken schlüpfen können!

4 Vergleiche die Küken des Haushuhns und des Fasans!

VERSUCH A ▸ Untersuchung eines Hühnereies

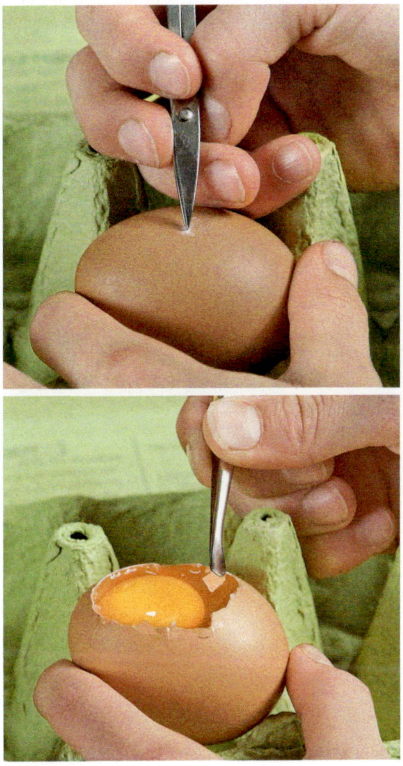

Material:

1 rohes Hühnerei, Eierpappe, spitze Schere, Lupe

Durchführung:

Lege das rohe Ei in eine Mulde der Eierpappe. Bohre mit der Scherenspitze vorsichtig ein Loch in die Eischale. Entferne mit der Pinzette die Kalkschale, bis ein Loch mit etwa drei Zentimeter Durchmesser entstanden ist, und schneide mit der Schere die Schalenhaut auf.

A1 Benenne die Eibestandteile, die du durch die Öffnung sehen kannst!

A2 Beschreibe die Lage der Eibestandteile und vergleiche sie mit der Abbildung auf Seite 97!

VERSUCH B ▸ Nachweis der Kalkschale

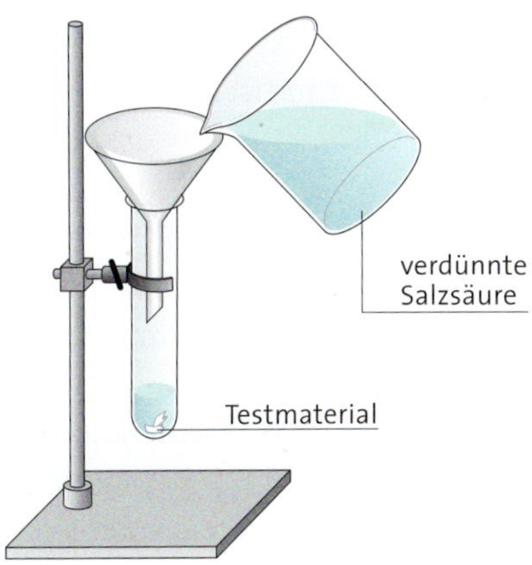

Vorsicht: *Verdünnte Salzsäure hat eine schwach reizende Wirkung und muss bei Berührung mit Wasser* und Seife *abgewaschen werden!*

Material:

3 Reagenzgläser mit Halterungen; verdünnte Salzsäure, 1 Stück gesäuberte Eierschale; 1 Stück Kalk; 1 Kieselsteinchen, 1 Trichter

Durchführung:

Gib die Stücke Eierschale, Kalk und das Kieselsteinchen in je ein Reagenzglas. Dann übergieße sie mit verdünnter Salzsäure, bis die Oberflächen der Stücke bedeckt sind. Beobachte mehr als zehn Minuten.

B1 Beschreibe und erläutere deine Beobachtungen!

Material C ▸ Entwicklung eines Hühnerkükens

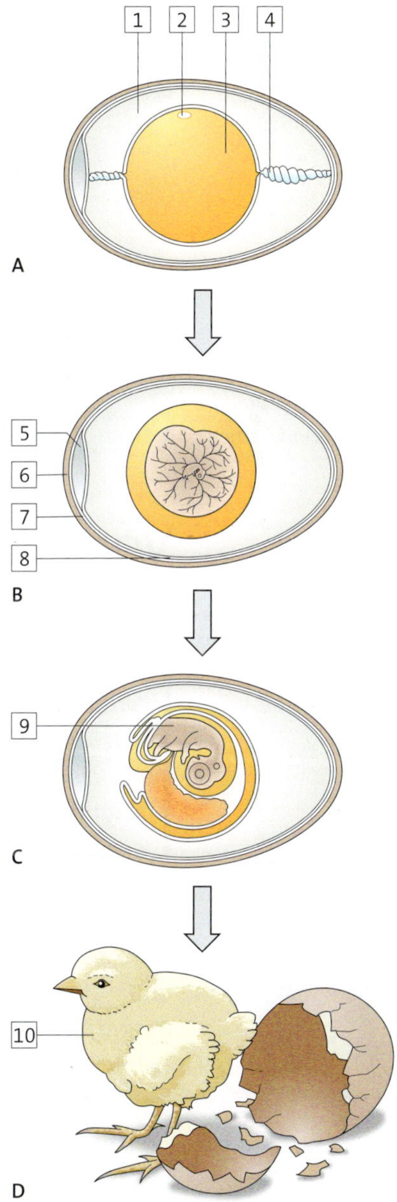

C1 Ordne den Zahlen in den Abbildungen die entsprechenden Fachbegriffe zu!

C2 Beschreibe die Entstehung und Entwicklung des Hühnerkükens!

01 Amselweibchen und Amselmännchen

Vom Verhalten der Vögel

Im zeitigen Frühjahr sitzt ein Amselmännchen frühmorgens und am Abend singend auf dem Ast eines Baumes. Hier hat es seinen bevorzugten Singplatz, seine Singwarte. Auf einem Dachfirst in einiger Entfernung singt ein anderer Amselhahn. Weshalb singen die Amselmännchen?

02 Revierkampf zwischen zwei Amselmännchen

REVIER · Mit seinem Gesang kennzeichnet das Amselmännchen sein Revier. Dieses umfasst ein Gebiet mit ausreichender Nahrung für eine Amselfamilie und einem sicher gelegenen Nistplatz. Missachtet ein fremder Amselhahn die Reviergrenzen, kommt es meist zum Kampf zwischen den Rivalen. Der Kampf verläuft nach festen Regeln. Zuerst versucht das Amselmännchen, dem das Revier gehört, den Eindringling mit lautem Gezeter zu vertreiben. Bleibt dieses Verhalten erfolglos, drohen beide Amselhähne mit gesenktem Kopf und vorgestrecktem Schnabel. Dann fliegen sie mit nach vorn gestreckten Füßen aufeinander zu und kratzen und picken sich, dass die Federn fliegen. Der Unterlegene gibt auf und flieht.

03 Balzendes Amselpärchen

BALZ · Mit seinem Gesang lockt das schwarz gefärbte Amselmännchen auch Weibchen an. Sie tragen ein schlichtes braunes Gefieder und ihr Schnabel ist nicht so auffällig gelb gefärbt wie bei den Männchen. Das Amselmännchen umwirbt mit bestimmten Körperhaltungen und Bewegungen ein Weibchen. Das Amselweibchen zeigt seine Paarungsbereitschaft ebenfalls mit einer typischen Körperhaltung. Diese Verhaltensweisen nennt man *Balz*. Danach begattet das Männchen das Weibchen.

AUFZUCHT DER BRUT · Das Amselweibchen baut ein Nest, meist versteckt in einem Baum oder Strauch. Danach legt es drei bis fünf Eier in das Nest und bebrütet sie. Wenn die Amselküken aus den Eiern schlüpfen, sind sie *blind, nackt* und *hilflos*. Sie bleiben im Gegensatz zu den Nestflüchtern als **Nesthocker** im Nest und werden von beiden Eltern gefüttert, gewärmt und geschützt. Wenn ein Altvogel sich auf den Nestrand setzt, wirkt die Erschütterung des Nestes als Auslös*er* für die Jungen zu betteln. Sie *strecken* sogleich ihre Köpfe hoch, *sperren* die Schnäbel weit auf und lassen *Bettelrufe* ertönen. Ihre auffällig *hellen Schnabelränder* und *orangen Schnabelöffnungen* zeigen den Eltern, dass sie das Futter in die *Sperrrachen* der Jungen hineinstopfen sollen. Diese Verhaltensweisen sind den Amseln angeboren. Nachdem die Augen der Jungvögel geöffnet sind, betteln sie, wenn sie einen Altvogel am Nest sehen. Nach etwa zwei Wochen verlassen die Jungvögel ihr Nest, obwohl sie erst einige Tage später fliegen können. Die Eltern versorgen sie noch zwei bis drei Wochen und setzen damit ihre **Brutpflege** fort, bis die Jungvögel selbstständig geworden sind.

AMSEL UND MENSCH · Die Amseln, auch *Schwarzdrosseln* genannt, waren früher scheue Waldvögel, die meist nur im Winter in die Nähe von Siedlungen kamen. Heute leben viele Amseln in Gärten und Parkanlagen. Wildtiere, die dem Menschen in seine Siedlungen gefolgt sind und dort ständig leben, bezeichnet man als **Kulturfolger.**

1 „Information und Kommunikation" ist ein biologisches Prinzip. Nenne Beispiele aus dem Text für dieses biologische Prinzip!

04 Amselnest mit Eiern

05 Amselweibchen beim Brüten

06 Amselmännchen und seine bettelnden Jungvögel

07 Kuckucksweibchen entfernt ein Ei des Wirtsvogels aus dem Nest

08 Gelege eines Teichrohrsängers mit einem Kuckucksei

09 Kuckucksküken wirft die Eier des Wirtsvogels aus dem Nest

10 Teichrohrsänger füttert das Kuckucksjunge

DER KUCKUCK · Ein ganz besonderer *Nesthocker* ist der Jungvogel des Kuckucks. Er lässt sich von fremden Vögeln in deren Nest aufziehen. Das Kuckucksweibchen legt dazu im Frühjahr jeweils ein Ei in das Nest eines Singvogels, der kleiner ist als der Kuckuck. Zuvor entfernt das Kuckucksweibchen bereits gelegte Eier des Singvogels aus dessen Nest. Insgesamt legt es bis zu 25 Eier in verschiedene Nester vorwiegend einer Vogelart. Das Singvogelweibchen bemerkt das fremde Ei nicht, legt oft noch eigene Eier hinzu und brütet alle Eier aus. Das Kuckucksjunge schlüpft meist als Erstes und wirft die Eier oder bereits geschlüpften Küken des Singvogels aus dem Nest. Nun ist es allein und kann von den Singvogeleltern, die ihm als **Wirtsvögel** dienen, gefüttert und aufgezogen werden. Das Kuckucksküken zeigt dabei den gleichen *orangen Sperrrachen* wie ein Singvogeljunges und bettelt ebenso. Die Wirtsvögel behandeln es deshalb zwangsläufig wie ein eigenes Küken. Das Kuckucksjunge wird bei der *Brutpflege* sogar größer als die Pflegeeltern, was diese aber nicht an der Aufzucht des fremden Vogels hindert. Da der Kuckuck seine Jungen nicht selbst aufzieht, sondern dies anderen Vögeln überlässt, bezeichnet man ihn als **Brutschmarotzer.** Sein Verhalten ist erfolgreich, weil das Betteln und die Brutpflege bei den Singvögeln weitgehend *angeboren* und festgelegt sind.

2 Erkläre den Begriff Brutschmarotzer!

3 Erläutere, weshalb der Kuckuck die Eier und Jungen des Wirtsvogels aus dem Nest wirft!

4 Beschreibe das Verhalten des Kuckucks anhand der Abbildungen 07 bis 10!

Material A ▸ Nestflüchter und Nesthocker

Graugänse

Sperber

A1 Lege in deinem Biologieheft eine Tabelle nach dem unten aufgeführten Muster an und fülle sie aus!

A2 Informiere dich in Lexika, Vogelbüchern oder im Internet über Nestflüchter sowie Nesthocker und notiere jeweils drei Vogelarten. Erstelle für jeweils eine Art einen Steckbrief!

	Körpermerkmale der Jungvögel	Verhalten nach dem Schlüpfen	Nahrungsaufnahme	Brutpflege der Eltern
Nestflüchter	———	———	———	———
Nesthocker	———	———	———	———

Material B ▸ Attrappenversuche

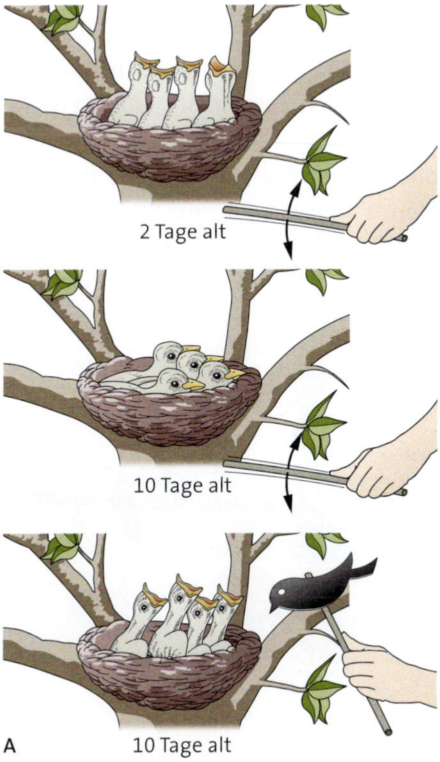

A

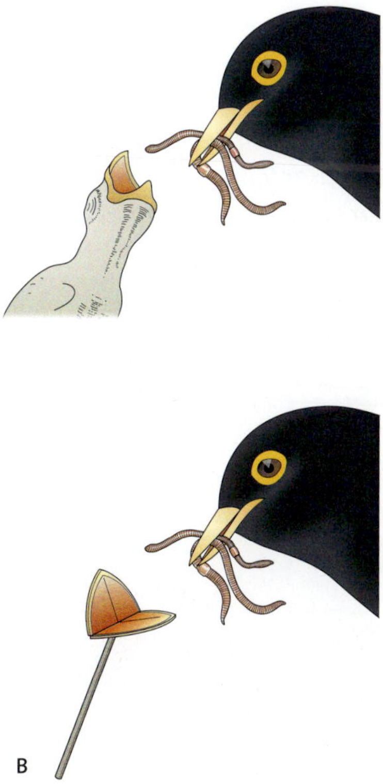
B

B1 Beschreibe die beiden Attrappenversuche!

B2 Erkläre, was man mit solchen Attrappenversuchen feststellen möchte!

B3 Erläutere an drei verschiedenen Beispielen, was man unter angeborenem Verhalten versteht!

01 Turmfalke bei der Jagd

Turmfalke und Buntspecht

Turmfalken sind weit verbreitet und häufig zu beobachten. Sie sind dem Menschen in die Nähe seiner Siedlungen gefolgt und nisten auf Türmen und anderen Gebäuden. Ihre Beute suchen die Turmfalken auf Wiesen, Feldern und sogar an Straßenrändern. Wie jagen diese Vögel?

JAGDVERHALTEN · Der Turmfalke sucht im ruhigen *Ruderflug* über offene Landschaften seine Beutetiere. Sobald er ein kleines Tier, zum Beispiel eine Feldmaus, erspäht hat, bleibt er in der Luft stehen, indem er mit den Flügeln auf der Stelle flattert und rüttelt. Wenn Aussicht auf Jagderfolg

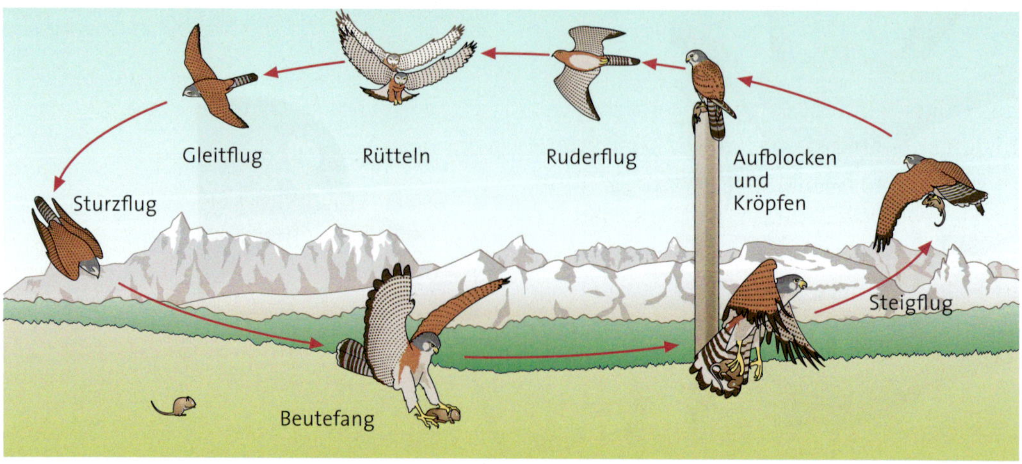

02 Jagdverhalten des Turmfalken

besteht, geht der Turmfalke vom *Rüttelflug* in den *Gleitflug* über und stürzt sich dann im *Sturzflug* mit einer Geschwindigkeit von etwa 180 km/h auf die Beute. Hat der Falke das Beutetier mit seinen vorgestreckten Füßen ergriffen, trägt er es fort. An einem ruhigen Platz, dem Kröpfplatz, wird die Beute mit dem Schnabel getötet und gefressen oder zu den Jungen ins Nest gebracht.

KÖRPERMERKMALE DES TURMFALKEN · Sein Gefieder ist überwiegend rotbraun. Der Turmfalke ist etwa taubengroß und an seine Lebensweise gut angepasst. Um flinke Beutetiere fangen zu können, besitzt er sehr gute Augen, *Greiffüße* mit spitzen, langen Krallen und einen scharfen *Hakenschnabel* zum Zerreißen der Beute.

LEBENSWEISE DES TURMFALKEN · Er lebt im offenen Gelände. Zu seinen Beutetieren zählen außer Feldmäusen und anderen kleinen Nagetieren auch Eidechsen, Würmer, Insekten und kleine Vögel. Er fängt seine Beute nur auf dem Boden und nicht in der Luft wie die anderen Falkenarten. Die erlegten Tiere verschlingt er in großen Stücken und würgt die unverdaulichen Reste wie Haare, Knochen und Federn als *Gewölle* hervor. Unter den Kröpfplätzen des Turmfalken kann man seine Gewölle finden.

FORTPFLANZUNG · Im Frühjahr besetzt das Falkenpaar ein Brutrevier. Turmfalken nisten auf Bäumen in alten Krähennestern, in Felsspalten oder auf Gebäuden. Im Frühling legt das Weibchen seine Eier in das einfach gebaute Nest und brütet 29 Tage. Nach dem Schlüpfen bleiben die Jungvögel vier Wochen als **Nesthocker** im Nest und werden von den Eltern gefüttert. Nach dem Ausflug aus dem Nest versorgen die Eltern ihre Jungen noch vier weitere Wochen.

03 Körpermerkmale des Turmfalken:

A Greiffuß,

B Hakenschnabel

GREIFVÖGEL UND EULEN · Typische Merkmale der Falken wie sehr gute Augen, scharfe Hakenschnäbel und dolchartige Krallen an Greiffüßen besitzen auch die Greifvögel und die Eulen. Zu den Greifvögeln zählen Adler, Habichte, Bussarde, Weihen und Milane. Sie fangen Beutetiere mit den Greiffüßen und erdolchen sie mit den Krallen. Eulen jagen und ergreifen ihre Beute meist nachts und töten sie mit dem Schnabel. Wegen ihrer Jagdweise werden die Eulen oft Nachtgreife genannt, auch wenn sie mit den Greifvögeln, die nur tagsüber jagen, nicht näher verwandt sind. Der größte Taggreif bei uns ist der Seeadler, der größte Nachtgreif der Uhu.

1 Beschreibe in Form eines Beobachtungsprotokolls, wie der Turmfalke seine Beute fängt. Nimm dabei die Seite 58 zu Hilfe!

2 Nenne Angepasstheiten des Turmfalken an seine Lebensweise. Nimm dabei die Abbildung 03 zu Hilfe!

3 Begründe, weshalb Turmfalken gern in der Nähe von Siedlungen leben!

4 Zeichne die Umrisse der Flugbilder der Greifvögel in dein Biologieheft. Erstelle für mindestens zwei der Greifvogelarten einen Steckbrief!

Sperber

Baumfalke

Mäusebussard

Rotmilan

Seeadler

04 Flugbilder

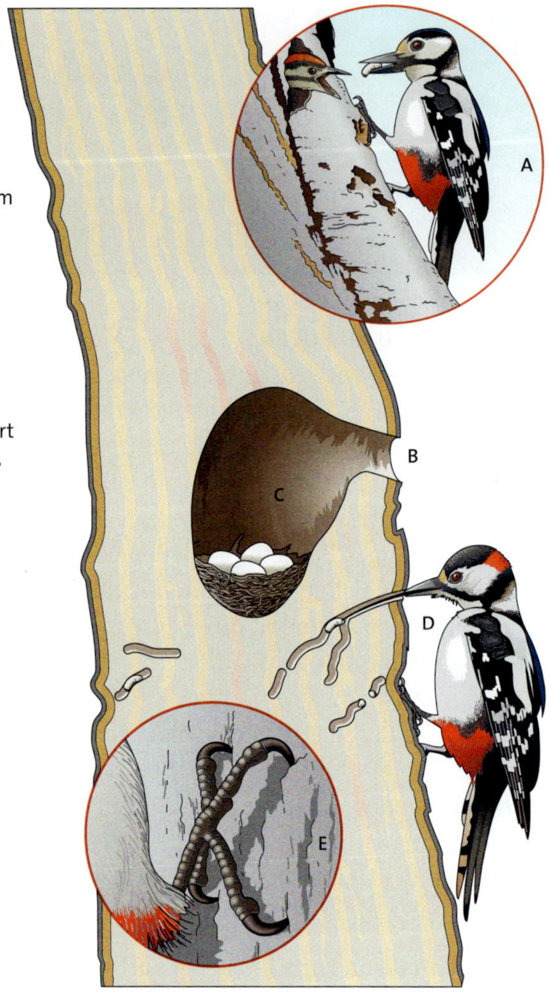

05 Buntspechte am Baumstamm:

A Jungspecht wird gefüttert,

B Eingang der Nisthöhle,

C Gelege,

D Specht harpuniert eine Insektenlarve,

E Kletterfuß

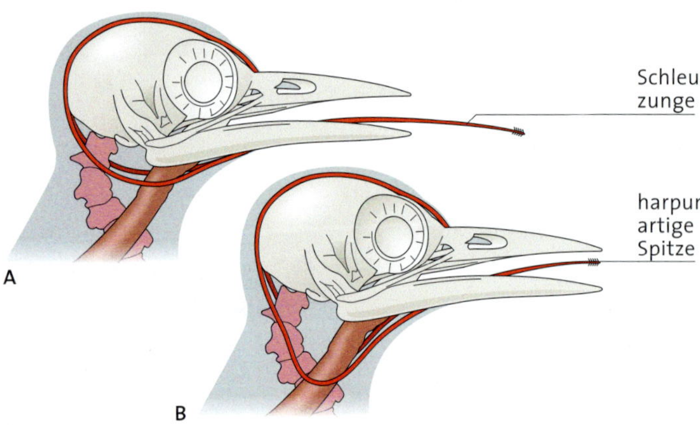

06 Spechtkopf mit Schleuderzunge: **A** vorgestreckt, **B** zurück gezogen

VERHALTEN DES BUNTSPECHTS · Im Frühjahr schallen laute Trommelwirbel durch den Wald. Es ist ein Buntspecht, der mit seinem Schnabel auf einen Baumstamm oder Ast hämmert. Dieser häufig vorkommende Specht kennzeichnet so sein Revier und wirbt um ein Weibchen. Hat sich ein Buntspechtpärchen gefunden, legt das Weibchen seine Eier in eine *Nisthöhle,* die die Spechte zuvor in einen Baumstamm gemeißelt haben. Spechte sind **Höhlenbrüter.** Ihre Jungen bleiben als *Nesthocker* in der Höhle und werden von ihren Eltern gefüttert, bis sie flügge sind. Spechthöhlen dienen auch anderen Tieren als Versteck und Nisthöhlen.

NAHRUNGSERWERB · Der Buntspecht ernährt sich von *Insekten* und deren *Larven,* die er unter der Borke und im morschen Holz findet oder durch Hämmern mit seinem keilförmigen Meißelschnabel freilegt. Mit seiner langen Zunge, die er wie eine Harpune herausschleudert, kann er Insektenlarven in ihren Gängen aufspießen und mithilfe von Widerhaken an der Zungenspitze herausziehen. Außerdem frisst er *Samen* und *Nüsse*. Dazu klemmt er zum Beispiel einen Fichtenzapfen in einer geeigneten Baumrindenspalte fest, zerhackt ihn und pickt die Samen heraus. Solche Plätze werden **Spechtschmieden** genannt.

KÖRPERMERKMALE DES BUNTSPECHTS · Zum Festhalten und Abstützen an Baumstämmen dienen ihm *kurze Beine* und **Kletterfüße** mit jeweils zwei nach hinten gerichteten Zehen. Sie tragen starke *Krallen*. Auch mit seinem kräftigen **Schwanz** stützt er sich ab. Im Kopf schützen besondere Muskeln sein Gehirn wie ein *Stoßdämpfer*.

5 Beschreibe, wie der Buntspecht an seine Lebensweise angepasst ist!

Material A ▸ Schleiereule

Schleiereulen nisten in Gebäuden. Nachts jagen sie hauptsächlich kleine Nager. Mit ihren nach vorn gerichteten Augen sehen sie bei Sternenlicht noch gut. Auch mit ihren empfindlichen Ohren können sie Beutetiere orten. Ihr weiches Gefieder ermöglicht den Eulen einen lautlosen Flug.

A1 Beschreibe die Schleiereule mithilfe der Abbildungen!

A2 Vergleiche die Eulen mit den Greifvögeln und notiere Gemeinsamkeiten und Unterschiede!

Material B ▸ Gewölle

	Schleiereule	Uhu	Wanderfalke
Mäuse	702	348	0
Ratten	0	206	0
Hasen/Kaninchen	0	67	0
Spitzmäuse	253	7	0
Igel/Wiesel	0	44	0
Vögel	38	328	999
Lurche	6	0	0
andere Tiere	1	0	1

Die Zahlen geben die Beutetiere in den Gewöllen an.

B1 Vergleiche die Zusammensetzung der Nahrung der Vögel in der Tabelle!

B2 Die Gewölle geben Auskunft über die Größe und das Jagdverhalten der drei Vogelarten. Stelle Vermutungen über die Größe und das Jagdverhalten der Vögel mithilfe der Tabellendaten an!

Material C ▸ Spechte

Grünspecht

Schwarzspecht

C1 Informiere dich über die Spechtarten in Lexika, Vogelbüchern oder Internet! Notiere Merkmale dieser Spechte wie zum Beispiel Größe, Aussehen, Nahrung, Nahrungserwerb und Lebensraum. Begründe, weshalb man Spechte zu einer Vogelfamilie zusammenfasst!

01 Kormoran trocknet sein nasses Gefieder

Kormoran und Austernfischer

Kormorane waren bei uns fast ausgestorben; nun sind sie an Seen und Flüssen wieder häufig zu sehen. Sie sind gewandte Fischjäger. Bei der Jagd unter Wasser wird ihr Gefieder nass und muss anschließend getrocknet werden. Welche Vorteile hat das nasse Gefieder für den Kormoran?

KÖRPERBAU · Der Kormoran ist etwa gänsegroß, schlank und trägt ein überwiegend schwarzes Gefieder. Sein Schnabel ist lang, schmal und an der Spitze hakenförmig. Mit diesem Schnabel entgeht dem Kormoran kaum ein Fisch. Auch sein langer, beweglicher Hals ist beim Fischfang nützlich. Aus der *Bürzeldrüse* an der Schwanzwurzel sondert er Fett ab. Damit fettet der Kormoran seine Federn nur so stark ein, dass er das Wasser in seinem Gefieder vor dem Trocknen leichter ausschütteln kann. Er unterscheidet sich damit von anderen Wasservögeln, die mit dem Fett der Bürzeldrüse ihr Gefieder wasserdicht machen, um nicht nass zu werden. Da das Gefieder des Kormorans nicht wasserdicht ist, entweicht unter Wasser die Luft aus den Zwischenräumen der Federn. Der Vogel hat dadurch viel weniger Auftrieb und kann leichter tauchen. Der nasse Vogelkörper kühlt im Wasser zwar schneller aus, doch dieser Nachteil wird durch die bessere Tauch- und Jagdfähigkeit mehr als ausgeglichen. Der geringere Luftanteil in den Knochen hilft ebenfalls beim Tauchen und lässt den Vogel tiefer im Wasser liegen als andere nur schwimmende Vögel. Seine Beine sitzen weit am Ende des Körpers. Der Kormoran kann deshalb schnell und geschickt tauchen. Zwischen seinen vier Zehen trägt er *Schwimmhäute*. So wird die Fläche seiner **Ruderfüße** vergrößert und der Antrieb des Vogels beim Schwimmen gesteigert. Sein Körper ist also sehr gut an das Schwimmen und Tauchen angepasst. Er gehört zu den **Schwimmvögeln.**

VERHALTEN DES KORMORANS · Kormorane leben gesellig. Die meiste Zeit verbringen sie mit dem Trocknen und Pflegen des Gefieders. Da sie äußerst geschickte Fischjäger sind, brauchen sie für den Nahrungserwerb wenig Zeit. Nur wenn sie Junge aufziehen, müssen sie ständig jagen. Ein Kormoran benötigt für seine Ernährung etwa 500 Gramm Fisch am Tag. Größere Fische bringt er an die Wasseroberfläche und wirft sie so geschickt in die Luft, dass er sie Kopf voran verschlucken kann.

FORTPFLANZUNG · Kormorane nisten oft in großer Anzahl auf Bäumen in der Nähe von Gewässern. Sie bilden große Brutkolonien. Die Jungvögel sind Nesthocker und werden vier Wochen lang im Nest von beiden Eltern mit Fischen gefüttert. Junge, bereits flügge Kormorane erkennt man an ihrem hellen Bauch.

MENSCH UND KORMORAN · Manche Fischer und Angler betrachten die Kormorane wegen der Fischverluste als Schädlinge. Sie stimmen deshalb für eine Kontrolle der Vermehrung der Vögel und für Bekämpfungsmaßnahmen. Tierschützer dagegen sind der Meinung, dass der Verlust an Fischen durch die Kormorane kein großer Schaden ist, und befürworten den Schutz dieser Vogelart. Viele Naturfreunde ärgern sich andererseits darüber, dass die Kormorane die Bäume, auf denen sie nisten, mit ihrem weißen Kot in wenigen Jahren zum Absterben bringen können. In China und anderen asiatischen Ländern werden gezähmte Kormorane zum Fischfang benutzt. Man legt den Vögeln Ringe um den Hals, damit sie die gefangenen Fische nicht verschlucken können, sondern sie zu ihren Besitzern bringen. So dienen diese dressierten Kormorane den Fischern als „Unterwasserjagdhunde".

02 Der Kormoran beim Fischfang

03 Gezähmter Kormoran mit Halsring

1 Beschreibe anhand der Abbildung 02, wie der Kormoran einen Fisch fängt!

2 Erkläre die Aufgabe des Halsrings bei einem gezähmten Kormoran!

04 Austernfischer bei der Nahrungssuche

05 Austernfischer im Flug

AUSTERNFISCHER · Am Meeresstrand und auf Wiesen in Küstennähe sieht man häufig den Austernfischer umherlaufen und im Boden stochern. Was sucht er dort?

NAHRUNGSERWERB · Der Austernfischer stochert im feuchten Boden nach Würmern. Im Wattenmeer und am Strand sucht er auch nach Muscheln, Krabben, Schnecken und anderen kleinen Tieren. Austern kann er jedoch nur knacken, wenn sie noch klein sind. Die größeren sind zu hart für ihn. Nach ihrer Jagdtechnik lassen sich drei Typen von Austernfischern unterscheiden. Die einen stochern hauptsächlich nach Würmern, die anderen hämmern Schnecken und Muscheln mit dem Schnabel auf. Die dritte Gruppe durchtrennt mit dem Schnabel die Schließmuskeln von leicht geöffneten Muscheln und hebelt sie dann auf. Die Muscheljäger unter den Austernfischern brauchen nur 10 bis 15 Sekunden zum Öffnen einer Muschel. Die Austernfischer leben meist gesellig in Schwärmen und besetzen nur während der Brutzeit Reviere, um ihre Brut ungestört mit Nahrung versorgen zu können.

KÖRPERBAU · Der Austernfischer ist etwas größer als eine Taube und besitzt ein auffällig schwarz-weiß gefärbtes Gefieder. Der Schnabel und die Füße sind leuchtend rot. Sein Schnabel wächst ständig langsam nach. Dabei passt sich die Schnabelform dem jeweiligen Nahrungsangebot sowie der Jagdtechnik an und ändert sich so mit der Zeit. Vögel, die wie der Austernfischer mit relativ langen Beinen häufig im flachen Wasser waten und nach kleinen Beutetieren suchen, nennt man **Watvögel.** Zu ihnen gehören neben den Austernfischern auch Schnepfenvögel und Regenpfeifer.

3 Erläutere, welche Eigenschaften den Kormoran zu einem besonders guten Fischjäger machen!

4 Lege je eine Liste mit Argumenten an, die für den Schutz oder für die Bekämpfung der Kormorane sprechen! Bilde dir eine eigene Meinung und schreibe sie in das Biologieheft!

5 Begründe, weshalb der Kormoran sein Gefieder an der Luft trocknen muss!

6 Nenne Beutetiere des Austernfischers! Erläutere, weshalb der Austernfischer einen kräftigen Schnabel benötigt!

Material A ▸ Schwimmvögel

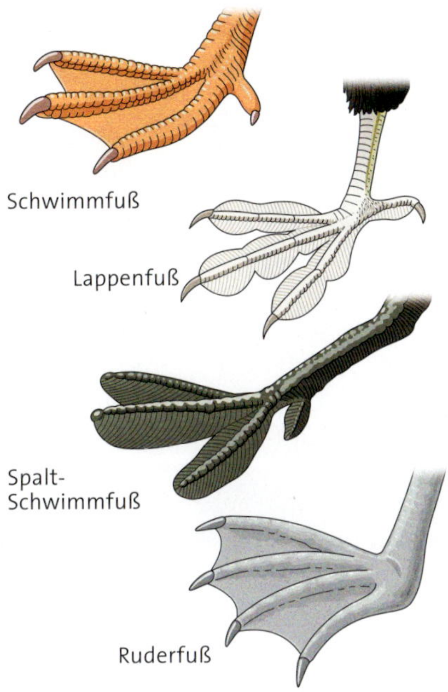

Haubentaucher

Kormoran

Stockente

Blässralle (Blässhuhn)

A1 Stelle Vermutungen an, welcher Fuß zu welchem Schwimmvogel gehört! Vergleiche deine Vermutungen danach mit den Informationen aus A2!

A2 Informiere dich in Lexika, Vogelbüchern oder im Internet über Körperbau und Lebensweise der abgebildeten Schwimmvögel!

A3 Begründe, weshalb die Aufgaben A1 und A2 Beispiele für das biologische Prinzip der „Angepasstheit“ enthalten!

Material B ▸ Watvögel

B1 Beschreibe den Nahrungserwerb der Watvögel in der Abbildung!

B2 Nenne Vorteile, die die Watvögel aufgrund der unterschiedlichen Länge der Schnäbel und Beine besitzen! Begründe!

B3 Vergleiche die Watvögel mit den Schwimmvögeln! Berücksichtige dabei besonders ihre typischen Körpermerkmale, wie sie sich bewegen und wie sie sich ernähren!

01 Weißstörche sammeln sich zum Flug in den Süden

Vom Überwintern der Vögel

Im Spätsommer kann man zahlreiche Weißstörche auf Sammelplätzen beobachten. Sie bereiten sich auf den Zug in den Süden vor. Wenige Wochen später fliegen sie nach Afrika, um dort in ihren warmen Quartieren den Winter zu verbringen. Warum ziehen sie in den Süden?

ZUGVÖGEL · Störche ernähren sich von Fröschen, Eidechsen, Mäusen, Insekten und Würmern. Im Winter ist diese Nahrung sehr knapp. Deshalb ziehen die Störche in den Süden. Dort gibt es genügend Nahrung für sie. Vögel, die regelmäßig im Winter aus ihren Brutgebieten in wärmere Länder ziehen, nennt man **Zugvögel.** In Deutschland kommen etwa 70 verschiedene Zugvogelarten vor. Manche von ihnen kann man am Himmel aufgrund ihrer typischen Flugordnungen erkennen.

VOGELZUG · Die Flugformationen bieten einige Vorteile. So fliegen die hinteren Vögel kraftsparend im Windschatten der Vorder-

Küstenseeschwalben fliegen von ihren Brutgebieten in der Arktis zum Überwintern in die Antarktis. Hin und zurück sind es 44 000 Kilometer.

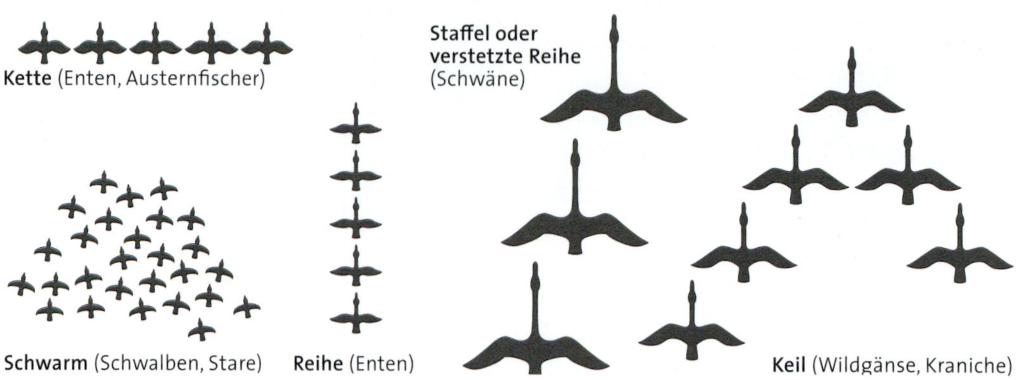

02 Flugformationen von Zugvögeln

vögel. Die große Anzahl der Vögel kann Feinde verwirren oder erschrecken. Jungvögel lernen außerdem von der Erfahrung der Altvögel in der Gruppe. Wie finden die Vögel ihren Weg?

ORIENTIERUNG DER ZUGVÖGEL · Viele Zugvögel orientieren sich an den Gestirnen. **Tagziehern** wie Störchen oder Greifvögeln hilft der Stand der Sonne, den Weg zu finden. **Nachtzieher** wie Grasmücken orientieren sich an Mond, Sternen und Sternbildern. Zusätzlich spüren manche Vogelarten wie Rotkehlchen das Erdmagnetfeld. Sie besitzen dafür spezielle Magnetfühler im Kopf, die wie ein Kompass wirken. Außerdem merken sich die Vögel beim Flug Landmarken wie Berge, Küsten und Flüsse für spätere Reisen. Die meisten Zugvogelarten, besonders die Segelflieger wie Störche und Greife, wählen Zugrouten mit möglichst kurzen Strecken über das Meer, weil dort die kräftesparenden Aufwinde weitgehend fehlen.

ERFORSCHUNG DES VOGELZUGS · Erste Informationen über den Vogelzug lieferten die vielen beringten Zugvögel, die man in fernen Ländern wiederfand. Man hatte sie zuvor an ihren Beinen mit Metallringen markiert, auf denen Ort und Datum der Beringung eingraviert waren. Inzwischen können Zugvögel mit Radar oder mithilfe von Sendern, die an einzelnen Vögeln angebracht sind, über Satelliten geortet werden. **Kurzstreckenzieher** wie der Star fliegen meist weniger als 2000 Kilometer, während **Langstreckenzieher** wie der Kuckuck in der Regel mehr als 4000 Kilometer ziehen.

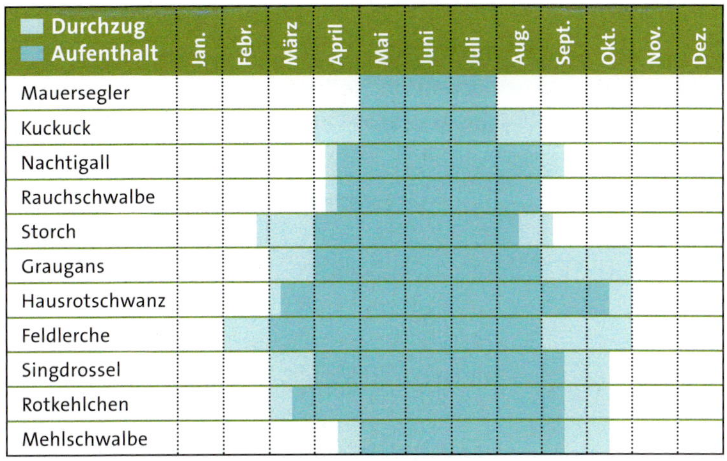

03 Vogelzugkalender

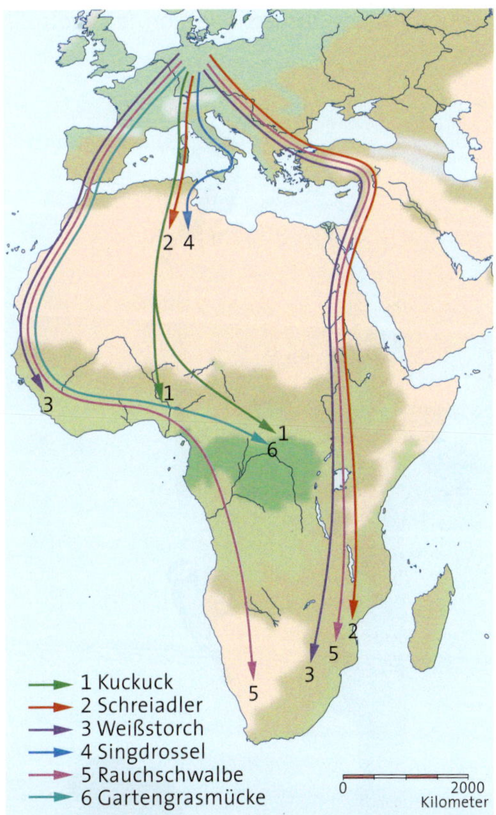

04 Zugrouten einiger Zugvögel

Streifengänse überqueren zweimal jährlich das Himalaya-Gebirge in über 9000 Metern Höhe.

Mauersegler fliegen nonstop mit einem Tempo bis 160 km/h aus der Sahara nach Deutschland und schlafen im Flug.

Nonstopflugrekord: Pfuhlschnepfen mit 10 000 Kilometern.

1 Nenne Gründe, weshalb Zugvögel ihre Brutgebiete jedes Jahr verlassen und im Frühjahr zurückkehren!

2 Ermittle mithilfe des Vogelzugkalenders die Verweildauer der Zugvögel in ihren Sommerquartieren!

STANDVÖGEL · Viele Vogelarten finden auch in der kalten Jahreszeit ausreichend Futter und bleiben in ihrem Brutgebiet. Diese Standvögel ernähren sich von den übrig gebliebenen Samen und Früchten oder von den wenigen Insekten und Spinnen, die sie im Winter noch finden können. Andere jagen nach Beute oder fressen verendete Tiere. Manche Vögel legen sogar Wintervorräte an wie Eichel- und Tannenhäher, Meisen und Kleiber.

STRICHVÖGEL · Manche Vögel streichen im Winter je nach Nahrungsangebot in der weiteren Umgebung ihres Brutgebiets umher, unternehmen aber keine regelmäßigen, weiten Wanderungen in warme Gebiete wie die Zugvögel. Bei harten Winterbedingungen und Futtermangel suchen Strichvögel oft etwas wärmere Regionen oder auch menschliche Siedlungen auf. Zu ihnen zählen verschiedene Finkenarten, der Fasan, der Graureiher und viele andere. Bei manchen Vogelarten zieht nur ein Teil der Tiere im Winter fort, der andere Teil bleibt im Brutgebiet, wie zum Beispiel der Zaunkönig, der Buchfink und der Star. Diese Vögel nennt man **Teilzieher.**

05 Stand- und Strichvögel am Futterhaus

WINTERFÜTTERUNG · Die Vögel brauchen bei Kälte viel mehr Nahrung, um ihre konstante Körperwärme aufrechtzuerhalten, als bei warmem Wetter. Die Standvögel haben in kalten, schneereichen Wintern große Schwierigkeiten, genügend Nahrung zu finden. Will man ihnen helfen und sie füttern, ist die richtige Auswahl des Futters wichtig. Finken, Sperlinge und Ammern mögen gern Sonnenblumenkerne, Hanf und andere Sämereien. Weichfutter bevorzugen Rotkehlchen, Zaunkönig, Amsel und Star. Sie fressen im Winter Haferflocken, Rosinen und Obst. Spechte, Kleiber und Meisen nehmen beide Futtersorten. Keinesfalls darf Brot gefüttert werden. Auch andere Essensreste sind ungeeignet, weil sie gewürzt und gesalzen sein können. Die beste Hilfe für unsere Wintervögel ist der naturnahe Garten. Einheimische Sträucher bieten auch im Winter ausreichend Nahrung. Sie sollten vor dem Winter nicht zurückgeschnitten und Gras und Unkräuter nicht gemäht werden.

3 Erkläre die Begriffe Stand- und Strichvögel!

4 Informiere dich über Regeln der Winterfütterung. Schreibe sie in dein Biologieheft!

Material A ▸ Nahrung

Vogelart	Nahrung
Amsel	Würmer, Insekten, Schnecken, Beeren, Früchte, Samen
Buchfink	Bucheckern, Samen, Beeren, Getreidekörner, Insekten
Rauchschwalbe	fliegende Insekten
Gartengrasmücke	Insekten, Spinnen

A1 Ordne den vier Vogelarten die Begriffe Stand- und Zugvögel zu! Begründe deine Zuordnung!

Material C ▸ Vogelzug

Vogelart	Fluggeschwindigkeit beim Vogelzug	Flugstrecken beim Vogelzug	Flugdauer in das Winterquartier
Küstenseeschwalbe	80 km/h	22 000 km	110 Tage
Mönchsgrasmücke	50 km/h	5 000 km	100 Tage
Rauchschwalbe	50 km/h	9 000 km	60 Tage
Weißstorch	75 km/h	12 000 km	40 Tage

Angaben über den Vogelzug beruhen auf Untersuchungsergebnissen einzelner Vögel. Diese Ergebnisse können sich innerhalb einer Vogelart unterscheiden. So ziehen Altvögel meist schneller als Jungvögel. In der Tabelle sind deshalb nur Daten einzelner Zugvögel aufgeführt.

C1 Berechne für die vier Vögel in der Tabelle:

a) welche Strecke sie durchschnittlich pro Tag zurückgelegt haben!

b) wie viele Stunden pro Tag sie im Durchschnitt unterwegs waren!

Material B ▸ Störche

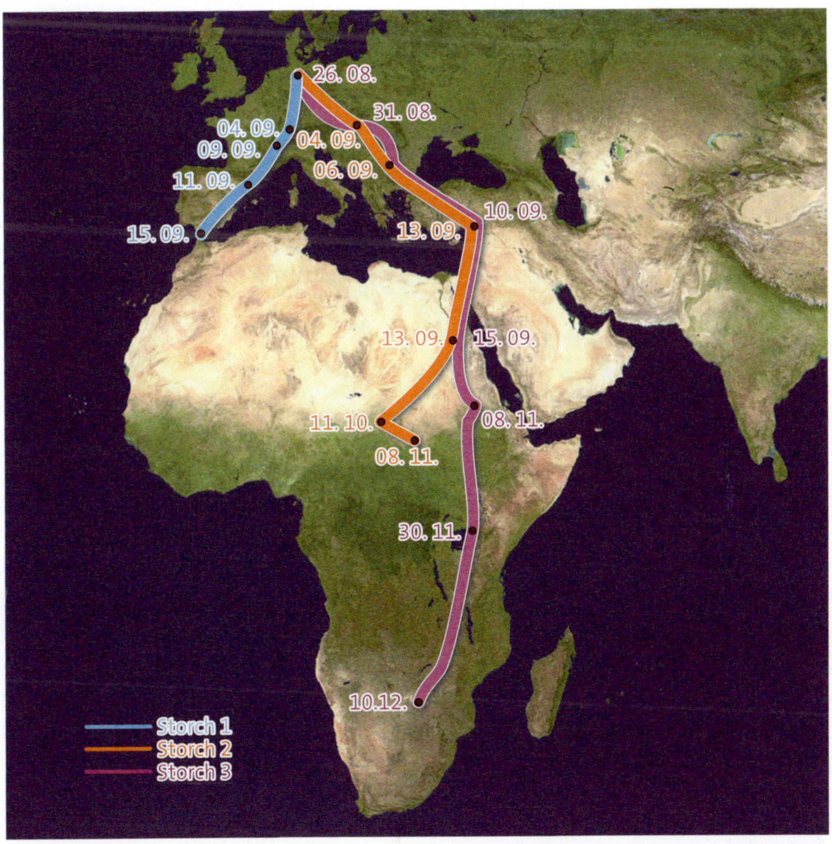

Drei Störche wurden mit kleinen Sendern versehen. Mithilfe von Satelitten konnte man so feststellen, an welchen Orten sie sich wann während ihres Zugs aufhielten.

B1 Beschreibe mithilfe der Karte und einem Atlas die Flugrouten der drei Weißstörche!

B2 Begründe, weshalb die Störche nicht die kürzesten Zugrouten in ihre Winterquartiere wählen, sondern Umwege fliegen!

Körpermerkmale

Äußere Körpermerkmale: Die Vordergliedmaßen der Vögel sind zu *Flügeln* umgewandelt. Ihr Körperbau ist stromlinienförmig. Ihr leichtes *Federkleid* mit der darin eingeschlossenen Luftschicht schützt die Vögel vor Wärmeverlust. Das Federkleid wird jährlich bei der Mauser gewechselt. Die Mundwerkzeuge der Vögel sind *Schnäbel* aus leichtem Horn. Die Schnabelformen können je nach Nahrungserwerb sehr unterschiedlich sein **(biologisches Prinzip: Struktur und Funktion).**

Innere Körpermerkmale: Den Körper durchzieht eine Wirbelsäule. Die Vögel gehören zu den *Wirbeltieren.* Durch Verwachsung von Rückenwirbeln und Beckenknochen erhält das Skelett eine hohe Stabilität. Die Knochen der Vögel enthalten Luftkammern sowie Verstrebungen und sind sehr leicht bei hoher Festigkeit. Vögel besitzen eine leistungsfähige Lunge mit zusätzlichen Luftsäcken. Ihr Herz und Blutkreislauf sind gut ausgebildet. Deshalb sind Vögel sehr ausdauernd. Ihre stark entwickelte Flugmuskulatur setzt an einem besonders ausgebildeten Brustbeinkamm an. Den Vögeln fehlt eine Harnblase. Die Weibchen haben nur einen Eierstock. Vögel sind insgesamt relativ leicht gebaut.

Körperbau: Mit ihrem Körperbau (Flügel mit Federn, *Leichtbauweise,* leistungsfähige innere Organe) sind die Vögel hervorragend an das Fliegen angepasst **(biologisches Prinzip: Angepasstheit).**

Fortbewegung

An Land: Vögel besitzen zwei Beine, mit denen sie hüpfen und laufen.

In der Luft: Vögel bewegen sich mit Flügeln fort. Man unterscheidet dabei den *Segel, Gleit- und Ruderflug.*

Im Wasser: Zum Schwimmen und Tauchen besitzen viele Vogelarten *Schwimmhäute* zwischen den Zehen.

Ernährung

Nahrung: Es gibt *Pflanzenfresser,* darunter viele Körnerfresser, und *Fleischfresser.*

Nahrungsaufnahme: Die Vögel nehmen ihre Nahrung unzerkaut mit dem Schnabel auf. Die Nahrung wird im Magen zerkleinert.

Wärmehaushalt: Die Vögel sind *gleichwarme Tiere,* die viel Nahrung zur Erzeugung ihrer Körperwärme benötigen.

Ausscheidung: Unverdauliche Nahrungsreste und Harn werden in der *Kloake* gesammelt und durch die Kloakenöffnung ausgeschieden.

Fortpflanzung

Begattung: Zur Begattung besteigt das Vogelmännchen ein Vogelweibchen, presst seine Kloakenöffnung auf die des Weibchens und gibt sein Sperma in die Kloake des Weibchens ab.

Befruchtung: Die Spermien verschmelzen mit den Eizellen in dem Eileiter des Vogelweibchens. Es findet eine *innere Befruchtung* statt.

Vogelei: Die Vögel pflanzen sich nur über Eier fort. Das Vogelei ist durch eine *Kalkschale* geschützt und enthält viele Nährstoffe im *Eidotter* und im *Eiklar* für den Vogelembryo.

Eiablage: Die meisten Vogelarten legen ihre Eier in *Nester* und *brüten* sie aus.

Vermehrung: Alle Vogeleltern haben in ihrem Leben jeweils mehr als zwei Nachkommen. Das heißt, dass sie sich vermehren **(biologisches Prinzip: Reproduktion).**

Entwicklung

Zur Entwicklung benötigen die Vogelembryonen *Brutwärme.* Sie ernähren sich von den Nährstoffen im Ei.

Entwicklungsdauer: Die Entwicklung der Vogeljungen im Ei dauert je nach Vogelart 11 bis 45 Tage.

Brutpflege: Die meisten Vogelarten betreuen ihre Jungen, bis diese selbstständig geworden sind.

Nestflüchter: Die Vogeljungen sind relativ *selbstständig* und verlassen nach dem Schlüpfen ihr Nest.

Nesthocker: Vogeljungen, die *hilflos,* bei vielen Vogelarten sogar blind, schlüpfen. Sie müssen deshalb im Nest bleiben und um Futter betteln. Sie werden von ihren Eltern bis zu ihrer Selbstständigkeit versorgt.

Vielfalt

Unter den Vögeln gibt es eine riesige Vielfalt in *Größe* und *Aussehen.* Graugänse sind mit einem Körpergewicht von 1800 Gramm 120-mal schwerer als kleine Singvögel wie zum Beispiel Rohrsänger. Auch in ihren Farben unterscheiden sie sich. Neben einfarbigen Amseln sieht man im Garten bunte Meisen und Rotkehlchen. Viele Vögel schützen sich mit Tarnfarben. Je nach Lebensraum und Lebensweise haben die Vögel sehr verschiedene Beine und Füße wie zum Beispiel *Greiffüße, Schwimmfüße, Kletterfüße* **(biologisches Prinzip: Variabilität).**

Verwandtschaft: Vögel, die in ihren wesentlichen Körpermerkmalen übereinstimmen, fasst man zu Verwandtschaftsgruppen zusammen. Bei den Schwimmvögeln unterscheidet man zum Beispiel die *Familien* der Enten, der Gänse und der Schwäne. Tiere mit sehr ähnlichen Körpermerkmalen hatten in weit zurückliegenden Zeiten meistens *gemeinsame Vorfahren* und haben sich seither unterschiedlich entwickelt.

Zusammenleben

Vögel sind *soziale Tiere,* die oft in großer Anzahl zusammenleben. Zur Verständigung dienen hauptsächlich Geräusche vom Gezwitscher bis zum lauten Gezeter. Außerdem senden und verstehen sie optische *Signale* wie verschiedene Farben, Muster, Körperhaltungen und Federformen **(biologisches Prinzip: Information und Kommunikation).**

Wechselseitige Beziehungen: Unter den Vögeln gibt es Arten, die auf andere Vögel angewiesen sind, wie zum Beispiel der Kuckuck als *Brutschmarotzer.* Brutschmarotzer überlassen die Aufzucht ihrer Brut Vögeln fremder Arten, den *Wirtsvögeln.* Sie nutzen ihre Wirtsvögel einseitig aus und schädigen diese zusätzlich, indem sie deren Brut vernichten **(biologisches Prinzip: Wechselwirkung zwischen Lebewesen).**

Weitere Wirbeltiere

In diesem Kapitel beschäftigst du dich mit

- dem Leben der Fische im Wasser. Du erfährst, wie sie sich fortbewegen, atmen, ihre Umwelt wahrnehmen und sich fortpflanzen.
- dem Leben der Amphibien im Wasser und an Land, mit ihrer Atmung und Fortpflanzung. Außerdem lernst du, wie man Amphibien bestimmen kann.
- den Reptilien, ihrem Körperbau, ihrer Fortpflanzung und ihrer Lebensweisen an Land.
- den Merkmalen der Wirbeltiere, ihren Verwandtschaftsbeziehungen, ihrer Herkunft und Ihrer Entwicklung. Außerdem erfährst du etwas über ihre ausgestorbenen Vorfahren.

01 Bachforelle in ihrem Lebensraum

Leben im Wasser

In klaren, schnell fließenden Bächen lebt die Bachforelle. Scheinbar bewegungslos steht sie in der Strömung, um dann plötzlich schnell davonzuschwimmen. Wie kann sie im Wasser leben?

KÖRPERBAU · Der Körper der Forelle gliedert sich in Kopf, Rumpf und Schwanz. Er ist seitlich abgeflacht und wird zum Kopf und Schwanz hin schmaler. Durch die *Spindelform* strömt das Wasser leichter am Körper vorbei. Dieser *stromlinienförmige* Körperbau ist kennzeichnend für die Fische.
Der Körper der Forelle ist mit zahlreichen *Schuppen* besetzt. Über den Schuppen befindet sich eine Hautschicht mit Drüsen, die einen zähen Schleim nach außen abgeben. Dieser Schleim macht die Forelle schlüpfrig und lässt sie leichter durchs Wasser gleiten. Zusätzlich schützt er den Fisch vor Krankheiten und vor zupackenden Feinden.
Wie alle Wirbeltiere besitzt auch die Forelle eine **Wirbelsäule.** Sie ist aus vielen *Wirbeln* aufgebaut und durchzieht den gesamten Rumpf. An den Wirbeln sitzen die *Rippen,* die bei den Fischen nach unten und nach oben ragen. In der Muskulatur verborgen befinden sich die *Gräten.* Gräten sind rippenartige Knochen, die nicht mit der Wirbelsäule in Verbindung stehen und dem Fischkörper zusätzliche Stabilität geben.

FORTBEWEGUNG · Aus dem Körper der Forelle ragen die **Flossen** heraus. Fischflossen bestehen aus knöchernen *Flossenstrahlen,* die durch eine Flossenhaut miteinander verbunden sind. Der Fisch kann die Flossen durch Muskeln ausbreiten und zusammen-

02 Schwimmende Forelle

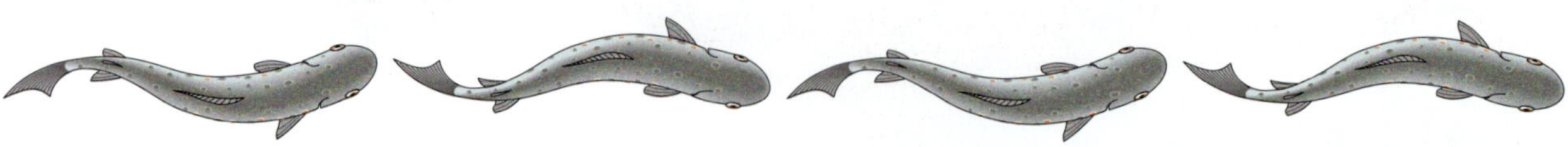

legen. Kräftige Muskeln entlang des ganzen Körpers bewirken auch das Hin- und Herschlagen des Schwanzes mit der *Schwanzflosse.* So bewegt sich die Forelle schlängelnd vorwärts. Die paarigen *Bauch-* und *Brustflossen* dienen vor allem der Steuerung. Die *Rückenflosse* und die hinter der Afteröffnung liegende *Afterflosse* wirken dagegen wie der Kiel eines Segelbootes. Sie dienen der seitlichen Stabilisierung des Fisches. Manche Fischarten, wie die Forelle, haben zusätzlich noch eine *Fettflosse* zwischen Rücken- und Schwanzflosse. Im Inneren ihres Körpers besitzen Fische eine **Schwimmblase.** Mit dieser gasgefüllten Blase können sie in verschiedenen Wassertiefen ohne Flossenbewegungen schweben.

SINNESORGANE · An der Seite des Forellenkörpers zieht sich eine feine Linie entlang, die **Seitenlinie.** Mit diesem Sinnesorgan nehmen die Fische kleinste Wasserströmungen in ihrer Umgebung wahr. Auf diese Weise können heranschwimmende Feinde oder Hindernisse auch in der Dunkelheit oder in trübem Wasser erkannt werden. Die Forelle hat noch weitere gut ausgebildete Sinne. Mit dem großen Blickfeld ihrer *Augen* können Fische gleichzeitig nach hinten und nach vorne sehen. Geruchsstoffe im Wasser werden über die *Nase* wahrgenommen. *Geschmacksknospen* sind über den ganzen Fischkörper verteilt, die meisten liegen jedoch im Bereich des Mauls. Das *Gehör* sitzt geschützt in der Schädelhöhle und hat keine Verbindung nach außen. Manche Fischarten besitzen sogar *elektrische Organe,* mit denen sie im trüben Wasser Beute wahrnehmen, sich orientieren oder sich durch Stromschläge verteidigen können.

ERNÄHRUNG · Die Forelle ernährt sich von Insekten, Jungfischen und anderen Kleintieren. Größe und Form des Mauls der Fische ist dabei an die bevorzugte Nahrung angepasst. So haben pflanzenfressende Fische meist ein kleines Maul und kurze Zähnchen, während räuberisch lebende Fische ein großes Maul mit langen Zähnen besitzen. Fische, die sich hauptsächlich von Pflanzen ernähren, werden **Friedfische** genannt. Im Gegensatz dazu leben **Raubfische** ausschließlich von tierischer Nahrung.

1 Nenne die Flossen eines Fisches und beschreibe jeweils ihre Aufgabe!

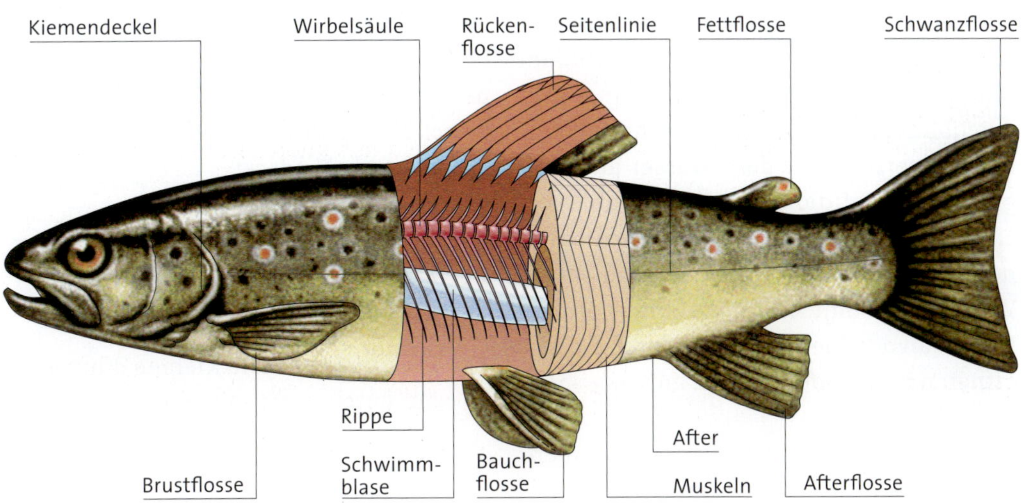

03 Körperbau der Forelle

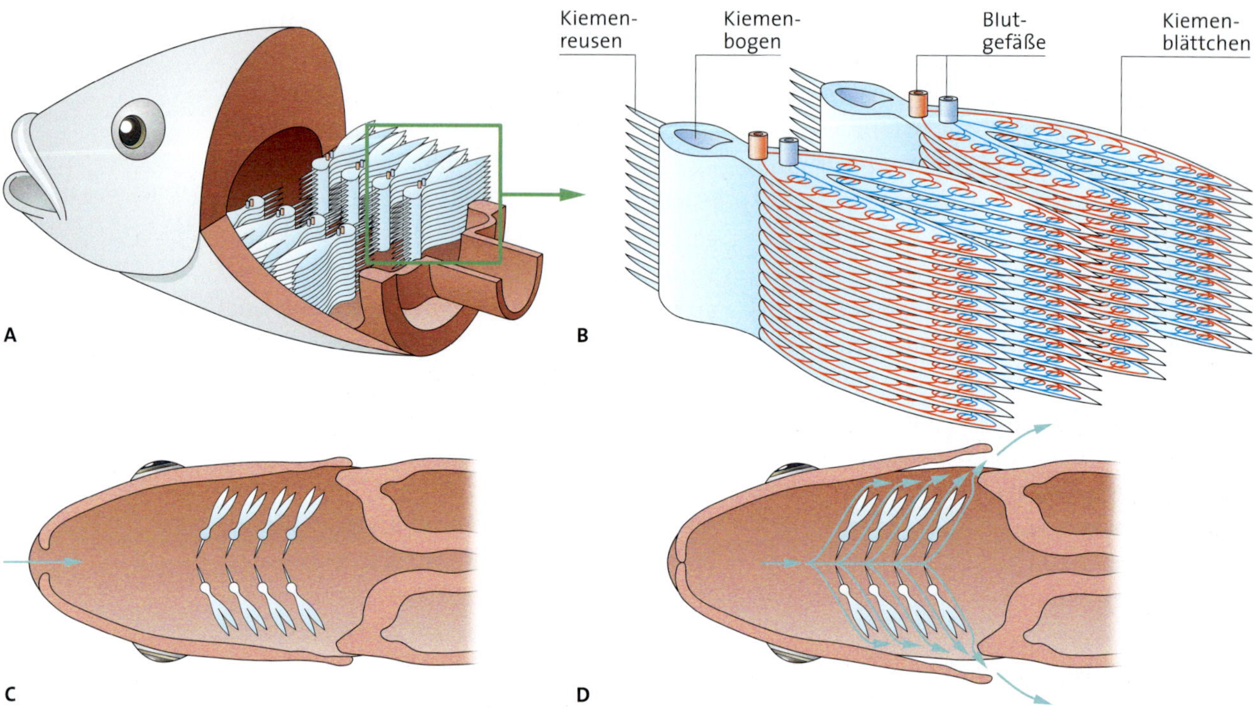

04 Kiemen der Forelle: **A** Lage, **B** Bau, **C** Einatmen, **D** Ausatmen

ATMUNG · Fische atmen mit **Kiemen.** Die Kiemen liegen an den Seiten des Kopfes und sind durch einen harten *Kiemendeckel* geschützt. Die Kiemen bestehen aus jeweils vier knöchernen *Kiemenbögen.* An jedem Kiemenbogen sitzen die *Kiemenreusen* und die *Kiemenblättchen.* Die Kiemenreusen dienen als Filterapparat, der Schmutzteilchen von den Kiemenblättchen fernhält. Mit den dünnhäutigen und sehr stark durchbluteten Kiemenblättchen nimmt der Fisch Sauerstoff aus dem Wasser auf und gibt Kohlenstoffdioxid ans Wasser ab. Zum *Einatmen* öffnet der Fisch bei geschlossenen Kiemendeckeln sein Maul und saugt Wasser ein. Beim *Ausatmen* presst er das Wasser an den Kiemen vorbei durch die geöffneten Kiemendeckel nach außen.

FISCHGRUPPEN · Nicht alle Fische haben ein Knochenskelett. Bei den *Haien* und *Rochen* besteht das Skelett aus Knorpelsubstanz, sie gehören daher zu den **Knorpelfischen.** Knorpelfische haben keinen Kiemendeckel. Bis auf wenige Ausnahmen kommen die Knorpelfische nur im Meer vor.

Alle anderen Fische gehören zu den **Knochenfischen.** Die Knochenfische sind mit über 20000 Arten die weitaus größte Gruppe aller Wirbeltiere. Ihr Skelett besteht aus Knochen und ihre Kiemen sind von einem Kiemendeckel bedeckt.

2 Zähle fünf Angepasstheiten eines Fisches an das Leben im Wasser auf!

3 Erläutere, weshalb Kiemen dünn und gut durchblutet sein müssen!

4 Beschreibe mithilfe der Abbildung 04, wie ein Fisch atmet!

Material A ▸ Flossen

A1 Vergleiche die Flossen des Hechts (A), des Karpfens (B) und des Aals (C)!

A2 Beschreibe die Körperform der drei Fische. Stelle Vermutungen an, wie Körperform, Anordnung der Flossen und Lebensweise der Fische zusammenhängen!

A3 Informiere dich über die drei Fischarten in Lexika, Tierbüchern oder Internet! Erstelle für eine der drei Fischarten einen Steckbrief in deinem Biologieheft!

Material B ▸ Körperform

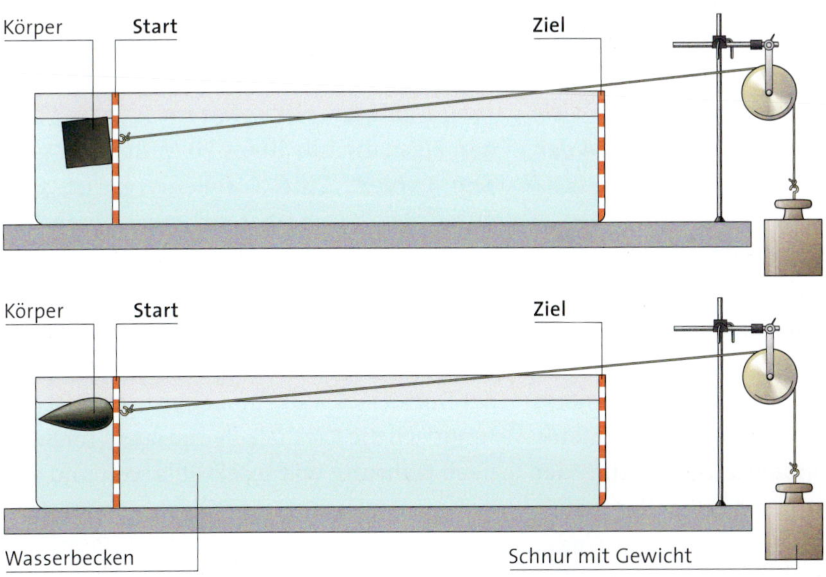

Zugrichtung ⟶	Zeit
spindelförmiger Körper	4 s
Zylinder	7 s
Tropfenform	6 s
Tropfenform	5 s
Würfel	10 s

In einem Versuch werden fünf gleich schwere, aber unterschiedlich geformte Körper an einer Schnur durch ein Wasserbecken bewegt. Die Zeit, die der jeweilige Körper vom Start bis zum Ziel benötigte, ist in der Tabelle angegeben.

B1 Erstelle ein Versuchsprotokoll! Nimm dazu Seite 10 zu Hilfe!

B2 Beschreibe und erkläre die Ergebnisse des Versuchs!

B3 Stelle den Zusammenhang zwischen diesem Versuch und der Körperform von Fischen dar!

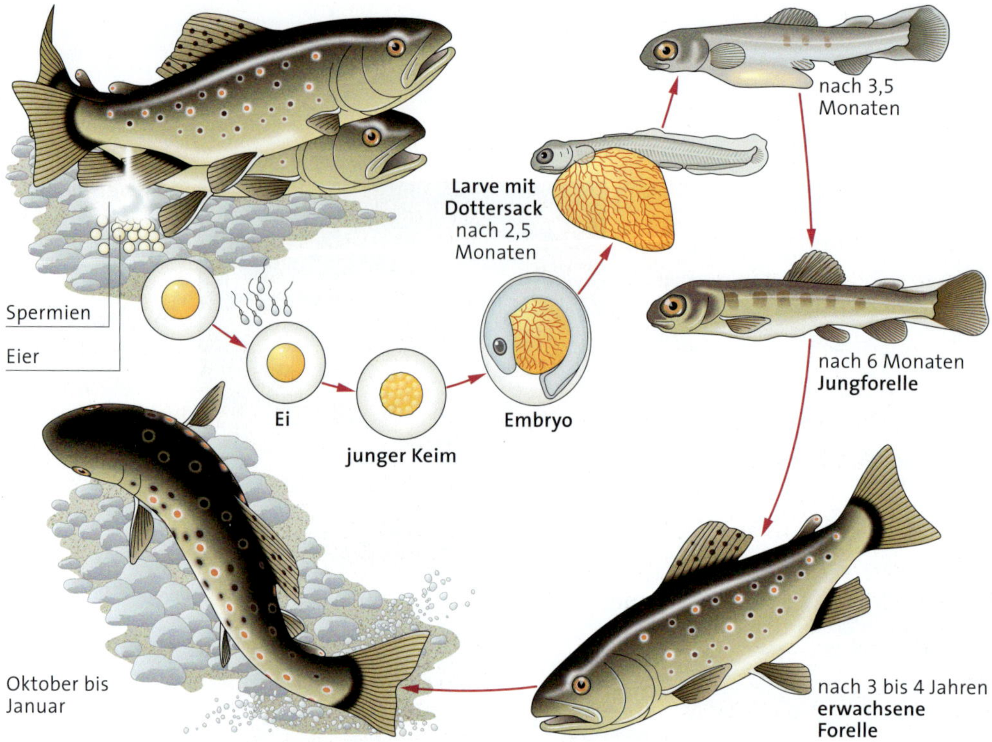

01 Fortpflanzung und Entwicklung der Forelle

Fortpflanzung und Entwicklung bei Fischen

Im späten Herbst schlägt das Forellenweibchen mit seinem Schwanz eine Grube in das Kiesbett eines Baches. Dort legt sie viele Hunderte von Eiern ab. Wie werden aus den Eiern kleine Forellen?

FORTPFLANZUNG UND ENTWICKLUNG · Zur Fortpflanzungszeit finden sich Männchen und Weibchen zur Paarung zusammen. Während der Paarung legt das Forellenweibchen die nur wenige Millimeter großen Eier, den *Laich*, unbefruchtet ins Bachbett. Unmittelbar danach wird der Laich von den Spermien des Forellenmännchens befruchtet. Die Befruchtung findet außerhalb des Körpers statt, man nennt diesen Vorgang daher **äußere Befruchtung.**
Nach der Befruchtung bedeckt das Weibchen die *Laichgrube* mit Kies und überlässt die Eier sich selbst. Im befruchteten Ei entwickelt sich der **Embryo.** Nach ungefähr zwei Monaten schlüpfen im Frühjahr aus den Eiern die nur 10 bis 20 Millimeter großen **Larven.** Eine Forellenlarve ist fast durchsichtig und trägt am Bauch einen Teil des Eis, den gelben *Dottersack*. In Lücken zwischen den Kieselsteinen des Bachbetts lebt sie ungefähr drei Wochen lang und ernährt sich nur vom Dottersack. Erst wenn der Dottersack aufgebraucht ist, verlässt der Jungfisch die Kieslücken und sucht im Bach nach Nahrung wie Insektenlarven und anderen Kleintieren. Am Ende des ersten Jahres ist die Jungforelle auf 10 bis 12 Zentimeter herangewachsen. Im Alter von zwei bis vier Jahren und mit einer Größe von ungefähr 30 Zentimetern ist die Forelle geschlechtsreif und kann sich fortpflanzen.

BRUTPFLEGE · Viele Fischarten kümmern sich auch nach der Befruchtung um ihre Eier, Larven oder Jungfische, sie betreiben *Brutpflege*. Ein Beispiel dafür ist der **Stichling.** Dieser kleine Fisch lebt unter anderem in krautreichen Seen und Tümpeln des Flachlandes. Im späten Frühjahr beginnt das Stichlingsmännchen ein *Revier* abzugrenzen. Es benutzt dazu kleine Wurzeln, Steine oder Bodenunebenheiten, die als Grenzmarkierungen dienen. Dann hebt es mit dem Maul eine flache Grube im Boden aus. In diese Grube baut es ein *Nest* aus Pflanzenteilen. Kommt ein Weibchen in die Nähe des Nestes, beginnt das Männchen zu werben. Durch auffällige Zickzackbewegungen lockt es das Weibchen zum Nest. Daraufhin legt das Weibchen die Eier ins Nest und das Männchen kann den Laich besamen. Nach der Befruchtung bewacht das Männchen den Laich, vertreibt Feinde und fächelt den Eiern mit seinen Flossen frisches Wasser zu. Nach wenigen Tagen schlüpfen die Jungfische. In ihren ersten Lebenstagen werden sie vom Vater umsorgt, bis sie schließlich das Nest verlassen.

WANDERUNG · Der **Lachs** laicht in den oberen Bereichen schnell fließender Bäche. Wenn die Junglachse wenige Jahre alt sind, wandern sie flussabwärts bis ins Meer. Sobald sie nach ein bis drei Jahren im Meer geschlechtsreif sind, kehren sie in ihr Geburtsgewässer zurück, um sich dort zu paaren. Den Weg finden sie mithilfe ihres sehr gut ausgeprägten Geruchssinnes. Bei ihrer Wanderung flussaufwärts können sie sogar Stromschnellen und kleine Wasserfälle springend überwinden. Während der Wanderung nehmen die Tiere keine Nahrung zu sich. Nach der Paarung sterben die meisten Lachse an Erschöpfung, nur wenige Tiere kehren erneut ins Meer zurück.

02 Dreistachliger Stichling (Männchen)

03 Wandernde Lachse

Auch **Aale** wandern. Die Jungtiere schlüpfen im Atlantik und wandern von dort in die Flüsse. Erst als geschlechtsreife Tiere kehren sie ins Meer zurück, um sich fortzupflanzen.

1 Beschreibe, wie sich die Forelle fortpflanzt!

2 Stelle Vermutungen an, welche Vor- und Nachteile die Brutpflege für den Stichling haben kann. Begründe deine Aussagen!

METHODE

Sezieren

Wenn der Körper eines Lebewesens geöffnet wird, um den inneren Bau zu untersuchen, spricht man vom ***Sezieren.***

Material:
Wanne oder Schale, spitze Schere, Lupe, Sonde, Pinzette, Forelle

Durchführung:
Lege den Fisch so auf die Unterlage, dass sein Kopf nach links zeigt. Skizziere den Fisch und beschrifte auf deiner Zeichnung die verschiedenen Flossen, das Maul, die Augen, die Nasenöffnung, den Kiemendeckel, die Seitenlinie und den After. Achte beim Öffnen der Körperhöhle immer darauf, die Schere möglichst flach zu halten, damit die inneren Organe des Fisches nicht zerstört werden.
Schnitt 1: Setze die Schere am After des Fisches an. Stich hinein und schneide entlang der Bauchseite nach vorne bis zum Ansatz der Brustflosse.
Schnitt 2: Schneide am Rand des Kiemendeckels entlang so weit wie möglich zum Rücken hinauf.
Schnitt 3: Schneide vom After ebenfalls so weit wie möglich nach oben.
Schnitt 4: Nun klappe den entstandenen Körperlappen nach oben und schneide ihn ab.
Schnitt 5: Zum Schluss entferne vorsichtig den knöchernen Kiemendeckel, ohne die darunter, liegenden Kiemen zu verletzen.

Nach dem Öffnen des Körpers erkennst du die Kiemenhöhle mit den Kiemenbögen und den feinen roten *Kiemenblättchen.* Im unteren Bereich des Körpers liegt direkt hinter den Kiemen das relativ kleine *Herz.* Hinter den Kiemen sieht man auch die Speiser*öhre,* die in den langgestreckten Magen übergeht. Auf den Magen folgt der Darm, der schließlich in der *Afteröffnung* mündet. Unter dem Magen liegt die bräunliche *Leber.* Im oberen Teil der Körperhöhle befindet sich die große, silbrig glänzende Schwimmblase. Zwischen Darm und *Schwimmblase* liegt beim Männchen der milchig weiße *Hoden.* An der gleichen Stelle findest du beim Weibchen den rötlichen *Eierstock.*

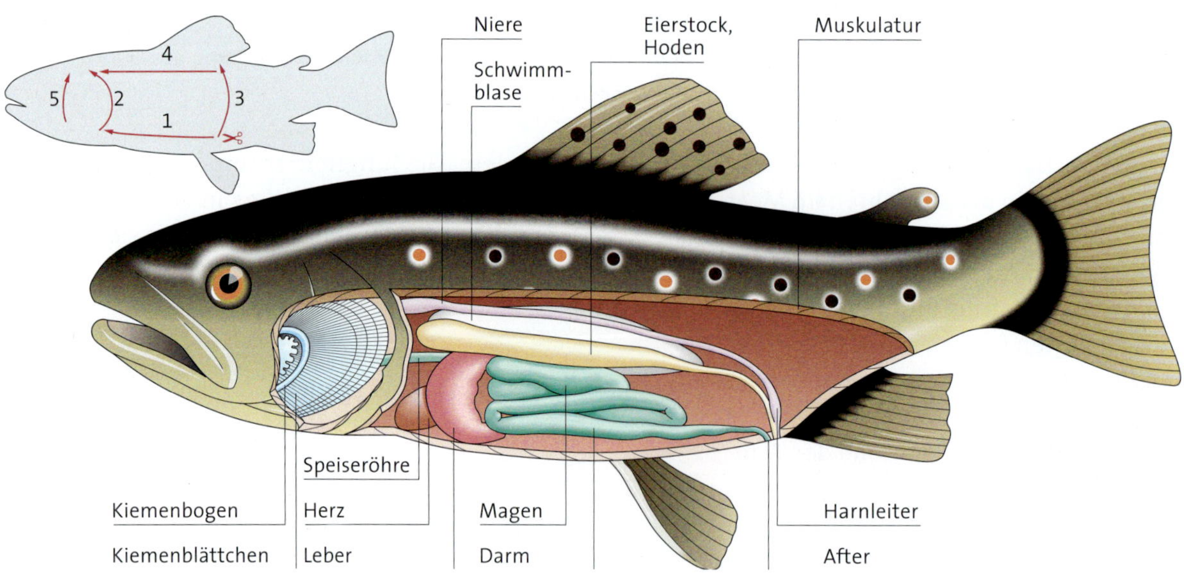

Material A ▸ Entwicklung der Forelle

A1 Beschreibe die Entwicklung vom Ei zum Jungfisch!

A2 Miss die Größe der Larven in den Abbildungen B, C und D und veranschauliche das Wachstum in einem Säulendiagramm (Hochachse: Größe in Millimeter, Rechtsachse: Alter in Tagen)! Bestimme auch die Größe des Eies!

A3 Erkläre, wie und weshalb sich die Größe des Dottersackes im Laufe der Entwicklung verändert! Nimm dazu auch Abbildung 01 auf Seite 124 zu Hilfe!

Material B ▸ Wanderung der Aale

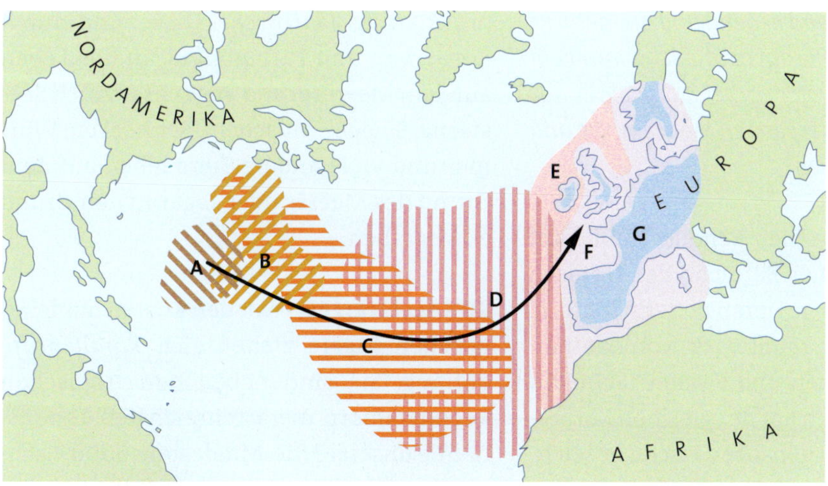

Das Laichgebiet des Europäischen Aals befindet sich in der *Sargassosee* vor der nordamerikanischen Küste. Von dort wandern die frisch geschlüpften Larven Richtung Europa. Als fast durchsichtige *Glasaale* leben sie bis zu drei Jahre, bevor sie Form und Farbe verändern und die Flüsse Europas hinaufsteigen. Die erwachsenen Aale leben sechs bis zehn Jahre in den Flüssen. Zur Laichzeit kehren sie dann in die Sargassosee zurück, pflanzen sich fort und sterben.

B1 Ordne die abgebildeten Aale den in der Karte angegebenen Gebieten zu!

B2 Stelle Vermutungen an, welchen Gefahren Aale und Lachse auf ihren Wanderungen ausgesetzt sind!

01 Scholle

Lebensraum Meer

Platt auf dem Sand liegend und gut getarnt lauert eine Scholle auf Beute. Schwimmt ein ahnungsloses Opfer vorbei, saugt sie es mit ihrem weit aufgesperrten Maul ein. Wo und wie leben Schollen?

MEERESGRUND · Die Scholle lebt am Grund küstennaher Bereiche der Nordsee und des Atlantiks in Tiefen ab zehn Metern. Sie ernährt sich räuberisch von kleinen Krebsen, Schnecken und Fischen. Schollen tragen beide Augen auf der gleichen Körperseite. Solche flach gebauten Fische bezeichnet man als *Plattfische*. Diese sind durch Körperbau und Färbung gut an das Leben auf dem Meeresgrund angepasst. Auch Seesterne, Seeigel, Muscheln, Schnecken, Würmer und viele andere Tiere leben auf dem Grund des Meeres oder sogar in den Grund eingegraben.

02 Clownfisch

KORALLENRIFFE · Vor den Küsten mancher warmen Meere ziehen sich *Korallenriffe* entlang. Sie sind neben den tropischen Regenwäldern die artenreichsten Lebensräume unserer Erde. Mindestens 5000 Fischarten und unzählige andere Tiere in allen Farben und Formen bevölkern die Riffe.
Zu den Tieren auf dem Riff gehören die *Seeanemonen*. Sie besitzen bewegliche Fangarme, die Tentakel, die viele kleine Nesselkapseln enthalten. Bei Berührung entlassen die Kapseln ein Gift, mit dem Beutetiere gelähmt und Feinde abgewehrt werden. In enger Gemeinschaft mit der Seeanemone

lebt der *Clownfisch*. Bei drohender Gefahr zieht er sich in den Schutz der Tentakel zurück. Ein Schleim auf seiner Haut schützt ihn vor dem Gift der Seeanemone. Im Gegenzug kann die Anemone Nahrungsreste des Clownfisches verwerten und wird von ihm gegen Feinde verteidigt. Dieses enge Zusammenleben, von dem beide Partner einen Nutzen haben, nennt man **Symbiose.**

FREIWASSER · Die küstenfernen Meereszonen des Freiwassers sind in weiten Bereichen nur von wenigen Meerestieren bevölkert. An Stellen mit gutem Nahrungsangebot finden sich jedoch große Schwärme Heringe, Sardellen oder Sardinen. Diese kleinen Fische dienen als Nahrungsgrundlage für die schnellen Räuber des offenen Wassers wie Hai, Makrele, Schwertfisch oder Tunfisch. Das kalte Wasser nahe der Pole ist besonders reich an Kleinkrebsen, dem *Krill*. Von diesen winzigen Tieren ernähren sich einige der größten Meeressäuger unserer Erde, die Wale.

TIEFSEE · Das Sonnenlicht, das ins Meer gelangt, wird mit zunehmender Tiefe immer schwächer. Ab einer Tiefe von ungefähr 800 Metern herrscht absolute Dunkelheit. Diese Meereszone nennt man *Tiefsee*. Fische, die hier leben, haben besonders empfindliche Augen und sehr oft auch *Leuchtorgane*, mit denen sie auf Partnersuche oder Beutefang gehen. So locken der Tiefseeangler oder der Viperfisch mit angelartigen Leuchtorganen ihre Beute an. Der Pelikanaal kann mit seinem riesigen Maul Beutetiere, die größer sind als er selbst, verschlucken.
Über diesen Lebensraum, der im Pazifik bis in elf Kilometer Tiefe reicht, weiß man nur wenig. Der extreme Wasserdruck und die große Ausdehnung der Tiefsee machen ihre Erforschung sehr schwierig.

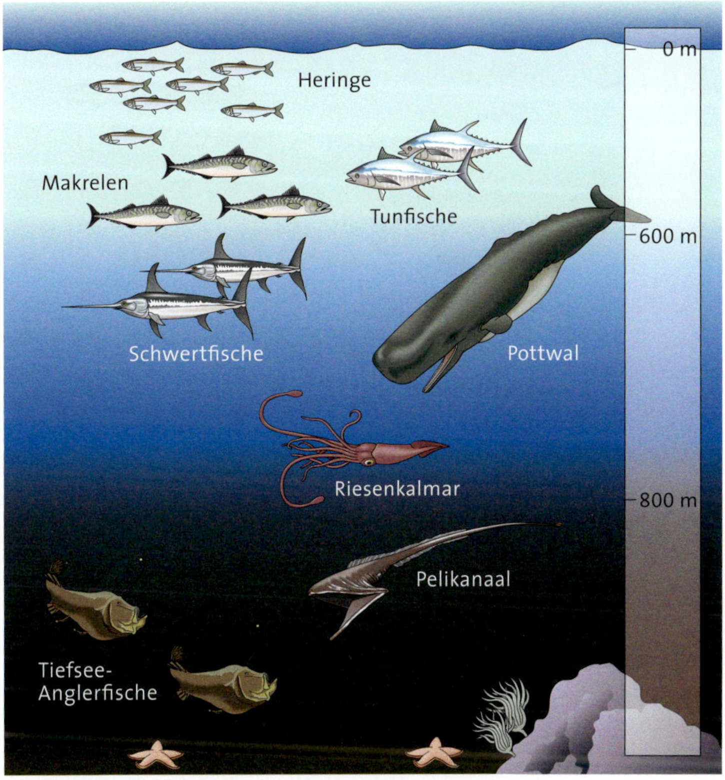

03 Tiefenzonen im Meer

04 Tunfischschwarm

05 Viperfisch

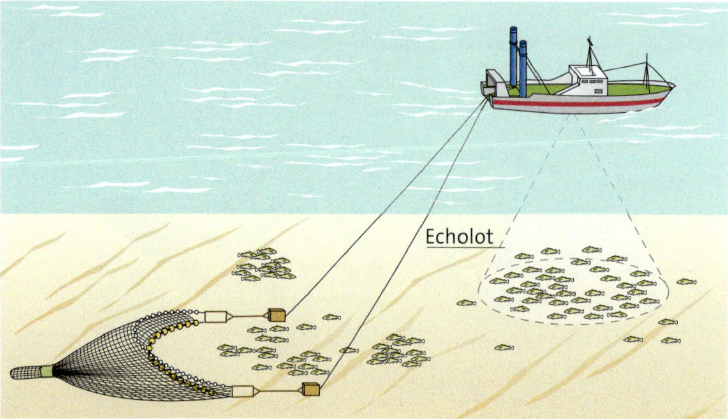

06 Schleppnetzfischerei

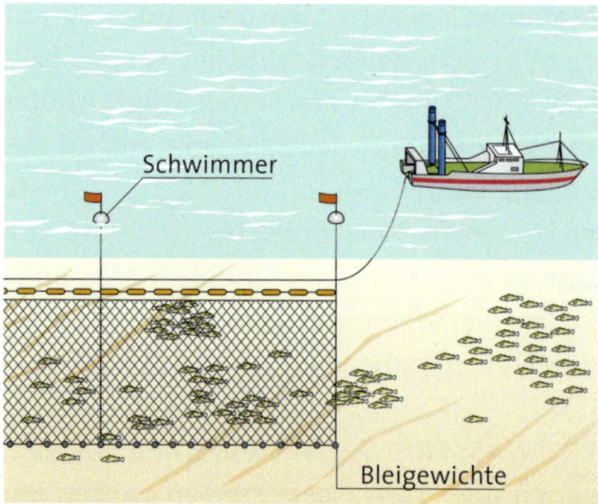

07 Treibnetzfischerei

DAS MEER ALS NAHRUNGSQUELLE · Seit Jahrtausenden nutzt der Mensch das Meer. Fische sind ein wertvolles, sehr eiweißreiches Nahrungsmittel, das gut verdaulich ist. Pro Kopf und Jahr werden in Deutschland etwa 14 Kilogramm Fisch gegessen, in Japan sogar die sechsfache Menge.

Moderne Fischereischiffe orten Fischschwärme mit dem *Echolot* und können so in kürzester Zeit riesige Schwärme mit ihrem Netz an Bord hieven. Auf manchen dieser Schiffe werden die Fische gleich zerlegt, verpackt und tiefgefroren. Solche *Fabrikschiffe* fischen hauptsächlich mit **Schleppnetzen,** die hinter den Schiffen hergezogen werden. Dabei gehen oft große Mengen an Fischen und anderen Tieren mit ins Netz, die nicht verwertet werden können. Dieser Beifang verendet und wird ungenutzt über Bord geworfen. *Grundschleppnetze,* die über den Meeresboden gezogen werden, zerstören die empfindliche Lebensgemeinschaft des Meeresbodens.

08 MSC-Logo

Die Bestände der meisten Fischarten sind durch die modernen Fischfangmethoden stark zurückgegangen. Durch Festlegung von Höchstfangmengen versucht man, diesen Rückgang zu stoppen. Zum Schutz der Meerestiere sind auch einige Fischfangmethoden in vielen Ländern bereits verboten worden, zum Beispiel die **Treibnetzfischerei.** In den kilometerlangen Treibnetzen verfangen sich viele Seevögel, Delfine oder Meeresschildkröten und ertrinken.

Damit man direkt beim Kauf sehen kann, ob der Fisch aus umweltschonender Fischerei stammt, wird das Logo des *Marine Stewardship Council (MSC)* auf die Verpackung gedruckt.

Den immer noch steigenden Bedarf an Fisch aus dem Meer versucht man heute auch durch *Fischfarmen* zu decken, in denen beispielsweise Lachse gemästet werden.

09 Lachsfarm

1 Beschreibe eine Symbiose anhand von Anemone und Clownfisch!

2 Erläutere Angepasstheiten von Tiefseefischen an ihren Lebensraum!

Material A ▸ Lebensraum Meer

Hai

Muräne

A1 Beschreibe die Körperform und die Flossen der beiden Fischarten und vergleiche sie mit der Scholle! Nimm die Abbildung 01 auf Seite 128 zu Hilfe!

A2 Stelle Vermutungen an, wie sich die drei Fischarten fortbewegen! Begründe deine Vermutungen!

A3 Ordne den drei Fischarten Meereszonen zu! Begründe deine Zuordnung!

Material B ▸ Fischfang

	1956	1966	1976	1986	1996	2006
Hering	296 900 t	197 700 t	92 706 t	68 586 t	42 153 t	80 552 t
Kabeljau	185 100 t	276 800 t	138 593 t	52 671 t	37 629 t	17 459 t
Seelachs	59 500 t	41 500 t	119 758 t	28 200 t	15 197 t	17 790 t
Rotbarsch	156 600 t	139 100 t	81 467 t	25 880 t	22 512 t	5 885 t
Schellfisch	31 100 t	7 700 t	21 641 t	3 164 t	2 718 t	1 908 t

B1 Nenne die Fischarten mit den jeweils höchsten und geringsten Fangmengen (in Tonnen) in den Jahren 1956 und 2006!

B2 Erstelle für die Angaben aus der Tabelle ein Diagramm (Hochachse: Fänge in 1000 Tonnen pro Jahr, Rechtsachse: Jahre)! Wähle für jede Fischart, die du als Kurve darstellst, eine eigene Farbe!

B3 Stelle Vermutungen darüber an, weshalb die Fangmengen einiger Arten stark zurückgegangen sind, die anderer Arten dagegen weniger stark!

01 Springender Teichfrosch

Leben im Wasser und an Land

Am Rand von Gewässern kann man im Frühling und Sommer Frösche beobachten. Sie schwimmen und tauchen, aber sie sitzen und bewegen sich auch am Ufer. Solche Tiere, die im Wasser und an Land leben, nennt man Amphibien oder Lurche. Wie schaffen es die Frösche, in beiden Lebensbereichen zurechtzukommen?

griechisch amphi und bios = beidlebig

KÖRPERBAU UND FORTBEWEGUNG · Mit seinen sehr kräftigen Hinterbeinen stößt sich der Frosch im Wasser ab. Dabei spreizt der Frosch seine fünf Zehen, so dass die dazwischenliegenden Schwimmhäute eine große Fläche bilden. So kann er mit den Hinterfüßen viel Wasser verdrängen. An Land kann der Frosch mit den muskulösen Hinterbeinen weit springen. Die Landung auf dem Boden fängt er mit den Vorderbeinen und seinem stark ausgebildeten **Schultergürtel** ab, der mit der Wirbelsäule verbunden ist. Da alle Amphibien eine Wirbelsäule besitzen, gehören sie zu den **Wirbeltieren.**

ERNÄHRUNG UND KÖRPERTEMPERATUR · Der Teichfrosch ernährt sich von Insekten,

02 Schwimmender Teichfrosch

Spinnen, Würmern und anderen kleinen Tieren. Er fängt seine Beute häufig im Sprung mit dem breiten Maul. Meistens schleudert er blitzschnell seine klebrige Zunge heraus. Mit dieser **Schleuderzunge** zieht er seine Beute ins Maul und verschluckt sie unzerkaut, denn er hat keine Zähne. Frösche können keine eigene Körperwärme erzeugen. Deshalb ist ihre Körpertemperatur immer genauso hoch wie die der Umgebung. Wie alle Amphibien sind sie **wechselwarme Tiere.** Bei sinkender Umgebungstemperatur, im Herbst, bewegt sich der Teichfrosch immer langsamer. Er sucht sich dann im Bodenschlamm eines Gewässers einen sicheren Ort zum Überwintern. In **Winterstarre** verbringt er dort, geschützt vor Feinden, die kalte Jahreszeit. Da er sich in dieser Zeit kaum bewegt, benötigt er nur wenig Sauerstoff.

ATMUNG · Wie alle Amphibien können Teichfrösche sehr lange tauchen. Die Haut des Teichfrosches ist sehr dünn. So kann Sauerstoff aus der Luft, aber auch aus dem Wasser in den Körper eindringen. Eine solche Atmung bezeichnet man als **Hautatmung.** Diese ist aber nur möglich, wenn die Haut feucht ist. Schleimdrüsen geben der Haut einen ständigen, feinen, feuchten Überzug. Um zu vermeiden, dass die Haut austrocknet, suchen Amphibien außerhalb des Wassers feuchte Stellen auf. Amphibien sind **Feuchtlufttiere.** Die Haut des Teichfrosches ist sehr gut durchblutet. Das Blut nimmt den eingedrungenen Sauerstoff auf, verteilt ihn in alle Bereiche des Körpers und gibt Kohlenstoffdioxid aus dem Körper ab. Der Teichfrosch hat aber auch Lungen, mit denen er den Sauerstoff der Luft in seinen Körper aufnehmen kann. Amphibien sind „Doppelatmer" mit Lungen- und Hautatmung.

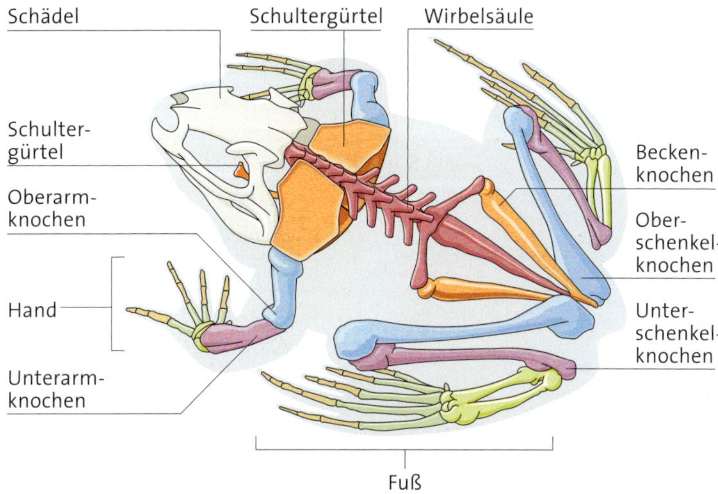

03 Skelett des Frosches

04 Teichfrosch beim Beutefang

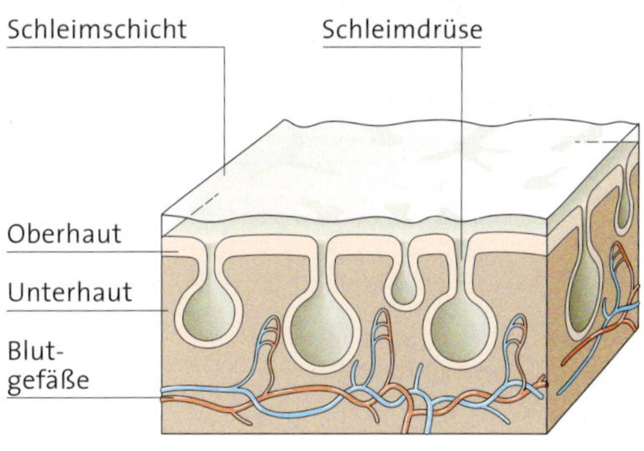

05 Bau der Haut eines Frosches (Schema)

1 Erkläre, weshalb ein Frosch nicht längere Zeit in trockener Umgebung leben kann!

2 Begründe, weshalb Amphibien weniger Nahrung benötigen als Säugetiere!

3 Erläutere, wieso Frösche in Winterstarre fallen!

METHODE

Bestimmungsschlüssel

Wenn Biologen eine Pflanze oder ein Tier bestimmen wollen, verwenden sie einen Bestimmungsschlüssel. Dabei wird fortlaufend jeweils ein Merkmal betrachtet. Hier im Beispiel beginnt man mit dem Merkmal Schwanz. Wenn er vorhanden ist, gehört das Tier zu den Schwanzlurchen, fehlt er, ist das Tier ein Froschlurch. Nun muss man entscheiden, ob der Bauch Flecken hat oder nicht. So geht es weiter, bis der richtige Name für die Art oder die Gruppe gefunden ist.

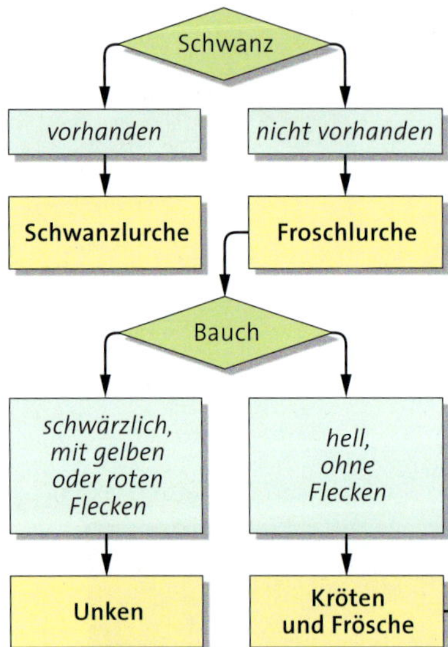

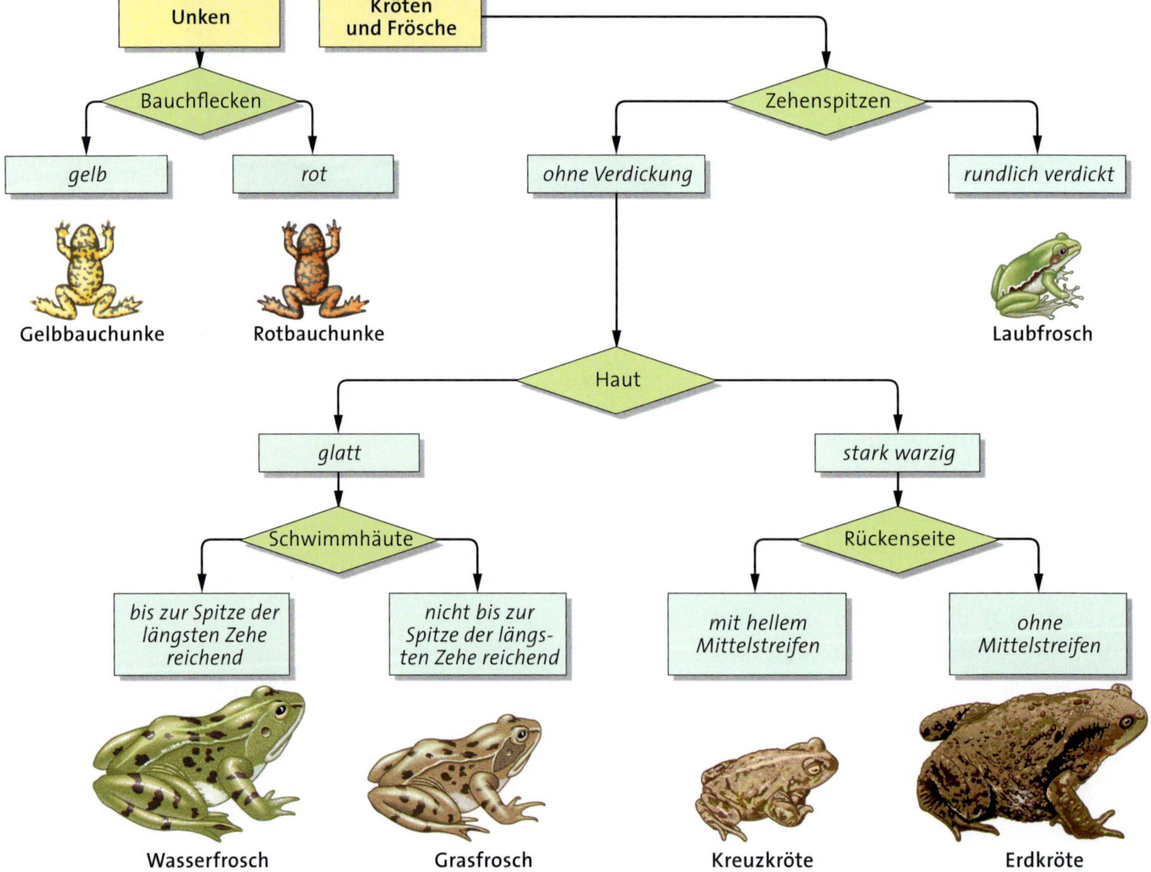

Material A ▸ Körpertemperatur

A1 Erstelle ein Versuchsprotokoll zu dem in der Abbildung dargestellten Experiment!

A2 Erkläre das Verhalten des Frosches im Experiment bei unterschiedlicher Temperatur!

Material C ▸ Bestimmungsschlüssel für Amphibien

Ausschnitt aus einem Bestimmungsbuch für einheimische Amphibien			
1	mit Schwanz; Vorder- und Hinterbeine gleich lang	(Schwanzlurche)	weiter bei 2
1*	ohne Schwanz; Hinterbeine viel länger und kräftiger als Vorderbeine	(Froschlurche)	weiter bei 6
2	Schwanz abgeflacht	(Molche)	weiter bei 3
2*	Schwanz rund	(Salamander)	weiter bei 5
3	Bauch orange, ohne schwarze Flecken		Bergmolch
3*	Bauch orange, mit schwarzen Flecken		weiter bei 4
4	Kehle weißlich orange mit schwarzen Flecken		Teichmolch
4*	Kehle dunkel mit kleinen weißen Flecken		Kammmolch
5	Körper einfarbig schwarz		Alpensalamander
5*	Körper schwarz mit großen gelben Flecken		Feuersalamander

A

B

C

D

C1 Erstelle in deinem Biologieheft einen Bestimmungsschlüssel nach dem Muster auf der Methodenseite 134!

C2 Ordne den vier abgebildeten Arten mithilfe des Bestimmungsschlüssels die richtigen Artbezeichnungen zu!

Material B ▸ Atmung

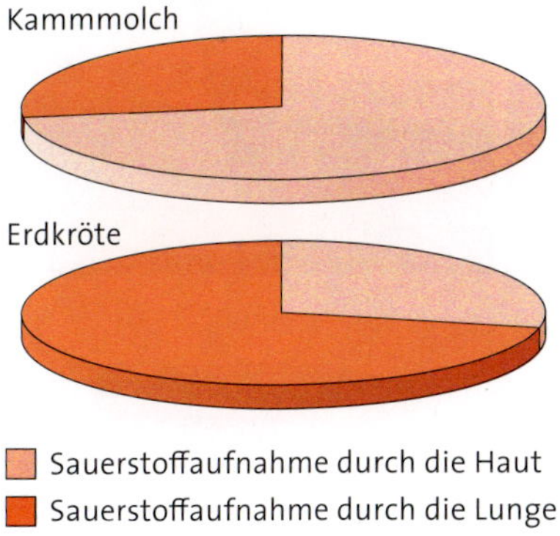

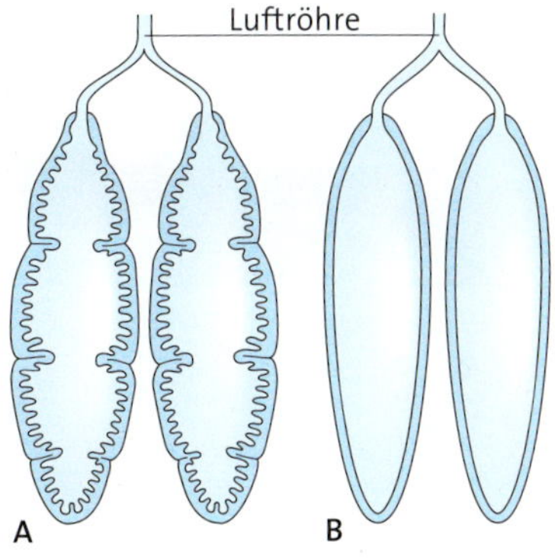

B1 Aus dem Tortendiagramm lässt sich ablesen, wie hoch der Anteil an Sauerstoff ist, den eine Molchart und eine Froschart über die Haut und über die Lunge aufnehmen. Daneben sind Zeichnungen der Lungen abgebildet. Ordne die Lungen dem Molch oder dem Frosch zu! Begründe deine Zuordnung!

01 Quakende Teichfrösche

Fortpflanzung und Entwicklung bei Froschlurchen

Im März, wenn die Tage wärmer werden, erwachen die Teichfrösche aus ihrer Winterstarre. Im April, spätestens aber im Mai kann man das laute Quaken der Männchen hören. Was ist der Grund für dieses Froschkonzert?

PAARUNG · Zur Paarungszeit locken die Männchen der Teichfrösche mit ihren Rufen die Weibchen an. Zwei seitlich am Kopf liegende Schallblasen verstärken das Quaken. Jede Froschart hat einen eigenen Paarungsruf. Das ist erforderlich, damit nur Männchen und Weibchen derselben Art zueinander finden. Das Froschmännchen steigt bei der Paarung auf den Rücken des Weibchens und klammert sich mit den Vorderbeinen fest. Sobald das Weibchen seine Eier, den *Laich,* abgelegt hat, ergießt das Männchen seine Spermien darüber. Spermien und Eizellen treffen also nicht im Körper des Weibchens aufeinander. Man spricht von einer **äußeren Befruchtung.**

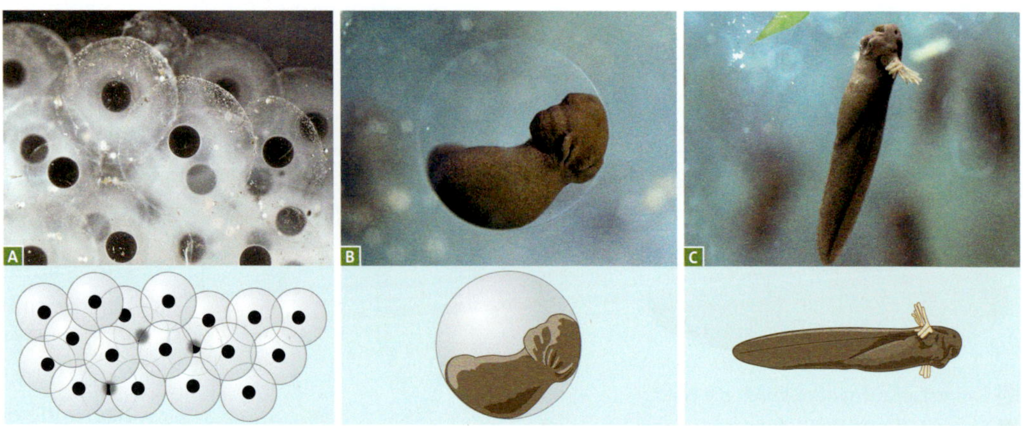

02 Entwicklung des Teichfrosches:

A Eier des Teichfrosches (1. Tag nach der Befruchtung),

B Embryo im Ei (etwa 8. Tag),

C frisch geschlüpfte Kaulquappe (etwa 12. Tag),

ENTWICKLUNG · In der durch ein Spermium **befruchteten Eizelle** beginnt die Entwicklung des **Embryos.** Die Eizelle ist von einer gelatineartigen Gallerthülle umgeben. Sie dient dazu, die Sonnenstrahlen wie eine Lupe zu sammeln. Dadurch ist der Embryo immer ein wenig wärmer als die Umgebung und wächst schneller.

Nach der Entwicklung der Embryonen schlüpfen beim Teichfrosch zunächst Larven aus den Eiern, die Kaulquappen. Als Larven bezeichnet man Jugendstadien, die sich im Bau und meistens auch in ihrer Lebensweise von den erwachsenen Tieren unterscheiden. Kaulquappen leben im Wasser, bewegen sich mit dem Ruderschwanz fort, und atmen durch die Haut und durch **Kiemen.** Sie ernähren sich vorwiegend von Pflanzen. Da sich der erwachsene Teichfrosch von kleinen Tieren ernährt, zum Beispiel von Insekten und Spinnen, entsteht keine Konkurrenz mit seinem Nachwuchs. Kurz nach dem Schlüpfen atmet die noch sehr junge Larve durch **äußere Kiemen.** Dieses **erste Larvenstadium** endet nach etwa 10 Tagen. Dann überwächst eine Hautfalte die Kiemen, sodass sie im Körperinneren liegen. Es entstehen Innenkiemen. Etwa 40 Tage später ist dieses **zweite Larvenstadium** abgeschlossen. Jetzt bilden sich zunächst die Hinterbeine, später auch die Vorderbeine. Die Kaulquappe schwimmt jetzt oft zur Wasseroberfläche, um Luft zu holen. Ihre Lunge beginnt zu arbeiten.

Wenn das **dritte Larvenstadium** nach etwa 20 weiteren Tagen abgeschlossen ist, spricht man vom **Jungfrosch.** Er atmet nun nicht mehr durch Kiemen, sondern durch die neu gebildete Lunge und durch die Haut. Der Ruderschwanz ist fast vollständig verschwunden, die Tiere leben an Land und bewegen sich mit ihren Beinen fort. Die Umgestaltung vom letzten Larvenstadium zum kleinen Frosch nennt man **Metamorphose.**

griechisch Metamorphose = Umgestaltung

1 Beschreibe Paarung und Befruchtung beim Teichfrosch!

2 Beschreibe Körperbau und Lebensweise der Entwicklungsstadien des Teichfrosches!

3 Nenne Bedingungen, die für eine äußere Befruchtung erforderlich sind! Berücksichtige dabei den Bau der Eier und den Ort der Eiablage!

D zweites Larvenstadium, etwa 22. Tag,

E drittes Larvenstadium, etwa 60. Tag,

F Jungfrosch kurz nach der Metamorphose, etwa 80. Tag

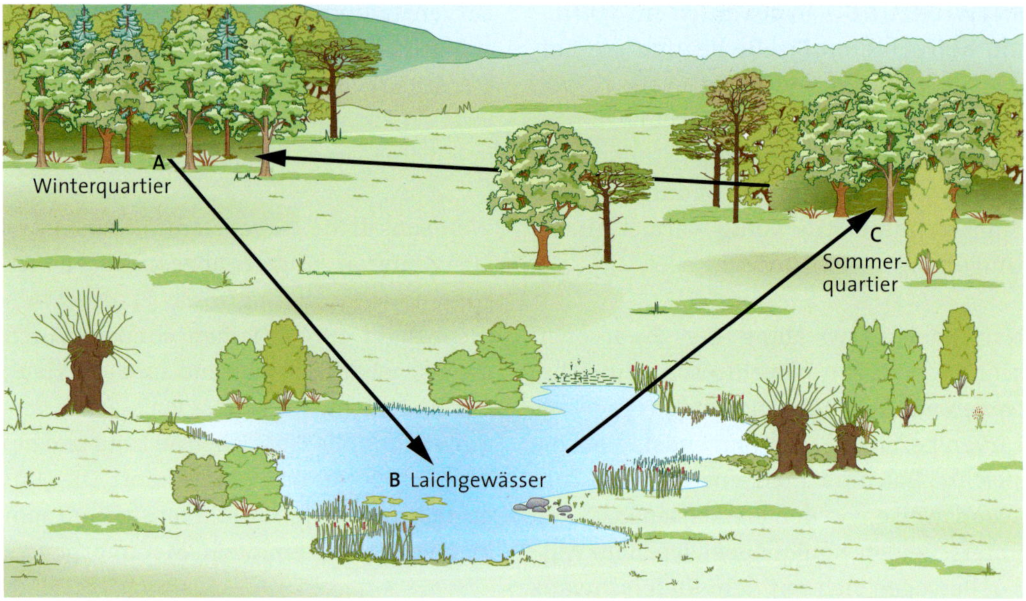

03 Wanderungen von Erdkröten

FRÜHJAHRSWANDERUNG · In den ersten warmen und feuchten Nächten des Frühjahrs beginnen die Erdkröten ihre Laichwanderung. Zunächst sind nur die Männchen unterwegs. Sie warten an übersichtlichen Stellen auf die deutlich größeren Weibchen. Kommt eines vorbei, setzt sich das Männchen auf den Rücken des Weibchens und lässt sich zum Laichgewässer tragen. Erdkröten suchen fast immer nur die Gewässer auf, in denen sie selbst als Kaulquappen gelebt haben. Sie sind **ortstreu.** Dadurch ist die Wahrscheinlichkeit für sie sehr hoch, später ein Gewässer zu finden, das sich für die Entwicklung ihrer Nachkommen eignet.

SOMMERQUARTIER · Einige Tage nach dem Ablaichen beziehen die Erdkröten ihre Sommerquartiere. Dort, in Laubwäldern, Gärten Parks und Hecken, verstecken sie sich bei Tag und gehen nachts auf die Jagd. Häufig findet man im Juni große Mengen kleiner Kröten, die alle gleichzeitig ihr Laichgewässer verlassen und sich auf den Weg in das Sommerquartier machen. Weil man früher glaubte, sie seien vom Himmel gefallen, spricht man im Volksmund vom *Krötenregen*. Diese sehr hohe Zahl von Nachkommen ist erforderlich, weil viele Erdkröten ihren Feinden zum Opfer fallen.

WINTERQUARTIER · Im Herbst verlassen die Erdkröten ihr Sommerquartier und suchen nach einem vor Frost und Feinden geschützten Platz. Wenn die Temperatur weiter sinkt, fallen sie in *Winterstarre* und überstehen so bewegungslos und ohne zu fressen die kalte Jahreszeit.

4 Beschreibe eine Landschaft, die günstige Bedingungen für Erdkröten bietet!

5 Erkläre, weshalb alle Erdkröten eines großen Gebietes aussterben können, wenn ein kleiner Tümpel zugeschüttet wird!

6 Erläutere, weshalb das Winterquartier der Amphibien frostsicher sein muss!

Material A ▸ Wanderung der Erdkröte

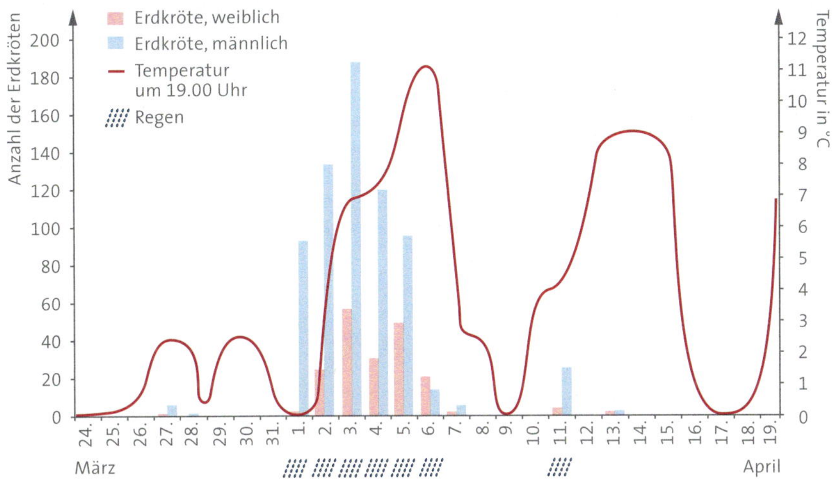

A1 Beschreibe die Bedingungen, unter denen die Erdkröten ihre Laichwanderung im Frühjahr beginnen! Erläutere, welche Vorteile damit verbunden sind!

A2 Erkläre, weshalb die Männchen früher wandern als die Weibchen!

Material B ▸ Entwicklung des Teichmolchs

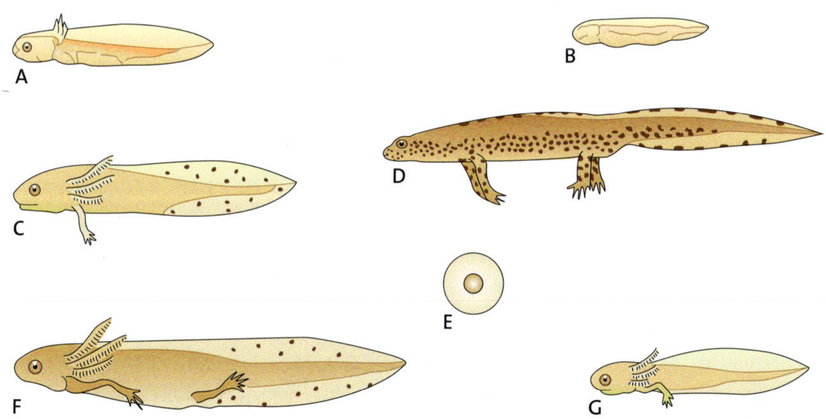

B1 Ordne die in der Abbildung dargestellten Entwicklungsstadien des Teichmolchs in der richtigen Reihenfolge an!

B2 Beschreibe in Stichworten die Körpermerkmale der verschiedenen Entwicklungsstadien! Vergleiche sie mit denen des Teichfrosches!

Material C ▸ Locken und Werben

C1 Erläutere die Aufgabe, die die auffälligen Ausstülpungen am Kopf der männlichen Froschlurche erfüllen!

C2 Erläutere an diesem Beispiel die Vorteile, die mit der Fähigkeit zur *Information und Kommunikation* innerhalb einer Tierart verbunden sind!

01 Zauneidechse beim Sonnenbad

Die Zauneidechsen – Leben auf dem Land

An warmen Sommertagen sitzt die Zauneidechse besonders gern auf von der Sonne erwärmten Steinen. Was ist der Grund für dieses Verhalten der Zauneidechse?

KÖRPERTEMPERATUR · Mit ihrem abgeflachten Körper versucht die Zauneidechse, möglichst viel Sonnenwärme einzufangen. Ist der Körper nämlich aufgewärmt, ist sie besonders flink. Bei kühlem Wetter dagegen bewegt sich die Zauneidechse träge und schwerfällig. Die Körpertemperatur steigt und sinkt also mit der Umgebungstemperatur. Wegen der ständig wechselnden Körpertemperatur gehört die Zauneidechse zu den **wechselwarmen Tieren.**

Im Winter, wenn die Außentemperatur absinkt, wird die Zauneidechse kalt und unbeweglich. Geschützt in einer Erdhöhle fällt sie in *Winterstarre.* Dabei schlägt das Herz sehr langsam und die Atmung ist stark herabgesetzt.

FORTBEWEGUNG · Die Zauneidechsen besitzen wie alle **Wirbeltiere** eine Wirbelsäule. Seitlich an Schulterblättern und Beckenknochen sitzen die Knochen der kurzen Beine. Sie werden über Kreuz bewegt, was zu einer schlängelnden Bewegung des Körpers flach über dem Boden führt. Aufgrund dieses „Kriechens" werden sie als **Kriechtiere** oder **Reptilien** bezeichnet.

lateinisch repere = kriechen

02 Fortbewegung der Zauneidechse

KÖRPERBEDECKUNG · Die Zauneidechse hat eine trockene Haut aus *Hornschuppen.* Sie schützt das Tier vor Austrocknung und Verletzung. Da die Hornschuppen beim Größerwerden der Zauneidechse nicht mitwachsen, wird der *Schuppenpanzer* zu eng. Deshalb werden die Hornschuppen von Zeit zu Zeit abgestreift. Die Zauneidechse **häutet** sich. Unter dem alten Schuppenpanzer liegen die bereits neu gebildeten Hornschuppen. Durch die Hornschuppenhaut gelangt kein Sauerstoff, weshalb die Eidechse allein auf **Lungenatmung** angewiesen ist. Die Oberfläche der Lunge ist durch viele Einfaltungen vergrößert. Über diese Oberfläche gelangt ausreichend viel Sauerstoff aus der Atemluft in den Körper.

FORTPFLANZUNG UND ENTWICKLUNG · Von Anfang bis Mitte Mai zur *Paarungszeit* ist das Männchen an den Seiten auffällig grün gefärbt. Es *wirbt* um fortpflanzungsbereite Weibchen. Trifft es ein Weibchen, läuft die *Balzhandlung* immer nach dem gleichen Muster ab. Mit trippelnden Schritten nähert sich das Männchen, um dann das Weibchen in der Schwanzmitte mit dem Maul zu greifen. Es verbeißt sich in die Flanke des Weibchens und krümmt seinen Körper, bis die beiden Kloaken übereinanderliegen. Es kommt zur **Paarung.** Die Spermien werden in die Kloake des Weibchens übertragen, sodass die Eizellen im Körper des Weibchens befruchtet werden. Zauneidechsen haben wie alle Reptilien eine **innere Befruchtung.** Die im Innern des Körpers reifenden Eizellen bilden eine feste pergamentartige Schale aus. Nach etwa vier Wochen gräbt das Weibchen an einem warmen, sandigen Platz ein Loch und legt die Eier hinein. Anschließend wird das Gelege zugescharrt und verlassen. Die Eier sind durch ihre Schale vor Austrocknung geschützt. Je stärker der Boden durch die Sonneneinstrahlung aufgewärmt wird, desto schneller werden die 5 bis 15 Eier ausgebrütet. Während dieser Zeit ernährt sich der Embryo vom Dottervorrat im Ei. Sind die kleinen Eidechsen fertig entwickelt, ritzen sie mit dem *Eizahn* die Schale auf und schlüpfen. Die etwa fünf Zentimeter langen Jungtiere sind sofort selbstständig.

1) Beschreibe die Fortbewegung der Zauneidechsen mithilfe der Abbildung 2!

2) Erläutere die Häutung der Zauneidechsen!

3) Erkläre, weshalb die Weibchen der Zauneidechsen ihre Eier nicht ausbrüten können!

03 Entwicklung der Zauneidechse:

A schlüpfende Zauneidechse,

B geschlüpfte Jungtiere

04 Zauneidechse mit abgeworfenem Schwanz

LEBENSWEISE · Die Jungtiere leben wie die erwachsenen Tiere als Einzelgänger und ernähren sich von Spinnen, Asseln, Insekten und Schnecken. Zauneidechsen haben aber auch Feinde wie den Igel, das Wiesel, die Hauskatze und größere Vögel wie Krähen und Elstern. Durch ihre Körperfarbe ist die Zauneidechse vor ihren Feinden gut **getarnt.** Wenn sie aber doch von einem Feind am Schwanz gepackt wird, kann dieser an einer unverknöcherten Bruchstelle der Wirbelsäule abbrechen. Das abgeworfene Schwanzstück zuckt noch einige Zeit, während die Zauneidechse blitzschnell verschwindet. Der Schwanz der Zauneidechse wächst zwar nach, kann dann aber nicht mehr abgeworfen werden.

SINNESORGANE · Von Zeit zu Zeit sieht man, wie die Eidechse ihre Zunge herausstreckt, um sie gleich darauf wieder zurückzuziehen. Sie **züngelt.** Mit ihrer dünnen, gespaltenen Zungenspitze nimmt sie Geruchsstoffe aus ihrer Umgebung auf und bringt diese beim Zurückziehen der Zunge an ihren Gaumen, wo ihr gut ausgebildetes Riechorgan liegt. Beutetiere werden auf diese Weise, unterstützt durch ihr gutes Sehvermögen, schnell aufgespürt. Die Nasenlöcher werden nur zum Atmen benutzt.

4 Erläutere die Angepasstheiten der Zauneidechse an ihren Lebensraum!

5 Erläutere, welche Bedeutung der Schwanzabwurf der Zauneidechse hat!

STECKBRIEF

Bergeidechse
Vorkommen: *feuchte sonnige Lebensräume, im Gebirge bis 3000 Meter Höhe, Nord- und Mitteleuropa;*
Körpergröße: *bis 16 Zentimeter lang;*
Besonderheiten: *kleinste einheimische Eidechse, legt keine Eier, einzige lebendgebärende Eidechse*

STECKBRIEF

Smaragdeidechse
Vorkommen: *nur im Süden Deutschlands vereinzelt, in Süd- und Südwesteuropa;*
Körpergröße: *bis 40 Zentimeter lang;*
Besonderheiten: *größte einheimische Eidechse, sehr wärmeliebend, „vom Aussterben bedroht"*

Material A ▸ Skelett der Zauneidechse

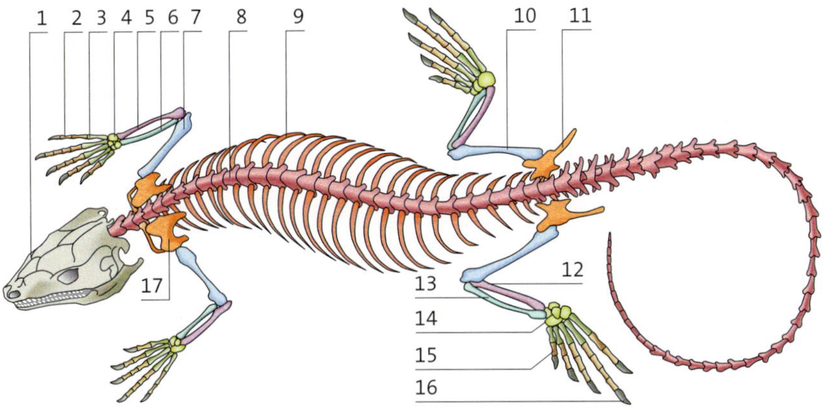

A1 Ordne den Zahlen die entsprechenden Fachbegriffe zu! Beachte die Farben, die auch bei den anderen Wirbeltierskeletten verwendet werden!

A2 Vergleiche das Skelett der Zauneidechse mit dem des Teichfrosches!

A3 Erläutere mithilfe des Skelettvergleichs die Fortbewegung beider Tiere!

Material B ▸ Atmung bei Zauneidechse und Kammmolch

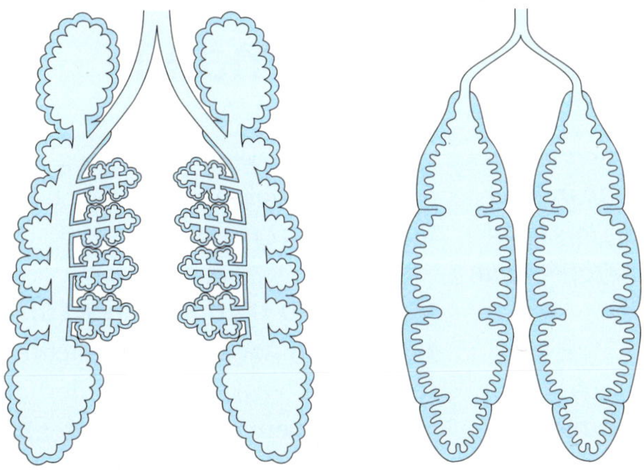

B1 Ordne Zauneidechse und Kammmolch den Amphibien oder den Reptilien zu! Begründe deine Zuordnung!

B2 Vergleiche die Lunge von der Zauneidechse und dem Kammmolch! Ordne den beiden Lungen jeweils den richtigen Tiernamen zu!

B3 Erkläre das Prinzip der *Oberflächenvergrößerung*!

Material C ▸ Körpertemperatur

Zeit	Temperatur		
Sommertag	**Luft**	**Tier 1**	**Tier 2**
8 Uhr	16,0 °C	38,8 °C	16,0 °C
10 Uhr	22,0 °C	38,8 °C	21,5 °C
14 Uhr	35,0 °C	38,8 °C	34,7 °C
18 Uhr	26,0 °C	38,8 °C	26,0 °C
20 Uhr	20,0 °C	38,8 °C	20,0 °C

In einem Versuch haben Wissenschaftler an einem Sommertag zu bestimmten Uhrzeiten die Lufttemperatur gemessen. Gleichzeitig haben sie auch die Körpertemperatur von zwei verschiedenen Tieren gemessen.

C1 Übertrage die Werte der Tabelle in ein Diagramm (Hochachse: Temperatur in °C, Rechtsachse: Uhrzeit)!

C2 Ordne den Tieren die Begriffe wechselwarm oder gleichwarm zu! Begründe deine Zuordnung!

01 Ringelnatter bei der Jagd

Schlangen – Jäger mit besonderen Merkmalen

Langsam und lautlos schwimmt die Ringelnatter auf der Suche nach Beute im Uferbereich des Teiches. Hier fängt sie ihre bevorzugten Beutetiere: Frösche, Kröten und Fische. Wie fängt sie ihre Beute?

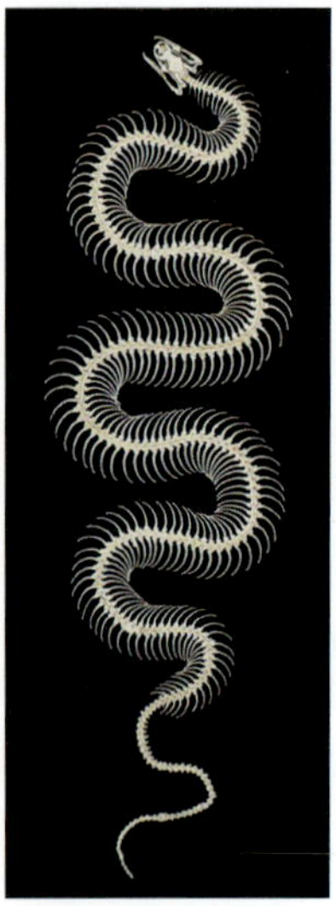

02 Skelett der Ringelnatter

SINNESORGANE · Beobachtet man eine Ringelnatter, fällt auf, dass sie immer wieder ihre tief gespaltene Zunge bei geschlossenem Maul herausstreckt, um sie gleich darauf wieder zurückzuziehen. Besonders häufig erfolgt dieses **Züngeln,** wenn die Ringelnatter Hunger hat und ein Beutetier in der Nähe ist. Mit der Zungenspitze werden Duftstoffe aus der Luft aufgenommen und an den Gaumen gedrückt. Dort liegt das Riechorgan. Auf diese Weise kann sie einen Frosch sehr gut orten. Aber erst wenn er sich bewegt, kann sie ihn erkennen. Hören kann sie ihn nicht, denn Schlangen sind taub. Ist sie nah genug an das Opfer herangekrochen, stößt sie blitzschnell nach vorne, packt das Opfer und beginnt es zu verschlingen. Wie ist das möglich, obwohl der Frosch viel größer ist als der Kopf der Ringelnatter?

KÖRPERBAU UND FORTBEWEGUNG · Die zahlreichen nach hinten gerichteten, spitzen Zähne wirken wie Widerhaken und verhindern ein Entkommen der Beute. Mit diesem **Fanggebiss** zieht sie den Frosch an Land und beginnt ihn lebendig zu verschlingen. Die Ringelnatter ist keine Giftschlange. Ein *elastisches Band* hält die zwei Hälften ihres Unterkiefers zusammen. Sie schieben sich abwechselnd über das Beutetier. Ein weiterer Knochen, das *Quadratbein,* verbindet die beiden Unterkieferhälften mit dem Schädel. Die Beweglichkeit der Schädelknochen ermöglicht es der Schlange, auch große Beutetiere zu verschlingen. Die Luftröhre mündet weit vorne im Maul. Dadurch kann die Ringelnatter beim Verschlingen der Beute ungehindert weiteratmen. Der Rumpf ist ebenfalls dehnbar, da

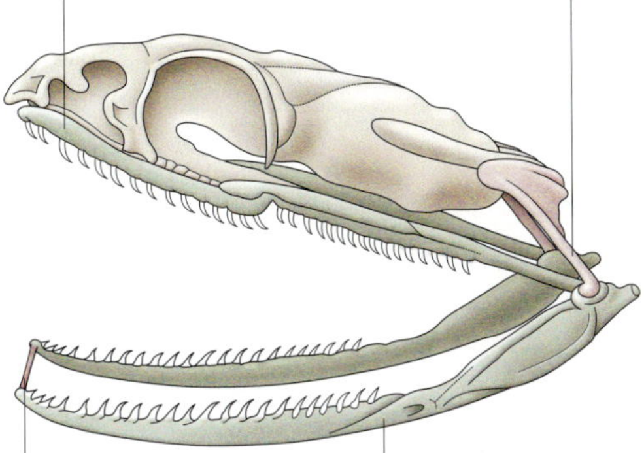

03 Schädel der Ringelnatter

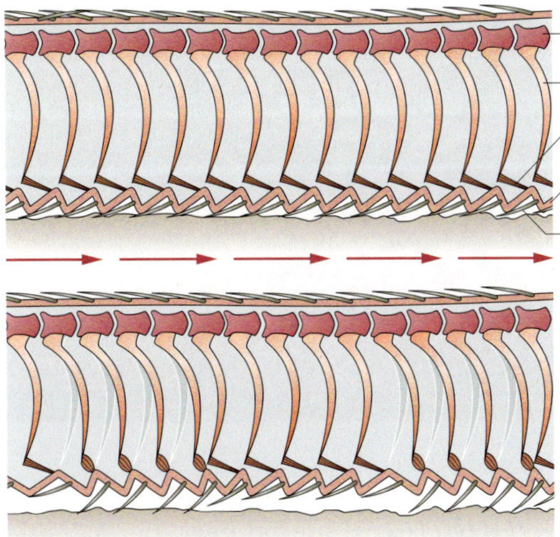

04 Fortbewegung der Ringelnatter

die Rippen nicht mit einem Brustbein verwachsen sind. Ist die Beute verschlungen, zieht sich die Ringelnatter zum Verdauen in ein Versteck zurück. Die Ringelnatter hat wie alle Schlangenarten eine sehr bewegliche Wirbelsäule. Dadurch kann sie ihren lang gestreckten Körper spiralig einrollen. So liegt die Schlange oft stundenlang in Ruhestellung. Plötzlich kriecht die Schlange mit seitlichen Schlängelbewegungen davon. Wie gelingt ihr das?

Das Rumpfskelett besteht nur aus vielen Wirbeln mit beweglichen Rippenpaaren. Die Schlange drückt sich seitlich mit starken Muskeln von Unebenheiten des Bodens ab. Unterstützt wird diese seitliche Schlängelbewegung durch die breiten, quer liegenden **Bauchschuppen.** Diese sind über die Rippenmuskeln mit den Rippen verbunden. Ziehen sich die Rippenmuskeln zusammen, werden die Rippen abgespreizt und die Bauchschuppen stemmen sich gegen den Boden. Durch das anschließende Zurückklappen der Bauchschuppen in die Ausgangslage wird der Körper der Ringelnatter nach vorne geschoben. Die Schlange gehört zu den **Kriechtieren.**

FORTPFLANZUNG UND ENTWICKLUNG · Anfang Mai paaren sich die Ringelnattern. Das Weibchen legt Ende Juli 10 bis 30 Eier in feuchtes Laub oder Komposthaufen ab, um die Wärme des verrottenden Materials zu nutzen. Nach etwa acht Wochen schlüpfen die bis zu 20 Zentimeter langen Jungtiere. Sie sind selbstständig und leben als Einzelgänger tagaktiv wie die erwachsenen Tiere bevorzugt in oder an Gewässern. Sie sind ausgezeichnete Schwimmer und Taucher. Schon nach wenigen Wochen beginnen sie sich im Ganzen zu *häuten,* da ihre trockene Hornschuppenhaut nicht mitwächst.

Im Spätherbst sinkt ihre Körpertemperatur mit der Außentemperatur ab, und die Ringelnattern suchen sich ein unterirdisches Versteck und fallen dort in *Winters* bis zum Frühjahr.

1 Beschreibe, wie sich die Ringelnatter fortbewegt!

2 Beschreibe die Jagd der Ringelnatter!

3 Erkläre, wie es den Schlangen möglich ist, Beutetiere zu verschlingen, die wesentlich größer als ihr Kopf sind!

05 Kreuzotter

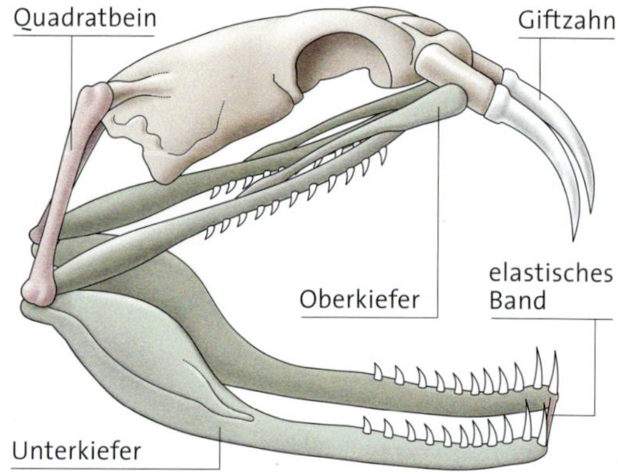

06 Schädel der Kreuzotter

KREUZOTTER · Lauernd liegt die 75 Zentimeter lange Kreuzotter im Gras und wartet züngelnd auf ein Beutetier. Ist eine Maus nah genug an sie herangekommen, stößt die Schlange blitzschnell zu. Die aufgerichteten, langen und spitzen Giftzähne bohren sich tief in das Opfer ein. Dabei spritzt die Kreuzotter ein tödlich wirkendes Gift in die Maus. Sie ist eine **Giftschlange.** Schon nach kurzer Zeit zeigt sich die Wirkung des Giftes. Züngelnd verfolgt die Kreuzotter die Spur der Maus. Hat sie die tote Maus gefunden, verschlingt sie die Beute mit dem Kopf voran im Ganzen. Das Gift der Kreuzotter ist für den Erwachsenen nicht tödlich. Doch muss nach einem Biss sofort ein Arzt aufgesucht werden, der ein Gegenserum spritzt. So können Folgeschäden an Organen verhindert werden.
Die Zahl der Kreuzottern ist in Mitteleuropa stark zurückgegangen. Sie stehen daher wie alle einheimischen Kriechtiere unter Naturschutz.

4 Vergleiche das Aussehen und das Jagdverhalten der Ringelnatter und der Kreuzotter! Nimm auch die Abbildungen zu Hilfe!

5 Nenne typische Reptilienmerkmale bei Schlangen!

STECKBRIEF

Europäische Sumpfschildkröte
Vorkommen: *stehende und langsam fließende Gewässer, Europa;*
Körper: *Kopf und Weichteile dunkel, mit gelben Flecken, Panzer flach, bis 25 Zentimeter lang;*
Nahrung: *Kleintiere, gelegentlich Pflanzen;*
Besonderheiten: *bis 70 Jahre alt, zahnlose Kiefer mit Hornscheiden, Gliedmaßen mit Schwimmhäuten, „vom Aussterben bedroht“*

Material A ▸ Blindschleiche

Blindschleichen sind häufig in unseren Gärten anzutreffen. Sie können nur kleine Beutetiere wie Spinnen, Asseln und Insekten fressen, da ihr Unterkieferknochen nicht in zwei bewegliche Hälften geteilt ist. Sie finden ihre Nahrung mithilfe ihres guten Seh- und Geruchssinns. Beim Züngeln muss die Blindschleiche ihr Maul öffnen. Fressfeinden können die Blindschleichen manchmal entkommen, indem sie ein Schwanzstück abwerfen. Am Skelett sind Beckenknochen zu erkennen. Die Haut wird in Fetzen abgestreift.

A1 Ordne die Blindschleiche den Eidechsen oder den Schlangen zu! Begründe deine Zuordnung!

A2 Informiere dich in Tierbüchern, Lexika oder im Internet über die Blindschleichen! Fertige einen Steckbrief an! Orientiere dich dabei an dem Steckbrief der Sumpfschildkröte!

Material B ▸ Schildkröte

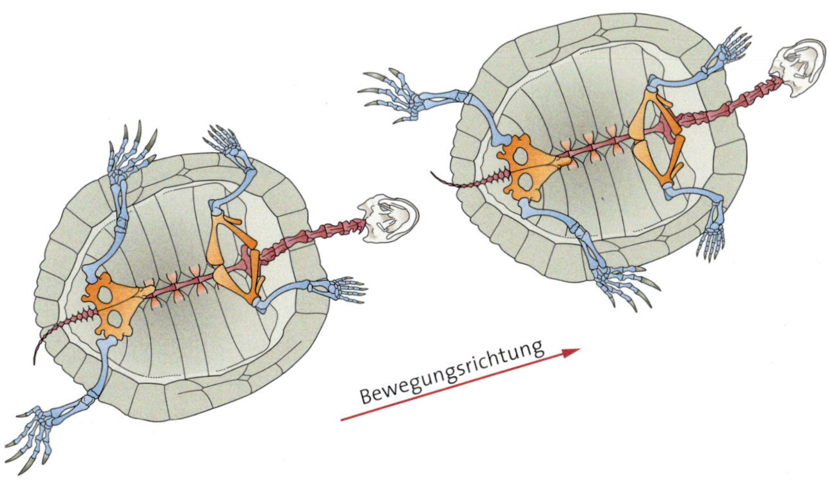

Das typische Merkmal der Schildkröte ist ihr Panzer, in den sie Kopf und Beine einziehen kann. Rücken- und Bauchpanzer sind seitlich miteinander verwachsen. Der Panzer besteht aus mehreren Platten, die sich aus einer Horn- und einer Knochenschicht zusammensetzen. Die Wirbelsäule und die Rippen sind mit dem Panzer verwachsen.

B1 Vergleiche das Skelett der Schildkröte mit dem Skelett der Zauneidechse auf die Seite 143!

B2 Beschreibe die Fortbewegung der Schildkröte anhand des Skelettvergleiches!

B3 Stelle Vermutungen an, welche Probleme der Panzer bei der Atmung und dem Wachstum macht!

01 Wirbeltiere

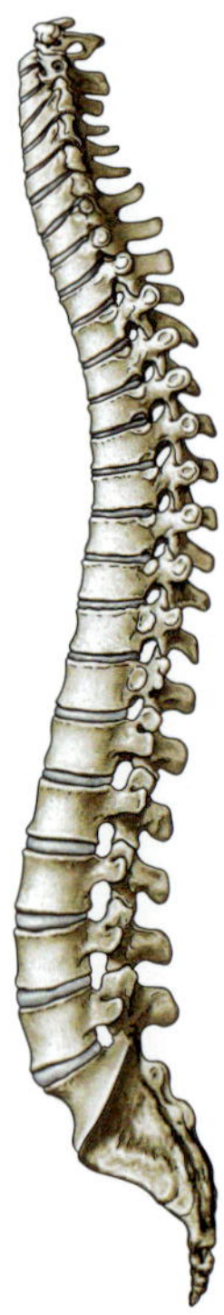

02 Wirbelsäule des Menschen

Alle Wirbeltiere sind miteinander verwandt

Wolf, Taube, Zauneidechse, Teichfrosch und Forelle weichen in ihrem Körperbau und ihrer Fortbewegungsweise stark voneinander ab. Dennoch werden sie als Vertreter der Säugetiere, Vögel, Reptilien, Amphibien und Fische alle zusammen in die biologische Verwandtschaftsgruppe der Wirbeltiere eingeordnet. Welche gemeinsamen Merkmale verbinden sie?

WIRBELSÄULE · Beim Blick auf den inneren Bau der Wirbeltiere fällt auf, dass sie alle eine *Wirbelsäule* besitzen. Diese besteht aus einzelnen Wirbelknochen und gibt dem Wirbeltierkörper seine *Stabilität*. Da alle Wirbel über Gelenke miteinander verbunden sind, ermöglicht sie auch eine hohe *Beweglichkeit*. Diese ist umso größer, je mehr Wirbel vorhanden sind: Eine Ringelnatter besitzt 230, ein Schwan 56, ein Frosch nur neun Wirbel. Mit zunehmender Größe der Wirbel erhöht sich ihre Stabilität und Tragfähigkeit: Die größten und belastbarsten Wirbel der menschlichen Wirbelsäule befinden sich im Lendenbereich, die weniger belasteten Halswirbel sind dagegen wesentlich zierlicher. Die Form der Wirbelsäule steht in engem Zusammenhang mit der Fortbewegungsweise: Bei allen sich vierbeinig fortbewegenden Wirbeltieren verläuft sie als flacher Bogen. Beim zweibeinigen Menschen ist sie jedoch doppelt S-förmig gekrümmt, um Erschütterungen beim aufrechten Gehen abfedern zu können.

SKELETT UND FORTBEWEGUNG · Die Fortbewegungsmöglichkeiten der Wirbeltiere werden vor allem durch den Knochenbau der Gliedmaßen bestimmt: Die durch Knochenstrahlen versteiften flächigen Flossen ermöglichen das besonders effektive Schwimmen der Fische, das durch ihren stromlinienförmigen Rumpf zusätzlich unterstützt wird. Die seitlich vom Rumpf abstehenden Beine der Amphibien und Reptilien erlauben lediglich eine langsam kriechende Fortbewegung, während die unterhalb des Rumpfes ansetzenden Beine der Säugetiere auch sehr hohe Laufgeschwindigkeiten ermöglichen. Mithilfe ihrer zu Flügeln entwickelten Vordergliedmaßen bewegen sich die Vögel vor allem fliegend fort, was ihnen durch die extreme Leichtbauweise ihres Skeletts zusätzlich erleichtert wird.
Allen Wirbeltieren gemeinsam ist die Gliederung ihres äußeren Körperbaus in Kopf, Rumpf, zwei Paar Gliedmaßen oder Flossen.

1 Nenne für die in Abbildung 03 gezeigten Wirbeltiergruppen diejenigen Skelettmerkmale, die der Fortbewegung dienen! Ordne ihnen die genannten Fortbewegungsweisen zu!

2 Beschreibe die Gemeinsamkeiten und Unterschiede der Gliedmaßenskelette in Abbildung 03! Berücksichtige dabei Bau und Lage der einzelnen Knochen!

3 Bei manchen Wirbeltierarten bildet die über den Rumpf hinausreichende Wirbelsäule einen ausgeprägten Schwanz. Nenne aus mindestens drei verschiedenen Wirbeltiergruppen je einen derartigen Vertreter und erläutere die jeweilige Funktion seines Schwanzes!

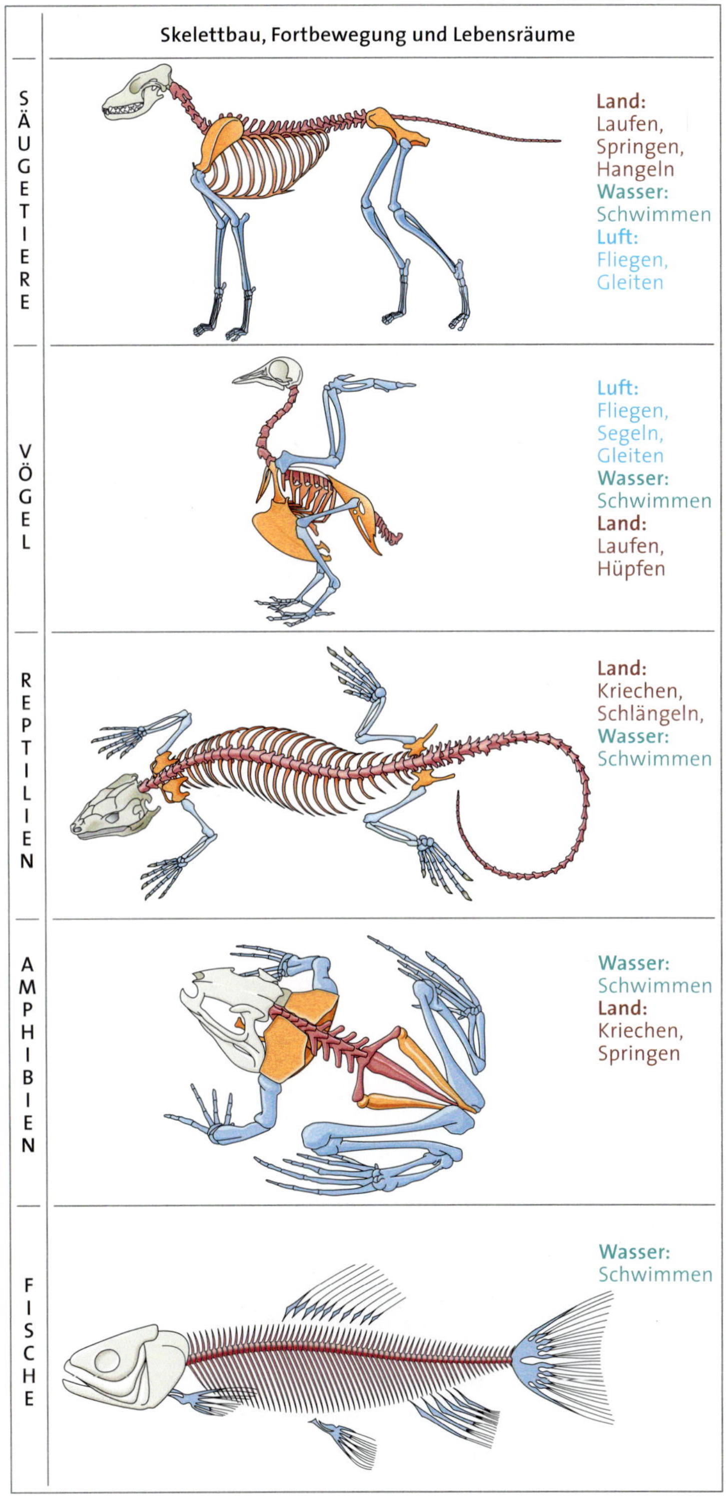

03 Merkmale der Wirbeltiergruppen im Vergleich

VERWANDTSCHAFT UND ENTWICKLUNGSGESCHICHTE DER WIRBELTIERE

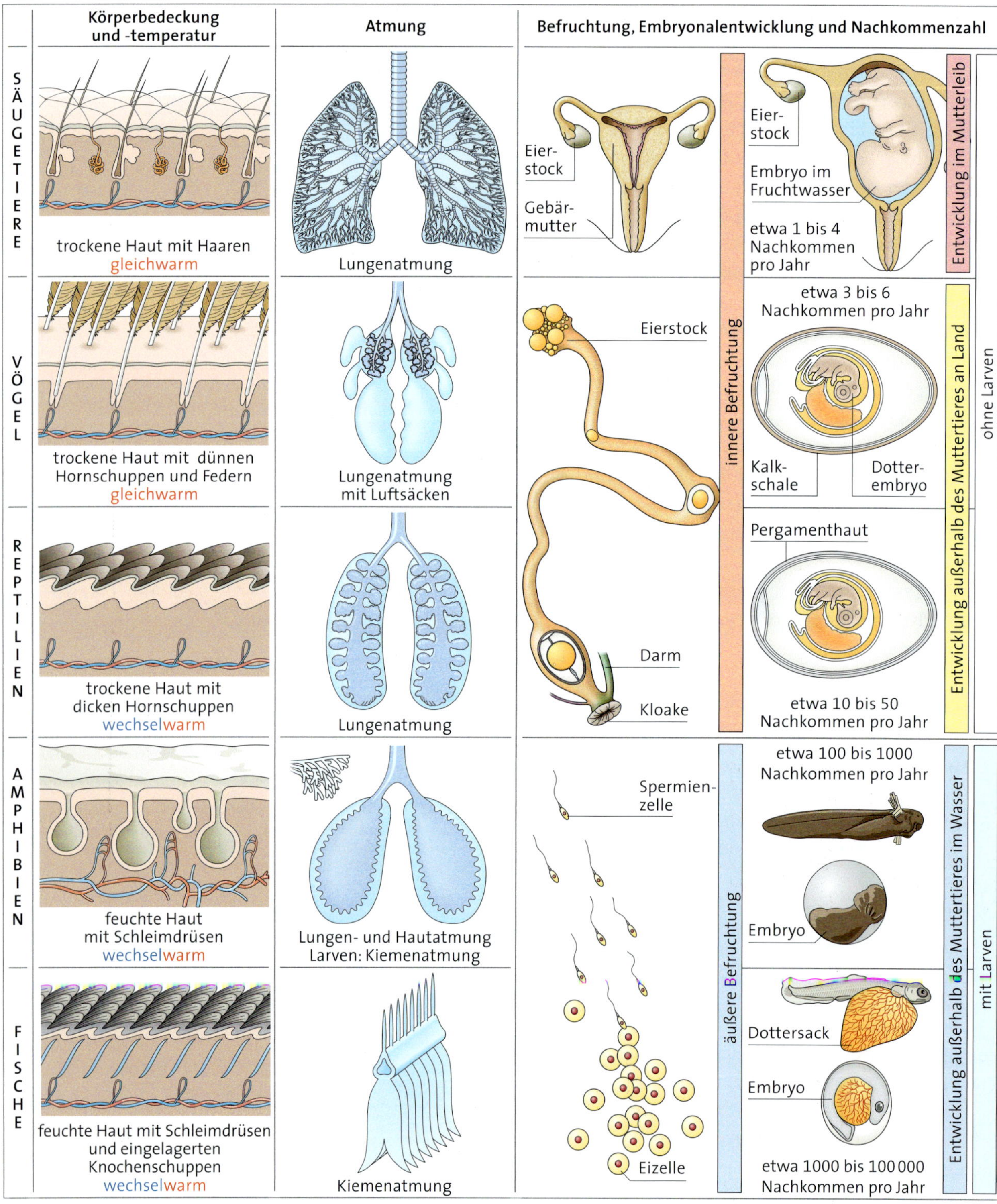

04 Weitere Merkmale der Wirbeltiere im Vergleich

KÖRPERBEDECKUNG · Die gleichmäßig und flach angeordneten *Knochenschuppen* der Fische erleichtern das Gleiten im Wasser und schützen vor Verletzungen. Die äußere Schleimschicht ihrer Haut stellt einen wirksamen Schutz vor Krankheitserregern dar. Die durch Drüsen befeuchtete, sehr dünne Haut der Amphibien ermöglicht die *Hautatmung* unter Wasser. Die *Hornschuppen* der Reptilien schützen vor Austrocknung und Verletzungen. Die *Federn* der Vögel schaffen große Tragflächen mit geringem Gewicht, ihre Daunen schützen vor Auskühlung. Die Haare der Säugetiere bieten vor allem Schutz vor Auskühlung und Verletzungen. Bei manchen Säugern, wie zum Beispiel den Katzen, dienen empfindliche Tasthaare auch der Orientierung.

ATMUNG · Fische können mit ihren *Kiemen* unter Wasser atmen. Auch die Büschelkiemen der nur im Wasser lebenden Amphibienlarven erfüllen diese Aufgabe, während die *Lunge* der erwachsenen Tiere die Atmung an Land ermöglicht. Reptilien atmen ausschließlich über ihre Lunge, deren innere Oberfläche durch Auffaltungen vergrößert ist. Die *Luftsäcke* der Vögel speichern einen großen Vorrat an Atemluft, der während des Fliegens benötigt wird. Säugetiere decken ihren Sauerstoffbedarf über die stark vergrößerte innere Oberfläche ihrer Lunge.

BEFRUCHTUNG · Bei Fischen und Amphibien findet die Befruchtung meistens außerhalb des Körpers statt: Die weiblichen Tiere setzen beim Ablaichen viele Eizellen ins Wasser ab, die dort von den Spermienzellen der männlichen Tiere befruchtet werden. Bei Reptilien, Vögeln und Säugetieren treffen Eizelle und Spermienzelle dagegen im Körper des weiblichen Tieres zusammen.

EMBRYONALENTWICKLUNG · Aus den befruchteten Eizellen der Fische und Amphibien entwickeln sich im Wasser zunächst *Larven*, die sich von den erwachsenen Tieren unterscheiden. Dieses Zwischenstadium fehlt bei der Entwicklung der auf dem Land lebenden Wirbeltiere. Bei Reptilien sind die in den abgelegten Eiern heranreifenden Embryonen durch eine dünne pergamentartige Schale vor Austrocknung geschützt. Die feste Kalkschale der Vogeleier bietet zusätzlich einen Schutz vor Beschädigungen. Die Embryonen der Säugetiere entwickeln sich geschützt in der Gebärmutter im Körper des Muttertieres.

4 Nenne aus jeder Wirbeltiergruppe je einen Vertreter für jeden der von ihr besiedelten Lebensräume!

5 Erläutere die Funktionen der verschiedenen Körperbedeckungen der fünf Wirbeltiergruppen!

6 Stelle Vermutungen über die Fortbewegungsfähigkeiten von gleichwarmen und wechselwarmen Wirbeltieren zu verschiedenen Tages- und Jahreszeiten an!

7 Erläutere die Bedeutung der unterschiedlich stark aufgefalteten inneren Oberfläche der Lungen bei Säugetieren, Reptilien und Amphibien!

8 Erläutere die Zusammenhänge zwischen Lebensraum, äußerer Befruchtung und Embryonalentwicklung bei Fischen und Amphibien!

9 Stelle Vermutungen an, weshalb die durchschnittlich pro Jahr produzierte Nachkommenzahl bei Vögeln und Säugetieren innerhalb der Wirbeltiergruppen vergleichsweise niedrig ist!

01 Ausgrabung eines versteinerten Wirbeltieres

Die Entwicklungsgeschichte der Wirbeltiere

lateinisch fossum = ausgegraben

02 Versteinerte Fußspuren eines Sauriers

Bei Ausgrabungen stoßen Wissenschaftler manchmal auf teilweise mehrere Millionen Jahre alte, versteinerte Skelettreste von Wirbeltieren. Was können wir aus diesen Funden über die erdgeschichtliche Vergangenheit der Wirbeltiere erfahren?

FUNDE UND IHRE DEUTUNG · Überreste und Spuren von Lebewesen, die bereits vor vielen Tausend Jahren gestorben sind, werden als **Fossilien** bezeichnet. Dabei kann es sich zum Beispiel um versteinerte Skelettreste oder Fußabdrücke in versteinerten Erdschichten handeln. Sie werden meist zufällig bei Bauarbeiten oder in Steinbrüchen gefunden. Erst wenn an einem Ort besonders seltene oder zahlreiche Fossilien gefunden werden, lohnen sich gezielte Ausgrabungen. Fossilfunde beweisen, dass zahlreiche Arten in früheren Erdzeitaltern gelebt haben, die heute ausgestorben sind. Besitzen sie in ihren Merkmalen sehr viele Ähnlichkeiten mit heute lebenden Formen, deutet das auf *Verwandtschaft* hin. Solche Fossilien werden dann häufig als **Vorfahren** heutiger Lebewesen verstanden.

DIE ENTSTEHUNG VON FOSSILIEN · Normalerweise bleiben von toten Tieren und abgestorbenen Pflanzen keinerlei Spuren übrig. Sie werden von anderen Tieren gefressen und selbst die unverdaulichen Reste werden durch Pilze und Bakterien abgebaut sowie durch Wind und Wasser zerkleinert. Nur sehr selten herrschen Bedingungen, die diese Vorgänge verhindern: Unmittelbar nach seinem Tod muss das Lebewesen durch Ablagerungen aus Sand, Schlamm oder Erdreich bedeckt und luftdicht abgeschlossen werden. Im Laufe der Zeit lagern sich durch angewehten Sand, angeschwemmten Schlamm oder Erdrutsche weitere Schichten über dem toten Lebewesen ab. Durch ihre ständig zunehmende Masse üben sie einen immer höheren Druck aus, sodass schließlich durch besondere Umwandlungsvorgänge ein versteinertes Fossil entstehen kann. Da sich die Ablagerungen im Laufe der Zeit übereinander anhäufen, befinden sich die ältesten Fossilien meist in den tiefsten, die jüngsten dagegen in den obersten Schichten. Bei Ausgrabungen kann man daher bereits durch die *Fundtiefe* erste Rückschlüsse auf ihr *Alter* ziehen. Die Funde aus den tiefsten Schichten weichen oft am stärksten von den heute lebenden Tieren und Pflanzen ab, die Funde aus den obersten Schichten ähneln ihnen dagegen am stärksten. Dies ist ein Hinweis auf eine ständige *Weiterentwicklung der Lebewesen,* die **Evolution.**

VOM WASSER ZUM LAND · Alle Wirbeltierfossilien, die älter als 400 Millionen Jahre sind, weisen Skelette mit fischtypischen Merkmalen auf. Einige dieser Arten besaßen Flossen mit einem dicken, muskulösen Stumpf. Deren Knochen ähneln in ihrer Form und Anordnung den Knochen der Gliedmaßen landlebender Wirbeltiere. Funde mit einem Alter von etwa 375 Millionen Jahren zeigen erstmals Knochenstrukturen, die auch für landlebende Formen typisch sind. Darunter entdeckte man Arten, zum Beispiel *Tiktaalik,* die sowohl fisch- als auch amphibienähnliche Skelettmerkmale besaßen. Sie werden deshalb als **Mosaikformen** bezeichnet. Als mögliche Bindeglieder zwischen diesen Wirbeltiergruppen werden sie auch *Übergangsformen* genannt.

03 Die Entstehung von Fossilien

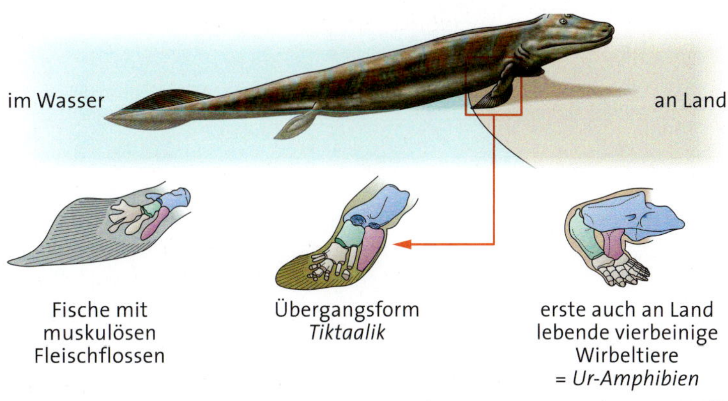

04 Der Übergang von wasserlebenden zu landbewohnenden Wirbeltieren

DIE ENTWICKLUNGSGESCHICHTE DER PFERDE · Heute lebende Wildpferde besitzen eine Schulterhöhe von bis zu 160 Zentimetern. Die frühesten Skelettfunde ausgestorbener Pferde weisen dagegen eine Schulterhöhe von nur knapp 40 Zentimetern auf. Ordnet man die fossilen Funde ausgestorbener Pferde nach ihrem Alter, erkennt man eine deutliche *Zunahme der Körpergröße* innerhalb der letzten 50 Millionen Jahre. Ein Blick auf den Bau des Vorderfußskeletts der ältesten Pferdefossilien zeigt, dass sie Pfoten mit vier dünnen Zehen besaßen. Heute lebende Pferde besitzen dagegen nur einen einzigen sehr stabilen Zeh mit einem großen Huf. Betrachtet man die dazwischenliegenden Funde, so erkennt man eine *Verringerung der Zehenanzahl* im Laufe der Entwicklungsgeschichte der Pferde. Ein weiteres Skelettmerkmal weist eine deutliche Veränderung auf: Die frühesten Pferde besaßen sehr kleine Zähne mit glatten Kauflächen und einer dünnen Schicht aus hartem Zahnschmelz. Heute lebende Pferde hingegen besitzen große Zähne mit durch tiefe Rillen aufgerauten Kauflächen. Sie sind durch eine dicke Schicht Zahnschmelz und zusätzlich durch eine dicke Hülle aus Zahnzement geschützt. Der Vergleich mit den fossilen Funden zeigt zunehmend *größere, rauere und härtere Kauflächen der Zähne.* Bei der Suche nach den Ursachen für diese Veränderungen der Körpergröße, des Fußskeletts und des Zahnbaus fällt auf, dass sich der Lebensraum der Pferde in den letzten 50 Millionen Jahren stark verändert hat: Zunächst lebten sie in dichten, feuchten Urwäldern, die sich jedoch durch einen Klimawandel vor etwa 25 Millionen Jahren allmählich in trockene Steppenlandschaften verwandelten. Das Nahrungsangebot der Urwälder bestand vor allem aus weichen Blättern der Kräuter und Büsche. Dieser Lebensraum war durch dichtes Unterholz und einen weichen feuchten Boden gekennzeichnet. Die weiten Steppen, die von den heute lebenden Wildpferden besiedelt werden, besitzen einen trockenen, harten Boden, bieten keinerlei Deckung vor angreifenden Fressfeinden und haben lediglich harte Gräser als Nahrungsangebot.

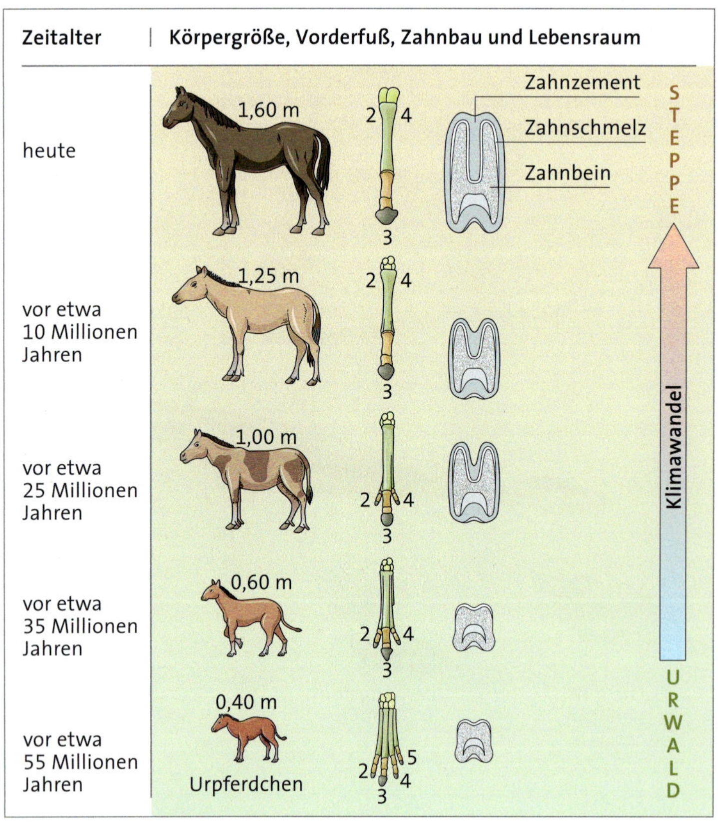

05 Entwicklungsgeschichte der Pferde

1 Nenne die Merkmale, die sich im Laufe der Entwicklungsgeschichte der Pferde verändert haben, und beschreibe ihre jeweiligen Abwandlungen!

2 Erläutere den Zusammenhang zwischen den Abwandlungen dieser Körpermerkmale und den Veränderungen ihres Lebensraumes!

DER STAMMBAUM DER WIRBELTIERGRUPPEN · Die ältesten Wirbeltierfossilien sind über 400 Millionen Jahre alt. Ihre fischartigen Skelettmerkmale deuten darauf hin, dass sie im Wasser lebten. Die ältesten Fossilien von amphibienähnlichen Arten sind etwa 375 Millionen Jahre alt. Sie besaßen Gliedmaßen, die ihnen wahrscheinlich die Fortbewegung an Land ermöglichten. Die ältesten Wirbeltierfossilien, die keinerlei Merkmale besitzen, die auf ein Leben im Wasser hindeuten, sind etwa 300 Millionen Jahre alt und ähneln heute lebenden Reptilien. Alle bekannten Fossilien, die Merkmale des Säugetierskeletts aufweisen, sind nicht älter als etwa 240 Millionen Jahre. Fossile Wirbeltierskelette mit Vogelmerkmalen sind höchstens 150 Millionen Jahre alt. Aufgrund dieser zeitlichen Abfolge und mithilfe fossiler Übergangsformen zwischen den einzelnen Wirbeltiergruppen kann der Ablauf der Stammesgeschichte der Wirbeltiere nachvollzogen und ihr grober Stammbaum entworfen werden.

3 Nenne die Wirbeltiergruppen in der Reihenfolge ihrer Entstehung im Laufe der Erdgeschichte!

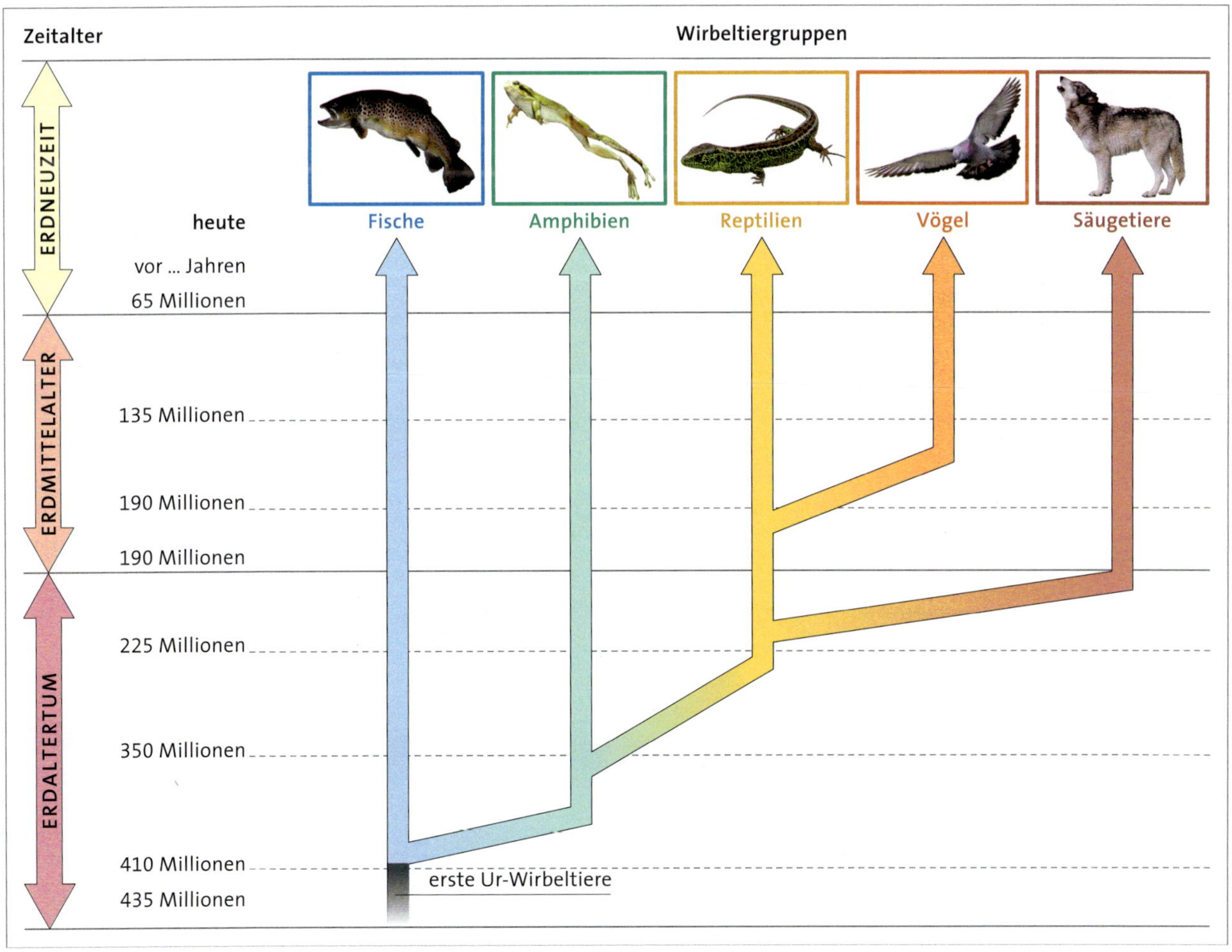

06 Vereinfachte Darstellung des Stammbaums der Wirbeltiergruppen

Material A ▸ Wirbeltiergliedmaßen im Vergleich

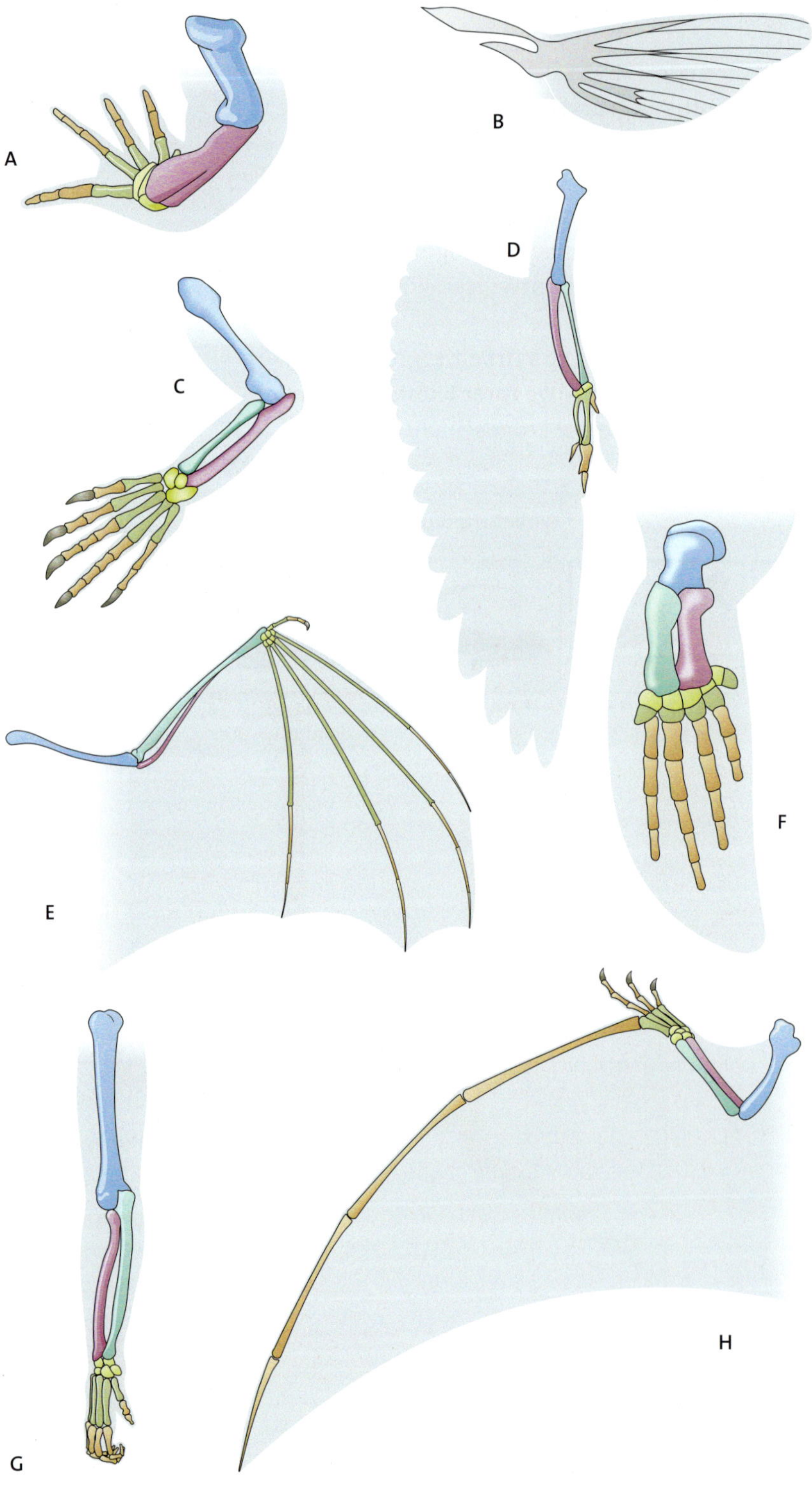

Die Abbildung zeigt Vordergliedmaßen eines Wals, einer Großen Fledermaus, eines ausgestorbenen Flugsauriers, eines Feuersalamanders, eines Menschenaffen, einer Taube, einer Eidechse und die Brustflosse einer Forelle.

A1 Benenne die durch Farben gekennzeichneten Knochen!

A2 Ordne jede Gliedmaße einer der Fortbewegungsweisen Schwimmen, Kriechen, Hangeln und Fliegen zu!

A3 Wähle je eine Gliedmaße für die Fortbewegung durch Schwimmen, Kriechen, Hangeln und Fliegen und erläutere, durch welche Merkmale sie für ihre jeweilige Fortbewegungsweise besonders geeignet ist!

A4 Ordne den Zeichnungen jeweils ein passendes Tier und die jeweilige Wirbeltiergruppe zu!

A5 Stelle Vermutungen an, weshalb sich die Baupläne der Gliedmaßen teilweise stark ähneln, obwohl die Arten verschiedenen Wirbeltiergruppen angehören!

Material B ▸ Latimeria – ein „lebendes Fossil"

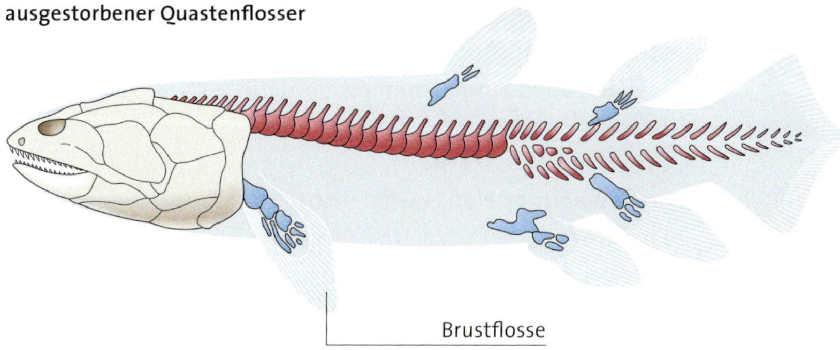

Vor etwa 380 Millionen Jahren lebten Fische mit Flossen, die aufgrund ihrer besonderen Bauweise erstmals für eine einfache Fortbewegung an Land geeignet waren. Sie werden daher an den Anfang der Entwicklung der ersten landlebenden Wirbeltiere gestellt. Bis 1938 galten diese Quastenflosser als ausgestorben, dann entdeckte man jedoch die zu ihnen gehörende Art *Latimeria* an den Küsten von Inseln vor Südafrika. Diese Fische werden auch als lebende Fossilien bezeichnet, weil sie sich von ihren fossilen Vorfahren kaum unterscheiden.

B1 Beschreibe den Aufbau der Brustflosse der Quastenflosser! Vergleiche ihn mit der Brustflosse einer Bachforelle und dem Vorderbein eines Feuersalamanders im Material A!

B2 Erläutere, weshalb sich die Brustflossen der Quastenflosser zur einfachen Fortbewegung an Land eignen!

Material C ▸ ARCHAEOPTERYX – der „Urvogel"?

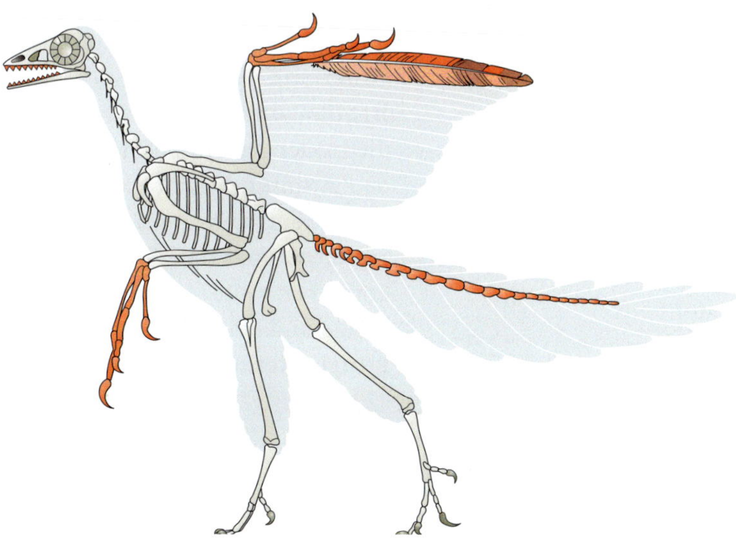

1867 wurde das erste Fossil einer Wirbeltierart mit Merkmalen sowohl von Reptilien als auch von Vögeln gefunden. Man sah in ihr daher den ältesten Vorfahren heutiger Vögel und nannte es deshalb Urvogel, *Archaeopteryx*.

C1 Benenne die rot markierten Merkmale und ordne sie den Reptilien oder Vögeln zu! Nimm die Seiten 88, 143 und 150 zu Hilfe!

C2 Definiere die Begriffe Mosaikform und Übergangsform!

Fische

Körperbau und Lebensweise: Der stromlinienförmige Körper erleichtert den wechselwarmen Fischen die Bewegung im Wasser **(biologisches Prinzip: Angepasstheit).**

Fortbewegung: Hauptantriebsorgan ist die Schwanzflosse. Die übrigen Flossen dienen der Steuerung und Stabilisierung **(biologisches Prinzip: Struktur und Funktion).**

Sinnesorgane: Mit dem Seitenlinienorgan nehmen Fische feinste Wasserströmungen wahr, die von Hindernissen oder anderen Tieren ausgehen.

Atmung: Fische atmen durch Kiemen. Die Kiemenblättchen haben eine sehr dünne Haut und sind stark durchblutet. Das erleichtert die Sauerstoffaufnahme und die Kohlenstoffdioxidabgabe **(biologisches Prinzip: Struktur und Funktion).**

Fortpflanzung: Die Eier werden außerhalb des Körpers im Wasser befruchtet (äußere Befruchtung). Die Larven der Fische ernähren sich zunächst noch von einem Dottersack am Bauch. Einige Fische betreiben Brutpflege. Sie beschützen ihre Eier und behüten ihre Jungtiere. Lachse wandern zur Eiablage vom Meer in die Flüsse, Aale von den Flüssen ins Meer **(biologisches Prinzip: Reproduktion).**

Knorpelfische: Ihr Skelett besteht aus Knorpelsubstanz. Fast alle leben im Meer, wie zum Beispiel die Haie.

Knochenfische: Sie haben ein knöchernes Skelett. Ihre Kiemen sind im Gegensatz zu den Knorpelfischen von einem Kiemendeckel bedeckt.

Fischfang: Das Fleisch der Fische ist wegen des hohen Eiweißgehaltes ein sehr wertvolles Nahrungsmittel. Moderne Fangmethoden, zum Beispiel mit Schlepp- und Treibnetzen, haben zu einem starken Rückgang vieler Fischarten geführt, sodass deren Schutz dringend erforderlich ist.

Amphibien

Körperbau und Lebensweise: Die Amphibien sind wechselwarm und leben an Land und im Wasser. Sie sind auf feuchte Lebensräume angewiesen, weil ihr Körper leicht Flüssigkeit verliert (Feuchtlufttiere). Manche Amphibien, wie zum Beispiel die Erdkröte, wandern im Frühling zu den Laichgewässern. Danach ziehen sie sich in feuchte Gebiete auf dem Land zurück. Die kalte Jahreszeit überstehen die Amphibien in frostfreien Winterquartieren.

Atmung: Als Atmungsorgane dient außer der Lunge auch die Haut. Das ist möglich, weil die Haut unbedeckt, feucht und gut durchblutet ist **(biologisches Prinzip: Struktur und Funktion).**

Fortpflanzung: Oft unterscheiden sich die Larven der Amphibien in Körperbau, Atmung, Ernährung und Lebensweise deutlich von den erwachsenen Tieren. Während der Metamorphose entstehen neue Organe, zum Beispiel Lunge und Beine **(biologisches Prinzip: Reproduktion).**

Reptilien

Körperbau und Lebensweise: Der Panzer aus Hornschuppen schützt die wechselwarmen Reptilien vor Austrocknung und Verletzung. Von

Zeit zu Zeit wird der Schuppenpanzer bei der Häutung abgestreift, da er zu klein wird, wenn die Tiere wachsen. Den Winter überstehen sie in Winterstarre in frostsicheren Verstecken.

Fortbewegung: Reptilien bewegen sich in der Regel schlängelnd und kriechend fort. Die meisten unterstützen diese Bewegung durch seitlich am Körper ansetzende Beine **(biologisches Prinzip: Struktur und Funktion).**

Atmung: Die Oberfläche der Lunge ist durch Einstülpungen stark vergrößert und dadurch besonders leistungsfähig **(biologisches Prinzip: Struktur und Funktion).**

Fortpflanzung: Nach der Befruchtung werden die großen, dotterreichen Eier in der Regel im feuchten Boden abgelegt. Die Eier sind von einer derben, pergamentartigen Schale umgeben, durch die nur wenig Feuchtigkeit verloren geht. Die Wärme, die für die Entwicklung der Embryonen erforderlich ist, erhalten die Eier von der Sonne, die Nährstoffe aus dem Dottervorrat **(biologisches Prinzip: Reproduktion).**

Ernährung: Die meisten Reptilien sind Fleischfresser. Eidechsen ernähren sich vor allem von kleinen wirbellosen Tieren (Insekten, Spinnen, Würmer). Fast alle Schlangen fressen Wirbeltiere. Durch den besonderen Bau ihres Schädels und Unterkiefers können Schlangen ihr Maul sehr weit öffnen und so auch große Beutetiere als Ganzes verschlingen **(biologisches Prinzip: Struktur und Funktion** sowie **Angepasstheit).**

Verwandtschaft der Wirbeltiere

Wirbeltiere sind nahe miteinander verwandt. Alle Wirbeltiere haben zwei Paar Gliedmaßen und eine Wirbelsäule. Als Merkmale, um die fünf Wirbeltiergruppen voneinander abzugrenzen, eignen sich vor allem: die Körperbedeckung, der Bau der Gliedmaßen, die Art der Fortpflanzung und die Regelung der Körpertemperatur **(biologisches Prinzip: Variabilität).**

Stammesgeschichte

Während der sehr langen Zeit ihres Lebens auf der Erde haben die Wirbeltiere eine Entwicklung durchlaufen. Zum Beispiel haben sich Größe, Gebiss und Beine der Vorfahren unserer heutigen Pferde im Laufe vieler Millionen Jahre deutlich verändert. Erkennbar sind die Veränderungen an den Resten ausgestorbener Tiere, die über viele Millionen Jahre als Fossilien erhalten geblieben sind. Je tiefer ein Fossil im Gestein liegt, desto älter ist es. Sehr alte Fossilien weisen darauf hin, dass die heutigen Landtiere aus bestimmten Fischen entstanden sind. Der Stammbaum der Wirbeltiere stellt dar, wie nahe die Großgruppen Fische, Amphibien, Reptilien, Vögel und Säuger miteinander verwandt sind **(biologisches Prinzip: Variabilität).**

Mosaikform: Reste von Wirbeltieren, die zum Beispiel typische Merkmale von Fischen und Amphibien aufweisen, bezeichnet man als Mosaikformen oder Übergangsformen.

Wirbellose Tiere

In diesem Kapitel beschäftigst du dich mit

- den Kennzeichen von Insekten und anderen wirbellosen Tieren. Du lernst, wie Insekten aufgebaut sind, wie sie sehen und fliegen, wie sie sich fortpflanzen und entwickeln.
- Insekten, die große Staaten bilden. Du lernst, wie diese Insekten sich verständigen und wie sie an ihre Lebensweise angepasst sind. Dabei erfährst du auch etwas über die nützliche Honigbiene.
- wirbellosen Tieren, die nicht zu den Insekten gehören. Du lernst, wie einige wichtige Vertreter dieser wirbellosen Tiere aufgebaut sind und wie sie an ihre Lebensweise und ihren Lebensraum angepasst sind.

01 Honigbiene beim Sammelflug

Die Honigbiene – ein nützliches Insekt

Im Frühjahr, wenn die Pflanzen anfangen zu blühen, summt und brummt es in der Luft. Die Honigbienen sind unterwegs und besuchen viele Blüten. Danach kehren die Bienen in den Bienenstock eines Imkers zurück. Was macht die Biene so nützlich für Mensch und Natur?

ÄUSSERER KÖRPERBAU DER HONIGBIENE · Die Honigbiene ist ein Kerbtier, ein **Insekt.** Ihr Körper unterteilt sich wie bei allen Insekten in die drei Hauptabschnitte *Kopf, Brust* und *Hinterleib.* Diese Körperteile sind durch deutliche Kerben voneinander abgesetzt. Der Körper der Vorfahren der Insekten war ursprünglich in einzelne Kammern, die *Segmente,* gegliedert. Bei der Biene erkennt man diese Gliederung noch am Hinterleib. Die Segmente sind hier mit Gelenkhäutchen beweglich miteinander verbunden, während die Segmente des Kopfes und der Brust weitgehend verschmolzen sind. Bienen gehören zu den *Gliedertieren.* Die für Insekten typischen sechs Beine sitzen an der Brust und sind jeweils in fünf Glieder unterteilt. Der Körper ist von einem festen, aber elastischen Panzer umgeben und geschützt. Dieses *Außenskelett* der Insekten besteht nicht aus Knochen wie das Innenskelett der Wirbeltiere, sondern aus dem Faserstoff **Chitin.** Da den Insekten eine Wirbelsäule fehlt, zählt man sie zu den *wirbellosen* Tieren. An der Brust trägt die Honigbiene außerdem zwei durchsichtige Flügelpaare. Die Flügel sind wie bei allen geflügelten Insekten Ausstülpungen der Haut und keine umgewandelten Vorderextremitäten wie bei den Flügel tragenden Wirbeltieren. Zur Orientierung dienen der Honigbiene ihre zwei Fühler am Kopf, die *Antennen* und

lateinisch insectum = eingeschnitten, eingekerbt

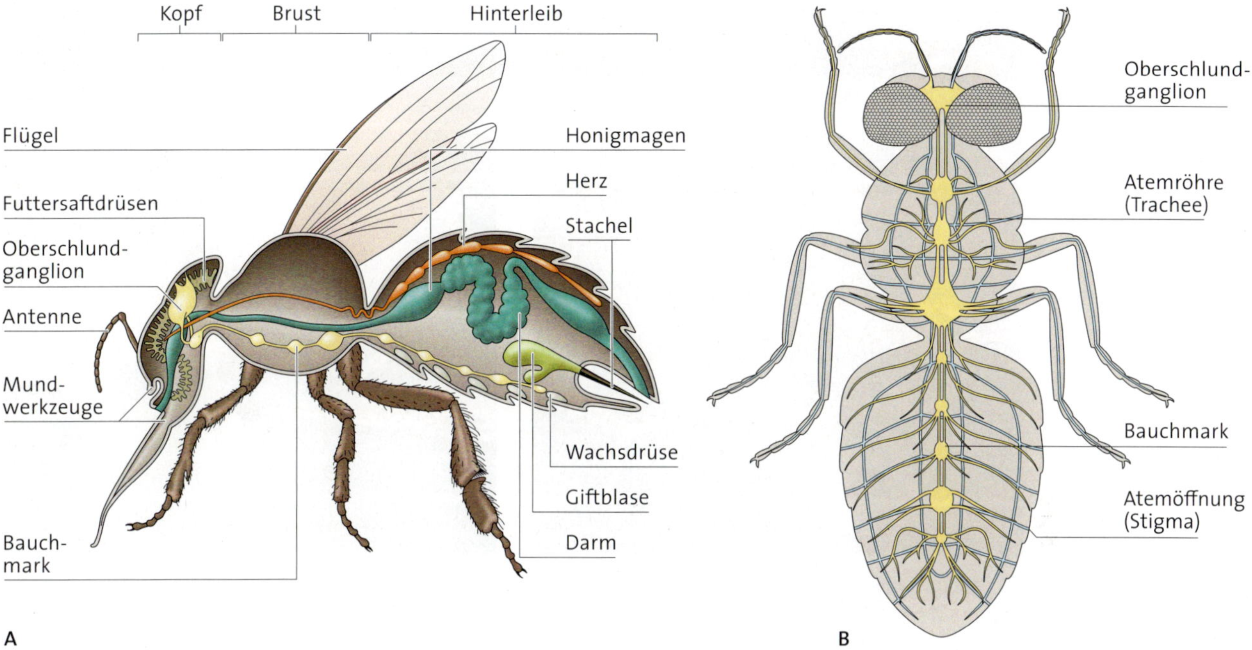

02 Honigbiene: **A** Körperbau im Längsschnitt, **B** Nervensystem und Atmungsorgane in Aufsicht

ihre zwei *Netzaugen*. Sie sind aus bis zu 6000 Einzelaugen zusammengesetzt. Die Mundwerkzeuge der Biene bestehen ebenfalls aus Chitin und dienen zum Lecken und Aufsaugen von Flüssigkeiten.

INNERER KÖRPERBAU DER HONIGBIENE · Der gesamte Körper der Biene wird von Blut durchströmt, das von einem *röhrenförmigen Herzen* im Rücken des Tiers von hinten nach vorn gepumpt wird. Die Blutgefäße enden offen. Insekten besitzen im Gegensatz zu Wirbeltieren einen *offenen Blutkreislauf*. Das farblose Blut, die *Lymphe*, dient dem Stofftransport und dem Wundverschluss, jedoch nicht dem Transport der Atemgase. Wie gelangt der benötigte Sauerstoff dann in den Körper und zu den Organen? Er wird durch Atemöffnungen, die *Stigmen*, in den Seitenwänden der Hinterleibssegmente aufgenommen und durch verzweigte Atemröhren, die *Tracheen*, direkt, ohne Umweg über das Blut, den Organen zugeleitet. Der Abtransport des Kohlenstoffdioxids verläuft umgekehrt.

Das Nervensystem der Biene durchzieht als *Bauchmark* die Unterseite des Körpers. Da es aus Paaren von Nervenknoten, den *Ganglien*, aufgebaut ist, die längs und quer miteinander durch Nervenstränge verbunden sind, erinnert es an eine Strickleiter. Deshalb bezeichnet man dieses Nervensystem, das bei allen Gliedertieren vorkommt, als *Strickleiternervensystem*. Ein großer Nervenknoten im Kopf des Insekts, das Oberschlundganglion, erfüllt die Aufgaben eines Gehirns. Im Hinterleib trägt die Honigbiene einen Stechapparat mit Giftdrüsen und einem Stachel mit Widerhaken.

1 Erkläre den Begriff Insekt!

2 Erläutere die Atmung bei Insekten!

03 Bienenwabe mit Honigzellen

04 Imker bei der Honigernte

DAS LEBEN DER ARBEITSBIENE · Nach dem Schlüpfen arbeitet die Honigbiene etwa 20 Tage lang im Bienenstock. Zuerst putzt sie leere Zellen. Die folgenden Tage füttert sie als *Amme* Larven des Bienenvolks mit Futtersaft, Pollen und Honig. Mit Wachs aus ihren *Wachsdrüsen* baut sie danach neue Waben. Am Flugloch nimmt sie später Pollen und Nektar entgegen und füllt damit die Waben. Wird es im Stock zu warm, erzeugt die Arbeitsbiene durch Flügelschlag einen kühlenden Luftstrom. Am Ende ihres Stockdienstes prüft sie als *Wächterbiene* am Flugloch die ankommenden Sammlerinnen und lässt nur Bienen des Stocks hinein. Fremde Tiere werden mit dem Giftstachel abgewehrt. Vom 21. Tag bis zum Ende ihres etwa fünfwöchigen Lebens arbeitet die Honigbiene im Außendienst als *Sammlerin*. Den **Nektar** der Blüten sammelt sie in ihrem Honigmagen, **Blütenstaub** in kleinen Körbchen mit Borsten an den Hinterbeinen. Nach jeweils mehreren Hundert Blütenbesuchen kehrt eine Sammelbiene zum Bienenstock zurück und liefert ihr Sammelgut ab.

NUTZEN DER HONIGBIENE · Honigbienen liefern nicht nur Honig, sondern sie **bestäuben** bei ihrer Sammeltätigkeit auch die Blüten der besuchten Pflanzen wie zum Beispiel fast alle Obstbäume und Beerensträucher. Ohne diese Bestäubung würden sich keine Früchte entwickeln. Im Vergleich zur Bestäubung wichtiger Kulturpflanzen in der Landwirtschaft macht die Honiggewinnung nur ein Zehntel des Nutzwertes der Honigbienen aus. In Deutschland wird der Nutzwert auf etwa vier Milliarden Euro im Jahr geschätzt. Damit ist die Honigbiene nach Rindern und Schweinen das drittwichtigste *Nutztier* bei uns. *Blütenhonig* entsteht aus Blütennektar, der stark eingedickt und verarbeitet wurde. *Waldhonig* stellen die Honigbienen aus den Ausscheidungen von Blattläusen her. Zur **Honiggewinnung** schabt der Imker die Wachsdeckel von den Honigwaben und *schleudert* den Honig kalt mithilfe spezieller Zentrifugen aus den Waben. Der auslaufende Honig fließt durch ein Sieb in einen Honigkübel und wird dann in Behälter abgefüllt.

VERSUCH A ▸ Präparation einer Honigbiene

Material:
tote Honigbienen (vom Imker), Pinzette, Schere oder Lanzettnadel, Lupe oder Binokular, Papierblatt, Klebefolie

Durchführung:
Lege eine Biene auf das Papier. Fasse das Insekt vorsichtig mit den Fingerspitzen an, drücke den Körper leicht zusammen und lasse wieder los. Betrachte die Körperabschnitte mit der Lupe oder dem Binokular und vergleiche den Aufbau der Biene mit der Abbildung 02 auf Seite 163. Trenne mit der Pinzette vorsichtig die Bein- und Flügelpaare ab und lege sie wie in der Abbildung oben geordnet auf die Klebefolie. Trenne mit der Schere oder Lanzettnadel Kopf, Brust und Hinterleib ab und lege die drei Körperteile ebenfalls geordnet auf die Klebefolie. Lege jetzt ein zugeschnittenes Folienstück vorsichtig über dein Präparat und klebe es fest!

A1 Beschreibe den Eindruck, den du beim Betasten des Bienenkörpers erhältst! Erläutere deinen Eindruck!

A2 Nenne die für ein Insekt typischen Kennzeichen, die du bei der präparierten Biene erkennen kannst!

A3 Zähle die Segmente nach der Einschnürung des Hinterleibs der Honigbiene!

Material B ▸ Arbeitsbiene

1. bis 3. Tag | 3. bis 12. Tag | 12. bis 18. Tag | 18. bis 21. Tag | ab 21. Tag

B1 Beschreibe den Lebenslauf einer Arbeitsbiene! Ordne dabei die Begriffe Wächter-, Putz-, Sammel-, Bau- und Ammenbiene zu!

B2 Ab dem 18. Tag betätigen sich manche Arbeiterinnen als Ventilatorbienen. Sie stehen am Eingang des Bienenstocks und schwirren mit den Flügeln. Begründe das Verhalten!

B3 In der Abbildung 01 auf Seite 162 siehst du eine Honigbiene, die gelbes Sammelgut in Körbchen an den Hinterbeinen, in ihren „Höschen“, trägt. Gib an, was dieses Sammelgut ist und wofür es benötigt wird!

B4 Für ein Gramm Honig muss eine Biene rund 12 000 Blüten besuchen. Berechne, wie viele Blüten zur Produktion von einem Glas Imkerhonig, das 500 Gramm enthält, von Bienen besucht werden müssen!

01 Bienen tauschen sich aus

Insektenstaaten und Kommunikation

Manche Insektenarten leben in riesigen Gemeinschaften, in Staaten. Das Zusammenleben kann nur funktionieren, wenn die einzelnen Tiere im Staat zusammenarbeiten und sich dabei verständigen. Wie aber „sprechen" Insekten miteinander, wie kommunizieren sie?

DER STAAT DER HONIGBIENEN · Ein Bienenvolk besteht aus 10 000 bis 80 000 Einzeltieren. Wenn das Volk im Frühsommer zu zahlreich wird, bauen **Arbeitsbienen** große Brutzellen am Rande der Waben, die *Weiselzellen*. Hier entwickeln sich aus befruchteten Eizellen Königinnenlarven, so-

02 Schwarmtraube von Honigbienen

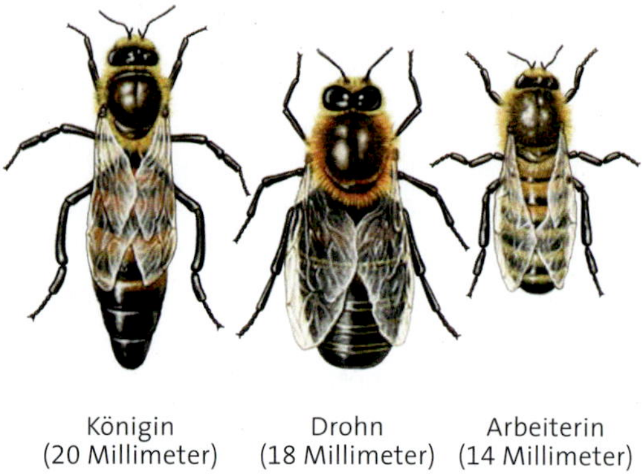

03 Bienenwesen

fern sie mit einem speziellen Kraftfutter, dem „Gelee Royale“, gefüttert werden. Die junge **Königin,** die als Erste schlüpft, tötet die anderen Prinzessinnen mit ihrem Giftstachel. Die alte Königin verlässt mit etwa dem halben Volk den Bienenstock und bildet an einem Baum eine *Schwarmtraube.* Wenn Kundschafterinnen einen geeigneten Platz für einen neuen Staat gefunden haben, zum Beispiel einen hohlen Baum, zieht der Schwarm dorthin. Die junge Königin bleibt im alten Bau und gründet mit dem Restvolk ihren eigenen Staat. Woran erkennen die Arbeiterinnen eine Königin? Die Königin gibt ständig besondere *Duftstoffe* ab. Die einzige Aufgabe ihres bis zu fünf Jahren dauernden Lebens ist das Legen von etwa 2000 Eiern pro Tag. Aus den daraus geschlüpften Larven entwickeln sich bei Fütterung mit Normalfutter unfruchtbare Arbeitsbienen. Zur Befruchtung der Eizellen dienen der jungen Königin männliche Honigbienen, die **Drohnen.** Drohnen entwickeln sich aus unbefruchteten Eizellen. Nachdem die Königin bei Hochzeitsflügen von den Drohnen begattet wurde, speichert sie die Spermienzellen für ihr weiteres Leben. Die Drohnen sind nach der Begattung überflüssig und werden nicht mehr gefüttert. Falls sie nicht verhungern, werden sie in der *Drohnenschlacht* von Arbeiterinnen getötet und aus dem Stock entfernt. Drohnen besitzen keine Stacheln.

KOMMUNIKATION BEI HONIGBIENEN · Eine Kundschafterbiene, die eine neue Futterquelle gefunden hat, teilt dies nach Rückkehr in den Stock mit bestimmten Tänzen mit. Viele der Sammelbienen tanzen der Kundschafterin hinterher und eignen sich dabei die neuen Informationen an. Liegt die Futterquelle weit entfernt, tanzt die Kundschafterin den **Schwänzeltanz.** Dieser Tanz gibt Auskunft über die Flugrichtung und Entfernung zur Futterquelle sowie über die Ergiebigkeit. In welchem Winkel zur Sonne die Sammlerinnen später abfliegen sollen, wird ihnen auf einer Wabe im gleichen Winkel zur Senkrechten nach oben vorgetanzt. Die Kundschafterin läuft dazu eine gerade Strecke in der vorgestellten Abflugrichtung und bewegt dabei ihren Hinterleib zitternd hin und her, sie „schwänzelt“. Ist sie am Endpunkt der Schwänzelstrecke angekommen, läuft sie wieder im Bogen abwechselnd rechts oder links herum zum Ausgangspunkt zurück und beginnt von Neuem. Je langsamer die Tänzerin beim Tanz schwänzelt, desto weiter ist die Futterquelle entfernt. Je länger sie tanzt, desto mehr Futter ist zu holen. Mitgebrachte Geschmacks- und Duftproben informieren über die Art des Futters. Wenn die Futterquelle weniger weit vom Bienenstock entfernt liegt, wird nur ein einfacher **Rundtanz** getanzt. Dabei läuft die Kundschafterin auf der Wabe kreisförmige Figuren mit häufigem Wechsel der Drehrichtung. Durch diesen Tanz werden Sammelbienen ermuntert aufzubrechen.

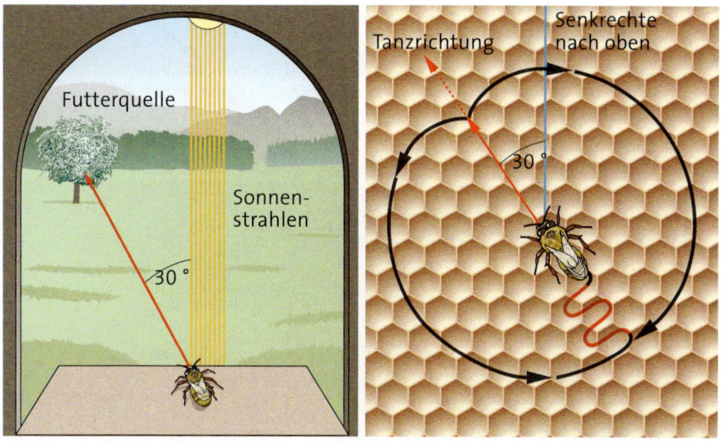

04 Schwänzeltanz der Honigbienen

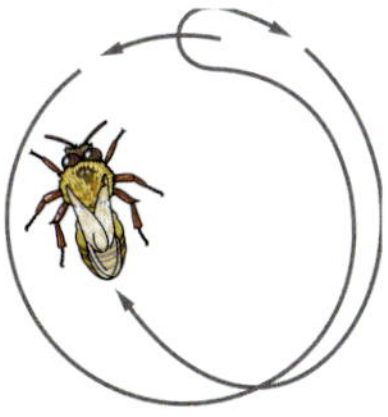

05 Rundtanz der Honigbienen

1 Stelle die Merkmale und Aufgaben der Bienenwesen in einer Tabelle zusammen!

06 Längsschnitt durch einen Waldameisenbau

DER STAAT DER WALDAMEISEN · Auch die Ameisen bilden Staaten. Die jungen Königinnen und Ameisenmännchen besitzen für ihre *Hochzeitsflüge* zunächst Hautflügel wie die Bienen. Die Männchen sterben nach der Begattung, während die Königinnen ihre vier Flügel abwerfen und beginnen, neue Staaten zu bilden. Dazu nehmen sie sich einige Arbeiterinnen aus dem alten Staat mit oder sie dringen in Völker kleinerer Ameisenarten ein und töten deren Königinnen. Die Arbeiterinnen des überwältigten Staates dienen dann den fremden Königinnen als *Helferameisen.* In einem Ameisenstaat leben viele Hundert Königinnen. Sie werden bis zu 20 Jahre alt und legen ständig Eier, aus denen sich Arbeiterinnen ihrer eigenen Art entwickeln, während die alten Helferameisen nach und nach aussterben. Arbeiterinnen sind unfruchtbare, flügellose Ameisenwesen. Sie besitzen scharfe Mundwerkzeuge zum Beißen. Als weitere Waffe setzen sie *Ameisensäure* ein, die sie in Drüsen produzieren und verspritzen. Mit dieser scharfen Säure können sie nicht nur Feinde in die Flucht schlagen, sondern auch größere Insekten erlegen. Ein Waldameisenvolk mit 100 000 Einzeltieren sammelt pro Jahr mehrere Millionen *Beutetiere,* hauptsächlich andere Insekten, deren Larven sowie Würmer. Waldameisen ernähren sich außerdem von Blattlausausscheidungen, dem „*Honigtau*" und von Fettanhängseln an den Samen mancher Kräuter. Der Bau der Waldameise ist ein *Hügelnest* mit einer Höhe von oft über einem Meter.

KOMMUNIKATION BEI WALDAMEISEN · Zur Verständigung der Tiere innerhalb des Ameisenstaates dienen hauptsächlich Duftstoffe, die von den Ameisen aus Drüsen ausgeschieden werden. Man unterscheidet *Alarmstoffe,* verschiedene *Erkennungsstoffe,* an denen sich die Arbeiterinnen eines Staates und ihre Königinnen erkennen, *Lockstoffe* bei Königin und Männchen und *Spurduftstoffe,* die den Weg zu einer Nahrungsquelle weisen. Eine Voraussetzung für diese **Duftsprache** sind die empfindlichen Riechorgane in den Antennen. Mit den Antennen werden auch Wärme-, Kälte- und Berührungsreize wahrgenommen.

2 Beschreibe die Lebensweise der Waldameisen! Nimm dazu auch die Abbildung 06 zu Hilfe!

3 Vergleiche die Waldameisen mit den Honigbienen! Nenne dabei Gemeinsamkeiten und Unterschiede!

Material A ▸ Die „Sprache" der Honigbienen

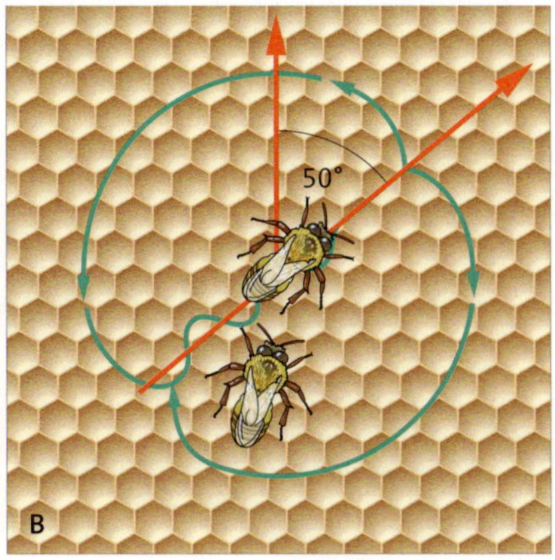

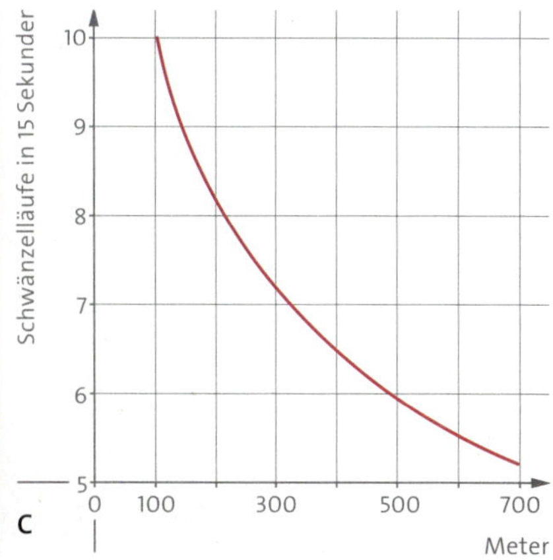

A1 Beschreibe und benenne die in den Abbildungen A und B dargestellten Bienentänze! Nimm dazu den Text auf Seite 167 zu Hilfe!

A2 Erkläre, bei welchen Voraussetzungen eine Honigbiene den Tanz in Abbildung A aufführt und was sie mitteilt!

A3 Erläutere, in welcher Situation die Honigbiene den Tanz B aufführt und welche Informationen sie damit weitergibt!

A4 Gib an, in welcher Richtung eine Sammelbiene abfliegt, wenn sie den Tanz B von einer Kundschafterin vorgetanzt bekommt! Begründe!

A5 Aus der Abbildung C kann man entnehmen, wie den Sammelbienen im Stock die Entfernungen zu neuen Futterquellen von Kundschafterinnen vermittelt werden. Werte das Liniendiagramm aus und fasse die Ergebnisse in eigenen Worten zusammen!

Material B ▸ Ameisen

B1 In der Abbildung tauschen Ameisen Informationen aus. Beschreibe, wie Ameisen eines Staates sich erkennen und wie sie Informationen über den Ort einer neuen Nahrungsquelle weitergeben!

B2 Vergleiche die „Sprachen" der Honigbienen und der Waldameisen! Nimm dazu auch die Seiten 167 und 168 zu Hilfe! Erläutere dabei das biologische Prinzip „Information und Kommunikation"!

B3 Eine Ameise, die fünf Milligramm wiegt, kann ein Gewicht von 500 Milligramm tragen. Stelle dein Gewicht fest! Berechne dann, wie schwer die Last wäre, die du tragen könntest, wenn du vergleichsweise so stark wie eine Ameise wärst!

01 Raupe eines Tagpfauenauges

Insekten entwickeln sich unterschiedlich

Im Frühjahr und Sommer sieht man oft Raupen auf den Blättern verschiedener Pflanzen, von denen sie sich ernähren. Aus den Raupen entwickeln sich später Schmetterlinge. Wie verläuft diese Entwicklung?

VOLLSTÄNDIGE VERWANDLUNG · In der Nähe von Brennnesseln trifft man manchmal einen hübschen Schmetterling mit vier großen Augenflecken auf den roten Flügeln an, ein *Tagpfauenauge.* Das Weibchen des Tagpfauenauges klebt nach der Paarung bis zu 200 Eier an die Unterseite von Blättern geeigneter Futterpflanzen, meistens Brennnesseln. Aus einem **Ei** schlüpft nach einigen Tagen eine *Larve,* die **Raupe.** Bei ihr sieht man deutlich die Kammerung, die *Segmentierung,* des lang gestreckten Körpers. An den Brustsegmenten trägt die Raupe drei Beinpaare sowie am Hinterleib vier Beinpaare und ein Haftorgan. Die Raupe frisst ständig, wächst und häutet sich mehrmals, weil das Außenskelett aus Chitin nicht mitwachsen kann. Bei jeder *Häutung* muss ein neuer schützender *Chitinpanzer* gebildet werden und aushärten. Nach der letzten Häutung heftet sich die Raupe mit ihrem Hinterende an einer Unterlage fest, hängt herunter und ruht. Einige Tage später platzt die Raupenhaut auf und gibt eine hellgrüne **Puppe** frei.

Unter einer Puppe versteht man bei Insekten ein Ruhe- und Umbaustadium. Im Inneren der Puppe vollzieht sich eine Verwandlung. Organe der Raupe werden aufgelöst und neue werden gebildet. Eine pflanzen-

02 Vollständige Entwicklung des Tagpfauenauges: **A** Eier und junge Raupen, **B** Puppe, **C** Schmetterling

fressende, wurmförmige Larve verwandelt sich dabei in ein Säfte saugendes, erwachsenes Fluginsekt. Nach einigen Wochen der *Puppenruhe* schlüpft der **Schmetterling** als fertiges *Vollinsekt* aus der Puppenhülle. Die zunächst stummelförmigen Flügel werden durch Einpumpen von Blut entfaltet und härten an der Luft. Der nun flugfähige Falter ernährt sich von Blütennektar und wächst nicht mehr. Das Stadium des Vollinsektes dient hauptsächlich zur Fortpflanzung. Wegen der tief greifenden Veränderungen wird die Entwicklung vom Ei über die Larve und Puppe zum fortpflanzungsfähigen Vollinsekt als **vollständige Verwandlung** oder *vollständige Metamorphose* bezeichnet. Bald nach der Paarung und Eiablage sterben die Tagpfauenaugen. Einige jedoch, die sich nicht gepaart haben, überwintern in Verstecken wie Mauerspalten und pflanzen sich im nächsten Frühjahr fort.

VERWANDLUNG BEI KÄFERN · Eine vollständige Verwandlung findet ebenso bei Käfern und manchen anderen Insektengruppen statt. Der Maikäfer zum Beispiel legt seine Eier in der Erde ab. Die daraus schlüpfenden Larven, die *Engerlinge*, ernähren sich von Pflanzenwurzeln, wachsen heran und häuten sich mehrfach. Nach mehr als drei Jahren verpuppen sich die Larven. In den Puppen entwickeln sich Käfer. Im Frühjahr steigen die Maikäfer aus der Erde und befallen Laubbäume, von deren Blättern sie sich ernähren. Ihre Lebensdauer beträgt nur einige Wochen. Nach der Paarung und Eiablage sterben sie.

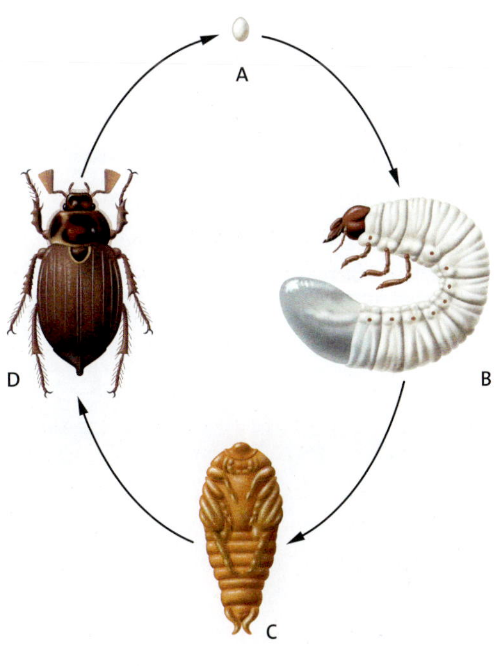

03 Entwicklung des Maikäfers:
A Ei,
B Larve (Engerling),
C Puppe,
D Vollinsekt (Käfer)

04 Entwicklung einer Heuschrecke:

A Ei,

B ungeflügelte Larve,

C Larve mit Flügelstummeln,

D erwachsene Heuschrecke

UNVOLLSTÄNDIGE VERWANDLUNG · Nicht alle Insekten durchlaufen eine Entwicklung mit einer vollständigen Metamorphose. Heuschrecken zum Beispiel verwandeln sich nur unvollständig. Aus ihrem Ei schlüpft eine Larve, die einer erwachsenen Heuschrecke äußerlich bereits ähnelt. Die Larve ist jedoch viel kleiner, besitzt noch keine Flügel und keine Organe zur Fortpflanzung. Sie frisst ständig, wächst und häutet sich mehrmals. Dabei verwandelt sie sich zu einem Vollinsekt, ohne ein Puppenstadium zu durchlaufen. Diese Entwicklung vom Ei über die Larve ohne Bildung einer Puppe zum erwachsenen, fortpflanzungsfähigen Insekt wird als unvollständige Verwandlung oder *unvollständige Metamorphose* bezeichnet.

05 Libelle:

A Larve,

B schlüpfende Libelle,

C geschlüpfte Libelle

ENTWICKLUNG DER LIBELLE · Nachdem das Libellenweibchen seine Eier in ein Gewässer abgelegt hat, schlüpfen aus ihnen flügellose Larven, die sich von kleinen Wassertieren ernähren. Die Libellenlarven wachsen dabei und häuten sich mehrfach. Am Ende ihrer Entwicklung kriechen die Libellenlarven an einer Wasserpflanze empor über die Wasseroberfläche. An der Luft schlüpft aus der Larve eine fertige Libelle, die ihre vier Flügel entfaltet und auf die Jagd nach anderen Insekten geht. Sie wächst jedoch wie alle Vollinsekten nicht mehr weiter. Obwohl sich die Larven der Libelle vollkommen in Körperbau, Lebensraum und Lebensweise von ihren Elterntieren unterscheiden, spricht man von einer unvollständigen Verwandlung, weil die Libellen in ihrer Entwicklung kein Puppenstadium durchlaufen.

1 Beschreibe die vollständige und die unvollständige Metamorphose an jeweils einem Beispiel!

2 Vergleiche die vollständige mit der unvollständigen Verwandlung! Nenne dabei Gemeinsamkeiten und Unterschiede!

3 Erläutere, weshalb sich alle Insekten bei ihrer Entwicklung häuten müssen!

Material A ▸ Mehlkäferzucht

Bei einem Versuch wurden Mehlwürmer in einem Glas mit Vollkornmehl über einige Wochen gehalten. Das Versuchsergebnis ist in der Abbildung dargestellt.

A1 Ordne den Zahlen die richtigen Begriffe zu!

A2 Der Mehlwurm ein Wurm? Nimm Stellung zum Begriff Mehlwurm!

Material B ▸ Entwicklung bei Käfern und Schmetterlingen

Engerling

Maikäfer

Distelfalter-Raupe

Distelfalter

B1 Nenne die Entwicklungsstadien, die in den Abbildungen nicht zu sehen sind!

B2 Beschreibe, wovon sich Larven und Vollinsekten des Maikäfers und des Distelfalters ernähren!

B3 Vergleiche die Ernährungsweise der Larven und Vollinsekten des Mehlkäfers und des Maikäfers miteinander!

B4 Stelle Vermutungen an, welchen Vorteil, aber auch welchen Nachteil es bieten kann, wenn sich Vollinsekten anders ernähren als ihre Larven!

B5 Nenne Wirbeltiere, die in ihrer Entwicklung ebenso wie die Insekten ein Larvenstadium durchlaufen!

01 Libelle

Wie Insekten sehen und fliegen

Libellen schwirren oft lange über einer Wasseroberfläche, um andere Insekten zu jagen. Dann setzen sie sich punktgenau auf eine Wasserpflanze, um die Beute zu verspeisen oder sich auszuruhen. Wie sehen diese Insekten mit ihren Augen, die ganz anders gebaut sind als unsere Augen?

02 Bild einer Blüte, wie es ein Insekt mit einem Netzauge sehen könnte

BAU UND FUNKTION DES INSEKTENAUGES · Durch eine Lupe betrachtet sieht die Oberfläche des Auges einer Libelle *netzartig* aus. Bei genauer Untersuchung stellt man fest, dass es sich nicht um ein einziges Auge handelt, sondern um einen Komplex aus zahlreichen *Einzelaugen*. Das **Netzauge** wird deshalb auch *Komplexauge* genannt. Jedes Einzelauge enthält eine sechseckige *Linse* aus Chitin, die einen winzigen Punkt des Abbildes der Umgebung auf *Sehsinneszellen* im Auge abbildet. Die Linsenfunktion wird durch einen *Kristallkegel* unterstützt. Eine lichtundurchlässige Schicht um das Einzelauge schirmt es vor Seitenlicht ab. Zwei *Sehnerven* leiten die Informationen vom Einzelauge an das *Oberschlundganglion* weiter. Dort werden alle Bildinformationen aus den vielen Einzelaugen des Netzauges zu einem Gesamtbild zusammengesetzt. Das Bild besteht also aus vielen **Einzelpunkten** wie bei einem Monitorbild.

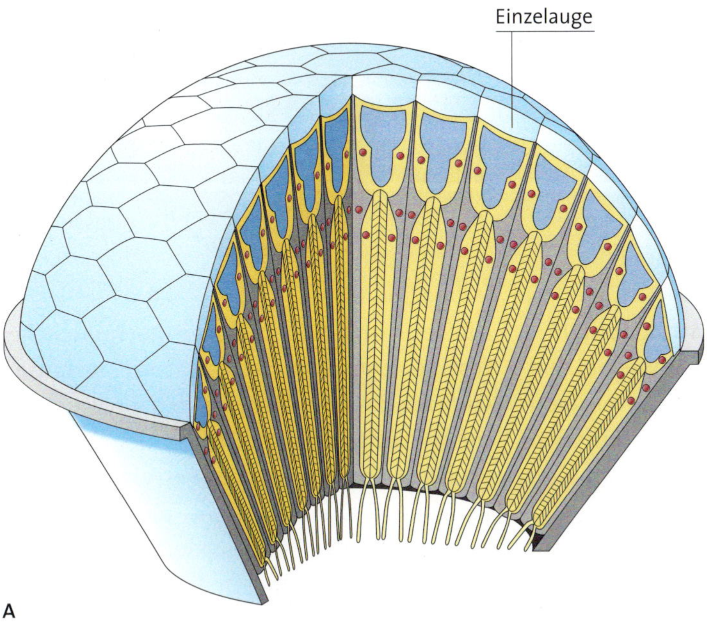

A

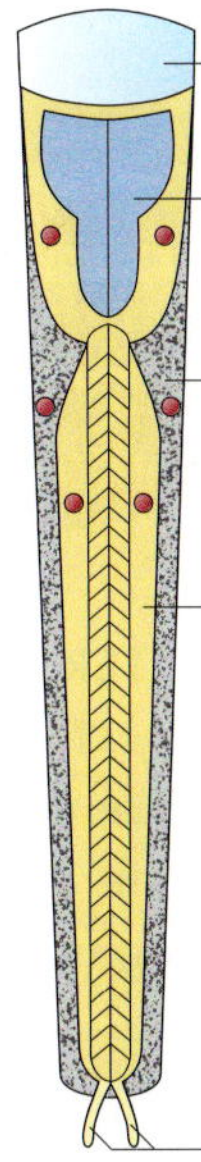

B

03 Bau eines Netzauges:

A Gesamtauge,

B Einzelauge

EIGENSCHAFTEN UND LEISTUNGEN · Die Anzahl der Einzelaugen ist bei den verschiedenen Insektenarten unterschiedlich. Je mehr Einzelaugen ein Netzauge aufweist, desto genauer wird das Bild, desto besser sieht das Insekt. Das Netzauge der Libellen ist aus bis zu 28 000 Einzelaugen zusammengesetzt. Das Netzauge eines nachtaktiven Ohrwurms, der sich tagsüber unter Steinen versteckt, enthält dagegen nur etwa 270 Einzelaugen. Libellen tragen ihre riesigen Netzaugen nahezu rund um den Kopf. Das ermöglicht eine fast vollständige *Rundumsicht*. Viele Insektenarten haben eine *andere Farbwahrnehmung* als der Mensch. Honigbienen erkennen zum Beispiel Ultraviolett, dafür aber kein Rot. Sie können sogar die Sonne hinter dichten Wolken aufgrund bestimmter Lichtmuster am Himmel orten. So finden sie auch bei schlechtem Wetter in ihren Stock zurück.

WEITERE SINNESORGANE · Insekten leben in einer eigenen Wahrnehmungswelt, denn ihre Sinnesorgane sind völlig anders gebaut als die der Menschen und Wirbeltiere. Die meisten Insekten riechen mit ihren Antennen. Das heißt, sie nehmen mit den Antennen Duftstoffe aus der Luft wahr. Manche Insektenarten wie zum Beispiel Fliegen schmecken mit ihren Füßen, andere wie einige Heuschrecken hören mit den Beinen. Wie schnell Insekten fliegen, können sie mit haarfeinen Borsten an den Beinen und am Körper spüren. Je schneller der Flug, desto stärker werden diese Sinnesborsten nach hinten gebogen. Zahlreiche Insektenarten zeichnet ein mehr als zehnfach höheres Reaktionsvermögen als der Mensch aus. Neben den beiden vergleichsweise großen Netzaugen dienen vielen Insektenarten zusätzlich mehrere kleine punktartige Augen zum Sehen. Manche Floharten besitzen nur solche Punktaugen.

1 Beschreibe den Aufbau und die Funktion eines Netzauges und erkläre dabei auch seinen Namen!

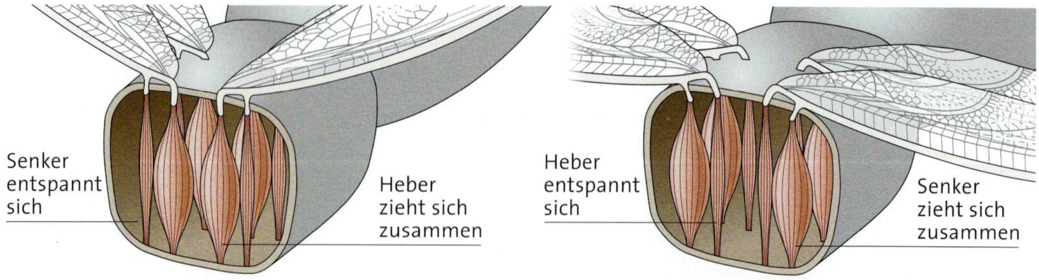

04 Direkte Flugmuskulatur

FLUG MIT DIREKTER FLUGMUSKULATUR · Die Flügel der Insekten werden wie bei den Vögeln mit Muskeln bewegt. Bei einigen Insektenarten wie zum Beispiel Libellen setzen diese Flugmuskeln direkt an den Flügeln an. Dabei kann man Hebe- und Senkmuskeln unterscheiden. Wenn die **Heber** zusammengezogen werden und die **Senker** sich entspannen, werden die Flügel angehoben. Das Zusammenziehen der Senker und das Entspannen der Heber bewirkt eine Flügelbewegung nach unten. Durch die abwechselnde gegenläufige Arbeit der Hebe- und Senkmuskeln fliegt das Insekt.

INDIREKTE FLUGMUSKULATUR · Bei vielen Insektenarten wie zum Beispiel Wespen setzen die Flugmuskeln nicht direkt an den Flügeln an, sondern an den Innenwänden der Brustsegmente. Die Brustsegmente werden von einem ringförmigen Außenskelett aus Chitin umgeben. Diese Chitinringe sind in feste **Rücken-** und **Bauchplatten** unterteilt, die durch biegsame Häute verbunden sind. Die Flügel sitzen zwischen den Rücken- und Bauchplatten beweglich befestigt. Zwischen den Platten verlaufen **Quermuskeln** und längs durch die Brustsegmente **Längsmuskeln.** Wenn sich die Quermuskeln zusammenziehen, während die Längsmuskeln entspannt bleiben, flacht sich der Brustteil ab. Die kleineren Rückenplatten werden dabei in die größeren halbrunden Bauchplatten gezogen, wodurch sich die Flügel nach oben bewegen. Durch Zusammenziehen der Längs- und Entspannen der Quermuskeln wölbt sich der Brustteil auf. Die Flügel werden dadurch nach unten bewegt. Die rasch abwechselnde Tätigkeit der Quer- und Längsmuskeln versetzt den Brustteil in schnelle Schwingungen, die sich auf die Flügelbewegung übertragen. Dies ermöglicht einen viel schnelleren Flügelschlag als mit der direkten Flugmuskulatur.

2 Vergleiche die Lage der direkten und der indirekten Flugmuskulatur sowie ihre Arbeitsweisen!

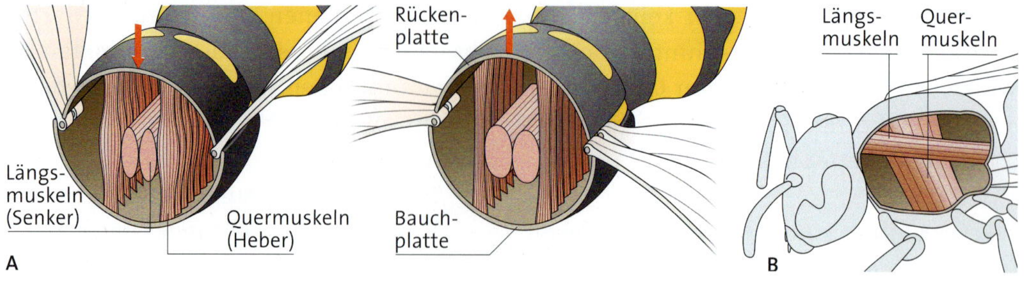

05 Indirekte Flugmuskulatur:
A Querschnitt,
B Längsschnitt

Material A ▸ Punktauge

Punktaugen sind sehr einfach gebaute Augen. Sie enthalten nur eine Linse und wenige Lichtsinneszellen. Die Punktaugen dienen in den meisten Fällen zur Wahrnehmung der Helligkeit und unterstützen die Netzaugen. Die Hornisse in der Abbildung trägt insgesamt drei Punktaugen auf dem Kopf.

A1 Benenne die gekennzeichneten Sinnesorgane der Hornisse!

A2 Vergleiche die beiden verschiedenen Augentypen der Insekten und nenne Gemeinsamkeiten und Unterschiede! Nimm dazu auch die Seiten 174 und 175 zu Hilfe!

Material B ▸ Netzaugen

Goldfliege

Mosaikjungfer

Grille

B1 Stelle Vermutungen an, welches der dargestellten Insekten
a) im Flug fliegende Insekten jagt,
b) in Gängen unter der Erde lebt, Wurzeln und kleine Tiere frisst,
c) umherfliegt und Aas sucht.
Begründe deine Zuordnung!

B2 Erläutere, weshalb man bei diesen Tieren Beispiele für das biologische Prinzip „Angepasstheit" erkennen kann!

VERSUCH C ▸ Funktionsmodell zur Arbeitsweise der Flugmuskulatur bei Insekten

Material:
ein Topf, ein Deckel eines kleineren Topfes, zwei lange Holzlöffel

Durchführung:
Partnerarbeit: Ein Partner hält die beiden Holzlöffel zu etwa einem Drittel an zwei gegenüberliegenden Seiten schräg in den Topf. Der andere Partner drückt den Deckel so in den Topf, dass die beiden Löffel eingeklemmt werden. Dann wird der Deckel weiter in den Topf gedrückt und wieder aufwärtsbewegt.

C1 Begründe, ob das Modell die Arbeitsweise der direkten oder der indirekten Flugmuskulatur darstellt!

C2 Ordne die Teile des Modells den entsprechenden Körperteilen eines Insektes zu! Erläutere, was das Modell nicht zeigt!

C3 Das Taubenschwänzchen, ein Schmetterling, saugt während eines schnell schwirrenden Fluges Nektar aus Blüten. Stelle Vermutungen an, welche Flugmuskulatur den Schwirrflug begünstigt! Begründe!

01 Kopf einer Ameise

Angepasstheiten bei Insekten

Insekten gehören zu den häufigsten Tieren auf der Erde. Eine Voraussetzung für die weltweite Verbreitung der Insekten ist es, sich in den verschiedenen Lebensräumen fortbewegen und erfolgreich ernähren zu können. Dafür sind ganz verschiedene Angepasstheiten nötig. Welche kann man bei Insekten finden?

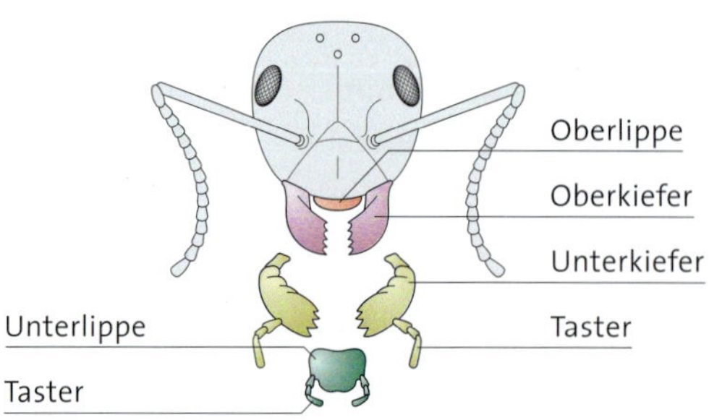

02 Mundwerkzeuge der Ameise (Schema)

MUNDWERKZEUGE · Viele Ameisen ernähren sich von kleinen Beutetieren. Zum Töten und Zerteilen dieser Beute dienen den Ameisen kräftige, scharfe Mundwerkzeuge. Sie bestehen wie bei allen Insekten aus Chitin und nicht aus Knochensubstanz wie bei den meisten Wirbeltieren. Bei den Mundwerkzeugen der Ameise, die außerhalb des Kopfes hintereinander angeordnet sind, erkennt man eine Ober- und eine Unterlippe. Zwischen ihnen sitzen der kräftige Ober- und der Unterkiefer. Beide Kiefer bestehen aus jeweils zwei Teilen, die wie zwei Zangen in waagerechter Richtung bewegt werden. An dem Unterkiefer und der Unterlippe sitzen kleine Taster zum Abtasten und Schmecken der Nahrung.

03 Mundwerkzeuge: **A** Honigbiene, **B** Schmetterling, **C** Stechmücke

ANGEPASSTHEITEN BEI DEN MUNDWERKZEUGEN · Die Mundwerkzeuge aller Insekten weisen den gleichen Bauplan auf, können aber sehr unterschiedlich geformt sein. Den ursprünglichen Insekten dienten die Mundwerkzeuge hauptsächlich zum Abbeißen und Kauen fester Nahrung. Solche Mundwerkzeuge mit **Beißzangen** findet man nicht nur bei Ameisen, sondern auch bei Grillen, Käfern und viele anderen heute noch lebenden Insektenarten. Die Honigbiene ernährt sich dagegen auch von flüssigem Nektar, den sie aus Blüten leckt und saugt. Ihre Mundwerkzeuge sind deshalb unterhalb des Oberkiefers zu einem **Leckrüssel** mit einem *Löffelchen* und einem *Saugrüssel* umgebaut. Damit Schmetterlinge Nektar aus Blüten mit tiefem Blütenboden saugen können, ist ihr Unterkiefer zu einem langen schlauchförmigen **Saugrüssel** umgeformt. Auch Mücken ernähren sich von Flüssigkeiten, zum Beispiel von Blut. Um das Blut saugen zu können, müssen sie zuerst in ihr Opfer stechen. Die einzelnen Teile der Mundwerkzeuge der Stechmücke sind deshalb zu spitzen *Stechborsten* mit einem *Rohr* und einer *Rinne* umgewandelt. Diese Mundwerkzeuge werden von der Stechmücke eng zusammengehalten und bilden so einen **Stechrüssel.** Mit ihm saugt sie nicht nur Blut, sondern gibt auch umgekehrt Speichel in die Wunde ab, damit das Blut nicht gerinnt, also nicht fest wird.

1 Beschreibe den gemeinsamen Grundbauplan der Mundwerkzeuge der Insekten!

2 Vergleiche den Aufbau der Mundwerkzeugtypen der Insekten!

3 Erläutere an Beispielen, weshalb man an der Verschiedenheit der Mundwerkzeuge der Insekten das biologische Prinzip „Struktur und Funktion" erkennen kann!

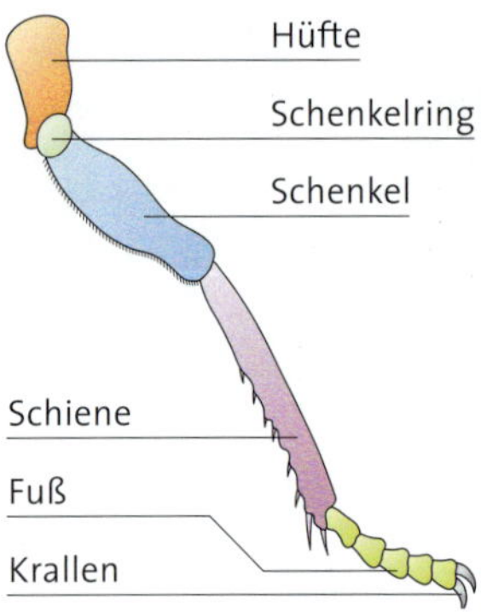

04 Laufbein (Schema)

05 Beine von Insekten

BEINE UND FÜSSE DER INSEKTEN · Die Insekten verfügen über sechs Beine, die paarig an den drei Brustsegmenten sitzen. Die Beine aller Insekten sind nach einem übereinstimmenden Grundbauplan aufgebaut. Die Grundform ist das *Laufbein* wie zum Beispiel bei Ameisen. Es dient der Fortbewegung auf festen Oberflächen. Die Beine bestehen aus *röhrenförmigen Gliedern* aus Chitin, die miteinander beweglich verbunden sind. In diesen Beingliedern befinden sich Muskeln zum Bewegen der Gliedmaßen. Die Füße sind ebenfalls gegliedert, weshalb man die Insekten zur großen Tiergruppe der *Gliederfüßer* zählt.

ANGEPASSTHEITEN · Die Beine der Insekten können wie die Mundwerkzeuge ganz unterschiedlich geformt sein, denn nicht alle Insekten benutzen ihre Gliedmaßen zum Laufen. Ein *Sprungbein* zum Beispiel besitzt verlängerte und verstärkte Glieder für eine größere Sprungkraft. Ein *Schwimmbein* ist auch verlängert und trägt dazu oft Borstenfelder, welche die Fläche des Beins vergrößern. Es wirkt wie ein Paddel. Läuse klammern sich mit kurzen, gekrümmten *Klammerbeinen* an den Haaren der Tiere fest, an denen sie Blut saugen. Ein *Grabbein* ist schaufelartig verbreitert. Ein *Sammelbein* besitzt ein Körbchen, eine Vertiefung in der Schiene mit Borsten für das Sammelgut. Stubenfliegen können an völlig glatten, senkrechten Glasflächen laufen, ohne herunterzufallen. Denn an ihren Füßen befinden sich neben krallenartigen *Klauen* auch *Haftballen,* mit denen sie sich an einer glatten Oberfläche leicht anhaften können.

4 Beschreibe den Grundbauplan eines Insektenbeins!

06 Angepasstheiten bei Insektenbeinen:

A Die Gottesanbeterin ähnelt einer Heuschrecke. Sie fängt mit ihren Fangbeinen andere Insekten.

B Stubenfliege auf Glasplatte

Material A • Mundwerkzeuge

Engerling

Tsetsefliege

Schwalbenschwanz

Hummel

A1 Benenne jeweils den Typ der Mundwerkzeuge bei den abgebildeten Insekten! Stelle Vermutungen an, wovon und wie sich diese Insekten ernähren, und begründe deine Vermutungen! Nimm dazu auch die Seiten 170 und 178 bis 179 zu Hilfe!

A2 Manche Insektenarten benutzen ihre Mundwerkzeuge nicht nur zur Nahrungsaufnahme. Stelle Vermutungen an, für welche weiteren Aufgaben manche Insektenarten ihre Mundwerkzeuge verwenden! Nenne drei Möglichkeiten mit Beispielen!

Material B • Insektenbeine

Gelbrandkäfer

Puppenräuber

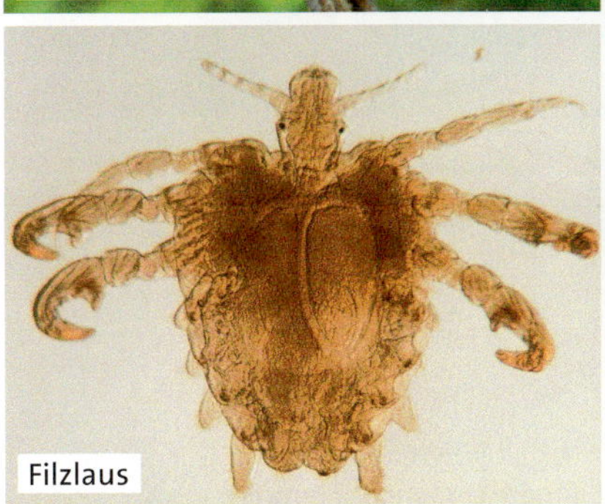
Filzlaus

Warzenbeißer

B1 Benenne die Beintypen der dargestellten Insekten!

B2 Beschreibe die Aufgaben, die diese Beine erfüllen, und wie sie daran angepasst sind!

B3 Ein Menschfloh ist bis zu 3 Millimeter groß und kann bis zu 30 Zentimeter hoch und 50 Zentimeter weit springen. Berechne, wie hoch und wie weit eine Schülerin oder ein Schüler mit einer Körpergröße von 150 Zentimetern bei vergleichbaren Voraussetzungen springen könnte!

Vergleich von Säugetier und Insekt

KÖRPERBAU · Der Körper des Pferdes ist in Kopf, Rumpf, Schwanz und Extremitäten unterteilt sowie mit einer weichen Haut und mit Haaren bedeckt. Das Pferd besitzt ein Pflanzenfressergebiss mit Schneidezähnen zum Abrupfen und großen Backenzähnen zum Zermahlen der Nahrung. Diese Mundwerkzeuge liegen als Gebiss innerhalb des Kopfes und bestehen aus Knochensubstanz.

SKELETT UND EXTREMITÄTEN · Das Skelett liegt innerhalb des Körpers und besteht aus Knochen. An ihnen setzen die Muskeln an, mit denen sich das Pferd bewegt. Mit der Wirbelsäule, die den Körper durchzieht, sind der Brustkorb aus Brustbein und Rippen sowie der Schultergürtel und der Beckengürtel verwachsen. An den beiden Knochengürteln sitzen je zwei Beine. Die Fußspitzen werden jeweils nur von einem Zeh gebildet und sind mit einem Huf aus Horn umgeben. Das Pferd zählt deshalb zu den Unpaarhufern unter den Huftieren. Die Beine des Pferds sind an das Laufen, aber auch an das Springen angepasst. Hierfür dienen stark entwickelte Schenkel der Hinterbeine.

WEITERE ORGANE · Das Herz liegt in der Brust und pumpt rotes Blut durch die Blutgefäße in einen geschlossenen Blutkreislauf. Der Atmung dienen eine Luftröhre und eine stark durchblutete Lunge. Das Blut transportiert den Sauerstoff im Körper. Zum Nervensystem gehören das Gehirn im Kopf und das Rückenmark. Das Pferd sieht mit zwei Einzelaugen und hört mit zwei Ohren am Kopf. Es riecht mit einer Nase im Kopf und fühlt mit der Haut des gesamten Körpers. Das weibliche Pferd, die Stute, besitzt Milchdrüsen zum Säugen der Jungtiere, der Fohlen. Die Pferde gehören deshalb zu den **Säugetieren.**

A

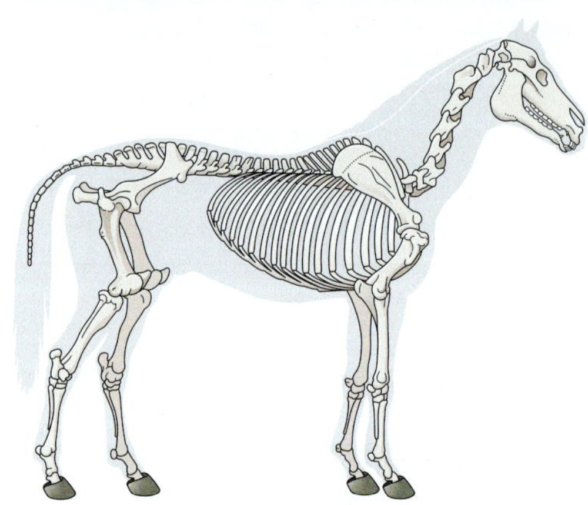
B

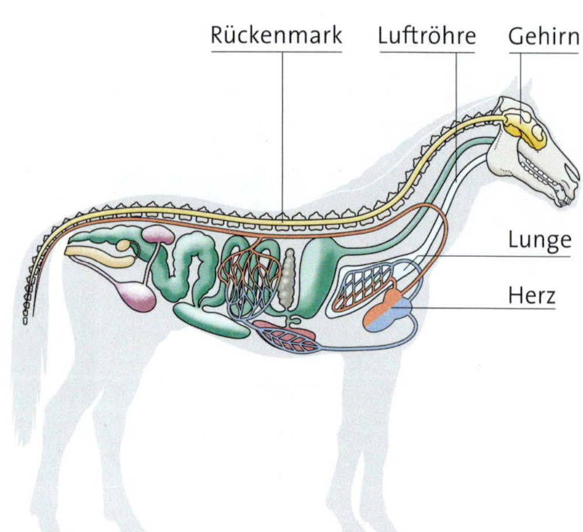

C

01 Pferd: **A** galoppierendes Pferd, **B** Gliederung und Skelett, **C** innere Organe (Schema)

02 Grünes Heupferd: **A** Weibchen mit Legeröhre, **B** Gliederung und Skelett, **C** innere Organe beim Männchen (Schema)

KÖRPERBAU · Der Körper des Grünen Heupferds ist in Kopf, Brust und Hinterleib gegliedert und dazwischen eingekerbt. Das Heupferd ist ein Kerbtier oder **Insekt.** Brust und Hinterleib zeigen eine Segmentierung. Der Körper ist mit einer Chitinschicht bedeckt. Die meisten Insektenarten besitzen vier Flügel aus Chitinhaut, die an der Brust sitzen und von Adern und Atemröhren durchzogen sind. Die Mundwerkzeuge liegen außerhalb des Kopfes und bestehen aus Chitin. Das Heupferd besitzt Beißzangen zum Zerkleinern der Nahrung.

SKELETT UND EXTREMITÄTEN · Die Chitinschicht, die den Körper umgibt, dient als Skelett und schützender Panzer. An dem Außenskelett setzen innen die Muskeln an, mit denen sich das Insekt bewegt. An den drei Brustsegmenten sitzen paarweise sechs Beine. Sie und die Füße sind gegliedert. Die vier Vorderbeine des Heupferds sind Laufbeine. Die Hinterbeine sind zu Sprungbeinen mit langen, kräftigen Schenkeln und Schienen umgeformt. Die Segmente des Hinterleibs sind beweglich miteinander verbunden.

WEITERE ORGANE · Das Herz des Insekts liegt im Rücken und pumpt das farblose Blut kopfwärts in das offene Blutkreislaufsystem. Der Atmung dienen mehrere seitliche Atemöffnungen und ein Geflecht aus Atemröhren. Das Nervensystem besteht aus einem großen Oberschlundganglion und einem Bauchmark, das ähnlich wie eine Strickleiter aufgebaut ist. Das Heupferd sieht mit zwei Netzaugen im Kopf und hört mit besonderen Hörorganen an den Beinen. Es riecht und fühlt hauptsächlich mit seinen zwei Antennen am Kopf. Das Weibchen trägt eine Legeröhre am Hinterleib zur Eiablage.

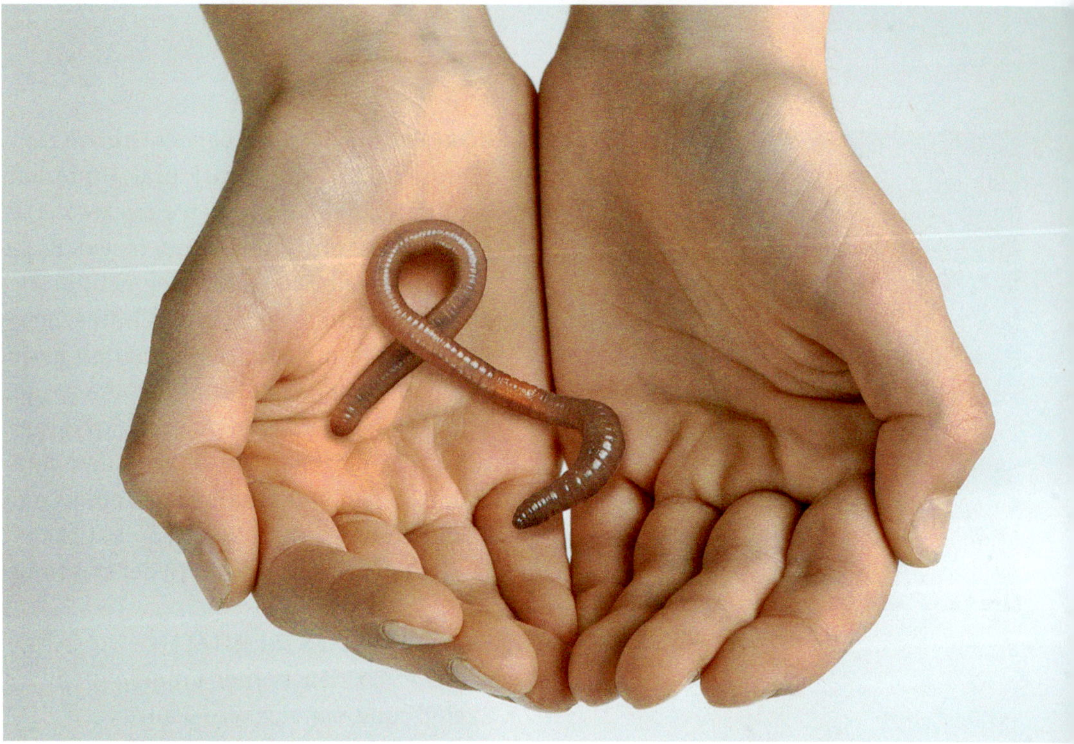

01 Regenwurm auf Kinderhänden

Ringelwürmer

Nach starken Regengüssen findet man viele Regenwürmer auf Wiesen, Wegen und Straßen. Nimmt man einen Regenwurm in die Hand, „regt" er sich in alle Richtungen. Weshalb ist er so beweglich?

ÄUSSERER KÖRPERBAU · Betrachtet man den länglichen, nahezu runden, rosa bis rot gefärbten Regenwurm genauer, fallen einige Besonderheiten auf. Die Enden des lang gestreckten Körpers sehen unterschiedlich aus. Das runde Vorderende trägt den Mund, am etwas abgeflachten Hinterende liegt der After. Der Körper ist in bis zu 180 etwa gleichförmige Körperringe, die *Segmente*, gegliedert. Deswegen zählt der Regenwurm zu den **Ringelwürmern.** Jedes Segment besitzt bauchseits und seitlich vier *Borstenpaare.* Diese Borsten sind durch Muskeln beweglich. Im vorderen Drittel des Wurms befindet sich eine helle Verdickung, der *Gürtel,* der für die Fortpflanzung wichtig ist. Über die gesamte Körperoberfläche sind *Sinneszellen* verteilt, mit denen der Regenwurm verschiedene Reize aufnimmt.

griechisch hydro = Wasser

INNERER KÖRPERBAU · Unter der Haut des Regenwurms befinden sich zwei Muskelschichten. Die äußere Muskelschicht besteht aus ringförmigen Muskeln, die *Ringmuskulatur.* Darunter liegt eine dickere Schicht aus Muskeln, die im Wurmkörper längs verläuft, die *Längsmuskelschicht.* Die Muskeln der inneren, deutlich dickeren Längsmuskelschicht verlaufen vom Vorder- bis zum Hinterende des Wurmkörpers. Die Haut und Muskelschichten zusammen bilden den **Hautmuskelschlauch.** Die Kammern im Körper des Wurms sind mit Flüssigkeit gefüllt. Zusammen mit dem Hautmuskelschlauch bildet diese Flüssigkeit das *Hydroskelett.* Es gibt dem Wurm seine Form und Beweglichkeit. Die äußerlich gleichförmigen Segmente werden durch dünne Querwände voneinander getrennt und sind auch im Inneren ähnlich aufgebaut. Die Querwände werden vom Darm, der vom Mund bis zum After verläuft, durchzogen. Oberhalb des Darms verläuft das *Rückengefäß*, unterhalb das *Bauchgefäß*. Beide Gefäße sind vorn durch muskulöse *Seitenherzen*, weiter hinten durch *Seitengefäße* miteinander verbunden und bilden einen **geschlossenen Blutkreislauf.** Den Wurmkörper durchzieht ein Nervensystem, das einer Strickleiter ähnelt und deshalb **Strickleiternervensystem** genannt wird. Aufgrund der Lage unterhalb des Bauchgefäßes wird es als *Bauchmark* bezeichnet.

FORTBEWEGUNG · Bewegt sich der Regenwurm vorwärts, streckt sich zunächst die vordere Körperregion des Wurms lang und wird hierbei dünn. Dies geschieht durch das Zusammenziehen der äußeren Ringmuskulatur. Direkt danach erschlafft sie und die Längsmuskulatur des Wurms zieht sich von vorn nach hinten zusammen. Dadurch wird die vordere Region des Wurms wieder dick und der Rest des Wurmkörpers wird nach vorne gezogen. Nun erschlafft die Längsmuskulatur und die Ringmuskulatur kann sich wieder zusammenziehen. Dieses *Wechselspiel der Muskeln* setzt sich bei der Fortbewegung ständig weiter fort. Dadurch ist der Regenwurm zu unterschiedlichen Zeiten an unterschiedlichen Stellen dünn beziehungsweise dick. Damit sich der Regenwurm beim Zusammenziehen der Längsmuskulatur tatsächlich nach vorne bewegt, werden die zahlreichen Borsten in der vorderen Region ausgestreckt und im Erdreich verankert. So rutscht er nicht zurück.

1 Zeichne einen Regenwurm in dein Biologieheft! Beschrifte das Vorderende, das Hinterende, die Borstenpaare und den Gürtel!

02 Bau des Regenwurms

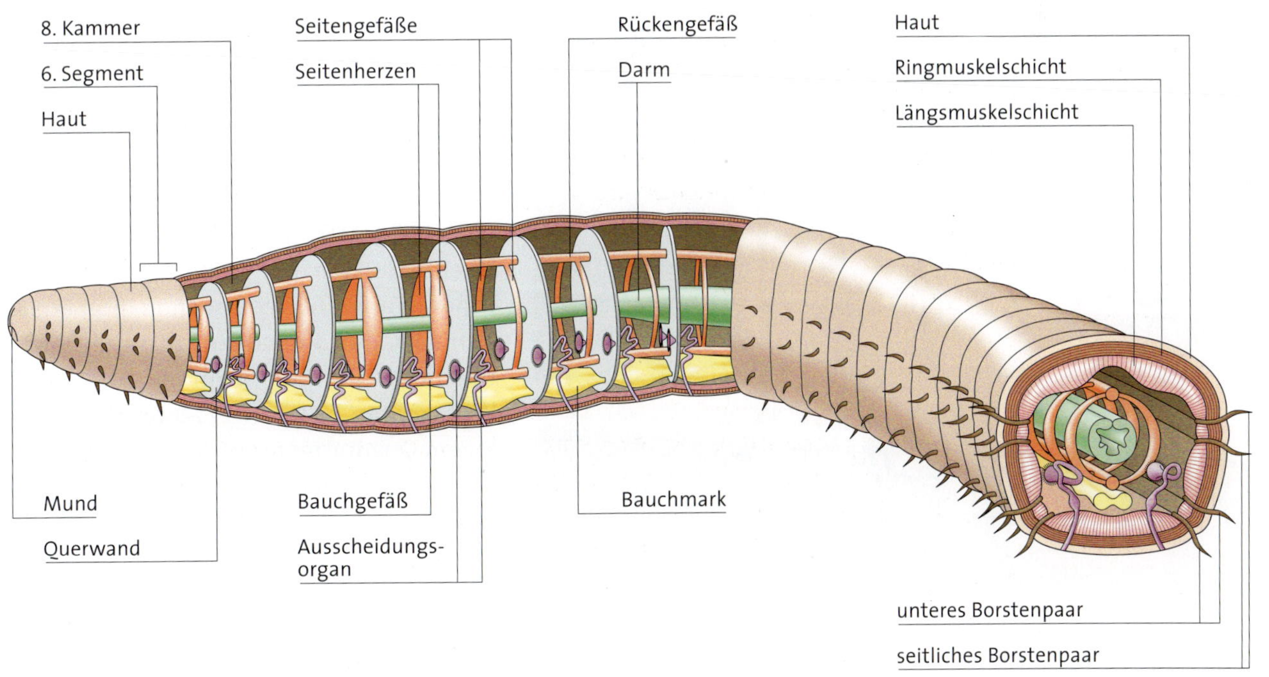

PAARUNG UND FORTPFLANZUNG · Bei der Paarung liegen zwei Regenwürmer besonders im Bereich des Gürtels und in dem Bereich davor eng beieinander. In dieser Zeit bilden sie dort eine gemeinsame Schleimhülle, in der sie *Spermienzellen* austauschen. Die Spermienzellen des Partners werden in paarigen Taschen gespeichert und dienen später der Befruchtung der eigenen *Eizellen,* die sich in einer paarigen Eizellentasche ansammeln. Danach trennen sich die Regenwürmer wieder. Zur Eiablage entstehen im Bereich des Gürtels erneut schleimige Hüllen. Indem sich der Wurm windet, rutschen die Hüllen kopfwärts und in jede Hülle wird eine Eizelle abgelegt. Sie werden an der Öffnung der Spermientasche von Spermienzellen befruchtet und der Wurm streift die Hüllen ab. Die Schleimhüllen erhärten an der Luft zu zitronenförmigen **Kokons.** Aus diesen Kokons schlüpfen nach wenigen Wochen junge Regenwürmer. Die Regenwürmer bilden sowohl Spermienzellen als auch Eizellen. Regenwürmer sind **Zwitter.**

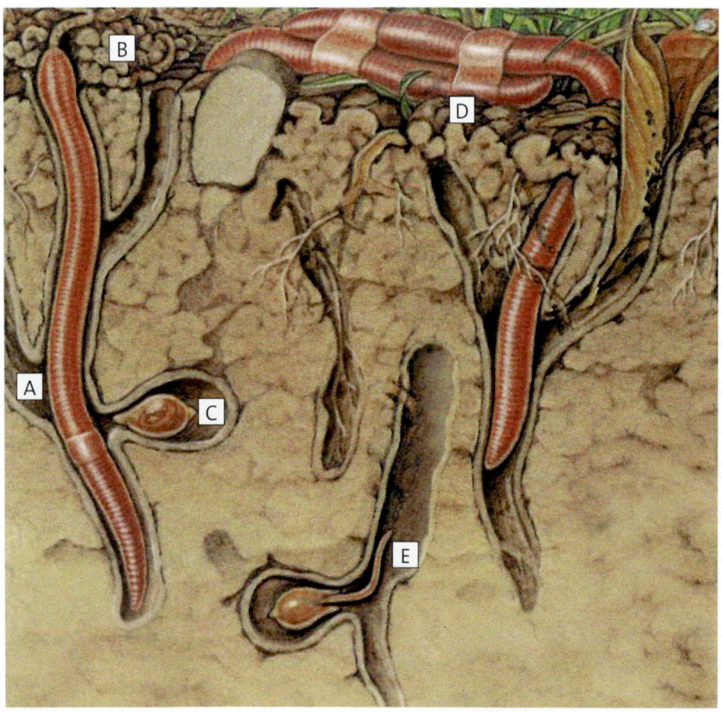

03 Regenwürmer im Lebensraum: **A** Wohnröhre, **B** Kothäufchen, **C** Eikokon, **D** Paarung, **E** aus dem Kokon schlüpfender Regenwurm

LEBENSWEISE UND BEDEUTUNG · Regenwürmer leben in feuchter Erde. Hier legen sie Wohnröhren an, indem sie sich erst dünn und dann wieder dick machen und so Erdreich verdrängen. In ihren Wohnröhren bewegen sie sich mithilfe des Hydroskeletts und der Borstenpaare sehr geschickt. Durch ihr verformbares Hydroskelett können sie auch durch enge Bereiche ihrer Wohnröhren kriechen.

Regenwürmer atmen in ihrem feuchten Lebensraum über die gesamte Körperoberfläche. An das Tageslicht kommen sie nur selten, denn Sonnenlicht, Wärme und Trockenheit können ihre empfindliche Haut schädigen. Die Haut muss immer feucht sein, damit der Wurm über sie Sauerstoff aufnehmen kann. Regenwürmer sind also **Feuchtlufttiere.**

In der Nacht zieht der Regenwurm Blätter in seine Wohnröhre. Er frisst diese Blätter zusammen mit Erde und scheidet Unverdauliches durch den After aus. Die Kothäufchen werden häufig an der Erdoberfläche abgesetzt. Aus ihnen entsteht sehr fruchtbare Erde. Die große Bedeutung der Regenwürmer für die Bodenqualität ergibt sich auch durch die Belüftung und Durchmischung der Erde, denn sie bauen ihre Wohnröhren bis zu zwei Meter tief. Unter einem Quadratmeter Boden können bis zu 400 Regenwürmer leben.

2 Nenne Angepasstheiten des Regenwurms an seinen Lebensraum!

3 Erkläre den Begriff Zwitter!

Material A ▸ Bedeutung des Regenwurms

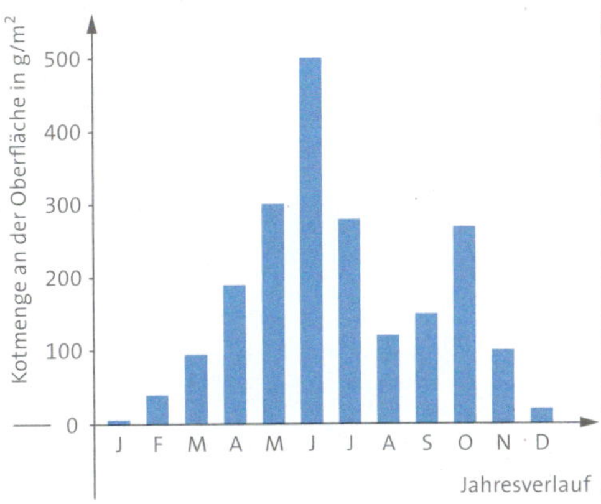

	Ertrag von Böden ohne Regenwürmer	Ertrag von Böden mit Regenwürmern
Masse an Getreidekörnern pro Halm	7 g	10 g
Zahl der Getreidekörner pro Halm	58	106

A1 Beschreibe das Säulendiagramm!

A2 Stelle Vermutungen an, weshalb die von Regenwürmern produzierte Kotmenge im Jahresverlauf unterschiedlich groß ist!

A3 Vergleiche die Ernteerträge in der Tabelle miteinander und erläutere sie mithilfe der Lebensweise der Regenwürmer!

Material B ▸ Fortbewegung des Regenwurms

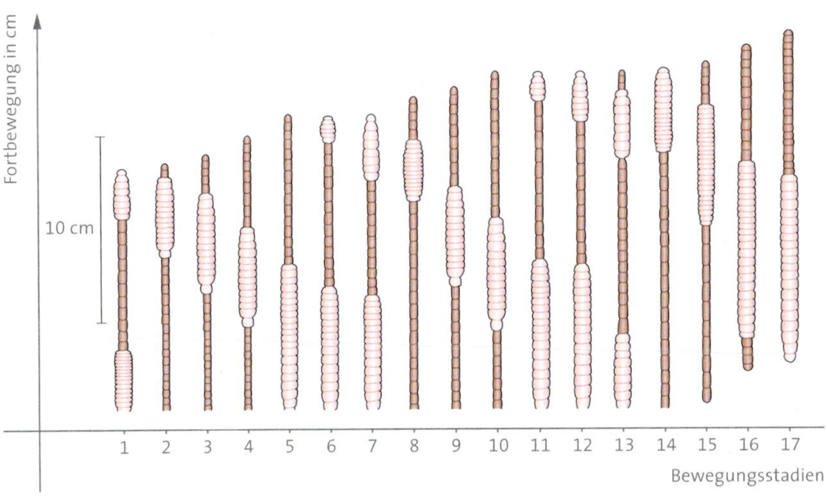

B1 Beschreibe mithilfe der Abbildung Veränderungen des Regenwurmkörpers während der Fortbewegung!

B2 Erläutere, welche Muskulatur im dunkelroten und hellroten Bereich jeweils aktiv ist!

B3 Erkläre die Fortbewegung des Regenwurms! Erläutere an diesem Beispiel das biologische Prinzip „Struktur und Funktion"!

Material C ▸ Ringelwürmer

Blutegel

Wattwurm

C1 Informiere dich in Lexika, Tierbüchern oder Internet über den Blutegel und den Wattwurm! Notiere Merkmale dieser Ringelwürmer wie Aussehen, Lebensraum und Nahrung jeweils in einem Steckbrief! Berücksichtige dabei jeweils auch eine Besonderheit!

01 Kreuzspinne im Netz

Spinnen und Krebse

Die weibliche Kreuzspinne sitzt in ihrem Netz mit dem Kopf nach unten und lauert auf Beute. Verfängt sich ein Beutetier, nimmt die Spinne dessen Bewegungen über Erschütterungen der Netzfäden wahr. Sie eilt zum Beutetier und spinnt es ein. Wie baut diese Webspinne ihr Netz?

NETZBAU DER KREUZSPINNE · Zunächst erzeugt die Kreuzspinne in ihren *Spinndrüsen* am Ende des Hinterleibs eine Flüssigkeit. Wenn diese über die *Spinnwarzen* austritt, erhärtet sie an der Luft zu einem Spinnfaden. Das Ende des Fadens wird vom Wind davongetragen, bis es irgendwo festklebt. So entsteht eine *Seilbrücke*, von deren Mitte aus die Spinne einen weiteren Faden nach unten spinnt. In dieses *Grundgerüst* werden zur Stabilisierung *Rahmen-* und *Speichenfäden* eingezogen. Nun werden von der Mitte aus trockene *Hilfsfäden* spiralförmig bis nach außen gesponnen. Um diese webt die Kreuzspinne von außen nach innen die klebrigen *Fangfäden*. Hierbei frisst sie gleichzeitig die vorher zur Orientierung gesponnene *Hilfsspirale* wieder auf. Die aus den Fangfäden entstehende *Fangspirale* bildet zusammen mit den Rahmen- und Speichenfäden das **Radnetz.** Das Spinnenweibchen lauert in der Mitte des Netzes, der

02 Netzbau der Kreuzspinne

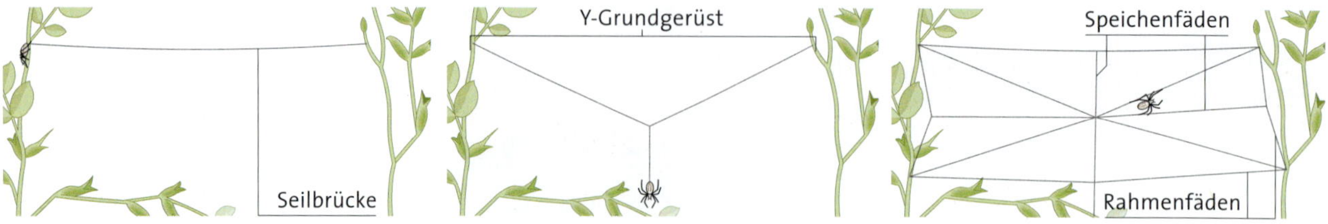

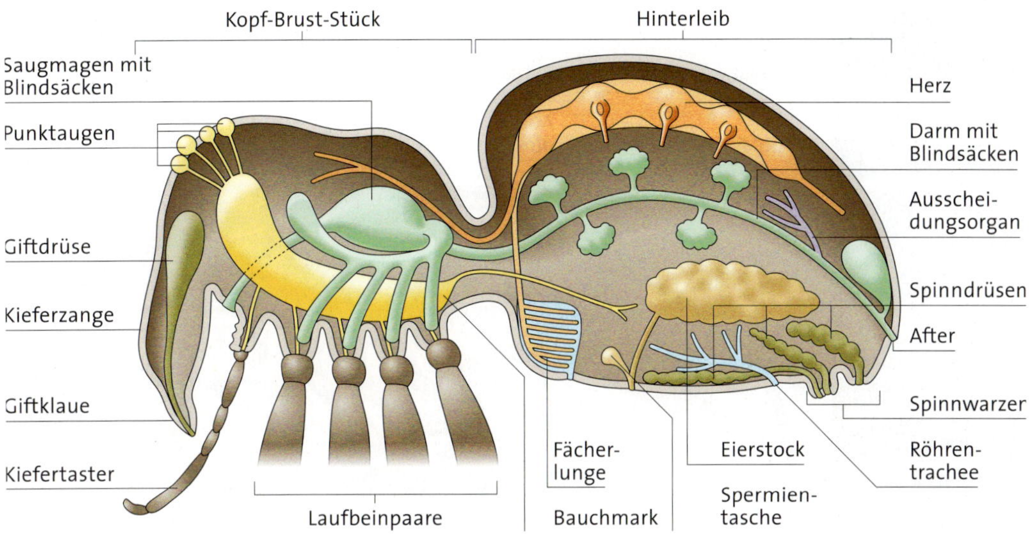

03 Bau der Kreuzspinne

Warte, auf Beutetiere. Das kleinere Männchen kontrolliert oft vom Rand seines Netzes mit einem *Signalfaden,* ob sich ein Beutetier im Netz verfangen hat. Die Beute wird durch einen Biss mit der *Giftklaue* getötet.

KÖRPERBAU · Bei der Kreuzspinne sind Kopf und Brust zu einem **Kopf-Brust-Stück** verwachsen. Am Kopf sitzen die acht *Punktaugen* und vor dem Mund die paarigen *Kieferzangen* mit den Giftklauen. An den *Kiefertastern* und den vier gegliederten *Laufbeinpaaren* sitzen empfindliche *Tastsinnesorgane,* mit denen die Spinne die Erschütterungen durch zappelnde Beutetiere im Netz wahrnimmt. Die Sinnesorgane sind mit dem zum *Bauchmark* verschmolzenen *Strickleiternervensystem* verbunden. Über den Mund spritzt die Kreuzspinne Verdauungssäfte in das Beutetier. Dadurch werden dessen Weichteile verflüssigt. Durch diese **Außenverdauung** kann die Spinne ihre Nahrung aufsaugen.
Der weiche *Hinterleib* der Kreuzspinne ist von weißen Flecken bedeckt, die eine kreuzähnliche Zeichnung bilden. Auf der Bauchseite des Hinterleibs liegen die paarigen *Atemöffnungen,* über die die Atemluft in die *Atemhöhle* zu den zwei *Fächerlungen* gelangt. Außerdem atmet die Kreuzspinne über Röhren im Hinterleib, die *Röhrentracheen.* Der Hinterleib enthält das schlauchförmige *Herz,* das das Blut in einen **offenen Blutkreislauf** pumpt. Im Hinterleib liegen auch der *Darm* sowie die *Ausscheidungs-* und *Fortpflanzungsorgane.*

1 Beschreibe mithilfe der Abbildung 02 den Netzbau der Kreuzspinne!

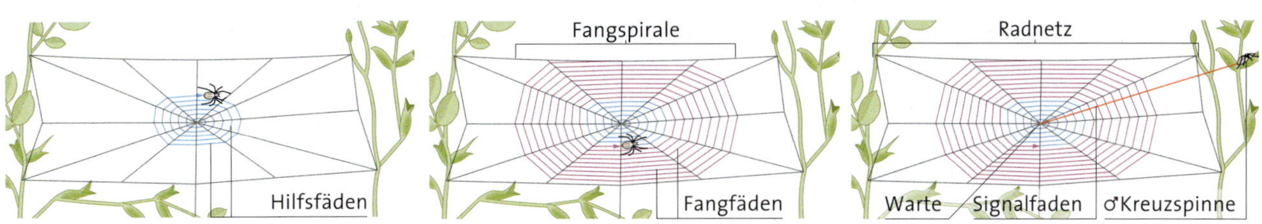

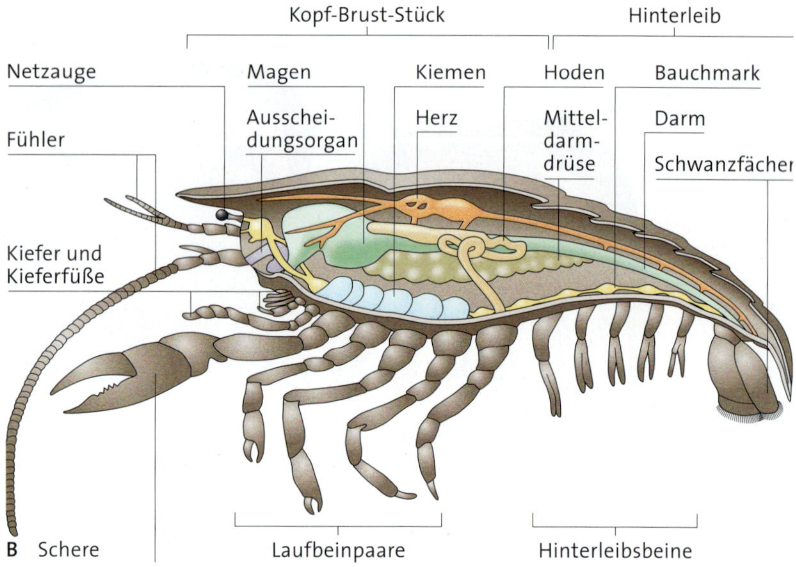

04 Flusskrebs: **A** im Lebensraum, **B** Körperbau

FLUSSKREBS · Der *Europäische Flusskrebs* lebt in sauberen, langsam fließenden oder stehenden Gewässern. Er atmet über *Kiemen.* Tagsüber ist er nicht zu sehen, da er sich in Höhlen versteckt. In der Nacht geht er auf Jagd nach Kleintieren. Er frisst aber auch Pflanzen und Aas.

KÖRPERBAU · Der längliche Körper ist in das starre *Kopf-Brust-Stück* und den beweglichen *Hinterleib* gegliedert. Am Kopf sitzen zwei *Netzaugen* auf Augenstielen. Das kürzere Fühlerpaar dient als *Geruchsorgan,* das längere als *Tastorgan.* Die Sinnesorgane sind mit dem zum *Bauchmark* verschmolzenen *Strickleiternervensystem* verbunden. Am Mund sitzen der *Kiefer* und drei Paar *Kieferfüße,* die der Nahrungsaufnahme dienen. Das erste *Laufbeinpaar* ist deutlich vergrößert und hat Scheren, mit denen der Krebs seine Beute ergreift und zerteilt. Mit den anderen vier Laufbeinpaaren bewegt er sich vor-, rück- und seitwärts. Der Hinterleib besteht aus sechs *Segmenten.* Fünf von ihnen tragen paarige *Hinterleibsbeine.* Das letzte Segment endet mit dem *Schwanzfächer.* Klappt der Flusskrebs den Hinterleib samt Schwanzfächer kräftig ein, erzeugt er einen *Rückstoß* und schwimmt rückwärts davon.

FORTPFLANZUNG UND WACHSTUM · Gegen Herbst heftet das Männchen Spermienzellen in einer Kapsel an die Geschlechtsöffnung des Weibchens. Die Eizellen werden erst bei ihrer Ablage von den Spermienzellen befruchtet. Das Weibchen trägt die befruchteten Eizellen und später die Jungtiere zwischen ihren Hinterleibsbeinen, es betreibt also *Brutpflege.*

Der Flusskrebs ist von einem harten Panzer aus Chitin und Kalk umhüllt. Um wachsen zu können, muss der Krebs dieses **Außenskelett** abstreifen und anschließend mithilfe der Haut einen neuen Panzer bilden. Während dieser *Häutung* ist der Krebs weich und ungeschützt. Daher versteckt er sich, bis der neue Panzer ausgehärtet ist.

2 Beschreibe die Fortbewegungsmöglichkeiten des Flusskrebses!

Material A ▸ Fortpflanzung bei der Kreuzspinne

Eier der Kreuzspinne

Jungspinnen

Das Männchen der Kreuzspinne wirbt um das Weibchen, indem es in einem bestimmten Rhythmus am Netzrand zupft. Das Weibchen zeigt seine Paarungsbereitschaft, indem es seine Spermientaschen darbietet. Nun webt das Männchen ein kleines Netz. In dieses gibt es seine Spermienzellen, die es dann mit den Kiefertastern aufsaugt. Die befüllten Kiefertaster führt es in die Spermientaschen des Weibchens ein. Die Befruchtung der Eizellen erfolgt einige Wochen später, wenn sie bei der Ablage an den Spermientaschen vorbeigleiten. Das Weibchen umhüllt die befruchteten Eizellen zum Schutz mit Spinnfäden. In dem so entstandenen *Kokon* überwintern die Eier bis zum nächsten Frühjahr. Aus ihnen schlüpfen dann die voll ausgebildeten Jungspinnen.

A1 Nenne die verschiedenen Spinnfädentypen und ihre Aufgaben!

A2 Erläutere, weshalb das Männchen vor der Paarung die Kiefertaster mit Spermienzellen befüllen muss!

A3 Erläutere, wie es dem Männchen bei der Paarung gelingt, vom deutlich größeren Weibchen nicht als Beutetier angesehen und gefressen zu werden!

A4 Nenne Unterschiede zwischen der Entwicklung der Spinnen im Ei und der Entwicklung der Insekten! Nimm die Seiten 170 bis 172 zu Hilfe!

Material B ▸ Beutefang-Strategien bei Spinnen

Die *Veränderliche Krabbenspinne* baut keine Netze. Sie lauert häufig auf gelben oder weißen Blüten auf Beutetiere. Das Weibchen kann die Körperfarbe an die gelbe oder weiße Farbe der Blüte anpassen. Den Namen Krabbenspinne trägt sie wegen der beiden vorderen Beinpaare, die sehr kräftig und lang sind. Dadurch ähnelt sie einer kleinen Krabbe. Mit diesen Vorderbeinen packt sie ihre Beute, spritzt ihr Gift in den Körper und saugt sie aus. Auch bei den Krabbenspinnen ist das Männchen wie bei vielen Spinnenarten wesentlich kleiner.

B1 Nenne Gemeinsamkeiten und Unterschiede bei Kreuzspinne und Krabbenspinne!

B2 Der Bau eines Radnetzes dauert etwa 45 Minuten und erfordert sehr viel Fadenmaterial. Jagdspinnen, zum Beispiel die *Listspinne,* bauen keine Fangnetze. Sie lauern auf Beutetiere und erjagen sie durch einen *Jagdsprung*. Stelle Vermutungen an, welche Vorteile und welche Nachteile die jeweilige Jagdstrategie der Kreuzspinne, der Krabbenspinne und der Listspinne hat!

01 Schnecke kriecht über eine Messerklinge

Schnecken

Schnecken bewegen sich sehr langsam fort. Im Schneckentempo können sie sogar über scharfe Gegenstände kriechen, ohne sich zu verletzen. Wie gelingt den Schnecken das?

FORTBEWEGUNG · Nach Regen oder am Morgen findet man häufig glänzende Schleimspuren auf Wegen. Sie stammen zum Beispiel von Weinbergschnecken, die mithilfe der *Fußschleimdrüse* Schleim bilden. Dieser wird am Vorderende des Fußes ausgeschieden, wenn die Weinbergschnecke kriecht. Deshalb befindet sich zwischen Untergrund und Fußsohle ein *Schleimteppich,* auf dem die Schnecke vorwärtsgleitet. So kann sie sogar über scharfe Gegenstände kriechen. Der Fuß der Weinbergschnecke besteht hauptsächlich aus Muskeln. Er ist an der Unterseite wie eine Sohle abgeplattet. Über diese *Kriechsohle* verlaufen beim Kriechen von hinten nach vorne gleichzeitig mehrere *wellenartige Muskelbewegungen.* Jede dieser Muskelbewegungen schiebt die Schnecke ein Stück weiter voran.
Trifft die Schnecke auf Hindernisse oder wird sie berührt, kann sie die Fühler einstülpen oder den Kopf und sogar den gesamten Fuß einziehen. Dies ermöglicht ein großer *Rückziehmuskel,* der innen an der *Schale* festgewachsen ist.

KÖRPERBAU · Unter der harten Schale aus Kalk sind der *Mantel* und der *Eingeweidesack* verborgen. Beim Kriechen sind vom weichen Körper der Weinbergschnecke der *Fuß* und der *Kopf* gut zu erkennen. Schnecken gehören zu den **Weichtieren.**
Der Kopf trägt zwei Paar *Fühler.* Das vordere, kurze Fühlerpaar dient als *Tast-* und *Geschmacksorgan.* Die hinteren, langen Fühler tragen die *Augen.* Andere *Sinneszellen* liegen in der Haut des Fußes verstreut, mit denen die Weinbergschnecke verschiedene Reize, zum Beispiel den Reiz durch eine Be-

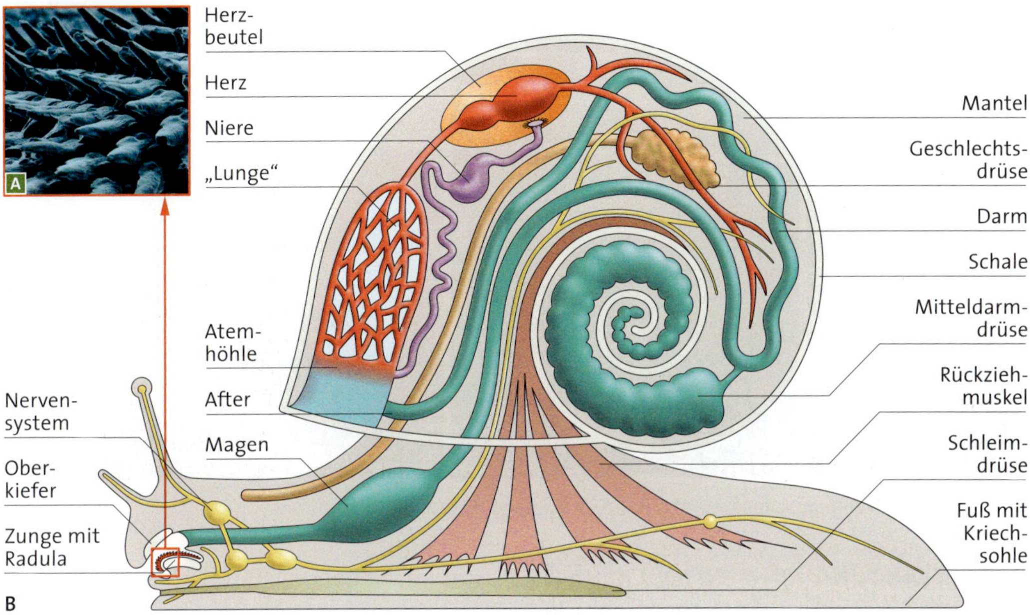

02 Schnecke:
A Oberfläche der Radula,
B Körperbau

rührung, aufnimmt. Alle Sinnesorgane sind mit dem *Nervensystem* verbunden, das im Kopfbereich einige Nervenknoten aufweist. Unten am Kopf, zwischen zwei Mundlappen, liegt der *Mund.* Darunter mündet die Öffnung der Fußschleimdrüse nach außen. Das Atemloch befindet sich rechts am Mantelrand. In der Atemhöhle liegt eine mit stark verzweigten Blutgefäßen versehene *Lunge,* die der Atmung dient. Die Weinbergschnecke gehört zu der Gruppe der **Lungenschnecken,** sie kann aber auch zusätzlich über die *schleimige Haut* atmen. Das sauerstoffreiche Blut fließt von den Blutgefäßen der Lunge in das *Herz,* das das Blut durch offen endende Gefäße in den Körper pumpt. Schnecken besitzen also einen **offenen Blutkreislauf.**

ERNÄHRUNG · Über der Zunge der Weinbergschnecke liegt ein bewegliches Band. Es trägt spitze, nach hinten gerichtete Chitinzähnchen auf der Oberfläche und heißt **Radula.** Mit der Zunge drückt die Schnecke die *Radula* auf die Pflanze. Wie bei einem Schaufelradbagger bewegt sich die Radula nach hinten. Die Chitinzähnchen raspeln so Pflanzenteilchen ab und transportieren sie in den *Schlund.* Außerdem kann die Schnecke mithilfe des knorpeligen Oberkiefers und der knorpeligen Zunge Stücke aus frischen Pflanzen herausschneiden. Die Radula zerkleinert die pflanzliche Nahrung. Die zerkleinerten Pflanzenteile gelangen vom *Magen* vorbei an der *Mitteldarmdrüse zum Darm.* Mithilfe von Verdauungssäften, zum Beispiel aus der Mitteldarmdrüse, werden die Nährstoffe zerlegt und vom Körper aufgenommen. Die unverdaulichen Reste werden über den *Darm* bis zum *After* befördert und ausgeschieden.

1 Gib an, welche Körperbereiche der Schnecke sich innerhalb beziehungsweise außerhalb der Schale befinden!

2 Nenne die Sinnesorgane der Schnecke und ihre Aufgaben!

lateinisch Radula = Schabeisen

03 Fortpflanzung und Entwicklung der Weinbergschnecke: **A** Paarung, **B** Eiablage, **C** geschlüpfte Jungtiere

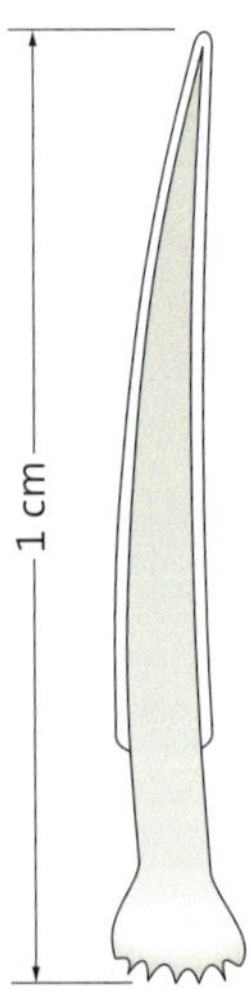

04 Liebespfeil

FORTPFLANZUNG UND ENTWICKLUNG · Im Frühsommer suchen Weinbergschnecken einen Paarungspartner. Sie sind wie Regenwürmer *Zwitter*. Ist ein Partner gefunden, richtet sich das Paar auf, reibt seine Kriechsohlen aneinander und betastet und befühlt sich. Während der *Paarung*, die mehrere Stunden dauern kann, stoßen sich die Weinbergschnecken oft gegenseitig einen etwa einen Zentimeter langen Kalkpfeil in den Fuß. Da er vermutlich der Reizung des Partners zur Paarung dient, wird er *Liebespfeil* genannt. Nun werden die *Spermienzellen* über die ausgestreckten *Penisse* an der rechten Kopfseite in einem Paket ausgetauscht und von beiden Schnecken in einer dort befindlichen Spermientasche gespeichert.

Erst einige Wochen später legt die Weinbergschnecke 40 bis 60 reife Eizellen in einer *Erdhöhle* ab. Kurz zuvor werden sie von den Spermienzellen des Partners aus der eigenen Spermientasche befruchtet.

Nach wenigen Wochen schlüpfen die Jungtiere. Durch die anfangs weiche und durchsichtige Schale schimmern die Weichteile. Der *drüsenreiche Mantel* ist für das Wachstum der Schale zuständig: Er versorgt sie mit Kalk und dadurch wird die Schale zunehmend größer und härter. Die jungen Weinbergschnecken verlassen schließlich ihre Geburtshöhle.

LEBENSWEISE · Da Weinbergschnecken für das Wachstum der Schale viel Kalk benötigen, kommen sie in Gegenden mit *kalkreichen Böden* vor. Weinbergschnecken müssen als *Landschnecken* Wasserverlust vermeiden. Sie gehen nur bei Regen, in der Dämmerung und nachts auf Nahrungssuche. Sie sind also *Feuchtlufttiere*. Bei Trockenheit ziehen sie sich an einem kühlen und feuchten Ort in ihre Schale zurück und verschließen sie mit einem *Schleimhäutchen*.

Weinbergschnecken überwintern bevorzugt in kleinen Erdhöhlen. Sie verschließen zur *Überwinterung* ihr Gehäuse mit einem *Kalkdeckel* und fallen in Winterstarre. Im Frühjahr stoßen sie den Deckel wieder ab.

3 Begründe, weshalb die Schnecke nur bei Regen, in der Dämmerung und nachts auf Nahrungssuche geht!

Material A ▸ Fortbewegung der Schnecke

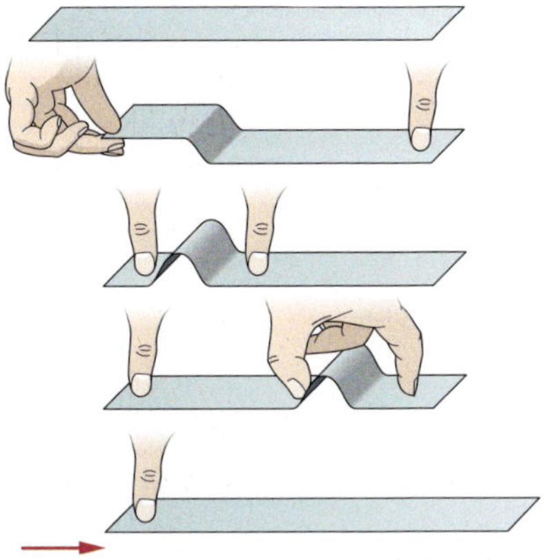

A1 Beschreibe die Fußsohle der kriechenden Schnecke auf einer Glasplatte!

A2 Erläutere mithilfe eines Papierstreifens die Fortbewegung einer Schnecke!

A3 Erläutere, was durch den Modellversuch mit dem Papierstreifen nicht erklärt werden kann!

Material B ▸ Schnecke beim Fressen

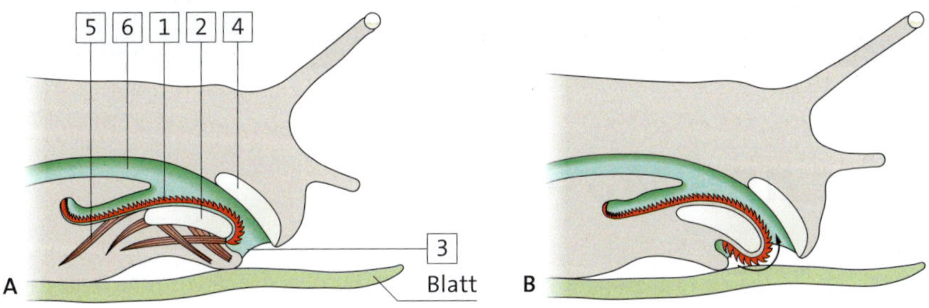

B1 Ordne den Zahlen die entsprechenden Fachbegriffe zu!

B2 Beschreibe die unterschiedlichen Vorgänge in den Abbildungen A und B!

Material C ▸ Weitere Schneckenarten

Die meisten Lungenschnecken leben an Land, Kiemenschnecken im Wasser.

C1 Informiere dich in Lexika, Tierbüchern oder im Internet über den jeweiligen Lebensraum der abgebildeten Schnecken!

C2 Ordne die Schnecken der Gruppe der Lungenschnecken oder der Kiemenschnecken zu! Begründe deine Zuordnung!

C3 Nenne weitere Tiere, die über Kiemen atmen!

01 Tintenfisch mit Kopffüßen

Tintenfische und Muscheln

Am Strand kann man häufig bis zu 15 Zentimeter lange, ovale Kalkgebilde finden. Diese Schulpe stammen vom Gemeinen Tintenfisch. Welche Funktion hat der Schulp im Körper eines Tintenfisches?

KÖRPERBAU · Hinter dem Kopf sitzt der ovale und flache Rumpf des Tintenfisches. Er ist mit einem *Mantel* ausgekleidet. Am Rücken umgibt der Mantel eine Kalkplatte, den *Schulp*. Er wird vom Mantel gebildet und stabilisiert den Körper des Tintenfisches. Bauchseits umschließt der Mantel die *Mantelhöhle*. In ihr liegt ein Paar *Kiemen*, mit denen der Tintenfisch atmet, deshalb nennt man sie auch *Atemhöhle*. Der weiche *Eingeweidesack* umgibt alle *inneren Organe*. Im hinteren Teil des Eingeweidesackes liegt der *Tintenbeutel*. Er mündet wie der Darm in die Atemhöhle. Tintenfische gehören genauso wie die Schnecken zu den **Weichtieren.**

02 Schulp

Seitlich am Kopf befindet sich ein Paar auffällig große *Augen*, mit denen der Tintenfisch sehr gut sehen kann. Sie haben eine direkte Verbindung zum *Gehirn*. Fünf Paar Kopffüße umranden den Mund des Tintenfisches, deshalb gehört er zu den **Kopffüßern.** Sie sind an der Innenseite mit Saugnäpfen besetzt. Ein Paar ist besonders dünn und lang und am Ende wie eine Keule verdickt. Dies sind die *Fangarme* oder *Tentakel*. Sie sind in Taschen verborgen und werden zum Beutefang eingesetzt. Tintenfische besitzen wie die Schnecken im Mund hornartige *Kiefer* und eine *Radula*, mit denen sie die Nahrung zerkleinern.

FORTBEWEGUNG · Der Körper trägt rechts und links am Rand eine saumförmige

Flosse. Mit wellenartigen Flossenbewegungen schwimmt der Tintenfisch im Wasser langsam vorwärts. Hierbei gelangt sauerstoffreiches Wasser durch einen *vorderen Schlitz* in die Atemhöhle zu den Kiemen. Kohlenstoffdioxidreiches Wasser wird später über den darüberliegenden *Trichter* nach außen abgegeben. Der Tintenfisch reguliert über die beiden, verschließbaren Öffnungen den Austausch des Wassers.
Bei Gefahr nutzt der Tintenfisch das Wasser der Atemhöhle, um zu flüchten. Er verschließt den vorderen Schlitz und zieht die Atemhöhle kräftig zusammen. Das Wasser wird durch den vorderen Trichter nach außen gepresst und der Tintenfisch schießt mit dem Hinterende voran durch das Wasser. Diese Form der Fortbewegung wird **Rückstoßschwimmen** genannt. Auf der Flucht vor Feinden mischt er dem Wasser einen dunklen Farbstoff aus dem Tintenbeutel bei. Die Verfolger bleiben meist in der Tintenwolke orientierungslos zurück. Diesen Moment nutzt der Tintenfisch, um sich zu verstecken oder sich zu tarnen.

LEBENSWEISE · Tintenfische sind Bewohner flacher Küstengewässer. Nachts lauern sie auf kleine Krebse, Weichtiere und Fische. Ist ein Beutetier nahe genug, schießt der *Lauerjäger* die Tentakel aus den Taschen. Mit den Saugnäpfen der Keulen ergreift der Tintenfisch die Beute. Die anderen Kopffüße befördern die Beute mit ihren Saugnäpfen zu den Kiefern im Mund. Tagsüber versteckt sich der Tintenfisch im Sand oder tarnt sich, indem seine Haut auf der Körperoberseite eine ähnliche Farbe und Musterung wie die der Umgebung annimmt.
Nach der Paarung zwischen Männchen und Weibchen befestigt das Weibchen die befruchteten Eizellen an Meerespflanzen. Aus den Eiern entwickeln sich direkt junge Tintenfische. Tintenfische sind *getrenntgeschlechtlich.*

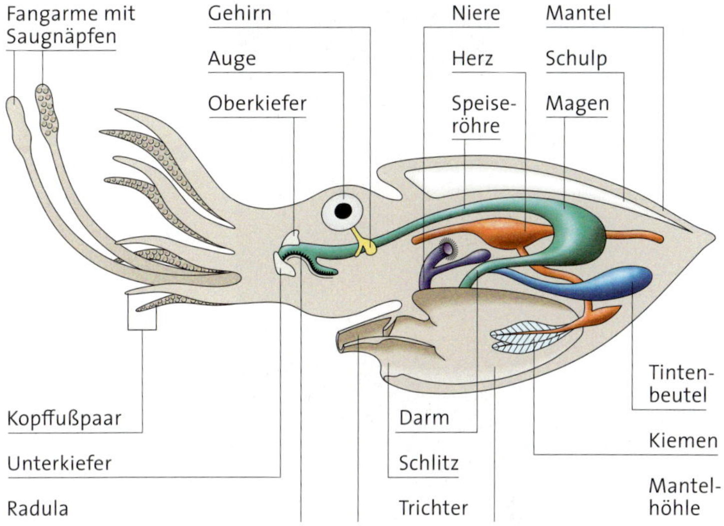

04 Körperbau des Tintenfisches

1 Beschreibe die Vorgänge während der drei Phasen beim Rückstoßschwimmen mithilfe der Abbildung 03!

2 Vergleiche die Fortbewegungsweisen des Tintenfisches mit den Fortbewegungsweisen des Flusskrebses!

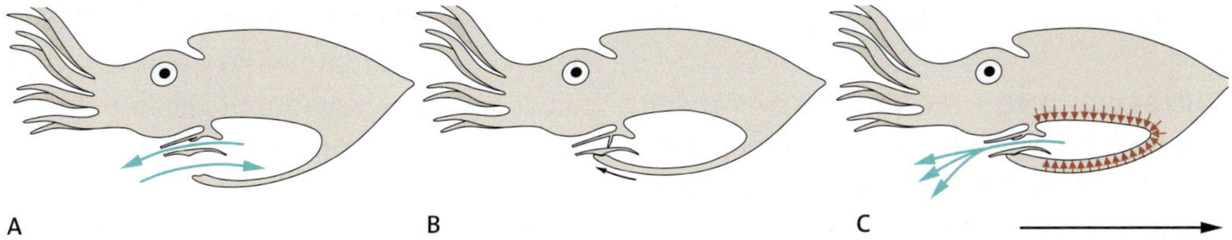

03 Fortbewegung durch Rückstoßschwimmen

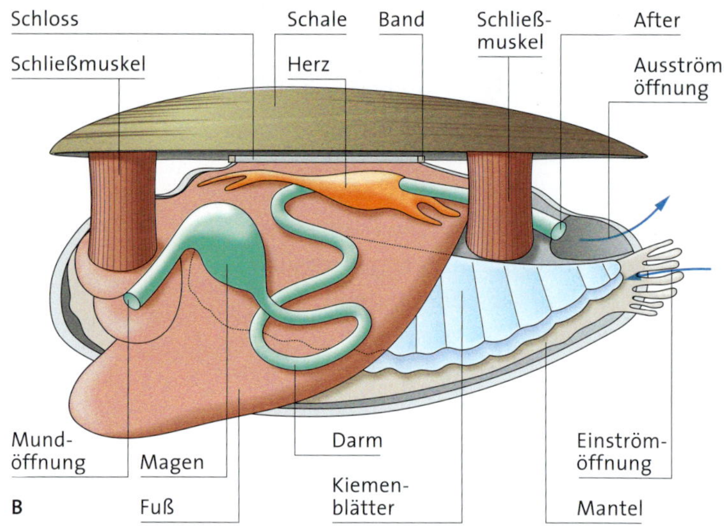

05 Teichmuschel: **A** im Lebensraum, **B** Körperbau

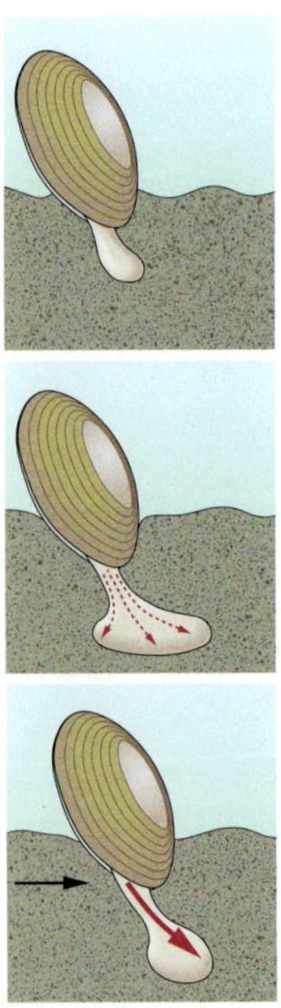

06 Fortbewegung der Muschel

KÖRPERBAU DER TEICHMUSCHEL · Die *Große Teichmuschel* lebt am Grund sauberer, stehender Süßgewässer. Sie wird durch zwei aus Kalk bestehende, aufklappbare Schalenhälften geschützt. Diese sind über ein *Schloss,* das wie ein Scharnier funktioniert, miteinander verbunden. Zwei *Schließmuskeln* verschließen die beiden Hälften fest zu einer *Schale.* Erschlaffen die Muskeln, zieht ein *elastisches Band,* das über dem Schloss liegt, die Hälften auseinander. Die Schale ist innen mit einem *Mantel* umkleidet, der die Kalkschichten der Schale bildet. Nach innen umschließt der Mantel den *Eingeweidesack* und die *Mantelhöhle.* In ihr liegen rechts und links vom Fuß je zwei *Kiemenblätter,* weshalb sie auch *Atemhöhle* heißt. Der weiche Eingeweidesack beinhaltet die *inneren Organe.* Auch Muscheln gehören zu den **Weichtieren.**

FORTBEWEGUNG · Die Muschel streckt den eingezogenen Fuß aus der geöffneten Schale. Indem sie ihn mit Blut füllt, verdickt er sich, drückt Bodenmaterial beiseite und findet so Halt. Nun ziehen sich die Muskeln im Fuß zusammen und ziehen den restlichen Körper nach. So bewegt sich die Teichmuschel langsam auf dem Boden vorwärts.

ATMUNG UND ERNÄHRUNG · Die Muschel erzeugt in ihrer Atemhöhle einen Wasserstrom, indem sie Millionen kleinster Wimperhärchen auf der Mantel- und der Kiemenoberfläche bewegt. Wasser gelangt so durch die Einströmöffnung in die Atemhöhle. Die Kiemen nehmen aus dem vorbeiströmenden Wasser Sauerstoff auf und geben Kohlenstoffdioxid ab. Außerdem filtriert die Teichmuschel aus dem Wasser Kleinstlebewesen und Teilchen von abgestorbenen Pflanzen und Tieren. Deshalb sind Muscheln **Filtrierer.** Die Nahrungsteilchen bleiben an der *Schleimschicht* auf den Kiemen hängen und werden durch die Wimperhärchen zum Mund befördert. Im Magen und Darm werden sie verdaut. Das Wasser wird zusammen mit Kot durch die Ausströmöffnung ausgestoßen.

3 Vergleiche die Fortbewegung der Muscheln mit der der Schnecken!

Material A ▸ Saugnäpfe beim Tintenfisch

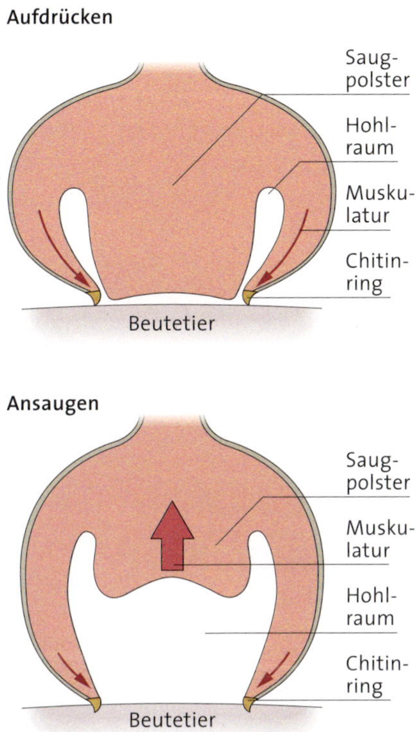

Ergreift der Tintenfisch seine Beute mit den Kopffüßen, saugen sich seine Saugnäpfe auf dem Körper der Beute fest. Zuerst drücken Muskeln den Chitinring und das Saugpolster auf die Körperoberfläche. Dann ziehen Muskeln das Saugpolster nach oben und der Chitinring wird in das Beutetier gedrückt.

A1 Beschreibe die Anordnung der Saugnäpfe auf den Kopffüßen des Tintenfisches!

A2 Beschreibe die Beutefangstrategie des Tintenfisches und das Festsaugen der Saugnäpfe!

A3 Nenne Gummisaugnäpfe aus dem Alltag, bei denen das gleiche Prinzip Anwendung findet!

Material B ▸ Weichtiere im Vergleich

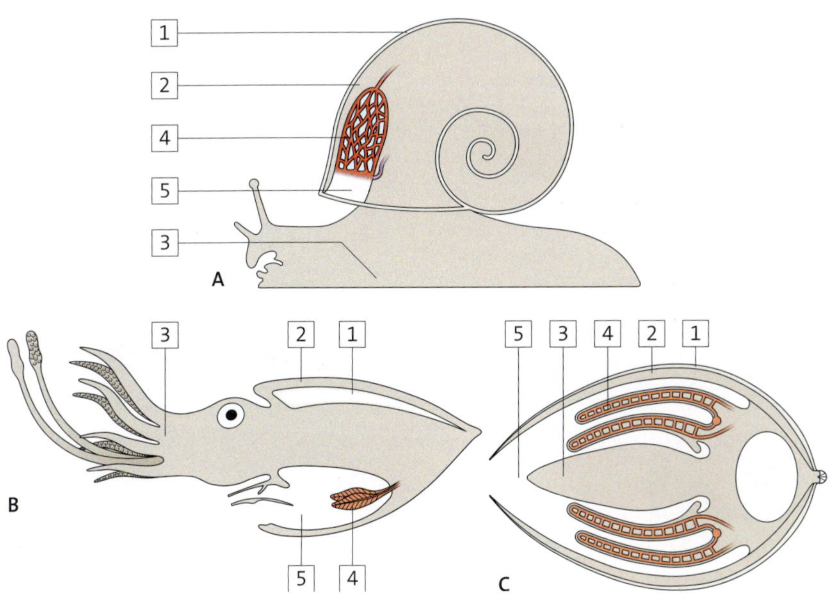

B1 Benenne die Gruppen der Weichtiere in der Abbildung!

B2 Ordne den Zahlen die entsprechenden Fachbegriffe zu!

B3 Vergleiche die Atmung und die Ernährung der dargestellten Tiergruppen!

B4 Erläutere, weshalb diese Tiergruppen zu den Weichtieren gezählt werden!

Stämme der Wirbellosen

Tiere, die in ihrem **Grundbauplan** viele gemeinsame Merkmale aufweisen, werden zu einer *Gruppe* zusammengefasst. So gehören Tiere mit einer Wirbelsäule zu dem **Stamm** der Wirbeltiere. Dieser Tierstamm umfasst etwa fünf Prozent aller Tierarten. Alle ande-

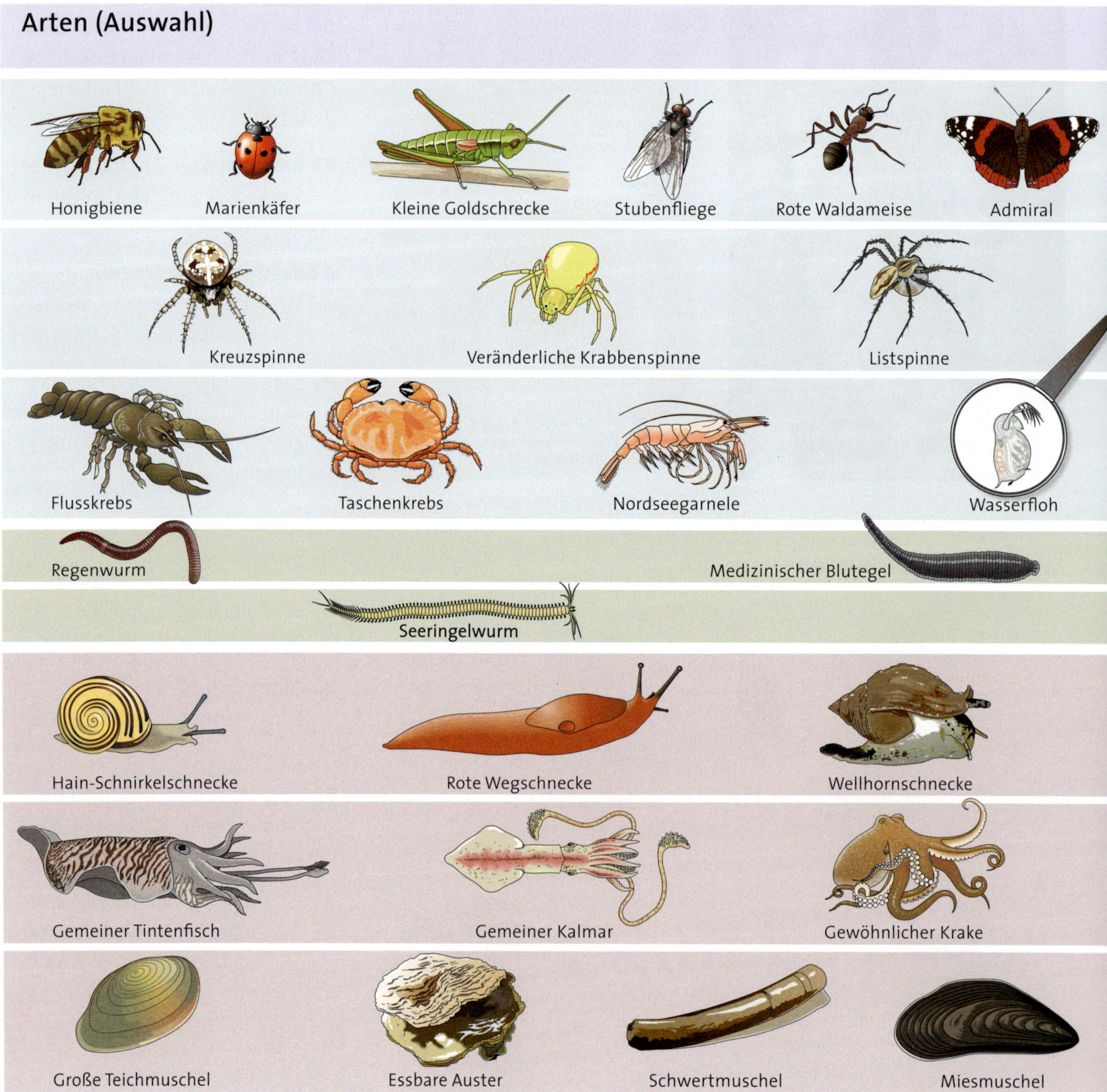

ren Tierarten besitzen keine Wirbelsäule und gehören daher zu den **Wirbellosen.** Sie weisen viele verschiedene Grundbaupläne auf.

Hier werden drei *Stämme der Wirbellosen* mit ihren typischen gemeinsamen Merkmalen und einigen ihrer Vertreter vorgestellt.

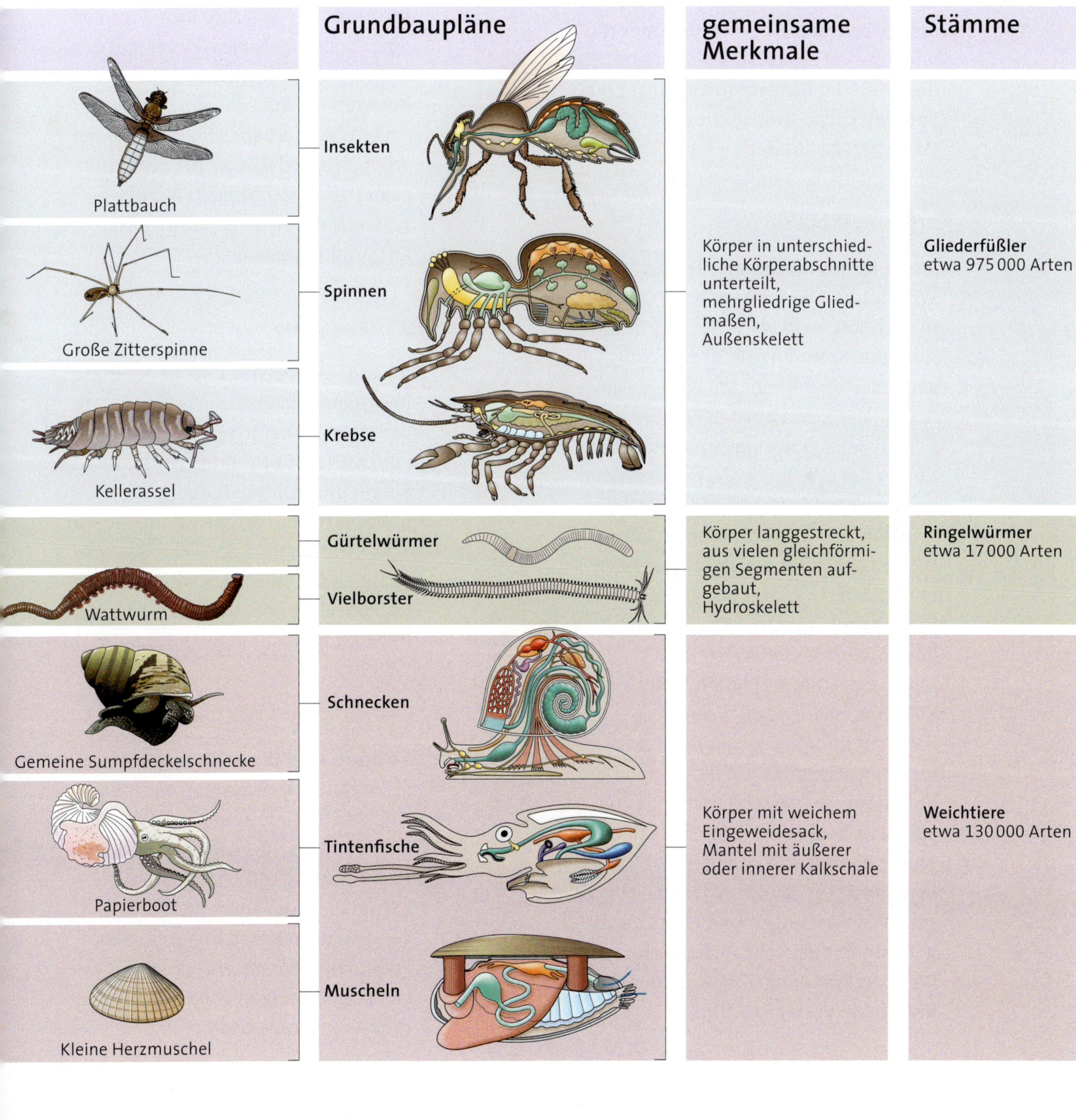

Kennzeichen der wirbellosen Tiere

Den wirbellosen Tieren fehlt eine Wirbelsäule und sie besitzen kein Knochenskelett. Der *Artenreichtum* ist bei den Wirbellosen sehr viel größer als bei den Wirbeltieren. Aus der äußerst umfangreichen Gruppe der wirbellosen Tiere werden hier nur wichtige Vertreter der *Gliedertiere*, das heißt der Ringelwürmer, Insekten, Spinnen sowie Krebse, und der *Weichtiere* behandelt.

Körpermerkmale

Äußere Körpermerkmale: Es gibt Würmer und Weichtiere ohne Gliedmaßen sowie *Gliederfüßer*, das heißt Insekten, Spinnen und Krebse, mit gegliederten Beinen und Füßen. Die Anzahl der Beine bei den Gliederfüßern beträgt mindestens sechs. Der Körper der Gliedertiere ist vollständig oder zum Teil in Kammern, in *Segmente*, gegliedert. Die Körperbedeckung besteht aus einer weichen Haut, aus einer *Kalkschale* oder aus einer festen *chitinhaltigen Schicht*. Der Stabilität des Körpers dienen *Hautmuskelschläuche*, äußere Schalen, innere Kalkplatten oder *Außenskelette*. Insekten und Krebse tragen *Antennen* mit Sinnesorganen auf dem Kopf. Der Körperbau der verschiedenen Gruppen der Wirbellosen ist jeweils nach einem übereinstimmenden *Grundbauplan* aufgebaut, von dem es jedoch viele Abänderungen und Umformungen gibt (**biologische Prinzipien: Struktur und Funktion, Angepasstheit** sowie **Variabilität**).

Innere Körpermerkmale: Wirbellose Tiere atmen mit sehr unterschiedlichen Atmungsorganen. Manche Arten atmen durch die Haut, andere mit Kiemen oder Atemöffnungen und -röhren. Der Blutkreislauf kann geschlossen oder offen sein. Das farblose oder gefärbte Blut wird von einem oder mehreren Herzen in den Körper gepumpt. Gliederfüßer besitzen ein *Rückenherz*. Das Nervensystem variiert ebenfalls. Bei Ringelwürmern und Gliederfüßern findet man *strickleiterähnliche Nervensysteme*, die als Bauchmark den Körper durchziehen.

Fortbewegung

An Land: Wirbellose kriechen ohne besondere Gliedmaßen oder sie bewegen sich mit Beinen fort.

In der Luft: Nur Insekten besitzen Flügel und können fliegen.

Im Wasser: Zur Fortbewegung dienen Schwimmbeine, Schwänze, Flossensäume oder Trichter. Manche Wirbellose schwimmen durch schlängelnde Bewegungen des ganzen Körpers.

Ernährung und Wärmehaushalt

Nahrungsaufnahme: Manche wirbellose Tierarten besitzen für die Nahrungsaufnahme keine besonderen Mundwerkzeuge, während andere ihre Nahrung mit zum Teil sehr kompliziert gebauten Mundwerkzeugen aufnehmen und in vielen Fällen auch zerkleinern. Die wirbellosen Tiere nutzen dabei die mannigfaltigsten Nahrungsquellen.

Wärmehaushalt: Alle wirbellosen Tiere sind *wechselwarm*. Ihre Körperwärme ist von der Außentemperatur abhängig.

Fortpflanzung und Entwicklung

Geschlechter: Manche Wirbellose wie die Regenwürmer sind zwittrig, die meisten Arten sind jedoch getrenntgeschlechtlich.

Befruchtung: Es kommen sowohl *innere Befruchtung* zum Beispiel bei Bienen als auch *äußere Befruchtung* wie zum Beispiel bei Muscheln vor.

Eiablage: Fast alle wirbellosen Tierarten pflanzen sich über Eier fort. Bei vielen Arten sterben die Elterntiere nach der Begattung oder Eiablage.

Entwicklungsstadien: Aus den Eiern schlüpfen Larven, die in vielen Fällen völlig anders aussehen als die Elterntiere. Bei der Entwicklung der Larven findet deshalb oft eine Verwandlung, eine *Metamorphose* statt, die vollständig oder unvollständig sein kann.

Brutpflege: Einige Arten, besonders Staaten bildende Insekten, betreuen ihre Brut, während viele andere Wirbellose ihre Larven sich selbst überlassen. Die geringere Überlebenswahrscheinlichkeit wird dabei durch eine hohe Zahl von Nachkommen ausgeglichen.

Vermehrung: Die wirbellosen Tiere haben in ihrem Leben sehr viel mehr als nur einen Nachkommen. Sie vermehren sich also bei der Fortpflanzung (**biologisches Prinzip: Reproduktion**).

Verwandtschaft und Vielfalt

Tiere, die in wesentlichen Körpermerkmalen übereinstimmen, fasst man zu Verwandtschaftsgruppen zusammen wie zum Beispiel die Gliederfüßer, Ringelwürmer oder Weichtiere. Bei Tieren mit *ähnlichen Grundbauplänen* geht man davon aus, dass sie in weit zurückliegenden Zeiten *gemeinsame Vorfahren* hatten und sich seither unterschiedlich weiter entwickelt haben.

Unter den wirbellosen Tieren gibt es trotz gemeinsamer Grundbaupläne eine riesige Vielfalt. Je nach Lebensraum und Lebensweise weisen die Tiere sehr verschieden ausgebildete Körperteile und Organe auf (**biologisches Prinzip: Variabilität**).

Zusammenleben

Unter den wirbellosen Tieren gibt es einige *soziale* Arten, die sogar Staaten bilden. Zur Verständigung benutzen die Tiere hauptsächlich ihre Geruchs-, Seh- und Hörsinne und reagieren auf die entsprechenden Reize und *Signale* (**biologisches Prinzip: Information und Kommunikation**).

Wechselseitige Beziehungen: Eine hilfreiche Wechselwirkung besteht zwischen Blütenpflanzen und den sie bestäubenden Insekten. Andere Arten wie zum Beispiel Blut saugende Insekten schaden dagegen ihren Wirten (**biologisches Prinzip: Wechselwirkung zwischen Lebewesen**).

Blütenpflanzen

In diesem Kapitel beschäftigst du dich mit

- dem Bau von Blütenpflanzen. Du lernst, welche Organe die Blütenpflanzen haben, und du erfährst etwas über die Aufgaben dieser Organe.
- dem Bau von Blüten und mit den Aufgaben ihrer einzelnen Bestandteile. Du lernst, wie Samen gebildet werden, Früchte entstehen und diese verbreitet werden. Du erfährst also etwas darüber, wie sich die Blütenpflanzen fortpflanzen und entwickeln.
- der Vielfalt der Blütenpflanzen. Du erfährst, wie man Ordnung in diese Vielfalt bringt. Dabei lernst du verschiedene Pflanzenfamilien und Wuchsformen der Blütenpflanzen kennen.
- Laub- und Nadelbäumen. Du lernst etwas über ihren Bau und erfährst, wie sie und andere Blütenpflanzen den Winter überstehen.
- Getreide und der Kartoffel. Du lernst, wie sie gebaut sind und weshalb sie wichtige Nutzpflanzen sind. Außerdem erfährst du, woher sie stammen und wie sie bei uns zu wichtigen Nutzpflanzen wurden.

01 Rapsfeld

Blütenpflanzen haben Organe

Schon aus der Ferne sind blühende Rapsfelder an den leuchtend gelben Blüten zu erkennen. Der Raps ist eine Blütenpflanze. Wie sind diese Pflanzen aufgebaut?

GRUNDBAUPLAN · Mit ihrer **Wurzel** ist die Rapspflanze fest im Ackerboden verankert. Von einer dicken, fleischigen *Hauptwurzel* zweigen viele kleine, dünne *Nebenwurzeln* ab. Wie bei allen Blütenpflanzen dient auch beim Raps die Wurzel nicht nur der Verankerung, sondern auch der Aufnahme von Wasser und darin gelöster *Mineralstoffe* aus dem Boden.

Der grüne *Stängel,* die **Sprossachse** des Rapses, kann bis zu 1,5 Meter hoch werden. Wie beim Raps trägt die Sprossachse aller Blütenpflanzen Blätter und Blüten. In der Sprossachse werden Nährstoffe, Mineralstoffe und Wasser durch die Pflanze geleitet. Außerdem gibt die Sprossachse der Pflanze ihre Form.

An der Sprossachse des Rapses wachsen die an ihrer Spitze leicht gezähnten blaugrünen **Laubblätter.** Beim Raps, aber auch bei allen anderen grünen Blütenpflanzen, werden in den Laubblättern die Nährstoffe der Pflanze hergestellt.

Die **Blüten** des Rapses sitzen in Gruppen an der Spitze der Sprossachse und bestehen aus unterschiedlich aufgebauten und gefärbten Blättern. Aus der Blüte entwickelt sich später die *Frucht.* Die Aufgabe der Blüten ist die *Fortpflanzung* und die *Vermehrung.*

Wurzel, Sprossachse und *Laubblätter* bilden zusammen den Grundbauplan der Blütenpflanzen.

02 Rapspflanze

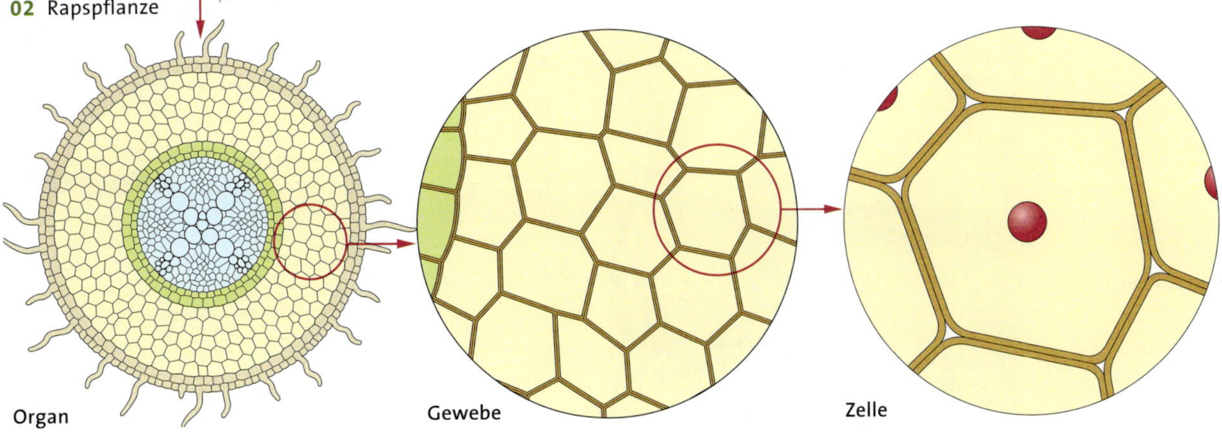

PFLANZEN BESTEHEN AUS ZELLEN · Schneidet man eine Rapswurzel quer in hauchdünne Scheiben und betrachtet diese unter dem Mikroskop, kann man kleine rundliche Gebilde entdecken. Diese Gebilde nennt man **Zellen.** Wie alle Lebewesen bestehen auch die Blütenpflanzen aus Zellen. Zellen können ganz unterschiedlich gebaut sein und unterschiedliche Aufgaben in einem Lebewesen erfüllen. Da jede Zelle ihre ganz spezielle Aufgabe hat, spricht man auch von einer *Arbeitsteilung* der Zellen.
Befinden sich viele ähnlich gebaute Zellen mit gleicher Aufgabe dicht beieinander, nennt man das ein **Gewebe.**
Mehrere unterschiedliche Gewebe bilden zusammen ein **Organ.** Die Gewebe arbeiten im Organ zusammen, damit das Organ seine Aufgabe in dem Lebewesen erfüllen kann. Beispiele für Organe des Rapses sind die Blüte, das Laubblatt, die Sprossachse und die Wurzel.

1 Beschreibe den Grundbauplan von Blütenpflanzen!

2 Ordne den Grundorganen ihre Aufgaben zu!

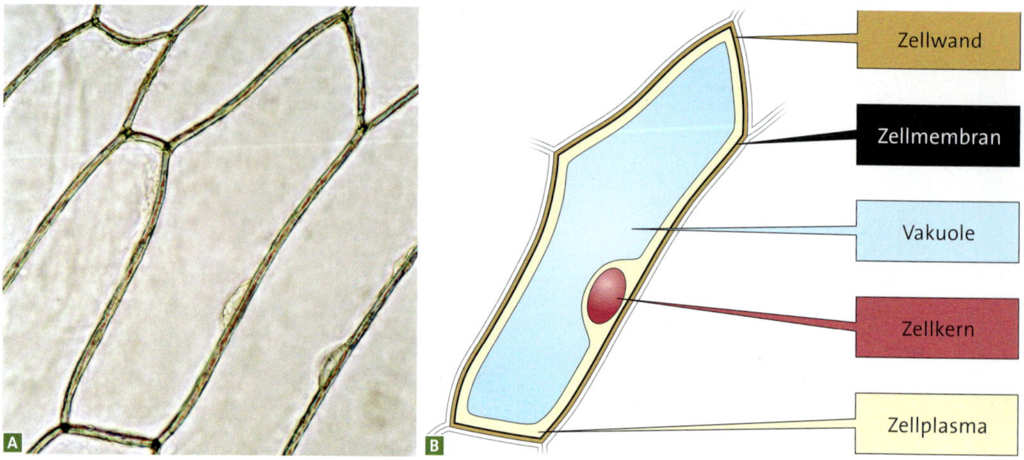

03 Zellen der Zwiebelhaut:

A unter dem Mikroskop,

B Schema

PFLANZEN UNTER DEM MIKROSKOP · Legt man ein kleines Stück Zwiebelhaut unter das Mikroskop, lassen sich die einzelnen Pflanzenzellen und ihr Aufbau gut erkennen. Nach außen wird die Zelle von der stabilen **Zellwand** begrenzt. Sie verleiht der Zelle Festigkeit und bestimmt ihre typische Gestalt. Die „Haut" der Zelle, die **Zellmembran,** schmiegt sich von innen eng an die Zellwand. Die Zellmembran dient als Filter, der nur bestimmte Stoffe in die Zelle hinein- oder aus ihr herauslässt. Die Zellmembran umschließt das **Zellplasma.** Darin liegt die Steuerungszentrale der Zelle, der **Zellkern.** Im Zellplasma vieler Zellen der Laubblätter finden sich kleine, grüne Körperchen, die Blattgrün*körner* oder **Chloroplasten.** In ihnen baut die Pflanze mithilfe von Licht ihre Nährstoffe auf. Der große Raum in der Mitte der meisten pflanzlichen Zellen ist der *Zellsaftraum.* Er wird auch als **Vakuole** bezeichnet. Auch die Vakuole ist von einer Membran umgeben und füllt fast die gesamte Pflanzenzelle aus. Sie dient der Zelle als Speicher für verschiedene Stoffe.

3 Beschreibe den Aufbau einer pflanzlichen Zelle! Nenne die einzelnen Bestandteile und ihre jeweilige Aufgabe!

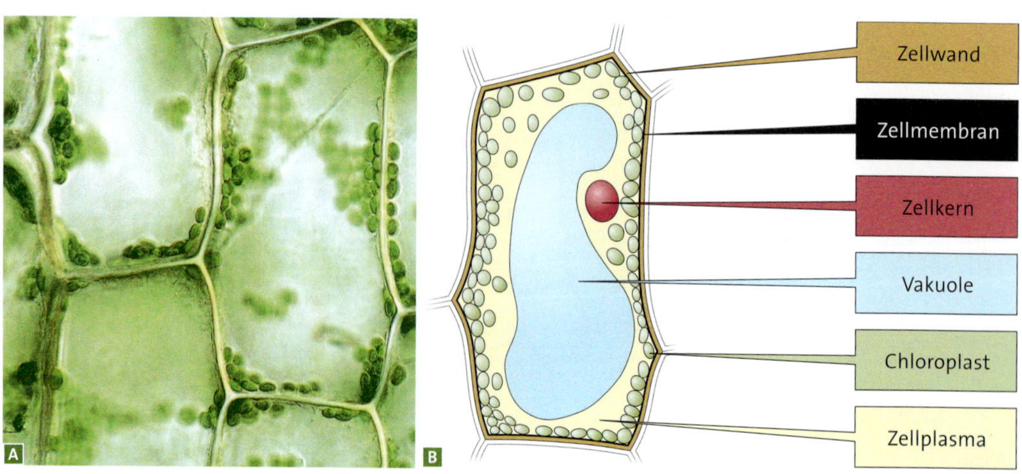

04 Blattzellen der Wasserpest:

A unter dem Mikroskop,

B Schema

Material A ▸ Grundorgane als Nahrungsmittel

A1 Nenne und beschreibe die pflanzlichen Grundorgane, aus denen die abgebildeten Nahrungsmittel bestehen!

A2 Erstelle eine Tabelle, in der du für die drei Grundorgane je eine Spalte anlegst! Trage die Nahrungsmittel in die dazu passende Spalte ein!

A3 Füge deiner Tabelle folgende Nahrungsmittel hinzu und ordne sie in die passende Spalte ein: Lauch, Rotkohl, Kohlrabi, Radieschen, Rettich und Spinat!

Material B ▸ Grundorgane können unterschiedlich aussehen

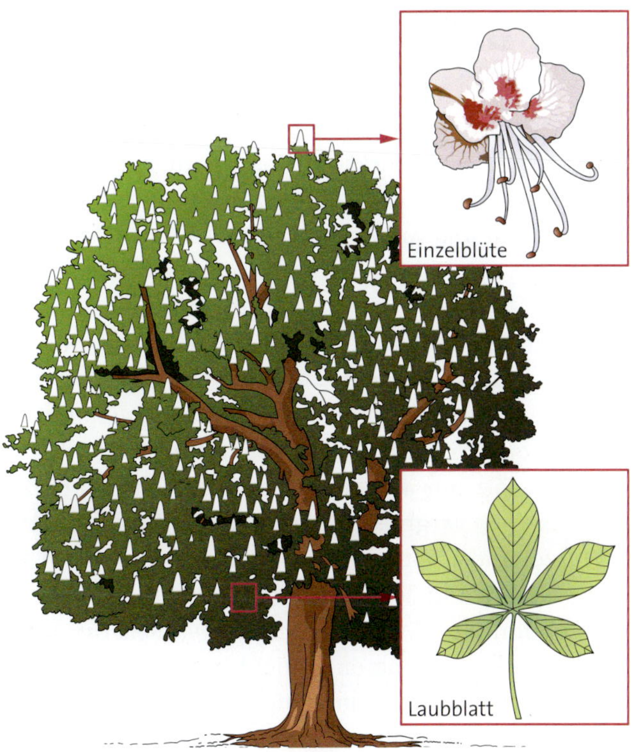

Beim *Hahnenfuß* findet man die gleichen Grundorgane wie beim Raps. Aber auch Laubbäume wie die *Rosskastanie* gehören zu den Blütenpflanzen und sind deshalb aus den gleichen Grundorganen aufgebaut.

B1 Benenne die einzelnen Pflanzenteile beim Hahnenfuß und bei der Rosskastanie!

B2 Vergleiche die Grundorgane des Hahnenfußes und der Rosskastanie! Erläutere Gemeinsamkeiten und Unterschiede!

01 Alpenveilchen

Bau und Aufgaben von Wurzel, Sprossachse und Laubblatt

Zieht man eine Pflanze vorsichtig aus dem Boden, erkennt man, dass sie aus oberiridischen und unterirdischen Organen aufgebaut ist. Wie sind sie gebaut und welchen Aufgaben dienen sie?

WURZEL · Pflanzen sind mit ihren Wurzeln fest im Boden verankert. Wurzeln dienen aber auch der Aufnahme von *Wasser* und den darin gelösten *Mineralstoffen*. An der Wurzel befindet sich ein Filz aus feinen Härchen. Diese *Wurzelhärchen* vergrößern die Oberfläche der Wurzel und erleichtern so die Aufnahme des Wassers und der Mineralstoffe. Das aufgenommene Wasser gelangt von der *Wurzelrinde* in den inneren Bereich der Wurzel, den *Zentralzylinder*. Von dort wird es in die Sprossachse geleitet.

SPROSSACHSE · Wasser und darin gelöste Stoffe werden in Geweben aus röhrenförmigen Zellen geleitet. Diese Gewebe heißen *Leitungsbahnen* und ziehen sich durch Wurzel, Sprossachse und Laubblätter. Die Leitungsbahnen, in denen der Transport von Wasser und Mineralstoffen von der Wurzel in die gesamte Pflanze erfolgt, werden *Tracheen* genannt. Der Transport von Nährstoffen, die in den Laubblättern gebildet werden, erfolgt in Leitungsbahnen mit siebartig durchlöcherten Querwänden. Deshalb heißen diese Bahnen *Siebröhren*. Siebröhren und Tracheen bilden zusammen ein *Leitbündel*. Die Sprossachse hat aber nicht nur eine Leitungsfunktion. Sie hebt die Blätter zum Licht und gibt der Pflanze ihre Gestalt und ihre Festigkeit.

LAUBBLATT · Betrachtet man die Unterseite eines Laubblattes unter dem Mikroskop, kann man auf ihr kleine Öffnungen erkennen, die *Spaltöffnungen*. Durch diese Öffnungen kann die Pflanze Wasserdampf an die Umgebung abgeben. Durch die Wasserabgabe an den Laubblättern entsteht in den Tracheen ein Sog, der das Wasser aus den Wurzeln bis in die Spitze der Pflanze zieht. In den Tracheen strömt auf diese Weise ständig Wasser von unten nach oben. Damit die Pflanze durch Verdunstung nicht zu viel Wasser verliert und austrocknet, können die Spaltöffnungen auch geschlossen werden.

In den *Blattgrünkörnern*, den *Chloroplasten*, wird mithilfe des Sonnenlichts aus Kohlenstoffdioxid und Wasser der energiereiche Nährstoff Zucker sowie Sauerstoff hergestellt. Dieser Vorgang heißt **Fotosynthese.** Das für die Fotosynthese benötigte Kohlenstoffdioxid gelangt aus der Luft durch die Spaltöffnungen in die Blätter. Auf umgekehrtem Weg wird der bei der Fotosynthese entstandene Sauerstoff an die Umgebung abgegeben. Die in den Laubblättern gebildeten Nährstoffe werden über die Siebröhren in die gesamte Pflanze verteilt.
Damit eine Pflanze leben kann, ist also ein enges *Zusammenspiel aller Grundorgane* erforderlich.

1 Nenne die Aufgaben der Wurzeln einer Blütenpflanze!

2 Nenne die Aufgaben der Laubblätter einer Blütenpflanze!

3 Nenne die Aufgaben der Sprossachse einer Blütenpflanze!

4 Beschreibe den Weg der Nährstoffe in der Blütenpflanze!

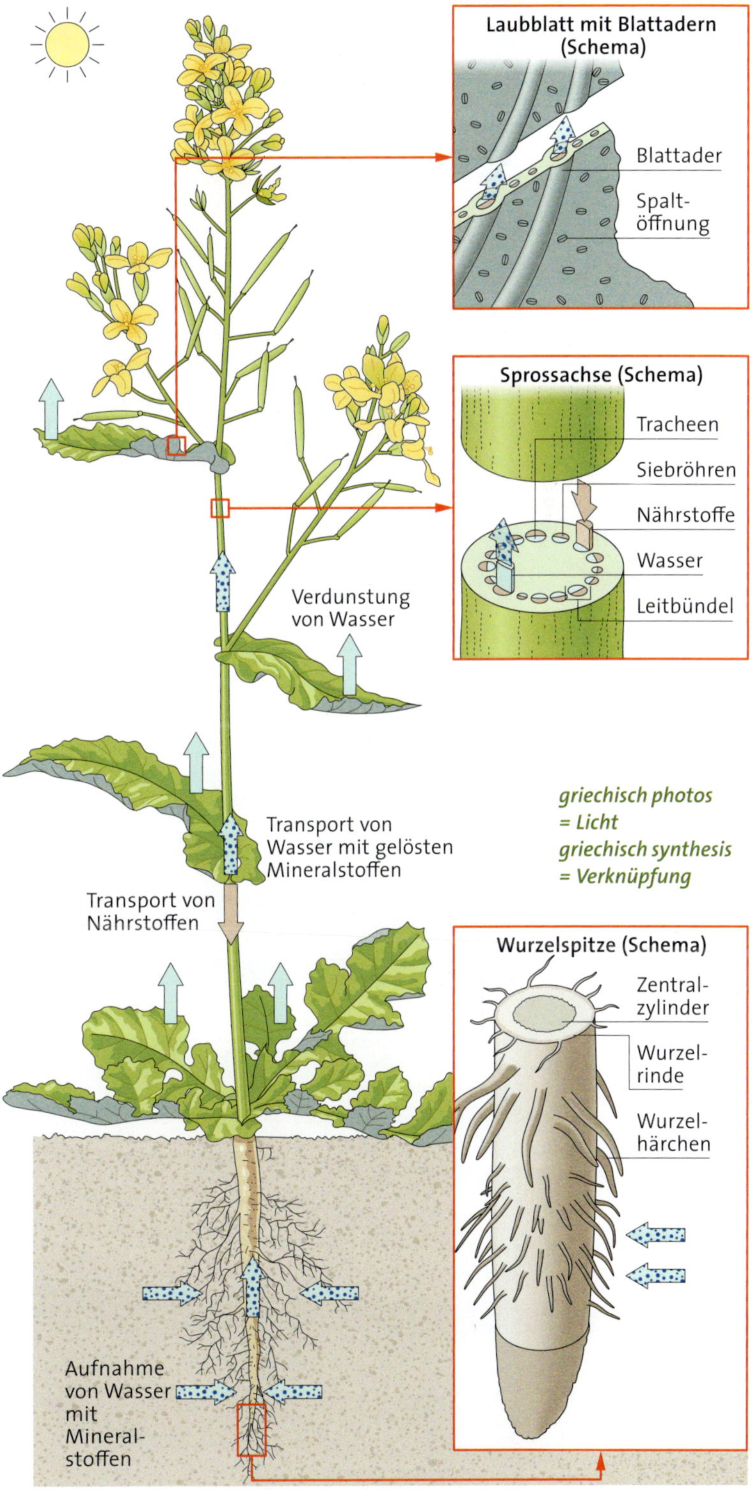

griechisch photos = Licht
griechisch synthesis = Verknüpfung

02 Transport von Nährstoffen, Wasser und gelösten Mineralstoffen

04 Efeu

05 Kaktus

06 Sonnentau

ABGEWANDELTE GRUNDORGANE · Der **Efeu** ist eine häufige Kletterpflanze unserer Wälder und Gärten. Die *Wurzeln* des Efeus sind nicht nur am Grund der Sprossachse im Boden zu finden. Ein Teil seiner Wurzeln wächst an vielen Stellen des kletternden Sprosses. Diese Wurzeln werden *Haftwurzeln* genannt, da sich der Efeu mit ihnen an Bäumen und sogar an Hausfassaden verankern kann. So wächst der Efeu in die Höhe und kann auch im Wald ausreichend Sonnenlicht bekommen.

Der *Spross* kann ebenfalls umgebildet sein. In den trockenen Gebieten Amerikas wachsen **Kakteen.** Die Sprossachse eines Kaktus ist sehr dick und fleischig. Im Inneren dieses Sprosses kann der Kaktus große Mengen Wasser speichern, um die langen Trockenperioden in der Wüste zu überstehen.

Bei dem nur wenige Zentimeter großen **Sonnentau,** der in unseren Mooren wächst, sind die *Laubblätter* umgebildet. Überall auf den runden Blättern befinden sich auffällig rot gefärbte Haare mit glänzenden Flüssigkeitstropfen an der Spitze. Wird ein Insekt angelockt und setzt sich auf die Haare, bleibt es an der klebrigen Flüssigkeit hängen. Der Sonnentau krümmt langsam sein Blatt um das Opfer und beginnt, es mithilfe der Flüssigkeit zu verdauen. Pflanzen wie der Sonnentau werden *fleischfressende Pflanzen* genannt. Sie nutzen tierische Nahrung als zusätzliche Mineralstoffquelle.

Abwandlungen der Grundorgane sind *Angepasstheiten* der Pflanzen an ihren Lebensraum und ihre Lebensweise.

5 Erläutere mithilfe eines Beispiels aus dem Text das biologische Prinzip „Angepasstheit“!

Material A ▸ Oberflächenvergrößerung

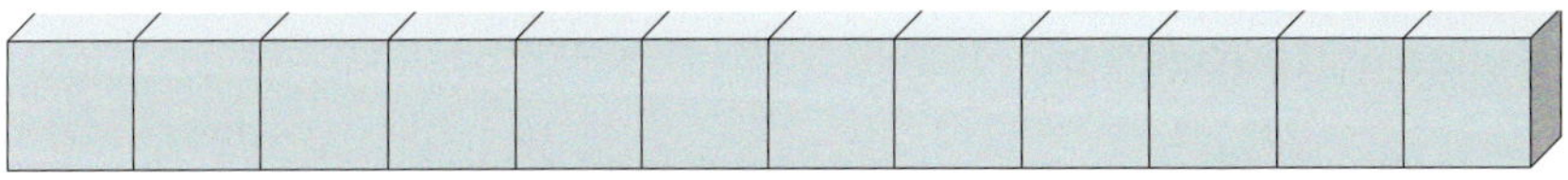
A

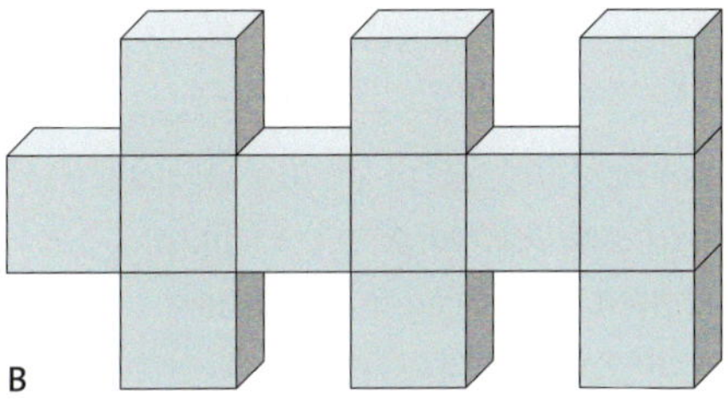
B

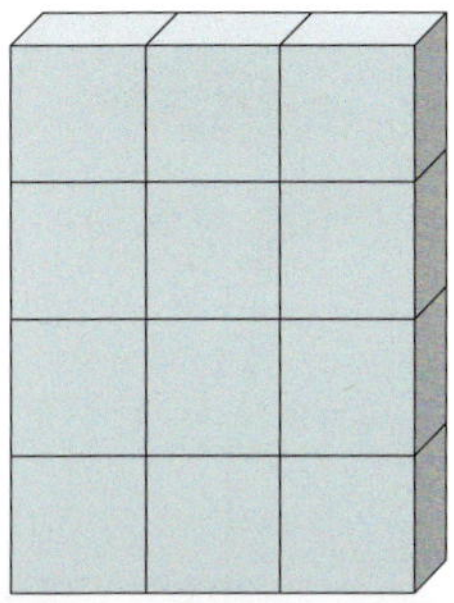
C

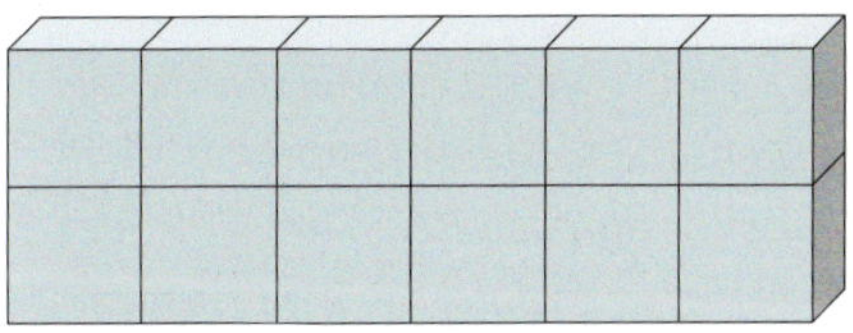
D

E

Die Abbildung zeigt Körper, die aus der gleichen Anzahl von gleichgroßen Würfeln zusammengesetzt sind.

A1 Berechne die Oberfläche der vier Körper und erläutere das Verhältnis zwischen Oberfläche und Form des Körpers! Gehe dabei davon aus, dass die Kantenlänge des Würfel einen Zentimeter beträgt.

A2 Vergleiche das Modell mit der Wurzelspitze!

A3 Erläutere mögliche Vorteile, die sich aus der großen Anzahl der Härchen an der Wurzelspitze ergeben!

Material B ▸ Pflanzen verdunsten Wasser

In einem Versuch werden die Laubblätter einer Bohnenpflanze mit einem Plastikbeutel luftdicht verschlossen. Die Blätter der Pflanze werden mit einer Lampe bestrahlt. Nach wenigen Minuten beginnt der Beutel von innen zu beschlagen.

B1 Erstelle ein Versuchsprotokoll! Nimm die Seite 10 zu Hilfe!

B2 Beschreibe den Weg des Wassers in einer Pflanze!

B3 Erläutere die Bedeutung der Verdunstung!

METHODE

Diagramme erstellen und auswerten

01 Wachstumsversuch bei einer Bohnenpflanze

Alter in Tagen	4	8	12	16
Länge der Sprossachse in Millimeter	3	11	50	80

02 Messergebnisse des Wachstumsversuchs in einer Tabelle

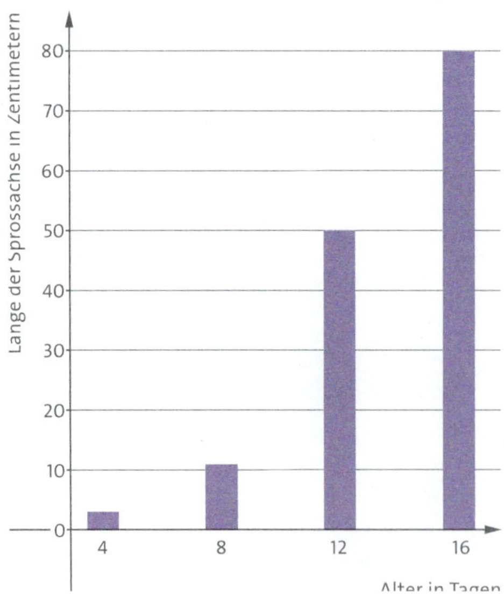

03 Messergebnisse des Wachstumsversuchs in einem Säulendiagramm

Viele Fragen über die Natur können nur durch Experimente und deren Auswertung beantwortet werden. Deshalb ist die Biologie, wie alle Naturwissenschaften, auch eine experimentelle Wissenschaft.

Wenn man beispielsweise wissen möchte, wie schnell eine Bohnenpflanze wächst, versucht man, diese Frage mit einem Experiment zu beantworten. Dabei werden die Länge der Sprossachse an verschiedenen Tagen gemessen und die Messwerte notiert.

TABELLE · *Wenn mehrere Messwerte erfasst werden sollen, ist es oft sinnvoll, sie in einer Tabelle darzustellen. Im Fall der Bohnenpflanze wird das Alter der Pflanze in Tagen zum Messzeitpunkt in die obere Zeile eingetragen. In die zweite Zeile wird die gemessene Länge der Sprossachse eingetragen. So sieht man deutlich, wie groß die Bohnenpflanze an einem bestimmten Tag war. Um die erfassten Messwerte noch schneller und einfacher überblicken zu können, werden sie in einem* ***Diagramm*** *zeichnerisch dargestellt.*

SÄULENDIAGRAMM · *Auf der Hochachse, der* ***y-Achse,*** *des Diagramms wird die Länge der Sprossachse in Millimetern abgebildet. Auf der Rechtsachse, der* ***x-Achse,*** *des Diagramms wird das Alter der Pflanze in Tagen eingetragen. Markiert man die Länge der Sprossachse an einem bestimmten Tag und zeichnet einen senkrechten Balken von diesem Punkt nach unten, erhält man ein Säulendiagramm. Die Höhe der Säule entspricht also der Länge der Sprossachse an einem bestimmten Tag.*

LINIENDIAGRAMM · *Wenn man die im Säulendiagramm ermittelten Punkte durch eine Linie miteinander verbindet, erhält man ein Liniendiagramm. Aus Liniendiagrammen kann der* ***Verlauf*** *oder eine* ***Änderung*** *von Daten leicht abgelesen werden. Im Beispiel der Bohnenpflanze zeigt das Liniendiagramm den Wachstumsverlauf der Pflanze. Je mehr Messpunkte man hat, desto genauer kann ein Verlauf aus dem Diagramm abgelesen werden.*

KREISDIAGRAMM · *Mit einem Kreisdiagramm können besonders gut Anteile eines Ganzen abgebildet werden. Kreisdiagramme werden auch* ***Tortendiagramme*** *genannt, da ihre einzelnen Teile wie Tortenstücke aussehen. In Abbildung 05 ist ein Beispiel für ein Kreisdiagramm dargestellt. Berücksichtige beim Erstellen eines Kreisdiagramms, dass der Kreis eine Winkelsumme von 360° aufweist. Der Kreisausschnitt eines Anteils richtet sich nach dem Winkel am Kreismittelpunkt. Die Kreisausschnitte der einzelnen Anteile kann man mithilfe des Dreisatzes errechnen:*

$100\,\% = 360°$

$1\,\% = 360° : 100 = 3{,}6°$

$25\,\% = 360° : 100 \times 25 = 90°$

Diagramme helfen dabei, sich schnell einen Überblick über Daten zu verschaffen. Erklärungen für Messungen oder Beobachtungen können Diagramme jedoch nicht liefern.

1 *In die Tabelle in Abbildung 06 wurde das Wachstum einer Rapspflanze eingetragen. Zeichne aus den Daten ein Säulen- und ein Liniendiagramm!*

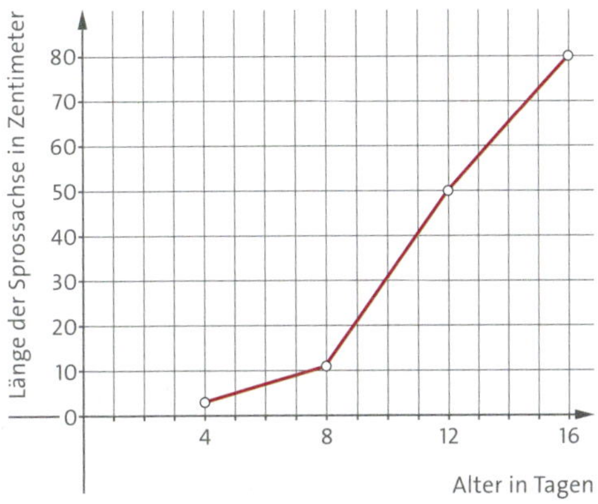

04 Messergebnisse des Wachstumsversuchs in einem Liniendiagramm

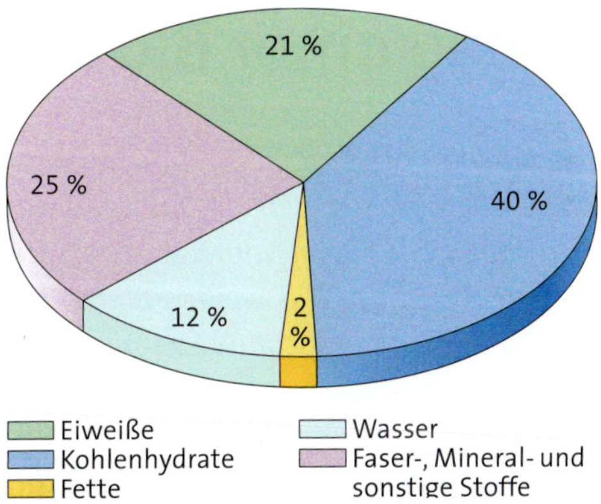

05 Inhaltsstoffe eines reifen Bohnensamens in einem Kreisdiagramm

Alter der Pflanze	Länge der Sprossachse
1 Tag	5 Millimeter
2 Tage	10 Millimeter
3 Tage	35 Millimeter
4 Tage	63 Millimeter
5 Tage	75 Millimeter
6 Tage	120 Millimeter
7 Tage	140 Millimeter
8 Tage	155 Millimeter

06 Wachstum einer Rapspflanze

01 Blühender Kirschbaum

Aufbau einer Blüte

Im Frühling, noch bevor die ersten Laubblätter erscheinen, brechen die Knospen des Kirschbaums auf. Seine vorher kahlen Zweige sind dann ganz mit weißen Blüten bedeckt. Wie ist eine Kirschblüte aufgebaut?

BAU DER BLÜTE · Den auffälligsten Teil der Kirschblüte bilden die weißen und zarten Blütenblätter, die **Kronblätter.** Unter ihnen sitzen kleinere, grüne Blätter, die **Kelchblätter.** Ihr kräftiger Bau weist darauf hin, dass sie die Blüte schützend umhüllt haben. Nach dem Aufblühen biegen sie sich zum Blütenstiel hin. Im Inneren der Blüte sieht man bis zu 30 dünne, fadenartige Gebilde, die **Staubblätter.**

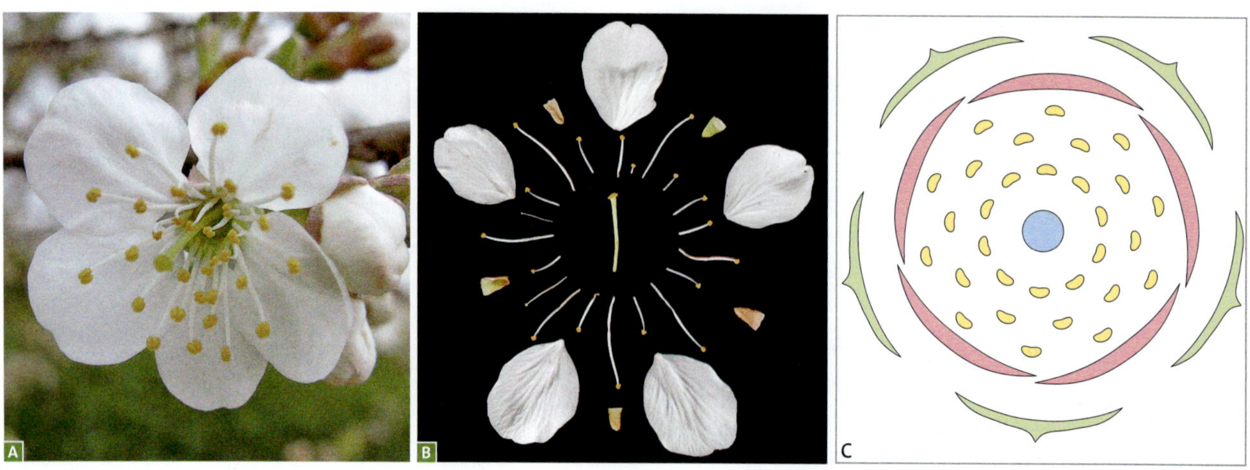

02 Kirschblüte: **A** Aufsicht, **B** Legebild mit 20 Staubblättern, **C** Blütendiagramm mit 30 Staubblättern

Die kleinen, gelben Köpfe der Staubblätter heißen *Staubbeutel* oder *Staubgefäße* und ihre langen, dünnen Stiele *Staubfäden*. Aus der Mitte der Blüte ragt ein Gebilde heraus, das wie eine winzige Flasche aussieht. Die Verdickung unten, der Flaschenbauch, ist der *Fruchtknoten*. Den schlanken Flaschenhals nennt man *Griffel*. Sein Ende, das sich oben zu einer kleinen Fläche verbreitert, ist die *Narbe*. Das gesamte Gebilde aus Fruchtknoten, Griffel und Narbe nennt man Stem*pel*. Der Stempel der Kirschblüte besteht aus fünf miteinander verwachsenen **Fruchtblättern.** Die Blüte setzt sich also aus verschiedenen, umgewandelten Blättern zusammen: Kronblätter, Kelchblätter, Staubblätter und Fruchtblätter. Bei genauer Betrachtung unter der Lupe erkennt man, dass alle Teile der Kirschblüte kreisförmig angeordnet sind. Wenn man die Blüte vereinfacht in der Ansicht von oben zeichnet, erhält man einen Blütengrundriss oder ein **Blütendiagramm.** Darin werden die einzelnen Blütenteile durch unterschiedliche Farben gekennzeichnet.

Die Bestandteile der Kirschblüte findet man in der Regel auch bei den übrigen Blütenpflanzen, allerdings in anderer Form, Farbe oder Anzahl. Zum Beispiel bestehen die Blüten des Wiesenschaumkrauts aus nur vier Kelchblättern und nur vier blassvioletten Kronblättern. Im Inneren der Blüte stehen hier vier lange und zwei kurze Staubblätter, und der Stempel besteht aus nur zwei Fruchtblättern.

1 Vergleiche die Blüten der Kirsche und des Wiesenschaumkrauts miteinander! Lege dazu in deinem Heft eine Tabelle an! Berücksichtige dabei die Zahl der Kron- und Staubblätter und die Form des Fruchtknotens!

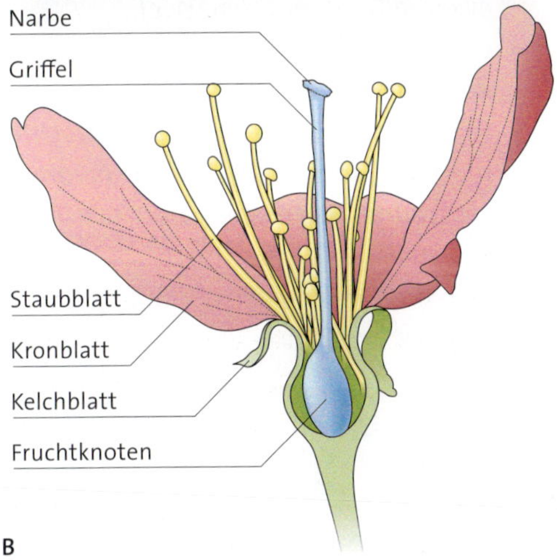

03 Kirschblüte: **A** Längsschnitt, **B** Schema

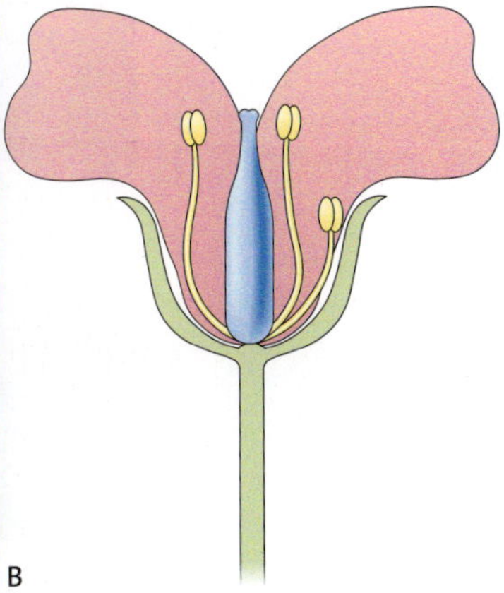

04 Wiesenschaumkraut: **A** Aufsicht, **B** Längsschnitt

METHODE

Untersuchung mit Lupe und Stereolupe

Wenn man Lebewesen oder ihre Organe genau untersuchen möchte, muss man häufig Vergrößerungsgeräte zu Hilfe nehmen.

LUPE · *Mit einer Lupe lässt sich das Bild, das unser Auge wahrnimmt, bis zu 15-mal vergrößern. Wenn du die Lupe zur Vergrößerung einsetzt, gehe folgendermaßen vor:*

- *Nimm das Objekt so in die Hand, dass es gut beleuchtet wird. Benutze zum Halten eventuell auch eine Pinzette!*
- *Halte die Lupe vor ein Auge und schließe das andere!*
- *Führe dann das Objekt, das du betrachten möchtest, so weit an die Lupe heran, bis ein scharfes Bild erscheint!*

STEREOLUPE · *Noch besser lassen sich die Einzelheiten mit einer* ***Stereolupe*** *erkennen. Man nennt sie auch* ***Binokular.*** *Schon einfache Geräte vergrößern zwanzigfach. Das Bild erscheint räumlich, weil die Objekte durch die Stereolupe mit beiden Augen betrachtet werden. Bei der Arbeit mit der Stereolupe solltest du folgendermaßen vorgehen:*

- *Lege das Objekt, eine Pflanze oder ein Tier, auf den Objekttisch!*
- *Stelle die Lampe so ein, dass das Objekt gut ausgeleuchtet wird!*
- *Schau durch die Stereolupe und drehe so lange am Stellrad, bis du das Bild scharf siehst!*

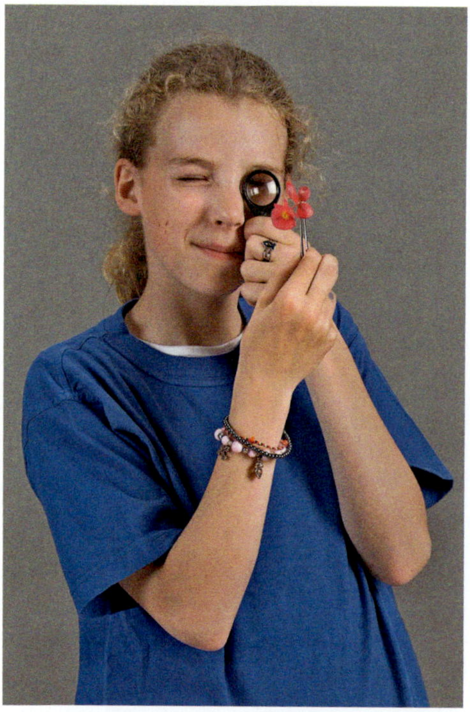

05 Untersuchung mit der Lupe

06 Untersuchung mit der Stereolupe

Material A ▸ Blütenformen

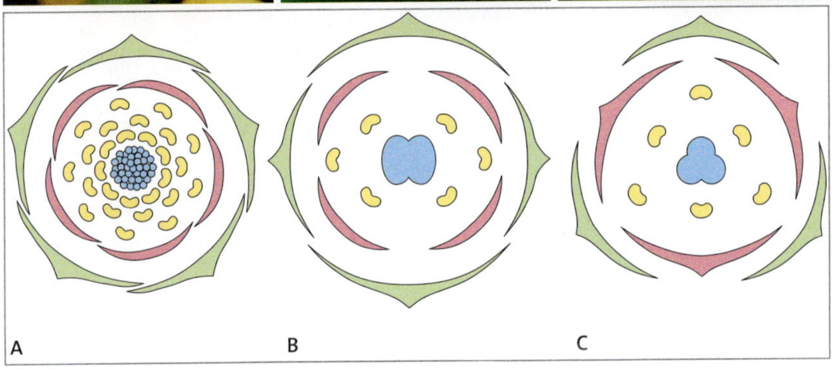

A1 Gib an, mit welcher Farbe die einzelnen Blütenteile im Blütendiagramm gekennzeichnet sind! Beachte, dass bei einer Blüte Kelch- und Kronblätter die gleiche Farbe haben!

A2 Ordne die abgebildeten Blüten den Blütendiagrammen zu. Begründe deine Zuordnung!

VERSUCH B ▸ Untersuchung einer Tulpenblüte

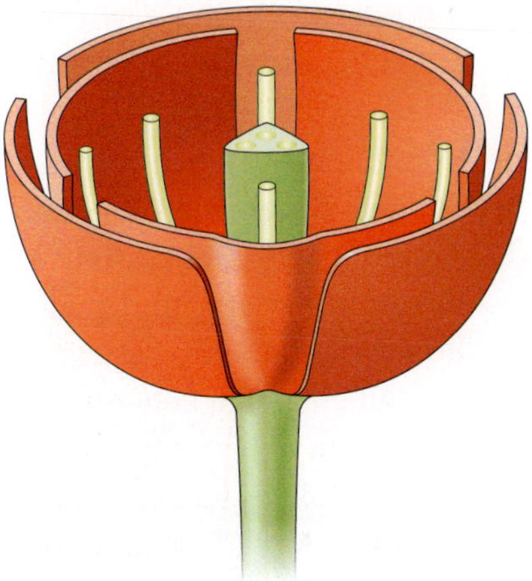

Material:

Tulpenblüte, grobe Schere, Lupe, Binokular, Bleistift, Holzfarbstifte

Durchführung:

Halte die Tulpenblüte mit einer Hand an der Sprossachse kurz unter der Blüte fest. Schneide mit der groben Schere alle Teile der Blüte quer durch, sodass noch etwa ein Viertel stehen bleibt! Bewahre die abgeschnittenen Teile der Blüte auf!

B1 Zeichne ein Blütendiagramm der Tulpe in dein Biologieheft! Ziehe zunächst mit dem Zirkel Hilfslinien!

B2 Vergleiche den Bau der Tulpenblüte mit dem einer Kirschblüte! Lege dazu in deinem Biologieheft eine Tabelle an. Trage in die Tabelle die Farbe und die Anzahl der einzelnen Blütenteile ein!

B3 Betrachte den Querschnitt des Stempels mit der Lupe! Zeichne das Bild mit einem Bleistift in dein Biologieheft!

B4 Beschreibe den Bau der Narbe und eines Staubbeutels! Nimm dazu das Binokular zu Hilfe!

B5 Botaniker bezeichnen Blüten wie die der Tulpe als dreizählig, weil im Blütendiagramm in jedem Kreis nur drei Blütenteile stehen. Gib die entsprechende Bezeichnung für die Blüte des Raps und der Kirsche an!

01 Honigbiene an einem blühenden Kirschzweig

Bestäubung von Blüten

Bei schönem Wetter kann man unter blühenden Kirschbäumen das Summen vieler Bienen hören. Weshalb besuchen die Bienen den Baum?

INSEKTENBESTÄUBUNG · Die auffälligen Kronblätter und der Duft der Kirschblüten locken die Bienen an. Am Grund der Blüten scheiden Drüsen einen stark zuckerhaltigen Saft ab, den **Nektar.** Zucker ist ein Nährstoff, aus dem die Tiere sehr viel Energie erhalten können. Auch die Staubblätter dienen als Futterquelle. Ihre Staubbeutel bilden große Mengen von sehr kleinen Kügelchen, den **Pollenkörnern,** die viel Eiweiß enthalten. Pollenkörner sind so zahlreich und winzig, dass man auch vom **Blütenstaub** spricht. Die Bienen tragen den Blütenstaub, den *Pollen,* in den Bienenstock und verfüttern ihn an ihre Larven.

Wenn eine Honigbiene versucht, an den Nektar zu gelangen, drückt sie die Staubblätter in der Blüte zur Seite. Dabei streift sie an den Staubbeuteln entlang und pudert sich so mit Blütenstaub ein. Beim Besuch der nächsten Blüte bleiben einige Pollenkörner auf deren Narbe haften, denn sie ist klebrig. Die Übertragung des Pollens von einer Blüte auf eine andere nennt man **Bestäubung.** Pflanzen, die ihren Blütenstaub von Insekten transportieren lassen, bezeichnet man als **Insektenblüter.** Insektenblütige Pflanzen haben in der Regel auffällige, große Blüten, die häufig Nektar absondern und duften, um Insekten anzulocken.

BIOLOGISCHES PRINZIP

Wechselwirkung zwischen Lebewesen

Eine besonders raffinierte Form der Bestäubung findet man beim Wiesensalbei. Seine kräftig blau gefärbten Kronblätter sind im hinteren Blütenbereich zu einer Röhre verwachsen. Vorne bilden sie oben ein helmartiges Dach und unten eine lippenförmige Fläche, die Hummeln zum Landen einlädt. Unter dem Dach liegen zwei lange, gebogene Staubblätter und ein Griffel mit einer zweizipfligen Narbe. Wenn eine Hummel sich in die Blütenröhre zwängt, um den Nektar am Blütengrund zu erreichen, setzt sie bei jüngeren Blüten einen besonderen Mechanismus in Gang. Der Weg zum Nektar ist durch zwei kleine Platten versperrt. Wenn die Hummel sie mit ihrem Kopf nach hinten wegdrückt, senken sich die Staubblätter wie ein Schlagbaum und die Staubbeutel streifen ihren Pollen auf dem Rücken der Hummel ab.

Mit Pollen eingepudert besucht die Hummel nun andere Salbeiblüten. Bei älteren Blüten sind die Staubblätter geschrumpft. Der Griffel allerdings ist länger als bei jungen Blüten und weiter nach unten gebogen. So streift eine Hummel mit ihrem Rücken an der nun weiter geöffneten Narbe entlang, wenn sie in die Blütenröhre eindringt. Auf diese Weise gelangen Pollenkörner der vorher besuchten Blüte vom Rücken der Hummel auf die Narbe.

Die Hummel erhält Nektar und sorgt im Gegenzug für den gezielten Pollentransport und eine sichere Bestäubung des Wiesensalbeis. Im Laufe der Erdgeschichte entwickelten sich Angepasstheiten, die für Hummeln und für den Wiesensalbei von Vorteil sind. Die Bestäubung des Wiesensalbeis durch Hummeln ist daher ein gutes Beispiel für das biologische Prinzip der ***Wechselwirkung zwischen Lebewesen.***

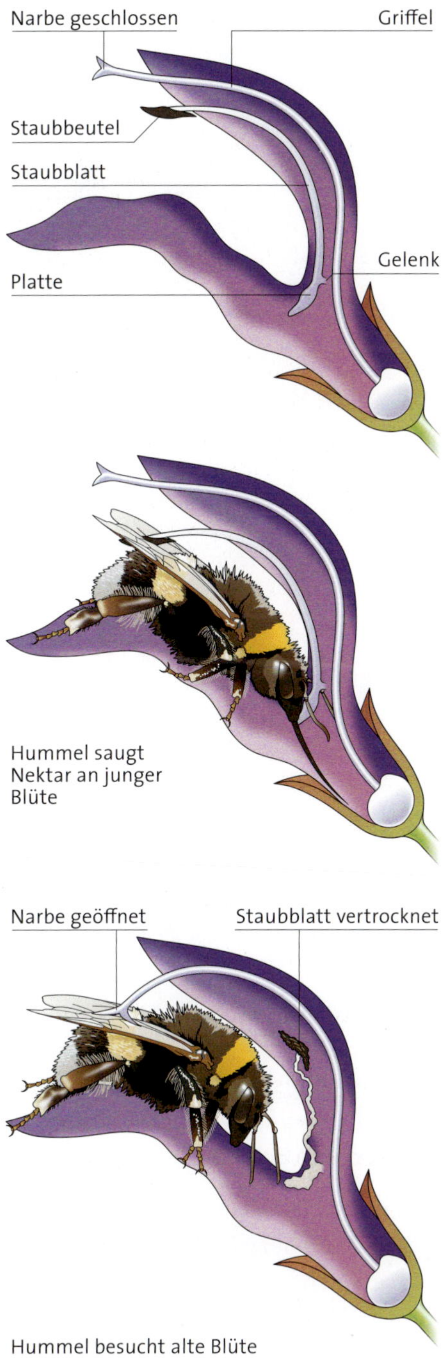

02 Bestäubung beim Wiesensalbei

03 Haselnusszweig mit weiblichem Blütenstand und männlichen Blütenständen

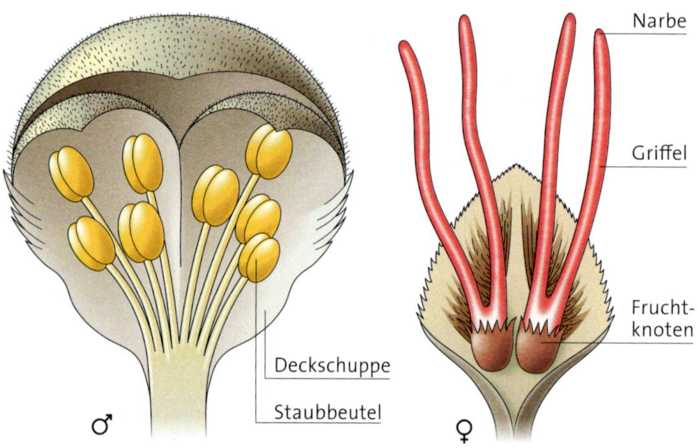

04 Männliche und weibliche Blüte des Haselnussstrauchs

1 Erläutere das biologische Prinzip der „Wechselwirkung zwischen Lebewesen" am Beispiel der Kirschblüte!

2 Nenne die Merkmale von Blüten, die vom Wind beziehungsweise von Insekten bestäubt werden!

3 Kirschbäume und Haselnusssträucher blühen noch vor dem Laubaustrieb. Erkläre, welchen Vorteil das für die Pflanzen hat!

WINDBESTÄUBUNG · Die Blüten des Haselnussstrauchs sind klein und unscheinbar. Ihnen fehlt eine auffällige Blütenhülle aus Kronblättern. Der Strauch bildet zwei verschiedene Formen von Blüten. Eine Blütenform besteht nur aus einem schuppenförmigen Blättchen und einigen Staubblättern. Das sind die **männlichen Blüten.** Viele eng zusammenstehende Einzelblüten bilden einen langen, hängenden *Blütenstand, ein Kätzchen.* Die **weiblichen Blüten** sind nicht leicht zu entdecken. Sie liegen innerhalb eines kleinen, knospenartigen Blütenstands, aus dem nur die rötlichen Narben herausragen. Die Fruchtknoten liegen geschützt im Inneren der Knospe. Blüten, die sowohl Staubblätter als auch Fruchtblätter haben, nennt man **zwittrig.** Blüten, die entweder nur Staubblätter oder nur Fruchtblätter haben sind **eingeschlechtlich.**

Ende Februar beginnt der Haselnussstrauch zu blühen. Beim kleinsten Windhauch lösen sich kleine Wolken aus Millionen von gelben Pollenkörnern von den männlichen Blütenständen. Sie sind viel kleiner als zum Beispiel die Pollenkörner der Kirsche, sodass sie mit dem Wind weit verweht werden können. Die große Menge an Pollen ist erforderlich, weil nur wenige Pollenkörner zufällig auf die Narben der weiblichen Blüten gelangen. In der Blütezeit trägt der Haselnussstrauch noch keine Laubblätter, sodass die Blüten frei im Wind stehen. Dadurch lassen sich die Pollenkörner, der Blütenstaub, besser aus den Kätzchen lösen und verwehen. Die weiblichen Blüten können mit der klebrigen Oberfläche ihrer Narben den Pollen leichter auffangen. Viele unserer Bäume, alle Gräser und einige Kräuter werden durch den Wind bestäubt. Allen gemeinsam sind die unscheinbaren Blüten und die großen Pollenmengen.

Material A ▸ Bestäubung bei der Steinnelke

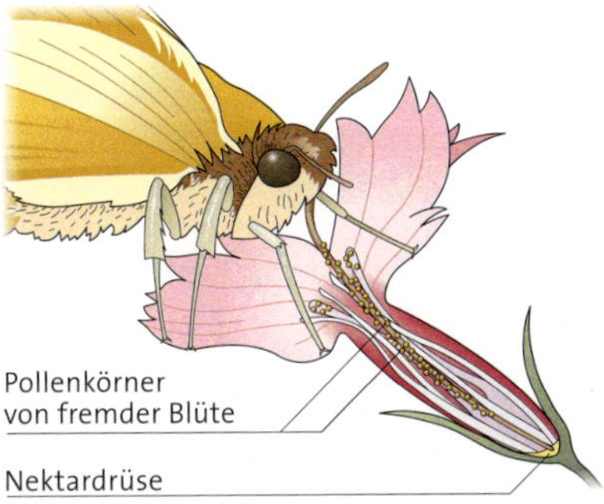

A1 Beschreibe die Bestäubung der Steinnelke!

A2 Erläutere das biologische Prinzip der „Wechselwirkung zwischen Lebewesen" am Beispiel der Steinnelke und des Schmetterlings!

Material B ▸ Bestäubung durch Wind oder Insekten

Wiesenstorchschnabel

Rotbuche

Leinkraut

Brennnessel

Roggen

Rote Taubnessel

B1 Gib an, welche der abgebildeten Blüten vom Wind und welche von Insekten bestäubt werden! Begründe deine Antwort!

B2 Hummeln sind schwere Insekten mit langen Rüsseln. Erläutere, welche der dargestellten Blüten vor allem von Hummeln bestäubt werden!

B3 Erläutere einige biologische Prinzipien, die sich aus den Fotos erschließen lassen!

01 Kirschbaum

Bildung von Früchten und Samen

Der Kirschbaum blüht nur für kurze Zeit. Bald darauf trägt er Kirschen. Wo kommen diese Kirschen her?

POLLENSCHLAUCH · Nach der Bestäubung brechen die auf der Narbe liegenden Pollenkörner auf. Dann schieben sie einen dünnen Fortsatz, den *Pollenschlauch,* in den Griffel

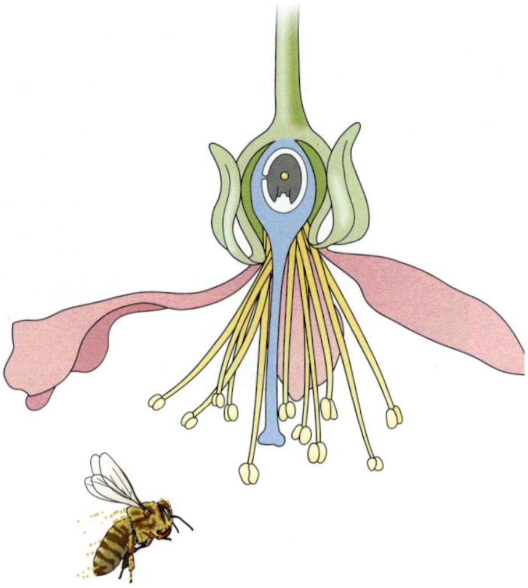

02 Bestäubung

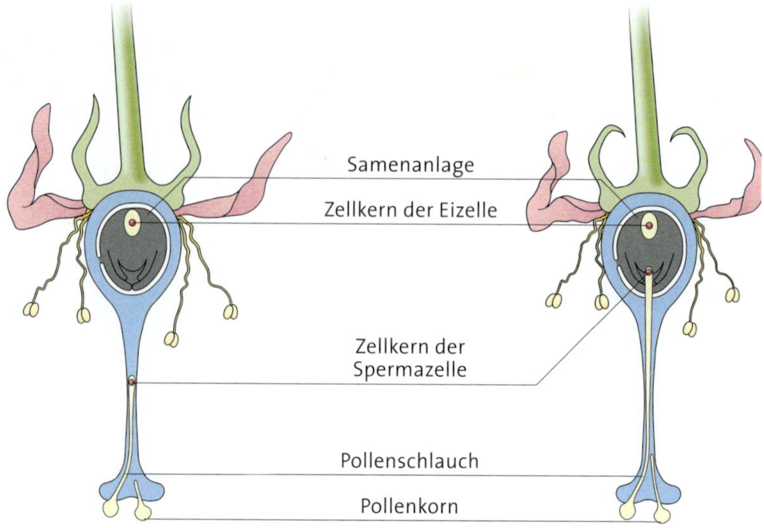

03 Auswachsen des Pollenschlauchs

hinein. Die Pollenschläuche wachsen durch den Griffel in Richtung Fruchtknoten. In den Spitzen der Pollenschläuche liegen die männlichen Geschlechtszellen des Kirschbaums, die man auch *Spermazellen* nennt.

BEFRUCHTUNG · Im Fruchtknoten liegt die **Eizelle,** die weibliche Geschlechtszelle des Kirschbaums. Sie ist von einer Hülle umgeben, der **Samenanlage.** Wenn ein Pollenschlauch die Samenanlage erreicht, öffnet sich seine Spitze und entlässt eine männliche Geschlechtszelle. Diese verschmilzt daraufhin mit der Eizelle. Sobald sich die Zellkerne der männlichen und weiblichen Geschlechtszelle vereinigt haben, ist die **Befruchtung** vollzogen und die Bildung des Kirschsamens und der Frucht beginnt.

Meistens wachsen mehrere Pollenschläuche in Richtung Fruchtknoten. So ist die Wahrscheinlichkeit höher, dass die Befruchtung auch wirklich gelingt. Eine Eizelle wird immer nur von einer einzigen männlichen Geschlechtszelle befruchtet. Die Eizelle des Kirschbaums kann nur von der männlichen Geschlechtszelle eines Kirschbaums befruchtet werden, weil Pollenkörner einer anderen Pflanzenart auf der Narbe der Kirschblüte keinen Pollenschlauch austreiben können. Befruchtungen sind nur möglich, wenn die Eizelle und die männliche Geschlechtszelle von der gleichen Art stammen. Dies gilt für die meisten Lebewesen.

Weil der Fruchtknoten die Eizellen enthält, kann man den Stempel als das *weibliche Geschlechtsorgan* der Pflanze bezeichnen. Entsprechend sind die Staubblätter die *männlichen Geschlechtsorgane.*

FRUCHTBILDUNG · Nach der Befruchtung nimmt der Fruchtknoten der Kirschblüte viel Wasser auf und lagert Zucker ein, der durch die Fotosynthese in den Laubblättern gebildet wurde. Der äußere Bereich der Fruchtknotenwand wird zur Fruchtschale, der mittlere Teil zum süßen Fruchtfleisch und der innere zum steinharten Kirschkern. Dieser legt sich schützend um den **Samen,** der sich aus der befruchteten Eizelle und der Samenanlage entwickelt.

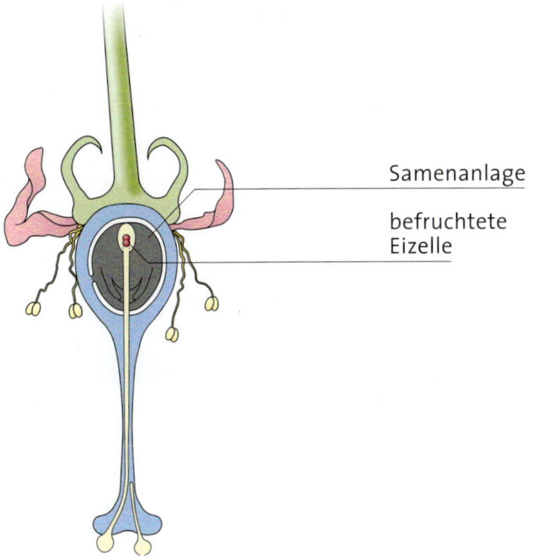

04 Befruchtung

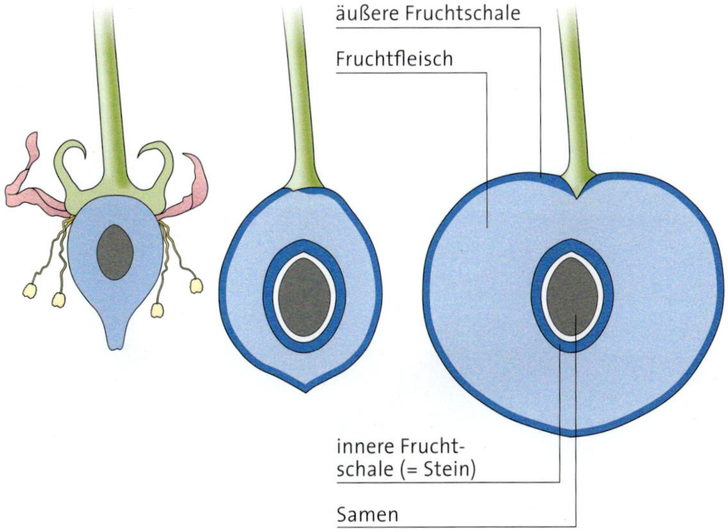

05 Eine Kirsche reift heran

06 Stachelbeere (Beere)

07 Erdbeere (Sammelfrucht)

08 Haselnuss (Nuss)

09 Bohne (Hülse)

FRUCHTFORMEN · Wegen der steinharten Hülle, die den Samen umgibt, nennt man eine Frucht wie die Kirsche **Steinfrucht.** Wenn der gesamte Fruchtknoten saftiges Fruchtfleisch bildet, das die Samen einhüllt, spricht man von einer **Beere.** Beispiele dafür sind die Stachelbeere und die Tomate. Wenn die Fruchtknotenwand vollständig aushärtet und einen Samen umgibt, entsteht eine **Nuss.** Das ist zum Beispiel bei der Haselnuss der Fall, aber auch beim Hahnenfuß, bei dem jedes Fruchtblatt eine kleine Nuss bildet.

Brombeeren und Erdbeeren bestehen aus vielen kleinen Einzelfrüchten, die vom Blütenboden zusammengehalten werden. Solche Früchte nennt man **Sammelfrüchte.** Auch beim Apfel und bei ähnlichem Obst ist der Blütenboden an der Fruchtbildung beteiligt. **Hülsen** und **Schoten** sind trockene Früchte, die aus einem oder zwei Fruchtblättern entstehen. Nach der Reifung platzen sie auf und die Samen werden freigesetzt. Beispiele dafür sind die Schoten des Raps und die Hülsen der Bohne und Erbse.

1 Wenn es Ende Mai und Anfang Juni an vielen Tagen nass und kühl ist, tragen die Kirschbäume im Juli nur wenige Früchte. Erkläre den Zusammenhang!

2 Nenne außer den im Text erwähnten Pflanzen je zwei weitere Beispiele für Steinfrüchte und Beeren!

3 Halbiere eine Tomate und eine Pflaume und zeichne die Schnittfläche! Beschrifte deine Zeichnung!

4 Beschreibe in Stichworten die Vorgänge, die ablaufen, bis eine Haselnuss entstanden ist!

Material A ▸ Pollenkörner

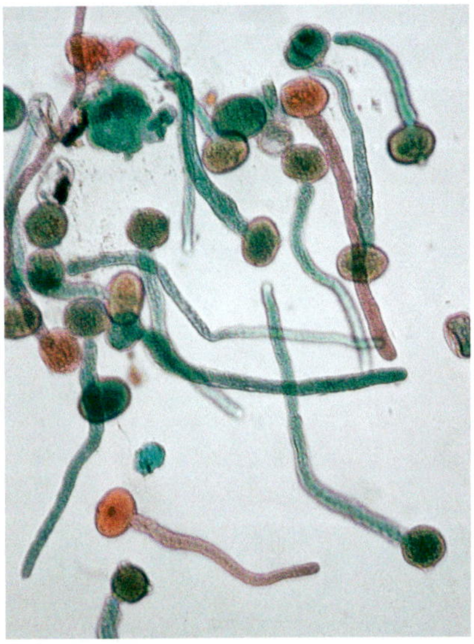

Die Abbildung zeigt stark vergrößerte Pollenkörner, die seit einigen Stunden in einer Nährflüssigkeit liegen.

A1 Beschreibe mit Fachbegriffen den Vorgang, der in der Abbildung zu erkennen ist!

A2 Nenne den Ort in der Pflanze, an dem der in der Abbildung zu erkennende Vorgang abläuft!

A3 Stelle Vermutungen darüber an, welcher Teil einer Blüte in der Natur die Aufgabe der Nährflüssigkeit übernimmt!

A4 Erkläre, weshalb die meisten Pflanzen nur dann Samen, also Nachkommen, bilden können, nachdem der in der Abbildung dargestellte Vorgang abgelaufen ist!

A5 Beschreibe, wo in den abgebildeten Pollenkörnern die Zellen liegen, die den männlichen Geschlechtszellen der Tiere entsprechen!

Material B ▸ Fruchtformen

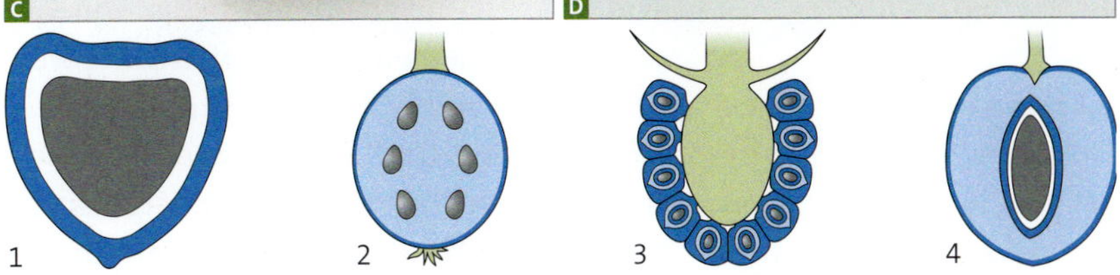

B1 Ordne die abgebildeten Früchte den Grafiken zu! Achte dabei nicht auf die Form der Früchte! Du kannst einer Grafik auch mehr als eine Frucht zuordnen. Eine der Grafiken passt zu keiner der abgebildeten Früchte.

B2 Nenne jeweils den Namen der Früchte und ihre jeweilige Fruchtform!

01 Löwenzahnpflanze in einer Mauer

Verbreitung von Samen und Früchten

02 Löwenzahnfrucht

03 Flugfrucht eines Ahorns

Löwenzahnpflanzen gehören zu den ersten Pflanzen, die freie Flächen besiedeln. Sogar zwischen den Steinen einer neu gebauten Mauer wachsen sie. Wie ist die Löwenzahnpflanze dorthin gelangt?

VERBREITUNG DURCH DEN WIND · Die Früchte des Löwenzahns hängen an kleinen, aus Haaren gebildeten Fallschirmen. Sie sorgen dafür, dass die Früchte nur sehr langsam zu Boden fallen. So kann sie der Wind über weite Strecken mitnehmen. Die Früchte des Ahorns haben leichte, häutige Tragflächen, die ebenfalls die Sinkgeschwindigkeit verringern. Haare oder Tragflächen sind typisch für solche **Flugfrüchte.**

VERBREITUNG DURCH WASSER · Die Samen der Seerose, der Kokospalme und anderer im oder am Wasser lebender Pflanzen haben mit Luft gefüllte *Schwimmkörper.* Dadurch treiben die Samen auf dem Wasser und entfernen sich so von der Mutterpflanze.

VERBREITUNG DURCH TIERE · Die reifen Beeren des Schneeballs machen mit ihrer auffälligen Farbe Tiere, vor allem Vögel, darauf aufmerksam, dass hier Früchte mit nahrhaftem Fruchtfleisch zu holen sind. Solche **Lockfrüchte** haben sehr widerstandsfähige Samen, die im Darm der Tiere nicht verdaut werden. Mit dem Kot gelangen sie meistens an Stellen, die weit entfernt von ihrer Mutterpflanze liegen.
Andere Pflanzen, zum Beispiel die Klette, haben Früchte entwickelt, die mit kleinen Widerhaken im Fell oder Gefieder von Tieren hängen bleiben. Diese **Klettfrüchte** werden so über weite Strecken verschleppt.
Eichhörnchen und einige Vögel, zum Beispiel der Eichelhäher, legen im Herbst mehrere kleine Vorratslager im Boden an. Sie

verstecken dort Eicheln, Haselnüsse und ähnliche Früchte. Wenn sie die Vorräte nicht benötigen oder nicht wiederfinden, wachsen im Frühling an dieser Stelle Jungpflanzen aus dem Boden.
Die Früchte der Taubnessel und der Samen der Veilchen haben ein kleines, fettreiches Anhängsel. Es heißt auch Ameisenbrot, weil Ameisen die Früchte und den Samen gerne in ihren oft weit entfernten Bau schleppen, um sie dort zu fressen. Unterwegs verlieren sie zuweilen eine Frucht oder einen Samen, und bei günstigen Bedingungen kann daraus eine neue Pflanze heranwachsen.

SELBSTVERBREITUNG · Je älter die Früchte des Springkrauts werden, desto stärker stehen sie unter Spannung. Reife Früchte platzen schon auf, wenn sie nur leicht berührt werden. Ihre Fruchtblätter rollen sich blitzartig auf und schleudern die Samen weit von sich. Solche **Schleuderfrüchte** hat auch der Besenginster.
Da Pflanzen sich nicht wie Tiere bewegen können, bilden viele von ihnen Samen, die über weite Strecken transportiert werden können. Auf diese Weise besiedeln die Pflanzen neue Gebiete, der Löwenzahn sogar die mit Erde gefüllten Fugen einer Mauer. Außerdem vermeiden sie so die Konkurrenz mit den Elternpflanzen, die auftreten würde, wenn sie in nächster Nähe zu ihnen wachsen würden.

1 Beschreibe Angepasstheiten von Samen oder Früchten, die ihrer Verbreitung dienen!

2 Informiere dich in Pflanzenbüchern, Lexika oder im Internet, wie Linde, Möhre, Holunder, Schöllkraut und Waldrebe ihre Früchte oder Samen verbreiten!

04 Eichelhäher mit Eichel

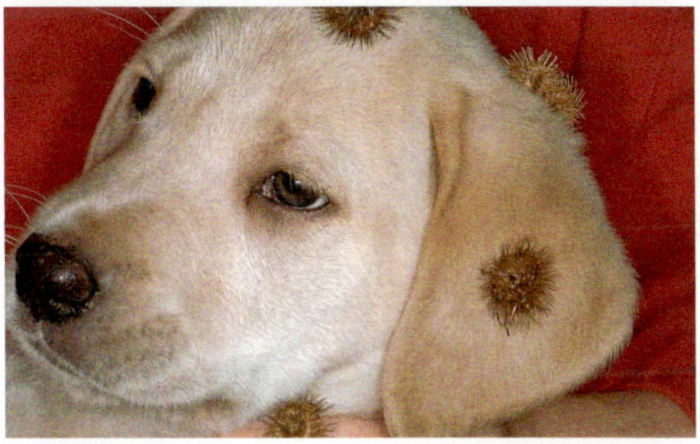

05 Früchte der Klette im Fell eines Hundes

06 Waldameise mit Taubnesselfrucht

07 Früchte des Springkrauts

08 Fortpflanzung durch Ausläufer bei der Erdbeere

09 Scharbockskraut mit Wurzelknollen und Brutknöllchen

UNGESCHLECHTLICHE FORTPFLANZUNG · Eine Erdbeerpflanze bildet lange Seitentriebe, die **Ausläufer.** Wenn sie den Boden berühren, verankern sie sich mit Wurzeln, treiben Blätter aus und wachsen zu neuen Erdbeerpflanzen heran. Weil an dieser Vermehrung keine *Geschlechtszellen* beteiligt sind, spricht man von einer *ungeschlechtlichen Fortpflanzung.*

Das Scharbockskraut pflanzt sich geschlechtlich durch Samen fort, aber auch ungeschlechtlich durch **Wurzelknollen.** Das sind nährstoffhaltige Verdickungen der Wurzeln, aus denen neue Pflanzen entstehen können. Außerdem bildet die Pflanze in den Ansatzstellen der Blätter kleine Knöllchen. Diese **Brutknospen** fallen ab, wenn sie groß genug sind, treiben Wurzeln aus und wachsen zu neuen Pflanzen heran.

Durch die ungeschlechtliche Fortpflanzung können sich Pflanzen sehr schnell vermehren. Demgegenüber dauert die geschlechtliche Fortpflanzung mit der Bildung von Blüten, Samen und Früchten viel länger. Alle Nachkommen, die durch ungeschlechtliche Fortpflanzung entstehen, gleichen ihrer Herkunftspflanze vollständig und sind auch untereinander identisch. Aus den Samen derselben Pflanze dagegen entstehen Nachkommen, die sich voneinander meistens geringfügig unterscheiden.

In Gärtnereien und Baumschulen nutzt man die ungeschlechtliche Fortpflanzung, indem man Pflanzen durch **Stecklinge** vermehrt. Das sind abgeschnittene Pflanzenteile, aus denen neue Pflanzen heranwachsen, wenn man sie in den Boden steckt. So lassen sich zum Beispiel aus den Blättern einer Geranie oder aus Zweigen einer Weide in kurzer Zeit viele neue Pflanzen heranziehen, die ihren Herkunftspflanzen vollständig gleichen.

3 Beschreibe, weshalb es für einen Gärtner von Vorteil ist, Bäume aus Stecklingen heranzuziehen und nicht aus Samen!

4 Stelle Vermutungen darüber an, welche Vorteile für eine Erdbeerpflanze mit der geschlechtlichen und ungeschlechtlichen Fortpflanzung verbunden sein könnten!

VERSUCH A ▸ Flugfrüchte

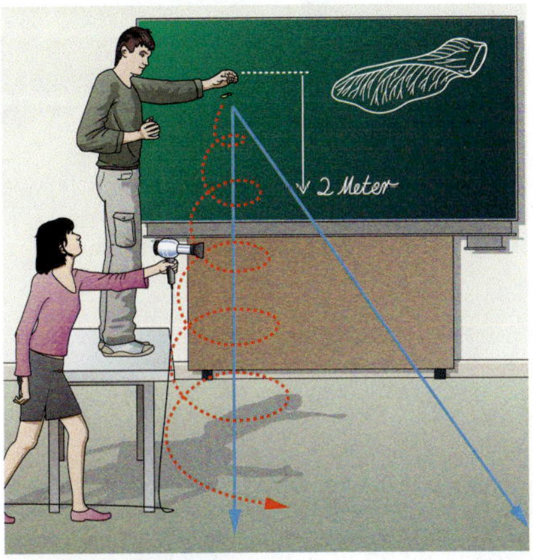

	Flugfrucht mit Flugeinrichtungen		Flugfrucht ohne Flugeinrichtungen	
	Einzelwerte	Mittelwert	Einzelwerte	Mittelwert
Flugdauer (in Zehntelsekunden)	–	–	–	–
Flugweite (in Zentimetern)	–	–	–	–

Material:

Samen oder Früchte von Löwenzahn oder Ahorn oder Linde oder ähnliche Flugfrüchte, Maßband, Fön, Stoppuhr, feine Schere, Biologieheft, Bleistift

Durchführung:

Lasse die Flugfrüchte einer Pflanzenart aus mindestens zwei Metern Höhe fallen. Miss mit der Stoppuhr die Zeit, in der die Flugfrucht zu Boden fällt. Wiederhole den Versuch fünfmal und halte die Messergebnisse in deinem Biologieheft fest!

Erzeuge seitlich von der Fallstrecke der Flugfrucht mit einem Fön einen Luftstrom. Miss mit dem Maßband, wie weit die Flugfrucht abgetrieben wird. Wiederhole den Versuch fünfmal und trage die Ergebnisse in dein Biologieheft ein!

Entferne die Flugeinrichtungen mit der Schere von der Flugfrucht und wiederhole die beiden vorangegangenen Versuche jeweils fünfmal. Trage die Ergebnisse in dein Biologieheft ein!

A1 Berechne die Mittelwerte für die Versuche! Addiere dazu die Einzelwerte und dividiere die Summe durch die Anzahl der Werte!

A2 Übertrage die Einzelwerte und Mittelwerte in eine Tabelle nach dem oben gezeigten Muster!

A3 Erstelle ein Versuchsprotokoll! Benutze die Tabelle zur Deutung! Nimm die Seite 10 zu Hilfe!

VERSUCH B ▸ Begonien

Material:

Begonienpflanze, Blumentopf, Blumenerde, kleine Kieselsteine, Skalpell, Schere

Durchführung:

Trenne mit der Schere ein Laubblatt der Begonienpflanze ab.

Schneide mit dem Skalpell an etwa fünf bis sieben Stellen die Blattadern quer durch.

Fülle den Blumentopf mit Erde, und feuchte diese gut an.

Lege das Begonienblatt auf die Erde und beschwere die Schnittstellen so mit den Kieselsteinen, dass noch ein kleiner Teil frei bleibt.

Halte die Blumenerde in den nächsten Wochen ständig feucht. Beobachte die Veränderungen und beschreibe sie an jedem vierten Tag.

B1 Erstelle ein Versuchsprotokoll, in dem du unter anderem auch die Veränderungen beschreibst, die du an dem Begonienblatt beobachten kannst!

01 Gartenbohnen-pflanze

02 Samen der Gartenbohne

Aus Samen entwickeln sich Pflanzen

Bohnensamen kann man viele Monate lang aufbewahren, ohne dass sie sich verändern. Sobald man sie aber in feuchten Boden legt, wachsen daraus neue Pflanzen heran. Wie ist das zu erklären?

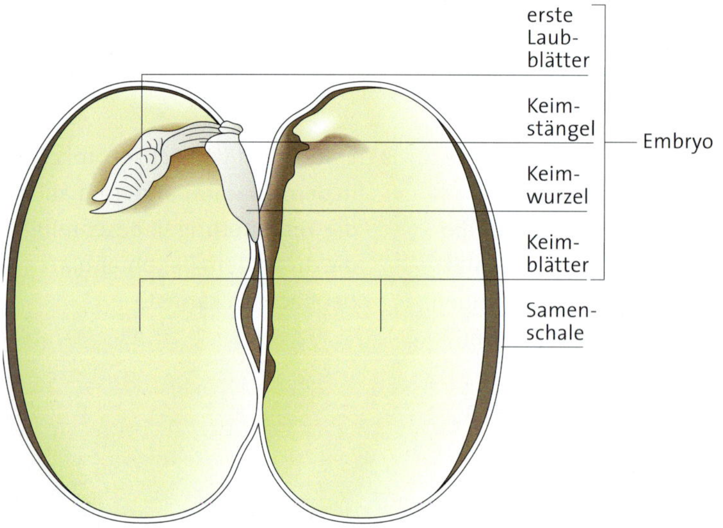

03 Aufgeklappter Samen der Gartenbohne

BAU DES SAMENS · Wenn man die **Samenschale** entfernt, zerfällt ein Bohnensamen in zwei dicke, ovale, leicht gewölbte Hälften, die **Keimblätter.** Zwischen den Keimblättern liegt ein winziges Pflänzchen. Die Keimblätter bilden zusammen mit diesem kleinen Pflänzchen den **Embryo,** auch Keimling genannt. Das Pflänzchen besteht aus zwei kleinen zusammengefalteten Laubblättern, einer kleinen Wurzel, der **Keimwurzel,** und der Sprossachse, die man auch **Keimstängel** nennt.

Die Lebensprozesse in einer Pflanze oder einem Tier können nur ablaufen, wenn Wasser vorhanden ist. Ein Bohnensamen enthält nur sehr wenig Wasser. Daher ruht der Samen weitgehend und entwickelt sich nicht weiter. Er verharrt in einem Zustand der **Samenruhe.** So kann er ungünstige Bedingungen, zum Beispiel Trockenheit oder Frost, lange Zeit überstehen.

QUELLUNG · Nachdem man einen Bohnensamen ausgesät hat, nimmt er im feuchten Boden viel Wasser auf. Er schwillt dadurch stark an. Diesen ersten Teil der Samenentwicklung bezeichnet man als *Quellung*.

WACHSTUM DES KEIMLINGS · Erst bei höheren Temperaturen ermöglicht das aufgenommene Wasser dem Bohnenkeimling, seine Lebensprozesse zu beschleunigen. Der Samen beginnt zu wachsen. Zunächst durchbricht die größer werdende Keimwurzel die Samenschale, die durch die Quellung aufgeplatzt ist, und schiebt sich in den Boden. Dadurch kann sich der Keimling in der Erde verankern und noch mehr Wasser mit den darin gelösten Mineralstoffen aufnehmen. Bald wächst auch der Keimstängel des Bohnenkeimlings, durchbricht bogenförmig die Bodenoberfläche, zieht die Keimblätter und die ersten, noch kleinen Laubblätter nach oben und richtet sich auf.

VERSORGUNG MIT NÄHRSTOFFEN · Die Nährstoffe, die der Bohnenkeimling zum Wachstum benötigt, sind in den dicken Keimblättern gespeichert. Nachdem der Bohnensamen bei der Quellung Wasser aufgenommen hat, kann der Keimling diese Nährstoffe abbauen und als Energie- und Baustofflieferanten für das Wachstum nutzen. Sobald die ersten Laubblätter das Tageslicht erreicht haben, werden sie grün und beginnen mit der *Fotosynthese*. Jetzt benötigt die junge Pflanze den Nährstoffvorrat in den Keimblättern nicht mehr. Sie kann sich selbstständig durch Fotosynthese in den Laubblättern ernähren. Der Nährstoffvorrat in den Keimblättern ist nun erschöpft. Sie schrumpfen und fallen ab. Die Wachstums- und Entwicklungsvorgänge einer Pflanze von der Quellung bis zum Ergrünen der ersten Laubblätter fasst man unter dem Begriff **Keimung** zusammen. Sobald die kleine Pflanze mit der Fotosynthese beginnt, ist die Keimung beendet.

ERBINFORMATION · Die *Erbinformation* der Elternpflanzen liegt im Zellkern der befruchteten Eizelle. Er enthält die Informationen, die die Eigenschaften der neuen Pflanze weitgehend bestimmen. Diese *Erbinformation* stellt eine Art Programm dar, das dafür sorgt, dass die neu entstehende Pflanze den Elternpflanzen gleicht. So entsteht also aus einem Bohnensamen stets eine Bohnenpflanze und nicht eine Erbsen- oder Linsenpflanze.

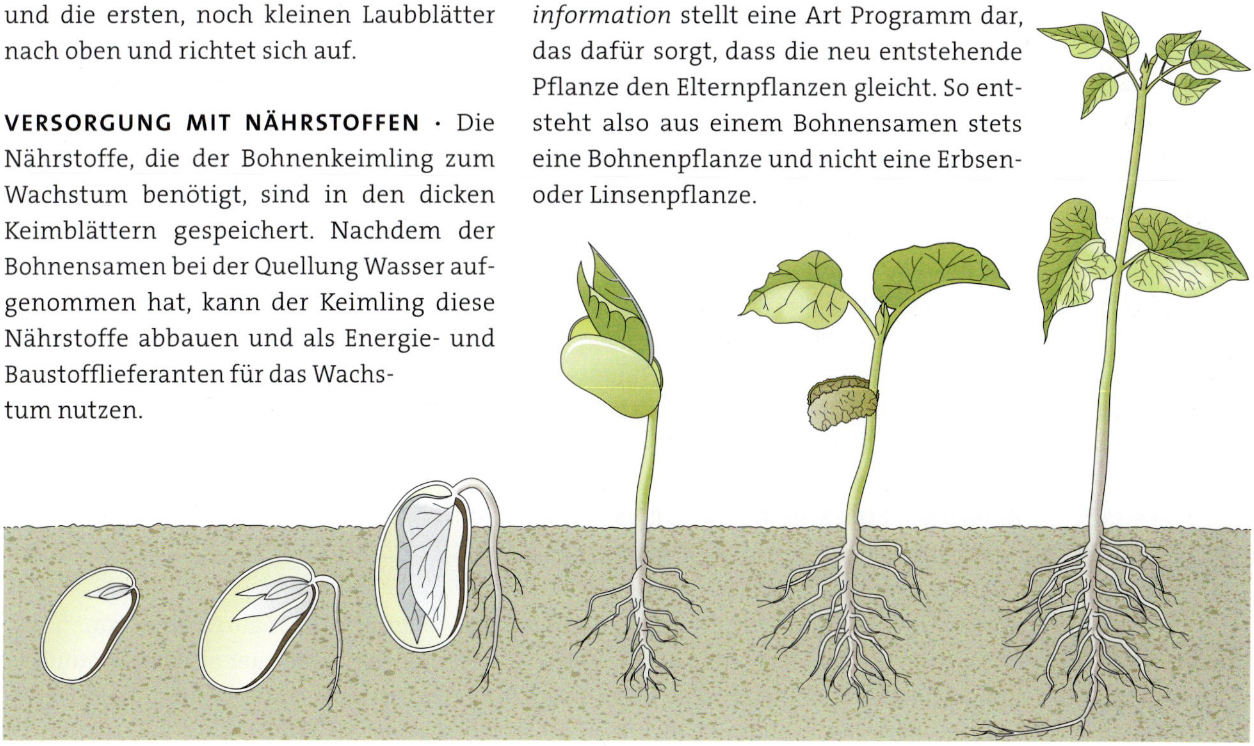

04 Keimung und Wachstum bei der Gartenbohne

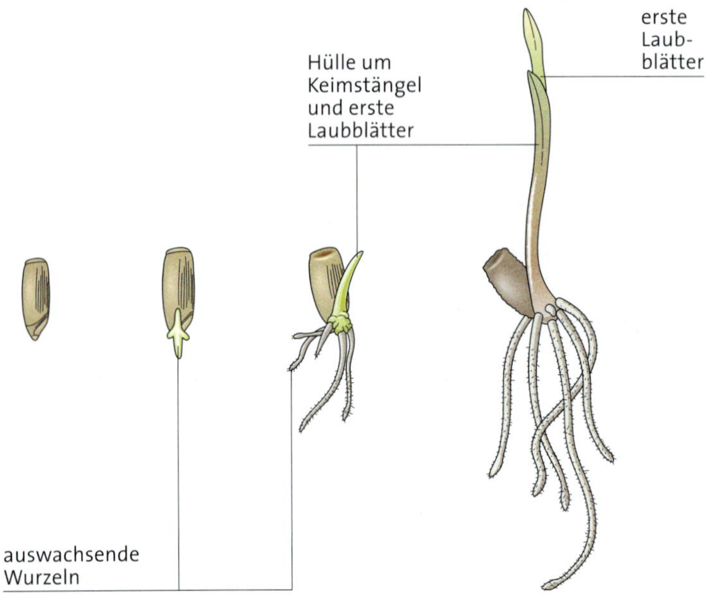

05 Keimung eines Roggenkorns

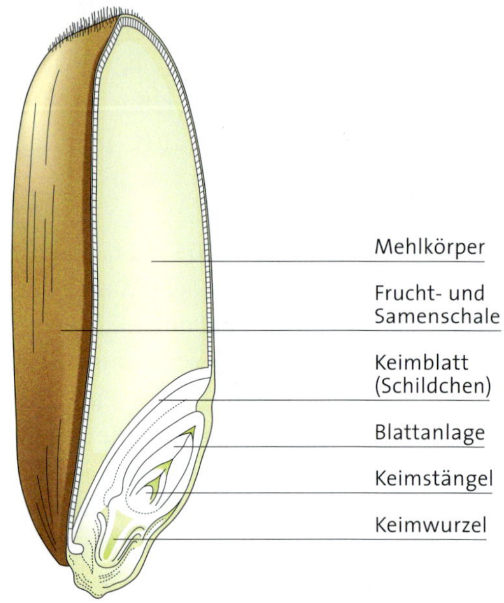

07 Roggenkorn im Längsschnitt

06 Wachstum der Roggenpflanze

SAMENFORMEN · Viele Samen sind ähnlich gebaut wie die Bohne. Auch Erbsensamen, Eicheln und Kastanien zerfallen in zwei dicke, nährstoffhaltige Keimblätter, wenn man sie öffnet. Die Samen der *Gräser* aber, zu denen auch Weizen, Roggen, Mais, Reis und andere *Getreidearten* gehören, haben nur ein einziges, dünnes Keimblatt. Die für die Keimung erforderlichen Nährstoffe speichert ein Getreidesamen nicht im Keimblatt, sondern im **Mehlkörper.** Das Keimblatt dient nur dazu, die Nährstoffe aus dem großen Mehlkörper an den Keimling weiterzuleiten.

KEIMUNG EINES ROGGENKORNS · Wie der Bohnensamen keimt auch das Roggenkorn nur in einer feuchten und nicht zu kühlen Umgebung. Zu Beginn der Keimung quillt es auf und schiebt zunächst die Keimwurzel durch die aufgeplatzte Schale in den Boden. Danach wächst der *Keimstängel* mit den Anlagen für die ersten *Laubblätter* und durchbricht die Bodenoberfläche. Stängel und Blätter sind zunächst noch von einer derben, spitzen *Schutzhülle* umgeben, die sich später öffnet.

1 Nenne die Bestandteile eines Bohnensamens!

2 Beschreibe den Verlauf der Keimung eines Bohnensamens in Stichworten!

3 Erkläre, weshalb die Keimblätter der Gartenbohne am Ende der Keimung schlaff und runzelig aussehen!

4 Vergleiche den Bau des Samens und den Verlauf der Keimung von Gartenbohne und Roggen!

5 Begründe, weshalb Bohnensamen oder Weizenkörner bei der Keimung „verhungern“, wenn sie zu tief im Boden stecken!

Material A ▸ Keimungsbedingungen

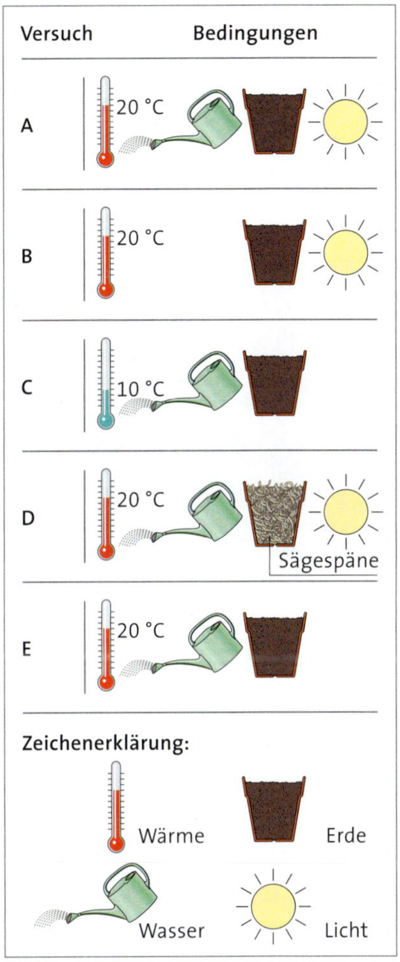

Es wurden fünf Keimungsversuche mit Erbsen unter verschiedenen Bedingungen durchgeführt.

A1 Gib für jeden Versuch an, ob die Erbsensamen keimen! Begründe deine Antwort!

A2 Erstelle einen Plan für ein Experiment, mit dem überprüft werden kann, ob Luft zur Keimung der Erbsensamen erforderlich ist! Nimm dazu die Seite 10 zu Hilfe!

VERSUCH B ▸ Quellung von Bohnensamen

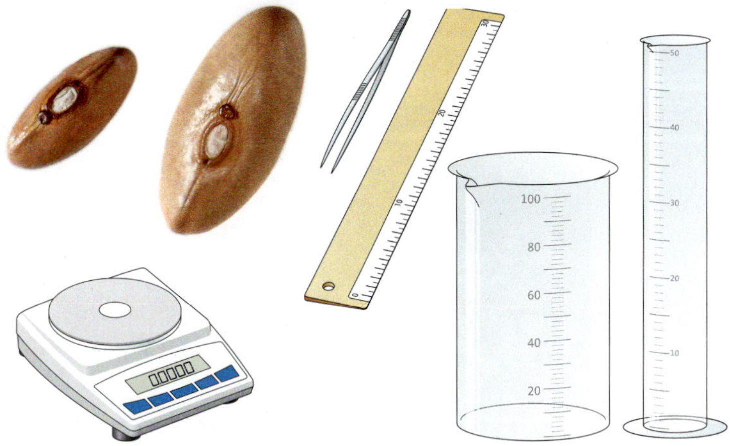

Material:

Bohnensamen, Laborwaage, große Pinzette, Messzylinder (50 ml), Becherglas (100 ml), Millimeterpapier oder Lineal

Durchführung:

Wiege zehn Bohnensamen auf einer genauen Waage. Berechne und notiere die durchschnittliche Masse der Bohnen!
Miss die Länge jedes Samens, indem du ihn auf ein Lineal oder Millimeterpapier legst. Berechne und notiere die durchschnittliche Länge. Nimm zur Berechnung des Mittelwerts die Angaben in der Aufgabe A1 auf Seite 231 zu Hilfe.
Lege die zehn Samen für einen Tag in ein mit 50 ml Wasser gefülltes Becherglas.
Hole die Samen mit der Pinzette aus dem Wasser und miss mit einem Messzylinder die Menge an Wasser ab, die im Gefäß zurückgeblieben ist.
Stelle die Masse und Länge der gequollenen Samen fest und berechne die Durchschnittswerte.
Trage alle Messergebnisse des Versuchs in eine Tabelle nach dem unten stehenden Muster in dein Biologieheft ein.

B1 Deute die Versuchsergebnisse! Vergleiche dazu auch die Menge des Wassers, die im Becherglas übrig geblieben ist, nachdem du die gequollenen Samen herausgenommen hast, mit der ursprünglichen Wassermenge im Glas! Bedenke dabei, dass ein Milliliter Wasser die Masse von einem Gramm hat!

	trockene Samen	gequollene Samen	Veränderungen
durchschnittliche Masse (in ml)	–	–	–
durchschnittliche Länge (in mm)	–	–	–

01 Blühendes Wiesenschaumkraut

Blütenpflanzen lassen sich ordnen

Im Frühsommer sieht man auf den Wiesen viele verschiedene blühende Pflanzen. Einige ähneln sich schon auf den ersten Blick, andere dagegen unterscheiden sich deutlich. Wie lässt sich Ordnung in diese Vielfalt bringen?

KREUZBLÜTLER · Im Frühjahr wächst auf feuchten Wiesen das *Wiesenschaumkraut.* Seine blasslila Blüten bestehen aus vier Kelch- und vier Kronblättern, die kreuzförmig angeordnet sind. Im Inneren der Blüte befinden sich vier lange und zwei kurze Staubblätter und ein Stempel, der aus zwei Fruchtblättern entstanden ist. Die gleiche Anzahl und Anordnung der Blütenteile findet man auch bei anderen Pflanzen, zum Beispiel beim *Hirtentäschelkraut.* Seine Blüten sind zwar kleiner und reinweiß, aber sehr ähnlich gebaut wie die des Wiesenschaumkrauts. Pflanzen, deren Blüten den gleichen Grundbauplan haben, werden in Gruppen zusammengefasst. Solche Gruppen bezeichnet man als **Familien.** Wegen ihrer kreuzförmig angeordneten Kelch- und Kronblätter bekam die Familie, zu der das Wiesenschaumkraut und das Hirtentäschelkraut gehören, den Namen **Kreuzblütler.** Auch den Raps zählt man zu dieser Familie.

Außer in den Blüten gleichen sich die Pflanzen der Familie Kreuzblütler auch im Bau ihrer **Früchte.** Sie bestehen aus zwei äußeren Fruchtwänden und einer Mittelwand, an der die Samen sitzen. Eine solche Fruchtform bezeichnet man als *Schote.* Neben dem Bau der Blüte ist die Schote also ein weiteres, typisches Kennzeichen der Familie der Kreuzblütler. In bestimmten Merkmalen jedoch unterscheiden sich viele Kreuz-

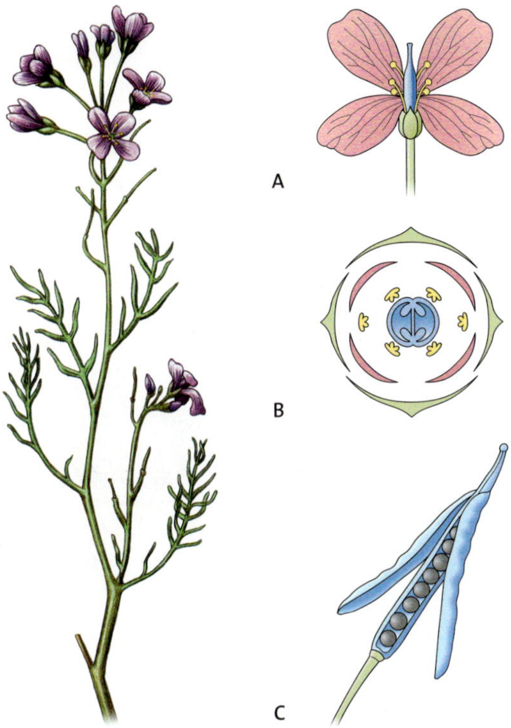

02 Wiesenschaumkraut: **A** Blütenschema, **B** Blütendiagramm, **C** Frucht

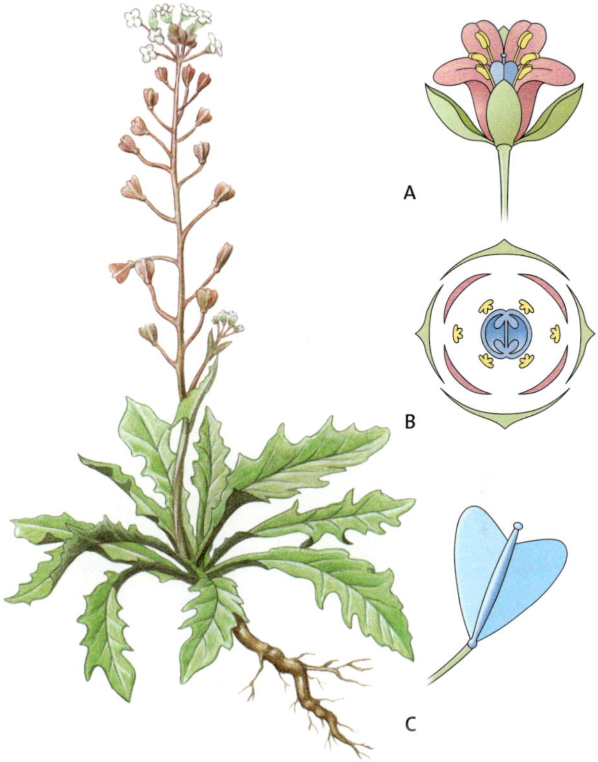

03 Hirtentäschelkraut: **A** Blütenschema, **B** Blütendiagramm, **C** Frucht

blütler. Die Laubblätter des *Wiesenschaumkrauts* sind am Rand so tief eingeschnitten, dass viele kleine Teilblättchen entstehen, die deutlich voneinander getrennt sind. Die Früchte sind lang gestreckt, rund und dünn. Das *Hirtentäschelkraut* dagegen hat lang gestreckte Laubblätter mit weniger tief eingeschnittenen, grob gezähnten Rändern. Seine Früchte sind kleine, dreieckige, flache Schoten. Ihre Form ähnelt den Taschen, die die Hirten früher trugen. So bekam die Pflanze ihren Namen.

Pflanzen derselben Familie, die sich in bestimmten Merkmalen unterscheiden, ordnet man verschiedenen **Arten** zu. Das Wiesenschaumkraut und das Hirtentäschelkraut stellen also zwei Arten dar, die sich in der Form der Laubblätter und der Früchte sowie in der Blütenfarbe unterscheiden.

Man geht davon aus, dass alle Pflanzen einer Familie im Laufe einer sehr langen Zeit aus einer einzigen Art entstanden sind. Sie haben alle einen gemeinsamen Vorfahren. Alle Arten einer Familie sind daher nahe miteinander verwandt.

1 Nenne die Merkmale, die alle Arten der Familie Kreuzblütler gemeinsam haben!

2 Beschreibe die Merkmale, durch die sich die Kreuzblütlerarten Wiesenschaumkraut und Hirtentäschelkraut unterscheiden!

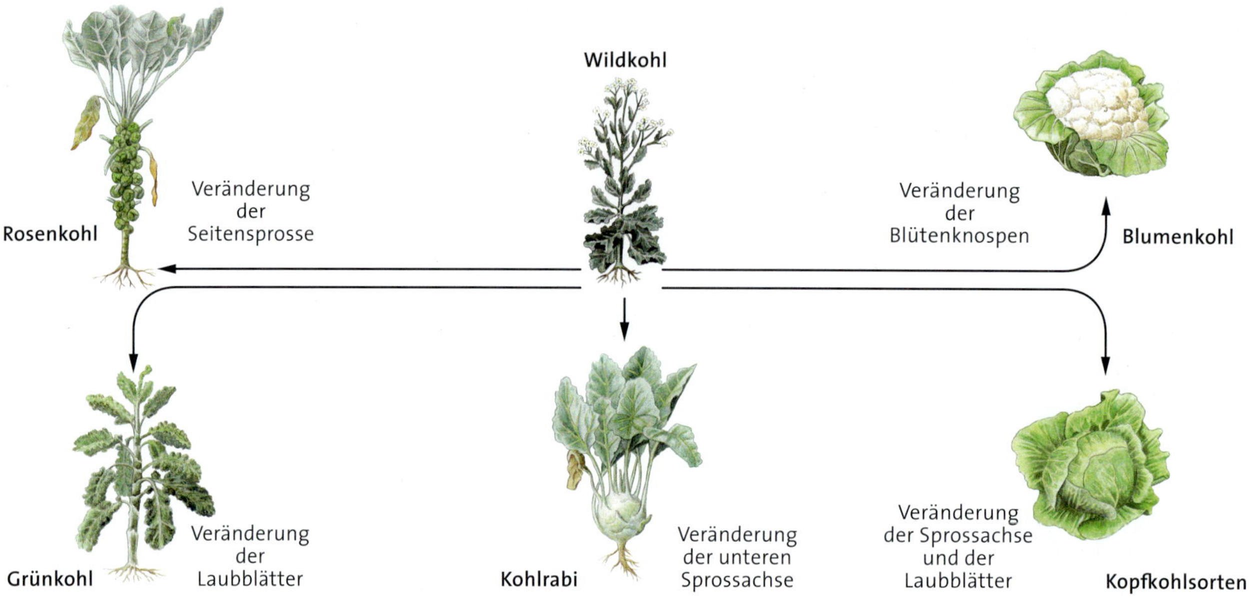

04 Veränderung des Wildkohls durch Züchtung

KOHL · Zur Familie der Kreuzblütler gehören auch einige wichtige Nutzpflanzen, zum Beispiel der Kohl. Alle Formen der Kohlpflanzen sind aus einer einzigen Kreuzblütler-Art, dem *Wildkohl*, entstanden. Das ist eine Pflanze, die auf Wiesen wächst und deren Laubblätter, Sprossachse und Wurzel unscheinbar gebaut sind.
Der Mensch hat in Hunderten von Jahren immer wieder Kohlpflanzen ausgewählt und weitervermehrt, die zufällig günstige Eigenschaften hatten. So entstanden in vielen kleinen Veränderungsschritten Nutzpflanzen, die sich immer stärker von der Wildkohlpflanze unterschieden. Eine solche gezielte Veränderung von Arten bezeichnet man als **Züchtung.**

KOHLSORTEN · Die Züchtung der Kohlpflanzen geschah mit dem Ziel, bestimmte Merkmale zu verändern. So entstand eine Kohlform, deren krause Laubblätter besonders zart und wohlschmeckend sind, der *Grünkohl.* Beim *Rotkohl, Weißkohl* und *Wirsing* ist die Sprossachse verkürzt. Ihre Laubblätter sind sehr stark vergrößert und liegen so dicht beieinander, dass ein kugelförmiger Pflanzenteil entsteht, ein Kohlkopf. Der *Blumenkohl* hat sehr viele fleischig verdickte Blütenknospen und Blütenstiele. Beim *Rosenkohl* erntet man dicke, sehr kurze Seitensprosse, die wie kleine Kohlköpfchen direkt an der Sprossachse sitzen. *Kohlrabipflanzen* lagern Nährstoffe in einen stark angeschwollenen unteren Abschnitt der Sprossachse ein.

Obwohl die heute genutzten Formen des Kohls sich stark voneinander unterscheiden, gehören sie zusammen mit ihrer Urform, dem *Wildkohl,* zu einer einzigen Art. Die unterschiedlichen Formen von Pflanzen, die durch Züchtung aus einer Art entstanden sind, bezeichnet man als **Sorten.**

3 Nenne die Pflanzenteile der Kohlsorten, die der Mensch für seine Ernährung nutzt!

Material A ▸ Kennzeichen der Familie Kreuzblütler

Obwohl die Blüten aller abgebildeten Pflanzen in einigen Merkmalen den Blüten der Kreuzblütler ähneln, gehören nur zwei zu dieser Familie.

A1 Nenne die typischen Merkmale der Familie der Kreuzblütler!

A2 Nenne die Pflanzen, die in die Familie der Kreuzblütler gestellt werden müssen, und die, die nicht zu den Kreuzblütlern gehören! Begründe deine Zuordnung!

Material B ▸ Nutzpflanzen aus der Familie der Kreuzblütler

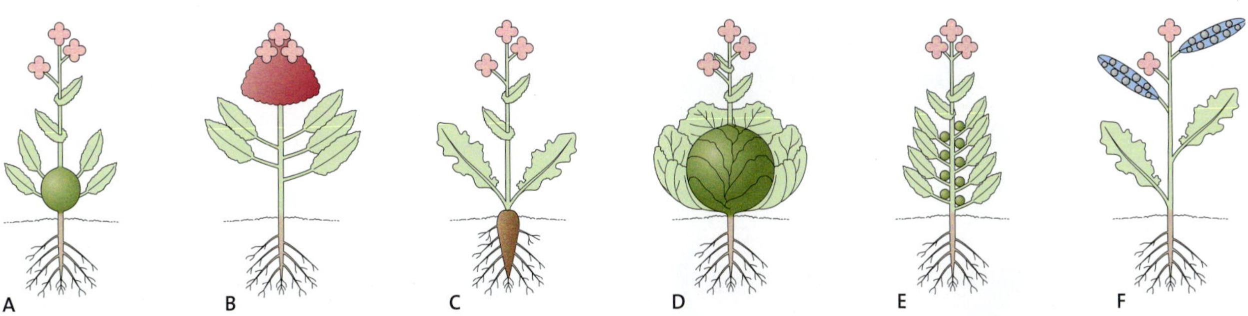

Die schematischen Abbildungen zeigen Kreuzblütler, die als Nutzpflanzen dienen.

B1 Nenne die Pflanzenteile, die durch Züchtung so verändert wurden, dass die jeweilige Pflanze zur Nutzpflanze wurde!

B2 Nenne Beispiele für Pflanzen, die zu den Schemata A, B, D, E passen!

01 Heckenrose

Pflanzenfamilien

Alle Wiesenpflanzen, aber auch Bäume und Sträucher wie die Heckenrose, lassen sich in Familien einordnen. Woran erkennt man die verschiedenen Pflanzenfamilien?

ROSENGEWÄCHSE · Ein Kennzeichen für die Zugehörigkeit zu einer Pflanzenfamilie ist in vielen Fällen der Blütenbau. Die Blüte der Heckenrose hat fünf Kelchblätter und fünf Kronblätter. Im Inneren der Blüte findet man einen Kranz aus vielen dicht beieinanderstehenden Staubblättern. Diese Merkmale sind kennzeichnend für alle Pflanzenarten der Familie der **Rosengewächse.** Der Fruchtknoten und die Früchte können in dieser Familie sehr unterschiedlich aussehen. Zu den Rosengewächsen gehören viele Nutzpflanzen, zum Beispiel Erdbeere und Himbeere sowie Kirsch-, Apfel-, Pflaumen- und andere Obstbäume.

02 Rosengewächse:
A Heckenrose,
B Schema der Blüte,
C Blütendiagramm

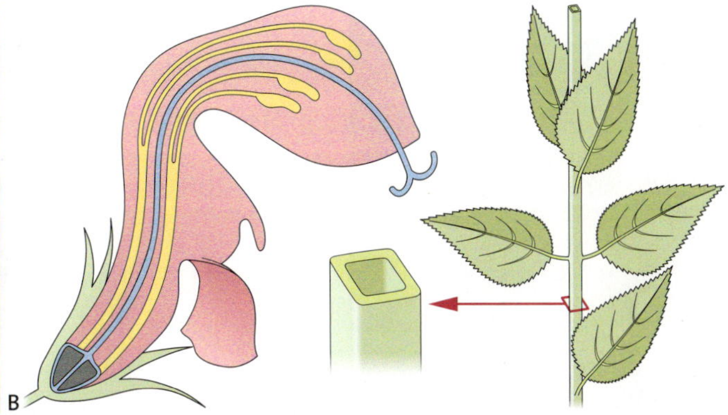

03 Lippenblütler:

A Blüte der Gefleckten Taubnessel,

B Bau der Blüte und der Sprossachse

LIPPENBLÜTLER · Taubnesseln haben ganz andere Blüten als Kreuzblütler oder Rosengewächse. Die rechte und linke Seite ihrer Blüte sehen gleich aus, ihre Ober- und Unterseite dagegen nicht. Eine solche Blüte nennt man *zweiseitig symmetrisch.* Sowohl die Kelchblätter als auch die Kronblätter sind zu einer Röhre verwachsen. Die Kronblattröhre öffnet sich in einen oberen, helmartigen Teil, die *Oberlippe,* und eine untere, flache *Unterlippe.* Im Inneren der Blüte liegen vier Staubblätter und ein Stempel. Solche Blüten kennzeichnen die Familie der **Lippenblütler.** Es gibt allerdings auch Lippenblütler mit sehr kurzer Oberlippe oder mit weniger als vier Staubblättern. Alle Lippenblütler besitzen eine *hohle, vierkantige Sprossachse.* Viele unserer Gewürzpflanzen sind Lippenblütler, wie zum Beispiel Rosmarin und Thymian.

SCHMETTERLINGSBLÜTLER · Auch die Gartenerbse hat zweiseitig symmetrische Blüten. Ihre fünf ungleichen Kronblätter entspringen aus einer kurzen Kelchblattröhre. Das nach oben ragende, größte Kronblatt ist die *Fahne.* Die beiden seitlichen Kronblätter nennt man *Flügel.* Zwischen ihnen stehen zwei miteinander verwachsene Kronblätter, die wie der Rumpf eines Bootes aussehen. Sie bilden das *Schiffchen.* Im Schiffchen liegen zehn Staubblätter. Neun sind zu einer Röhre verwachsen, die den Stempel umgibt. Durch die seitlich vom Schiffchen abstehenden Flügel erinnert die Erbsenblüte ein wenig an einen Schmetterling. Die Familie, für die solche Blüten typisch sind, hat daher den Namen **Schmetterlingsblütler** erhalten. Zu den Schmetterlingsblütlern gehören neben den Erbsen weitere wichtige Nahrungspflanzen wie Bohne und Linse.

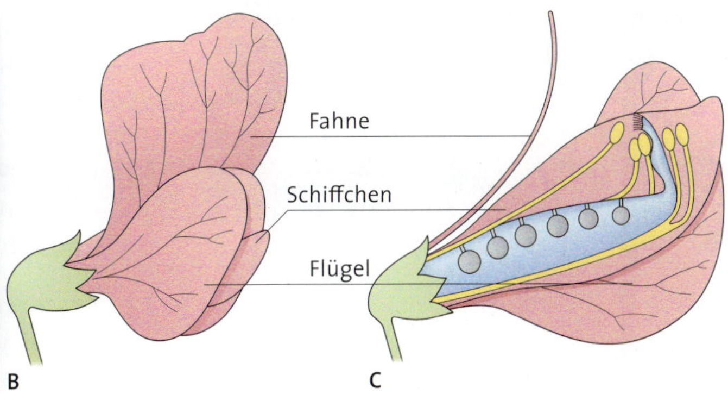

04 Schmetterlingsblütler:

A Blüte der Gartenerbse,

B Bau der Blüte,

C Schema der Blüte

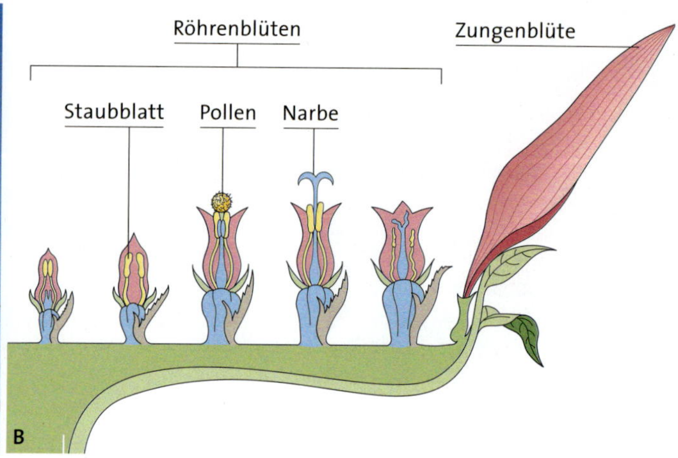

05 Korbblütler:
A Blütenstand der Sonnenblume,
B Schema des Blütenstands

KORBBLÜTLER · Die Blüte der Sonnenblume scheint riesig zu sein. Das täuscht. Diese scheinbare Blüte setzt sich nämlich aus vielen kleinen Blüten zusammen. Sie ist ein *Blütenstand,* in dem die Einzelblüten dicht gedrängt wie in einem flachen Korb stehen. Man nennt daher die Pflanzenfamilie, die sich durch solche Blütenstände auszeichnet, **Korbblütler.**
Eine Einzelblüte der Sonnenblume besteht aus einem winzigen Blütenkelch, kleinen, zu einer Röhre verschmolzenen Kronblättern, fünf Staubblättern und einem Stempel. Man nennt eine solche Einzelblüte Röhrenblüte. Die Blüten am Rand des Blütenstands haben keine Staubblätter und nur einen unvollständigen Stempel. Weil ihre Kronblätter zu einer nach außen gebogenen, gelben Zunge vergrößert sind, werden sie *Zungenblüten* genannt.

Die Blütenstände der Korbblütler-Arten unterscheiden sich in der Form und der Anordnung ihrer Einzelblüten. Bei der *Kornblume* besteht der Blütenstand nur aus großen, blauen Röhrenblüten. Die *Echte Kamille* hat einen gewölbten Blütenkorb aus kleinen, grün-gelben Röhrenblüten und einem Rand aus weißen Zungenblüten. Beim *Löwenzahn* findet man nur Zungenblüten, die aber im Unterschied zur Sonnenblume Staubgefäße und einen vollständigen Stempel haben.

A B C

06 Korbblütler (Auswahl):
A Kornblume,
B Echte Kamille,
C Löwenzahn

1 Nenne die typischen Kennzeichen für die Pflanzenfamilien Lippenblütler und Schmetterlingsblütler!

2 Beschreibe, worin sich die Blütenstände von Kornblume und Löwenzahn unterscheiden!

Material A ▸ Pflanzenfamilien

A1 Nenne die Abbildung, die einen Blütenstand zeigt, und diejenige, in der zweiseitig symmetrische Blüten zu sehen sind!

A2 Ordne die abgebildeten Blüten passenden Pflanzenfamilien zu! Begründe deine Zuordnung!

Material B ▸ Bestimmung von Arten der Familie Lippenblütler

Bestimmungsschlüssel für einige Arten der Familie Lippenblütler			
1	Blüten mit deutlicher Oberlippe	weiter bei 2	
1*	Oberlippe fehlt		**Kriechender Günsel**
2	Oberlippe gerade, nicht helmartig gebogen		**Gundermann**
2*	Oberlippe helmartig gebogen	weiter bei 3	
3	Blüten blau		**Wiesensalbei**
3*	Blüten goldgelb		**Goldnessel**

B1 Bestimme die abgebildeten Lippenblütler mithilfe des Bestimmungsschlüssels!

01 Schwarzer Holunder

Sträucher und Bäume

In Gärten, an Waldrändern und in Hecken wächst der Schwarze Holunder. Wie alle Blütenpflanzen ist er aus den Grundorganen Wurzel, Sprossachse und Laubblatt aufgebaut. Dennoch unterscheidet er sich von krautigen Blütenpflanzen, wie zum Beispiel dem Hahnenfuß, oder Bäumen, wie der Eiche. Worin bestehen dieser Unterschiede?

STRÄUCHER · Im Juni blüht der Schwarze Holunder. Seine kleinen, weißgelben Blüten sind in großen, schirmförmigen Blütenstän-

02 Wuchsformen von Pflanzen: **A** Kraut, **B** Strauch, **C** Baum

den angeordnet. Später entstehen aus den Blüten kleine, schwarz glänzende Früchte, die außer einem Steinkern einen roten, süßen Saft enthalten. Ein Laubblatt des Schwarzen Holunders besteht aus mehreren kleinen Einzelblättchen. Meistens bilden fünf kleine Blättchen ein Holunderblatt.

Der Schwarze Holunder bevorzugt feuchte Böden, weil seine flach wachsenden Wurzeln nicht sehr tief reichen. Die Pflanze erhält in der Regel nur an Standorten, an denen die oberen Bodenschichten über längere Zeit feucht sind, genügend Wasser.

Schon auf den ersten Blick unterscheidet sich der Schwarze Holunder durch seine Form von den krautigen Blütenpflanzen und den Bäumen. Seine Sprossachse ist durch einen eingelagerten Holzstoff fest und dennoch biegsam. Der verholzte Spross verzweigt sich bereits dicht über dem Boden. Die Zweige des Schwarzen Holunders stellen in einer Höhe von etwa sieben Metern ihr Wachstum ein. So entstehen die für *Sträucher* typische Größe und die charakteristische Wuchsform mit mehreren verholzten, kräftigen Sprossachsen. Auch alle anderen Sträucher, zum Beispiel die *Schlehe,* der *Weißdorn* oder das *Pfaffenhütchen,* erreichen nicht die Höhe von Bäumen. Deshalb findet man Sträucher vor allem an Waldrändern und in Hecken, wo ihnen keine hohen Bäume das Licht nehmen können.

1 Nenne Gemeinsamkeiten und Unterschiede von krautigen Pflanzen und Sträuchern!

2 Begründe, weshalb Sträucher für die Möbelherstellung nur eine geringe Rolle spielen!

03 Schlehe: **A** Schlehenhecke, **B** Blüten, **C** Früchte

04 Weißdorn: **A** Weißdornhecke, **B** Blüten, **C** Früchte

05 Pfaffenhütchen: **A** Strauch, **B** Blüte, **C** Früchte

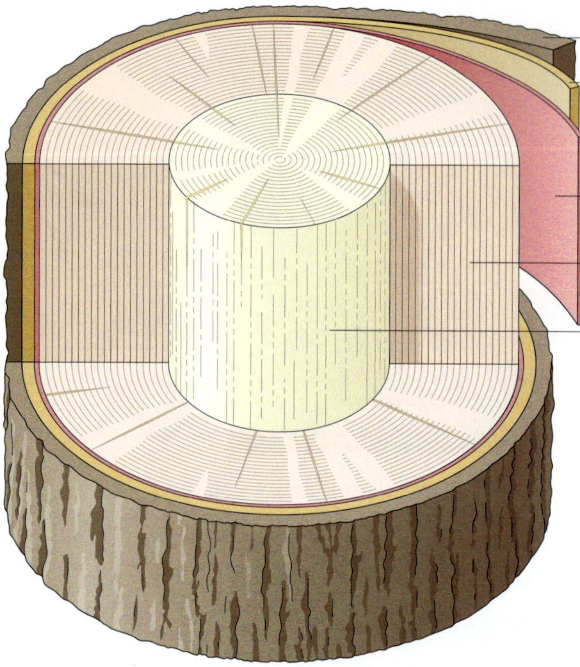

06 Bau eines Baumstammes

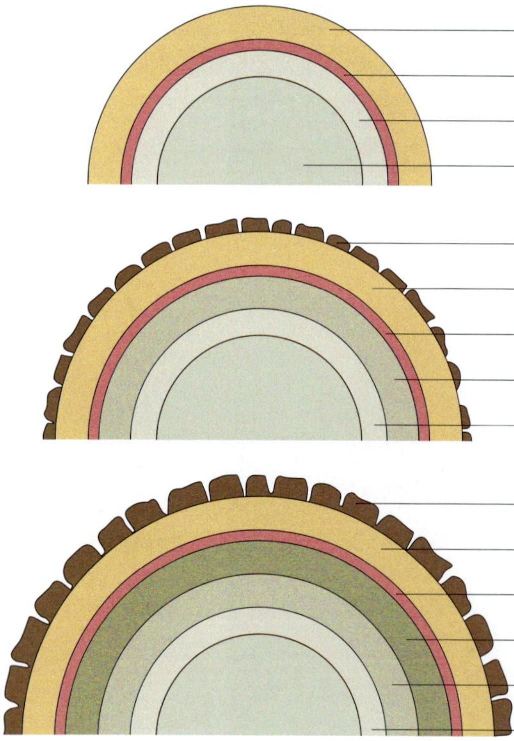

07 Dickenwachstum bei Bäumen und Sträuchern

BÄUME · Wie bei den Sträuchern ist auch die Sprossachse der Stieleiche verholzt. Im Unterschied dazu teilt sich aber die Sprossachse der Stieleiche erst weit über dem Boden in Äste auf, die eine breite Krone bilden. Die unverzweigte Sprossachse ist der *Stamm*. Diese Wuchsform ist für *Bäume* typisch. Mit zunehmendem Alter wird der Stamm dicker. Dieses **Dickenwachstum** kommt durch eine schmale, unter der Rinde liegende *Wachstumsschicht*, das *Kambium*, zustande. Die Schicht gibt nach innen Holzzellen ab, die den festen und harten Teil des Stammes bilden, das *Holz*. Der größte Teil der Holzzellen formt sich zu zahlreichen, dünnen Röhrchen, den *Tracheen*. Sie haben verstärkte Außenwände und leiten das Wasser mit den darin gelösten Mineralstoffen. Im Frühling bildet die Wachstumsschicht große Holzzellen, im Verlauf des Sommers werden sie immer kleiner. Im Herbst und Winter stellt der Baum sein Dickenwachstum ein. Die großen Zellen geben dem Holz eine helle, die kleinen eine dunkle Farbe. So entstehen Jahr für Jahr kreisförmige Schichten, die **Jahresringe.** Ein Jahresring beginnt also mit einer hellen Zellschicht, auf die jeweils eine dunkle folgt. An den Jahresringen kann man nicht nur das Alter eines Baumes ablesen, sondern auch die Wachstumsbedingungen. In guten Jahren, wenn der Baum in den Blättern viele Nährstoffe bilden kann, sind die Jahresringe breit, in schlechten dagegen nur schmal. Nach außen gibt die Wachstumsschicht ebenfalls röhrenförmige Zellen ab, die *Siebröhren*. Sie bilden eine schmale, als **Rinde** bezeichnete Schicht, in der die in den Blättern gebildeten Nährstoffe geleitet werden. Nach außen sterben die Rindenzellen ab und bilden die rissige Borke.

3 Beschreibe, wie Jahresringe entstehen!

Material A ▸ Sträucher

A

B

C

Hartriegel: häufiger Strauch; Zweige oft rötlich; Blätter eiförmig; Blüten weiß, zusammenstehend; Früchte blau-schwarz, kugelig, mit roten Stielen

Schneebeere: oft als Hecke gepflanzt; Blüten klein, weiß bis zartrosa, wie kleine Glöckchen geformt; Blätter rundlich, grün; Früchte weiß, fast kugelrund

Liguster: oft als Hecke angepflanzt; Blätter schmal, oben dunkelgrün; Blüten klein, weiß; Früchte kugelig, erbsengroß, glänzend schwarz

A1 Ordne die Kurzbeschreibungen den Abbildungen zu!

A2 Stelle Vermutungen an, weshalb in Gegenden mit vielen Sträuchern meistens besonders viele Vögel leben!

Material B ▸ Jahresringe

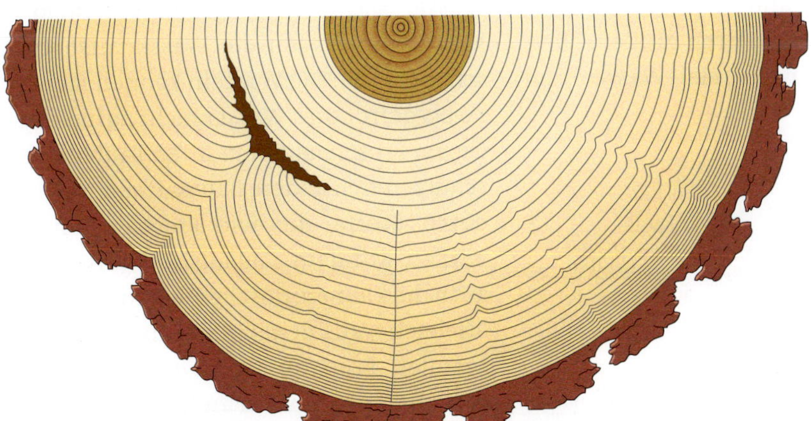

B1 Eine Kiefer keimte 1943 und wurde 1989 geschlagen. Stelle Vermutungen an, ob die Wachstumsbedingungen für die Kiefer in den Jahren von 1949 bis 1955 und von 1981 bis 1989 gut oder schlecht waren!

B2 Im Jahr 1964 wurde während eines Waldbrandes die Rinde an einer Stelle beschädigt. Gib an, wie viele Jahre es ungefähr dauerte, bis diese Wunde vollständig überwachsen war!

B3 Im Jahr 1975 fraß eine große Anzahl von Schmetterlingsraupen die Nadeln der Kiefern. Häufig verloren die Bäume dabei fast alle ihre Nadeln. Beschreibe, wie du vorgehen musst, um festzustellen, ob die Raupen auch die Kiefer kahl gefressen haben, von der die Baumscheibe stammt!

01 Bäume:
A Stieleiche,
B Waldkiefer

Laub- und Nadelbaum im Vergleich

Stieleichen und Waldkiefern kommen in unseren Wäldern häufig vor. In welchen Besonderheiten unterscheiden sie sich?

LAUBBAUM · Im Mai entfaltet die *Stieleiche* ihre an den Rändern tief eingebuchteten Laubblätter. Mit ihren großen Oberflächen verdunsten sie viel Wasser und fangen viel Licht für die Fotosynthese auf. Im Herbst wirft die Stieleiche ihre Laubblätter wieder ab. Sie kann daher im Winter keine Nährstoffe herstellen. Nach dem *Laubfall* benötigt der Baum nur noch wenig Wasser. Das ist günstig, weil vor allem an sehr kalten Tagen die Wasserversorgung schwierig ist. Die Wurzeln können nämlich zu Eis gefrorenes Wasser nicht aufnehmen. Gegen Frostschäden in ihren Laubblättern schützen sich andere Baumarten im Winter durch Stoffe, die wie Frostschutzmittel wirken. Mit dem Laubaustrieb öffnen sich auch die kleinen, unscheinbaren Blüten der Stieleiche, aus denen die walzenförmigen, braunen Früchte, die *Eicheln*, entstehen. Weil die Eicheln reich an Nährstoffen sind, werden sie gerne von Tieren gefressen oder gesammelt und so verbreitet.

02 Stieleiche: **A** Blätter und Früchte, **B** Zweig mit Blüten

NADELBAUM · Die harten Laubblätter der *Waldkiefer* bezeichnet man wegen ihrer langen, schmalen Form als Nadeln. Sie haben der Gruppe der *Nadelbäume* ihren Namen gegeben. Nadeln haben eine viel kleinere Oberfläche als die Laubblätter der Stieleiche und sind von einer weitgehend wasserundurchlässigen wachsartigen Schicht überzogen. Mit diesen Blättern verdunstet die Waldkiefer viel weniger Wasser als ein Laubbaum. Die Gefahr, im Winter, wenn die Wurzeln nur wenig Wasser aufnehmen können, zu vertrocknen, ist bei der Waldkiefer geringer als bei Laubbäumen. Sie muss im Herbst ihre Blätter nicht abwerfen und kann so auch im Winter Fotosynthese betreiben.

Im Mai erscheinen die winzig kleinen, in Blütenständen zusammengefassten Blüten der Waldkiefer. Die männlichen Blütenstände geben ungeheuer große Mengen an Pollenkörnern ab. Zur Blütezeit kann man beobachten, wie schon ein leichter Luftzug den Blütenstaub als gelbe Wolke mitnimmt. Weil die weiblichen Blüten an der Spitze der Zweige stehen, können sie die angewehten Pollenkörner leicht auffangen. Nach der Befruchtung wächst der weibliche Blütenstand innerhalb von zwei Jahren zu einem holzigen Zapfen heran, in dem die Samen liegen.

03 Waldkiefer: **A** Zweig mit Blüten, **B** Nadelblätter, **C** Zapfen, **D** Samen

WEITERE NADELBÄUME · Unsere Nadelbäume sind leicht zu unterscheiden. Die **Fichte** hat lang gestreckte, hängende Zapfen, die als Ganzes abfallen. Bei der **Tanne** stehen die Zapfen aufrecht und zerfallen in Schuppen. Die **Lärche** hat die kleinsten Zapfen. Als einziger heimischer Nadelbaum wirft sie im Herbst alle ihre weichen Nadeln ab.

1 Erkläre, weshalb die Laubblätter der Waldkiefer eine Angepasstheit an trockene und kühle Gebiete darstellen!

2 Vergleiche die typischen Merkmale von Waldkiefer, Fichte, Tanne und Lärche!

04 Fichte

05 Tanne

06 Lärche

METHODE

Herbarium – Sammeln und Bestimmen

1) Sammeln und Bestimmen

2) Pressen und Trocknen

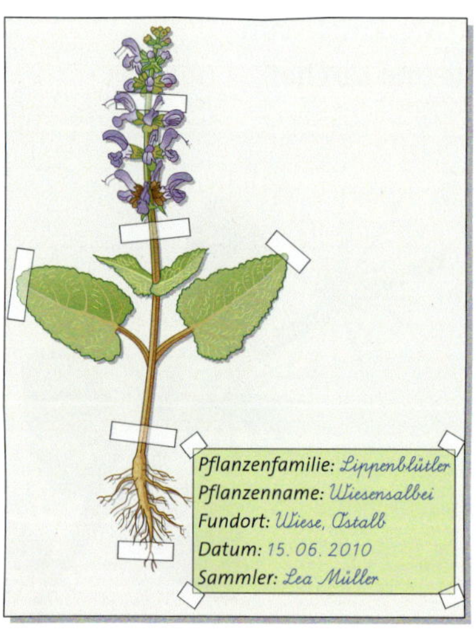

3) Aufkleben und Lagern

Ein Herbarium ist eine Sammlung gepresster und getrockneter Pflanzen oder Pflanzenteile, wie zum Beispiel Blätter von Bäumen.

Material:

festes Papier oder leichter Zeichenkarton, Schere, Etiketten (selbstklebend, fünf bis sechs Zentimeter lang), Ziegelsteine oder dicke Bücher, Tageszeitungen, zwei Holzplatten oder starke Pappe, Bestimmungsbuch

Durchführung:

SAMMELN UND BESTIMMEN · *Bevor man eine Pflanze pflückt, muss man mithilfe des Bestimmungsbuchs ihren Namen feststellen. So wird vermieden, dass man aus Versehen eine geschützte Pflanze beschädigt. Außerdem lassen sich die Pflanzen nach dem Pressen und Trocknen oft nur noch schwer bestimmen. Transportiere die Pflanzen getrennt in Plastiktüten, in die jeweils ein Zettel mit Artname, Fundort und Funddatum gelegt wird.*

PRESSEN UND TROCKNEN · *Lege jede Pflanze einzeln so in gefaltetes Zeitungspapier, dass sie in einer natürlichen Lage ausgebreitet ist. Füge ein Etikett hinzu, auf dem der Artname der Pflanze, die Familie, der Fundort und das Funddatum vermerkt sind. Klappe die Papierbögen zu und staple sie abwechselnd mit Zwischenlagen aus mehreren Bögen Zeitungspapier. Lege oben und unten eine Holzplatte oder einen starken Pappkarton auf den Stapel und beschwere ihn mit Ziegelsteinen oder dicken Büchern. Weil sich leicht Schimmel bildet, müssen die Zwischenlagen aus Zeitungspapier alle zwei bis drei Tage gewechselt werden, bis die Pflanzen völlig getrocknet sind.*

AUFKLEBEN UND LAGERN · *Lege jede getrocknete Pflanze einzeln auf je einen festen Bogen Papier oder einen leichten Zeichenkarton. Behandle die Pflanzen sehr vorsichtig, da sie jetzt sehr spröde sind und leicht zerbrechen. Schneide aus selbstklebenden Etiketten Streifen und befestige damit die Pflanzen. Klebe dann das vorbereitete, beschriftete Etikett mit dem Namen der Pflanze und allen Funddaten in die rechte untere Ecke des Papierbogens. Bewahre die Herbarbögen in einer passenden Schachtel auf oder hefte sie in einen Ordner ein.*

1 Lege ein Herbarium für Laubblätter an! Sammle von jedem deiner ausgewählten Bäume ein Blatt im Sommer und ein Blatt im Herbst ein!

Material A ▸ Blätter einheimischer Laubbäume

Ausschnitt aus einem Bestimmungsbuch für einheimische Laubbäume		
1	Blätter einfach (nur aus einer Fläche bestehend)	weiter bei 3
1*	Blätter zusammengesetzt (aus mehreren Teilblättchen bestehend)	weiter bei 2
2	Blätter gefiedert	Esche
2*	Blätter gefingert	Rosskastanie
3	Blätter schmal und lang (lanzettförmig)	Weide
3*	Blätter nicht schmal und lang	weiter bei 4
4	Blattrand ganzrandig	Rotbuche
4*	Blattrand nicht ganzrandig, sondern gesägt, gebuchtet oder gelappt	weiter bei 5
5	Blattrand gesägt	weiter bei 6
5*	Blattrand gebuchtet	weiter bei 7
5**	Blattrand gelappt	weiter bei 8
6	Blattfläche herzförmig	Sommerlinde
6*	Blattfläche eiförmig	Hainbuche / Weißbuche
7	Blattfläche gleichförmig gebuchtet, Blattstiel etwa ¼ so lang wie die Blattfläche	Traubeneiche
7*	Blattfläche ungleich gebuchtet, Blattstiel sehr kurz	Stieleiche
8	Lappen der Blätter am Ende spitz zulaufend	Spitzahorn
8*	Lappen der Blätter am Ende rundlich	Bergahorn

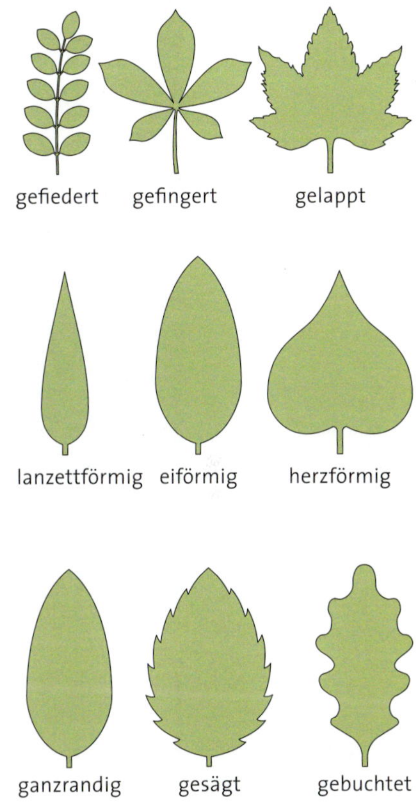

A1 Bestimme mithilfe des Bestimmungsschlüssels die Baumarten, von denen die abgebildeten Blätter stammen!

01 Blühender Bärlauch im Buchenwald im Frühling

Der Laubwald im Jahresverlauf

Frühling, Sommer, Herbst und Winter – in jeder Jahreszeit sieht ein Laubwald anders aus. Was sind die Ursachen hierfür?

DER BUCHENWALD IM FRÜHLING · Der häufigste Baum unserer Laubwälder ist die *Rotbuche*. Ihr glatter, silbergrauer Stamm ragt bis zu 40 Meter in die Höhe und verzweigt sich erst weit oben in eine breite, dachartige Krone.

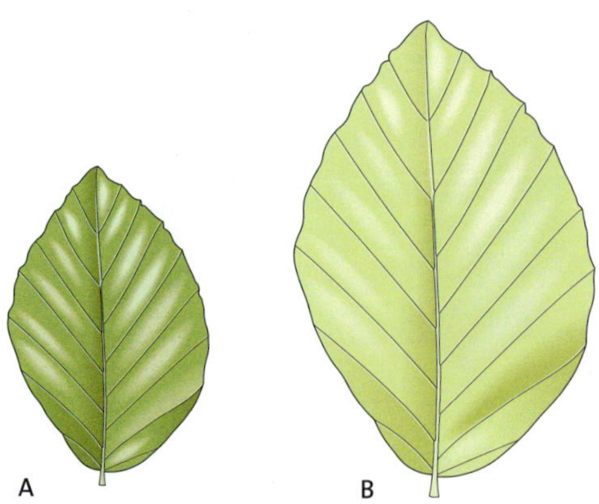

02 Blätter der Rotbuche:
A Sonnenblatt,
B Schattenblatt

Kaum haben die wärmer werdenden Sonnenstrahlen im März den Schnee im Buchenwald verschwinden lassen, bahnen sich die ersten Pflanzen ihren Weg durch das am Boden liegende Laub und fangen an zu blühen. Diese **Frühblüher** bedecken dann oft wie ein Teppich den ganzen Waldboden unter den noch kahlen Bäumen.
Die Rotbuche treibt erst im April, wenn wieder ausreichend Wasser in die Krone transportiert wird, die ersten zarten, hellgrünen Laubblätter. Diese beginnen mit der *Fotosynthese* und werden schnell dunkler. Dabei sind die im vollen Sonnenlicht stehenden äußeren Laubblätter, die **Sonnenblätter,** kleiner, dicker und daher auch dunkler grün als die weiter innen, im Schatten liegenden **Schattenblätter.** Kurz nach den Laubblättern entfalten sich auch die unscheinbaren Blüten der Buche, die in getrennten männlichen und weiblichen *Blütenständen* stehen und vom Wind bestäubt werden.

DER BUCHENWALD IM SOMMER · Die Baumkronen der Rotbuchen bilden nun ein dichtes Laubdach, das das Sonnenlicht intensiv zur Fotosynthese nutzt. Die dabei hergestellten *Nährstoffe* werden über die Leitbündel im ganzen Baum verteilt, für das Wachstum genutzt oder gespeichert. Durch die hohen Temperaturen verdunstet über die Laubblätter aber auch viel Wasser, das über die Wurzeln nachgeliefert werden muss.
Auf den Boden dagegen dringt kaum mehr Licht. Dort können deshalb nur noch wenige Pflanzenarten wachsen, die mit diesen geringen Lichtmengen zurechtkommen.

03 Buchenwald im Sommer

DER BUCHENWALD IM HERBST · Wenn die Tage kürzer und kälter werden, verfärbt sich das Laub der Rotbuche allmählich rotbraun. Gleichzeitig werden die nährstoffhaltigen Früchte der Buchen, die *Bucheckern*, reif, die in den befruchteten weiblichen Blütenständen über den Sommer herangewachsen sind.
Laub und Früchte fallen nach und nach von den Zweigen, bis der Baum kahl ist. Das abgefallene Laub bildet am Boden eine dichte Schicht, die Schutz und Lebensraum für viele Kleinstlebewesen bietet. Diese verarbeiten die Blätter allmählich zu natürlichem Bodendünger, dem **Humus.** Die Bucheckern dienen bis in den Winter vielen Tieren als Nahrung.

04 Buchenwald im Herbst

DER BUCHENWALD IM WINTER · Ohne Laubblätter übersteht der Laubbaum nun die ungünstigen Licht- und Temperaturverhältnisse des Winters. Er befindet sich in einem *Ruhezustand* und zehrt von den gespeicherten Nährstoffen.

1 Nenne die Ursachen für die Veränderungen des Laubwalds im Jahresverlauf!

05 Buchenwald im Winter

06 Buschwindröschen mit Erdspross

07 Weitere Frühblüher: **A** Scharbockskraut mit Wurzelknolle (vergrößert), **B** Krokus mit Sprossknolle (vergrößert), **C** Schneeglöckchen mit Zwiebel (vergrößert)

FRÜHBLÜHER · Bevor ihnen die Laubbäume das Licht zur Fotosynthese nehmen, bedecken Frühblüher wie der *Bärlauch* oder das *Buschwindröschen* den Boden im Buchenwald bereits Anfang März. Ermöglicht wird das durch ihre unterirdischen *Speicherorgane* voller Nährstoffe. Diese wurden im Vorjahr gebildet und stehen den Pflanzen nun schon zur Verfügung.

Die Speicherorgane von Frühblühern sind sehr unterschiedlich beschaffen: *Buschwindröschen* besitzen eine verdickte Sprossachse, die waagerecht unter der Erde wächst und sich jedes Jahr weiterverzweigt, den **Erdspross.** Bei anderen Frühblühern, wie dem *Scharbockskraut,* handelt es sich um rundlich verdickte Pflanzenteile, die **Knollen.** Dabei ist Knolle nicht gleich Knolle: Beim *Scharbockskraut* findet man verdickte Wurzeln, die **Wurzelknollen.** Beim vor allem in Gärten und Parks sehr verbreiteten *Krokus* ist der direkt über den Wurzeln befindliche Teil der Sprossachse verdickt; er besitzt also eine **Sprossknolle.** *Schneeglöckchen,* die man auch im Laubwald findet, besitzen unterirdische, dickfleischige Blätter. Sie liegen dicht beieinander und bilden eine **Zwiebel.** Wenn das Schneeglöckchen im Frühjahr die Vorräte aus der Zwiebel verbraucht hat, liefern seine Laubblätter neue Nährstoffe, die in einer **Ersatzzwiebel** gespeichert werden. Außerdem werden **Brutzwiebeln** gebildet, mit denen sich die Pflanze vermehren kann.

2 Erläutere das biologische Prinzip der „Angepasstheit“ am Beispiel des Buschwindröschens!

3 Beschreibe den Unterschied zwischen einer Wurzelknolle, einer Sprossknolle und einer Zwiebel!

Material A ▸ Licht und Pflanzenwachstum im Laubwald

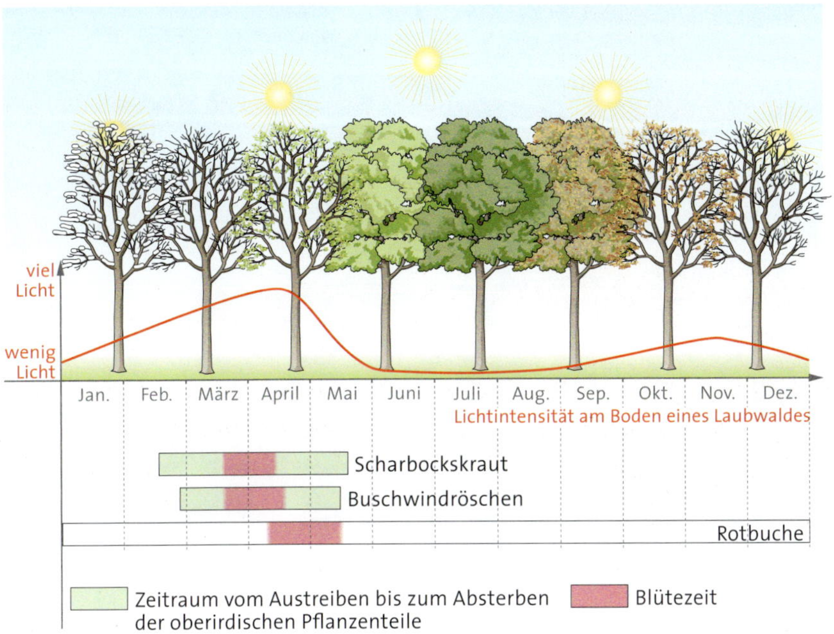

A1 Beschreibe und erläutere den Verlauf der Kurve „Lichtintensität am Boden eines Laubwaldes" in der Abbildung!

A2 Beschreibe anhand der Abbildung, wie das Scharbockskraut an das Leben im Laubwald angepasst ist!

A3 Erkläre, weshalb die Rotbuche nicht zu den Frühblühern gezählt wird!

A4 Im Balken für die Rotbuche ist nur die Blütezeit farblich markiert. Ordne den ausgesparten Zeiträumen selbst gewählte, passende Farben zu und begründe!

Material B ▸ Das Schneeglöckchen im Jahresverlauf

B1 Beschreibe die Entwicklung des Schneeglöckchens und seiner Zwiebel im Jahresverlauf!

B2 Erläutere die Aufgaben der verschiedenen Zwiebeltypen, die das Schneeglöckchen bildet!

B3 Erläutere am Beispiel des Schneeglöckchens und der Insekten das biologische Prinzip der „Wechselwirkung zwischen Lebewesen"!

01 Blätter und Frucht der Rosskastanie im Herbst

Die Rosskastanie im Jahresverlauf

Die Rosskastanie ist wegen ihrer ausladenden Krone und großen Laubblätter ein guter Schattenspender und deshalb in Parks, Gärten und Alleen häufig zu finden. Weshalb wirft sie im Herbst ihre Blätter ab?

LAUBFALL · Solange die Rosskastanie ihre Laublätter besitzt, benötigt sie große Mengen Wasser. Es wird dort bei der Fotosynthese verbraucht und verdunstet außerdem durch die Spaltöffnungen. Deshalb muss ständig frisches Wasser über die Wurzel nachgeliefert werden. Sobald es kalt wird, entstehen daraus Probleme für den Baum: Ist das Bodenwasser gefroren, würde die Pflanze vertrocknen, weil sie Wasser über die Blätter abgäbe und kein frisches aufnehmen könnte. Neben dieser *Frosttrocknis*

02 Wasseraufnahme und -verdunstung

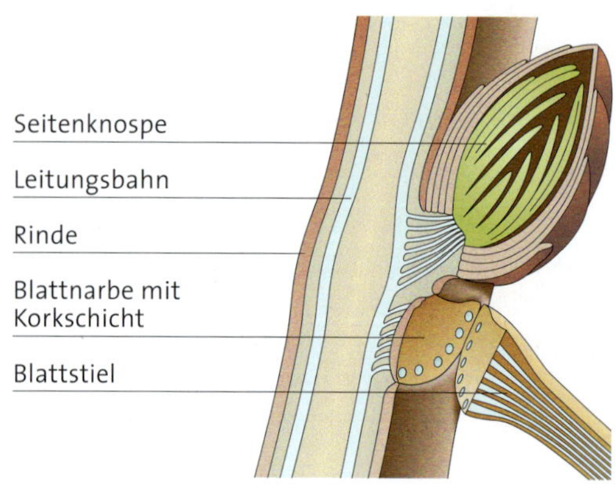

03 Laubfall und Knospenbildung

könnte der Laubbaum auch durch gefrierendes Wasser in den Blättern geschädigt werden. Das gefrierende Wasser in den Zellen dehnt sich aus und führt so zum *Zelltod.* Weiterhin könnte auf den Blättern so viel Schnee liegen bleiben, dass Zweige und Äste unter dieser Last abbrächen. Durch den Laubfall im Herbst vermeidet die Rosskastanie all diese Probleme. Erstes Anzeichen des bevorstehenden Laubabwurfs ist die Verfärbung der Blätter, die **Herbstfärbung.** Der für die Pflanze wichtige grüne Blattfarbstoff, das *Chlorophyll,* geht nicht verloren, weil er im Herbst aus den Blättern abgezogen wird; rote und gelbe Farbstoffe bleiben zurück. Am Ende des Blattstiels, dem *Blattgrund,* bildet sich eine Korkschicht. Diese trennt das Blatt vom Zweig, sodass es abfällt. An den Trennstellen der Blätter bleiben *Blattnarben* zurück. Auch die Früchte werden durch eine Korkschicht abgetrennt, sodass die Kastanien zu Boden fallen. Diese stärkehaltigen Samen wurden früher an Pferde verfüttert, was der Rosskastanie ihren Namen gab. Woher kommen im Frühjahr die neuen Blätter?

KNOSPEN · Noch vor dem Laubfall werden in den Blattachseln winzige Anlagen von neuen Pflanzenorganen, die **Knospen,** gebildet. Sie sind von braunen Hüllblättern umgeben. Diese liegen wie Dachziegel übereinander und sind durch *Harz* miteinander verklebt. Darunter befinden sich grüne Hüllblätter, die mit wolligen Haaren bedeckt sind. So ist das Innere der Knospe vor dem Austrocknen und Erfrieren geschützt. An den Zweigen der Rosskastanie bildet sich in jeder Blattachsel eine Knospe, die **Seitenknospe,** die winzige Laubblättchen enthält. An der Spitze jedes Zweiges findet man eine besonders große Knospe, die **Endknospe,** mit Anlagen von Blättern und Blüten. Im Frühjahr wachsen die Blätter und Blüten in den Knospen, sprengen so die Knospenhülle, treiben aus und entfalten sich.

1 Beschreibe, wie die Knospen der Rosskastanie vor dem Erfrieren geschützt sind!

2 Erläutere die Vorteile des jährlichen Laubfalls für die Rosskastanie!

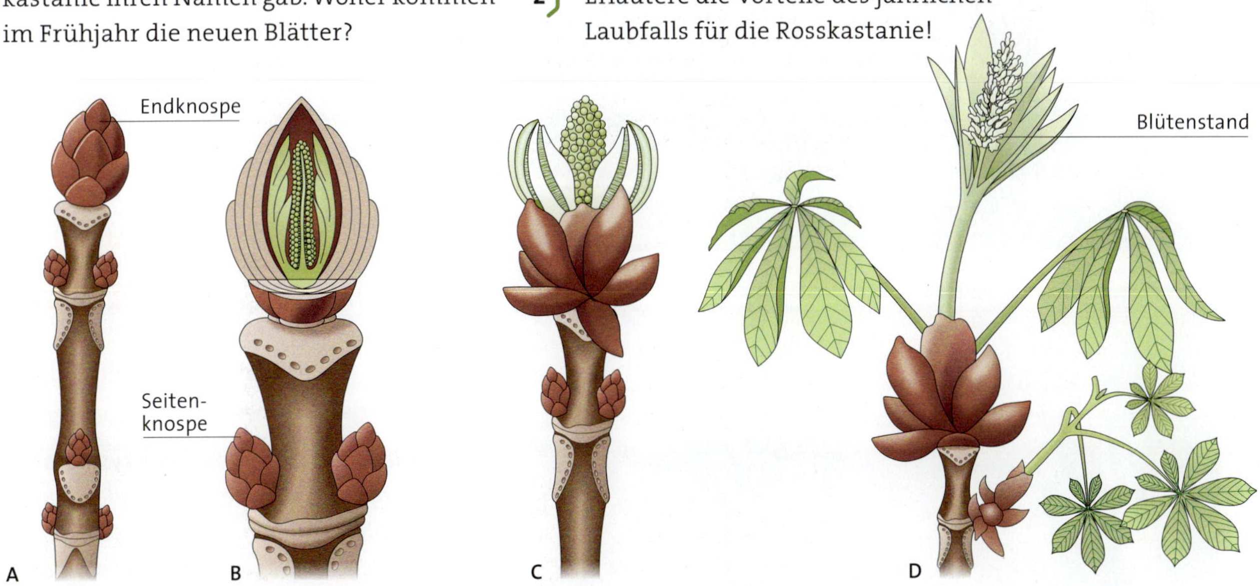

04 Knospen der Rosskastanie: **A** Knospen im Winter, **B** Endknospe im Längsschnitt, **C** Endknospe beim Austrieb, **D** Knospen bei der Entfaltung

METHODE

Langzeitprotokoll: Ein Baumtagebuch erstellen

Manche Erkenntnisse in der Biologie können nur gewonnen werden, wenn man Vorgänge über längere Zeit genau beobachtet und protokolliert. Solche Vorgänge sind beispielsweise die Keimung oder die Veränderung eines Laubbaums im Jahresverlauf. Für das Langzeitprotokoll eignet sich die Form eines Tagebuchs, in das man regelmäßig Einträge macht.

Ein Baumtagebuch sollte folgende ***Angaben und Inhalte*** *enthalten:*

- *Deckblatt mit einem Bild deines Baumes, deinem Namen und deiner Klasse*
- *genaue Beschreibung des beobachteten Baumes, zum Beispiel Baumart, genauer Standort, Beschaffenheit des Bodens und der Umgebung*
- *genaues Datum bei wichtigen Ereignissen, zum Beispiel erste Blätter, erste Blüten*
- *genaue Messungen, zum Beispiel Umfang des Stammes in einem Meter Höhe, durchschnittliches Gewicht eines Blattes und eines Samens.*

Weitere Angaben und Inhalte können sinnvoll sein:

- *Zeichnungen, zum Beispiel eines Blattes, einer Blüte, einer Frucht*
- *Liste von Tieren, die im und am Baum zu beobachten sind*
- *Angaben zum Wetter mit Datum: Temperatur, Niederschlag und Sturm.*

Dabei solltest du immer auf eine ***systematische Vorgehensweise*** *achten, indem du deine Beobachtungen und Messungen möglichst regelmäßig, zum Beispiel einmal pro Woche, vornimmst.*

Material A ▸ Überwinterung bei krautigen Blütenpflanzen

Krautige Blütenpflanzen sterben nach der Bildung von Früchten ab. Bei der Überwinterung unterscheidet man zwischen **einjährigen** und **zweijährigen** Pflanzen.

A1 Vergleiche anhand der Abbildungen die Überwinterung einer einjährigen und einer zweijährigen Pflanze!

A2 Stelle Vermutungen an, welche Vor- und Nachteile die zweijährige Überwinterungsform hat!

Material B ▸ Überwinterung der Möhre

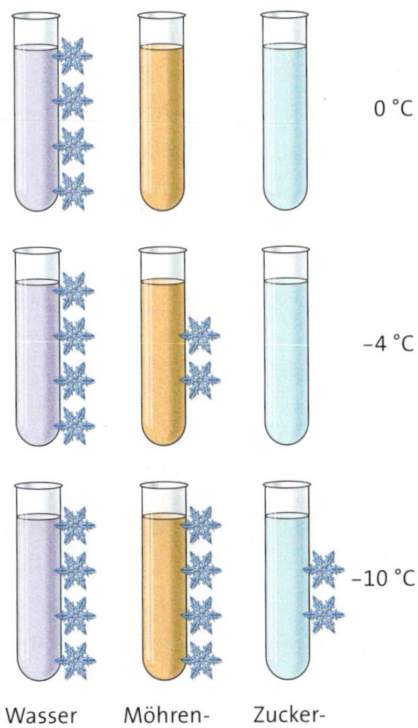

Biologen vermuteten, dass der Zucker, den die *Möhre* enthält, bei der Überwinterung im Boden eine besondere Rolle spielt. Dazu führten sie den nebenstehenden Versuch durch. Dabei wurde beobachtet, wie Wasser, Möhrensaft und Zuckerwasser auf winterliche Temperaturen reagieren.

B1 Beschreibe das Versuchsergebnis in den drei Ansätzen!

B2 Erläutere die Bedeutung des Zuckers für die Überwinterung der Möhre!

B3 Stelle Vermutungen an, weshalb die Möhre auch bei Lufttemperaturen unter −4 °C nicht erfriert!

01 Gräser

Gräser ernähren die Menschen

In den Sommermonaten kann man auf Weiden grasende Rinder beobachten. Den größten Anteil ihrer Futterpflanzen machen Süßgräser aus. Woran kann man Süßgräser erkennen?

SÜSSGRÄSER · Ein wichtiges Erkennungsmerkmal fast aller Süßgräser ist der Bau ihrer schlanken und hohlen Sprossachsen, der **Halme.** Sie sind röhrenförmig aufgebaut und durch Verdickungen, die *Knoten,* in Abschnitte gegliedert. An den Knoten setzen die Blätter in zwei Reihen an. Der untere Teil des Blattes, die *Blattscheide,* umschließt den Halm. Der obere Teil des Blattes, die *Blattspreite,* ist schmal und lang. Am Übergang zwischen Blattscheide und Blattspreite gibt es bei den meisten Süßgräsern ein farbloses *Blatthäutchen,* dessen Form für jede Art typisch ist. Die kleinen, unauffälligen Blüten der Süßgräser unterscheiden sich deutlich von den Blüten anderer Pflanzenfamilien. Farbenprächtige Kronblätter fehlen, stattdessen besitzen sie unscheinbare Blütenblätter, die man **Spelzen** nennt. Von außen nach innen unterscheidet man die *Hüllspelzen,* die *Deckspelzen* und die *Vorspelzen.* Zwei *Schwellkörper* haben die Aufgabe, die Spelzen zur Blütezeit auseinanderzudrücken. Dadurch hängen die drei Staubblätter dann weit zwischen den Spelzen heraus und die Pollenkörner können durch den Wind leicht fortgetragen werden. Alle Süßgräser sind **Windbestäuber.** Auch der Bau der beiden Narben ist an die Windbestäubung angepasst: Diese sind federförmig vergrößert

02 Blütenstände von Süßgräsern

und bilden somit eine große Auffangfläche für die Pollenkörner. Die einzelnen Blüten sind in einem kleinen Blütenstand, dem Ährch**en,** zusammengefasst. Mehrere Ährchen sind wiederum in einem größeren Blütenstand wie zum Beispiel einer **Ähre** oder **Rispe** angeordnet.

GETREIDE · Nicht nur die Tiere, sondern auch der Mensch ernährt sich von Süßgräsern. Er züchtete aus den *Wildformen* der Wiesengräser alle Getreidearten, wie beispielsweise den *Weizen*. Um zu gedeihen, benötigt diese Getreideart mineralstoffreiche Böden, die nicht zu schnell austrocknen. Ausreichend hohe Temperaturen im Sommer führen dann zu hohen Ernteerträgen. Die Aussaat von kälteempfindlichen Weizensorten erfolgt im Frühjahr. Neben diesem **Sommergetreide** wird der weniger kälteempfindliche Winterweizen bereits im Herbst gesät. Diese Getreidesorte zählt zum **Wintergetreide.**

Der für den Menschen wertvolle Teil der Weizenpflanze ist die Frucht, das **Weizenkorn.** Es ist von einer Samenschale, die mit der Fruchtschale verwachsen ist, umhüllt. Unter diesen Schalen liegt die aus Eiweiß bestehende *Kleberschicht*. Im Inneren des Weizenkorns befindet sich der *Mehlkörper*. Er enthält viel Stärke und liefert bei der Keimung über das *Schildchen* dem *Keimling* die notwendigen Nährstoffe.
Noch bevor sich die Weizenkörner aus den Spelzen lösen und zu Boden fallen, werden die Weizenkörner geerntet. Beim anschließenden Mahlen der Weizenkörner in Getreidemühlen werden die Mehlkörper von den Schalen, der *Kleie,* getrennt. Je nachdem wie fein gemahlen wird, entstehen Mehl, Grieß oder Graupen, die zu Teigwaren, Brot oder Kuchen verarbeitet werden.

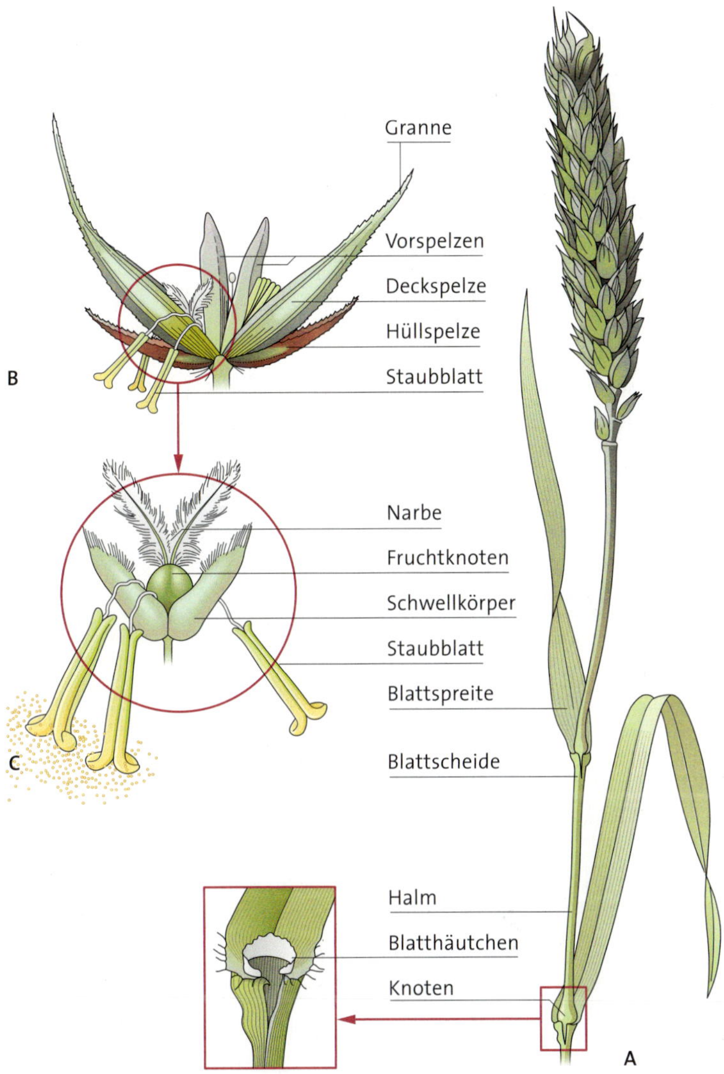

03 Weizen: **A** Halm und Blütenstand, **B** Einzelblüte, **C** Ährchen

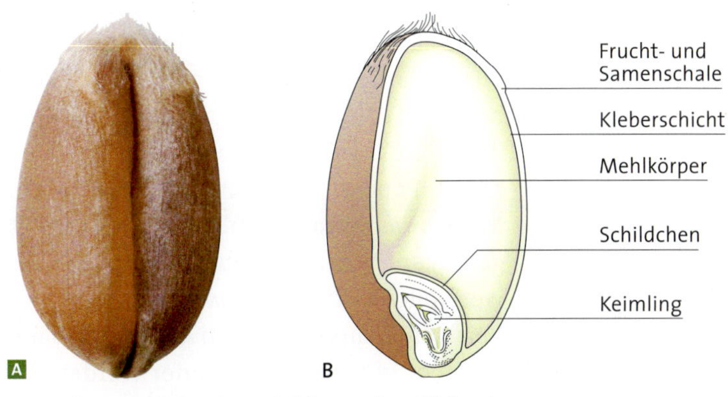

04 Weizen: **A** Weizenkorn, **B** Schema eines Weizenkorns

STECKBRIEF

Roggen
Bau: *bis zwei Meter lange Halme, Ähre als Blütenstand, lange Grannen, walzenförmige und lange Körner;*
Standortansprüche: *gering, Anbau bei kühlerem bis kaltem und trockenem Klima möglich, wächst auch auf Sandböden;*
Verwendung: *Brotherstellung, Futtermittel für Wiederkäuer*

STECKBRIEF

Hafer
Bau: *bis eineinhalb Meter lange Halme, Rispe als Blütenstand, längliche Körner;*
Standortansprüche: *warmes Klima, wächst auch auf sandigen und mineralstoffarmen Böden (Magerböden);*
Verwendung: *Haferflocken, Futtermittel vorwiegend für Pferde*

STECKBRIEF

Gerste
Bau: *nur bis ein Meter lange Halme, Ähre als Blütenstand, sehr lange Grannen, ovale und bespelzte Körner;*
Standortansprüche: *gering, Anbau bei kühlerem bis kaltem und trockenem Klima möglich, wächst auch auf Sandböden;*
Verwendung: *Bierherstellung, Tierfutter*

STECKBRIEF

Echte Hirse
Bau: *bis eineinhalb Meter lange Halme, Rispe als Blütenstand, sehr kleine und runde Körner ohne Längsfurche;*
Standortansprüche: *trockenes und warmes Klima, Sandböden;*
Verwendung: *Fladenbrot, Halme zur Herstellung von Fasern, Futter für Hausvögel*

WEITERE GETREIDEARTEN · Ursprünglich stammt der **Mais** aus Südamerika. Er ist eine sehr wärmeliebende Nutzpflanze und wird wie alle Süßgräser durch den Wind bestäubt. Die reifen Maiskörner werden direkt als Gemüse gegessen oder zu Cornflakes, Popcorn oder Mehl verarbeitet. In Mexiko werden aus dem Maismehl Tortillas gebacken. Vor allem aber wird Mais als wertvolles Tierfutter verwendet.
Reis wird hauptsächlich in Asien angebaut. Er benötigt viel Wasser, daher werden die Pflanzen auf befluteten Feldern angebaut. Häufig werden die Felder sehr aufwendig an den Berghängen in Terrassen angelegt. Auch die Ernte erfordert viel Handarbeit. Wenn die Blätter gelb werden, wird der Reis geerntet.

1 Ordne die Süßgräser der Abbildung 01 auf Seite 260 der Grafik 02 zu! Gehe dabei von links nach rechts vor!

2 Erläutere, inwiefern der Blütenbau der Süßgräser an die Windbestäubung angepasst ist!

Material A ▸ Grashalm

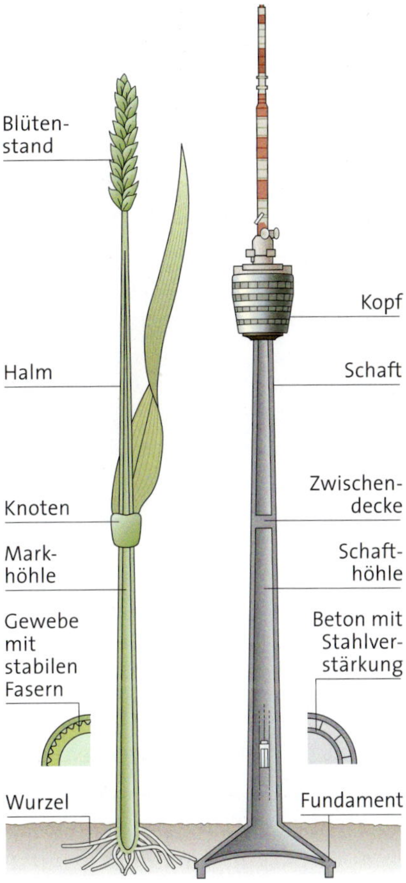

Die hohlen Grashalme sind so stabil gebaut, dass sie bei stärkerem Wind nicht umknicken. Knoten untergliedern den Halm in Abschnitte. Oberhalb dieser Knoten umhüllen Blattscheiden fest den Halm. Die Wände der Halme sind zudem in Längsrichtung stark verdickt und bilden stabile Fasern.

A1 Erläutere, weshalb ein Grashalm sehr stabil ist!

A2 Nenne Gemeinsamkeiten und Unterschiede zwischen dem Bau eines Grashalms und eines Fernsehturms!

Material B ▸ Pollenflugkalender

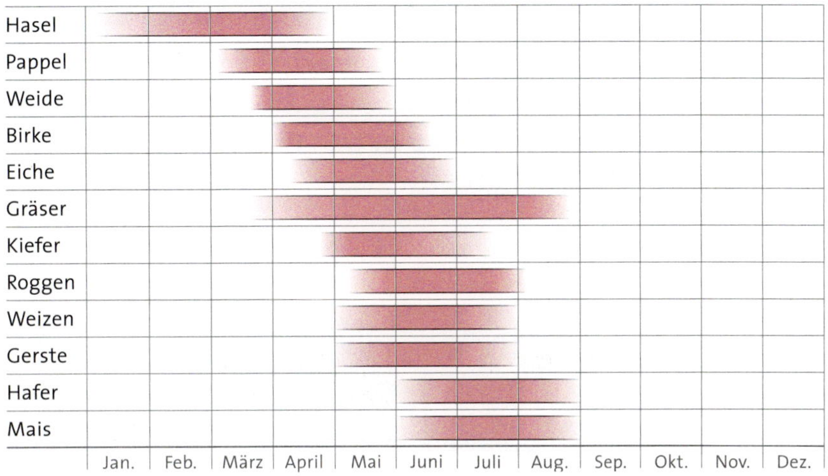

Die Pollenkörner können allergische Reaktionen auslösen, wie eine tropfende Nase und Juckreiz in den Augen. Diese Allergie nennt man *Heuschnupfen*.

B1 Erläutere die Bedeutung des Pollenflugkalenders!

B2 Frau M. leidet immer in den Monaten von Mai bis Juli unter den Auswirkungen des Heuschnupfens. Begründe, ob Getreidepollen die Ursache sein können!

Material C ▸ Getreideanbaugebiete

C1 Bestimme die Getreidearten, die in den genannten Getreideanbaugebieten erfolgreich angepflanzt werden können! Nimm auch die Informationen auf Seite 261 und 262 zu Hilfe!

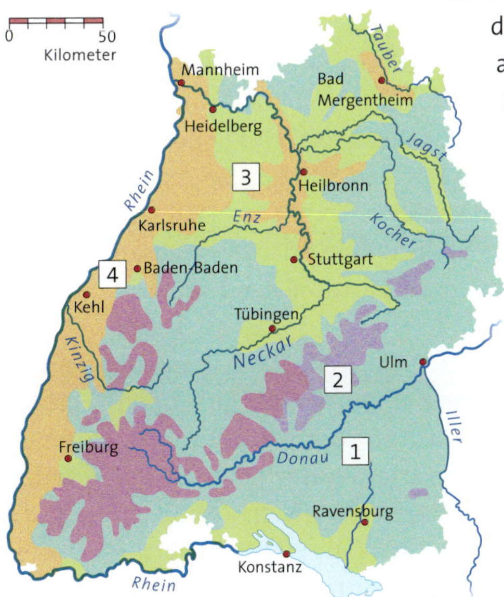

Getreideanbaugebiete:
- 1 Oberschwaben
- 2 Schwäbische Alb
- 3 Kraichgau
- 4 Oberrheinische Tiefebene

Wärmestufen:
- sehr kalt
- kalt
- kühl
- mäßig warm
- warm

01 Kartoffelernte

Die Kartoffel – mehr als nur ein Lebensmittel

Im Herbst sieht man viele Erntemaschinen auf den Feldern. Auch die Kartoffel wird mithilfe von Maschinen geerntet. Sie gehört zu unseren wichtigsten Nutzpflanzen. Weshalb hat sie eine so große Bedeutung als Nutzpflanze?

VERWENDUNG · Die oberirdischen Bestandteile der Kartoffelpflanze sterben während des Winters ab. Die Kartoffel im Boden dagegen überdauert den Winter. Sie ist ein *Überwinterungsorgan*. Damit im Frühjahr aus ihr eine vollständige Pflanze wachsen kann, speichert die Kartoffel den Nährstoff Stärke. Durch den hohen Gehalt an Stärke ist die Kartoffel für den Menschen zu einem wichtigen *Grundnahrungsmittel* geworden. Als Pommes frites, Bratkartoffel, Pellkartoffel oder Kartoffelsalat fehlt sie auf keiner Speisekarte. Dennoch wird in Deutschland nur etwa die Hälfte der Ernte direkt als Nahrungsmittel genutzt. Weitere Verwendung findet die Kartoffel als Tierfutter sowie zur Herstellung von Schnaps, Chips oder Kartoffelstärke. Kartoffelstärke wird auch zur Herstellung von biologisch abbaubarem Verpackungsmaterial genutzt. Ein Teil der Kartoffelernte wird erneut als Pflanzkartoffeln benötigt.

ANBAU · Kartoffeln gedeihen am besten in einem lockeren, gut durchlüfteten Boden. Im Frühjahr bringt der Landwirt die Kartoffeln mithilfe einer speziellen Legemaschine in flachen Furchen aus. Anschließend werden sie mit Erde bedeckt und die Erde zu Dämmen angehäufelt. Das ist notwendig, da sich sonst aus einer ausgelegten Kartoffel unter Lichteinwirkung eine grüne Kartoffelpflanze entwickeln würde. Fehlt das Licht, bildet die Kartoffel in der Erde dagegen bis zu 60 neue Kartoffeln. Zu welchem Organ der Pflanze gehört die Kartoffel?

KARTOFFELPFLANZE · Bei der Kartoffelpflanze wächst die Sprossachse auch unterirdisch weiter. Sie verzweigt sich zu Seitensprossen, den *Ausläufern.* Im Frühsommer beginnen sich die Enden dieser Ausläufer zu verdicken und werden zu *Sprossknollen,* den Kartoffeln. Sieht man genau hin, wird man kleine Vertiefungen an den Kartoffeln finden. Diese Knospen nennt man *Augen.* Lagert man die Kartoffeln im Keller zu lange, wachsen aus den Knospen Triebe mit kleinen, schuppenförmigen Laubblättern und Wurzeln. Pflanzt man diese ausgetriebene Kartoffel im Garten, wächst daraus wieder eine neue krautige, grüne Pflanze mit vielen neuen, unterirdischen Kartoffeln. Diese Art der Vermehrung bezeichnet man als *ungeschlechtliche Fortpflanzung.*

Die Kartoffelpflanze bildet aber auch Blüten und fleischige, grüne Beeren mit zahlreichen Samen. Aus einem Samen kann ebenfalls eine neue Kartoffelpflanze entstehen. Es hat also eine *geschlechtliche Fortpflanzung* stattgefunden.

Die Kartoffelpflanze gehört in die Familie der **Nachtschattengewächse.** Hierzu gehören auch die Tomaten-, Paprika- und Tabakpflanzen. Gemeinsames Kennzeichen sind der Aufbau der Blüten und die Beerenfrucht. Unterschiedlich ist der Gehalt an Gift in den verschiedenen Pflanzenorganen. Bei der Kartoffelpflanze sind nur die braunen geschälten Kartoffeln ungiftig. Werden die Kartoffeln nicht im Dunkeln gelagert, werden sie grün und sind dann auch giftig.

02 Kartoffelpflanze

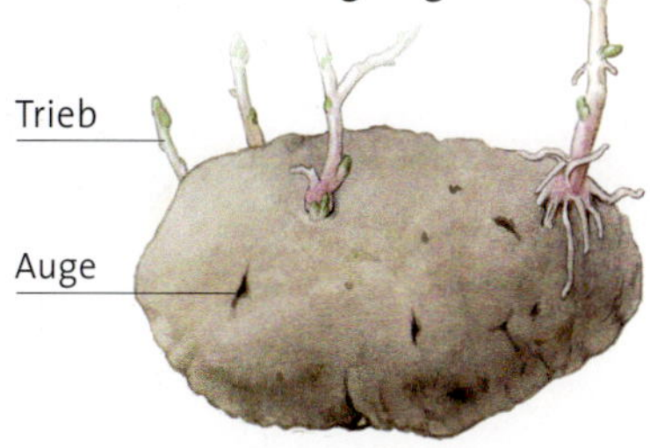

Kartoffelknolle

IM BLICKPUNKT GESCHICHTE

Weg der Kartoffel nach Europa

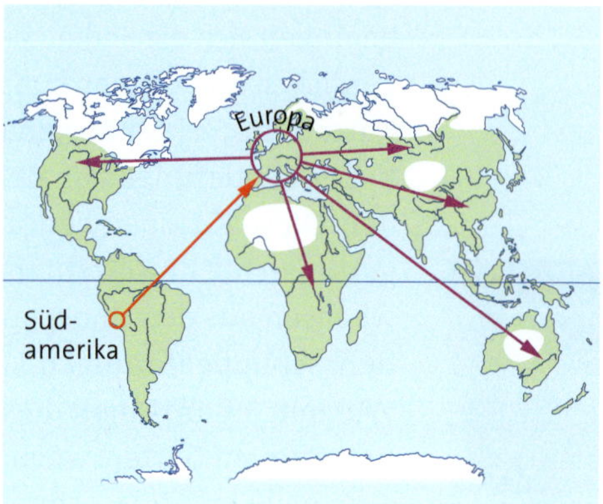

03 Ausbreitung der Kartoffelpflanze in die Welt

04 Friedrich der Große kontrolliert den Kartoffelanbau

Die Kartoffelpflanze stammt ursprünglich aus Südamerika. Schon vor mehr als 2000 Jahren bauten die Indianer sie in den Anden an. Etwa in der Mitte des 16. Jahrhunderts eroberten die Spanier das Reich der Inkas und brachten die Kartoffelpflanze über den Seeweg nach Europa.

Die Bevölkerung in Europa nahm stetig zu, und die Kartoffel wurde zu einem beliebten Nahrungsmittel. In Deutschland stieß die Kartoffel dagegen auf heftige Ablehnung. Was war der Grund für diese Haltung? Zu Beginn hatten die Menschen aus Unkenntnis die giftigen Beerenfrüchte gegessen und waren krank geworden. Daraus folgerten sie, dass alle Pflanzenorgane ungenießbar seien. Diese Meinung hielt sich in Deutschland erstaunlich lange. Die Menschen wehrten sich trotz der Anordnung des Königs, Kartoffeln anzubauen. Da griff FRIEDRICH II. zu einer List: Er ließ seine Kartoffelfelder durch Soldaten bewachen, was sie als sehr kostbar erscheinen ließ. Damit änderte sich die Haltung der Bevölkerung gegenüber der Kartoffel. So wurde sie auch in Deutschland zum wichtigsten Grundnahrungsmittel und verhinderte viele Hungersnöte.

1. Beschreibe mithilfe der Abbildung 02 auf Seite 265 den Bau einer Kartoffelpflanze!
2. Nenne die Aufgaben, die die Kartoffel für die Kartoffelpflanze hat!
3. Erläutere, weshalb der Begriff „Kartoffelaussaat“ biologisch gesehen falsch ist!
4. Begründe, weshalb die Kartoffeln im Dunkeln gelagert werden sollen!
5. Erläutere, warum FRIEDRICH II. unbedingt wollte, dass die Menschen Kartoffeln anbauen!
6. Nenne den Grund, weshalb die Menschen im 18. Jahrhundert die Kartoffel als Nahrungsmittel ablehnten!

Material A ▸ Kartoffelzucht

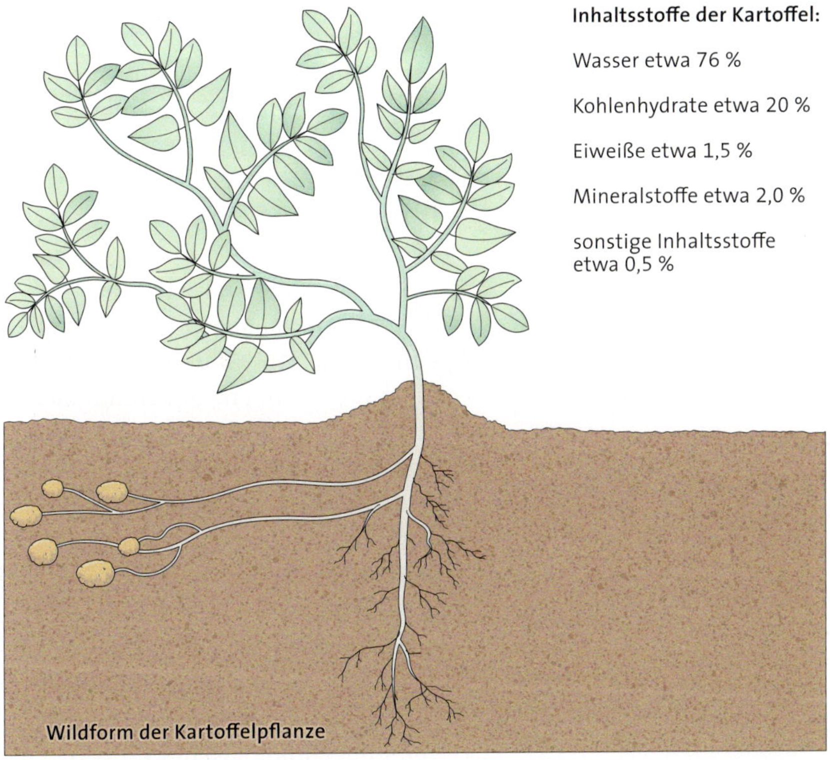

Inhaltsstoffe der Kartoffel:

Wasser etwa 76 %

Kohlenhydrate etwa 20 %

Eiweiße etwa 1,5 %

Mineralstoffe etwa 2,0 %

sonstige Inhaltsstoffe etwa 0,5 %

A1 Inzwischen gibt es über 5000 Kartoffelsorten. Nenne mögliche Zuchtziele bei der Kartoffel!

A2 Beschreibe an einem Zuchtziel der Kartoffel, wie ein Züchter bei der Zucht vorgeht! Nimm die Seite 19 zu Hilfe!

A3 Stelle die Inhaltsstoffe der Kartoffel in einem Kreisdiagramm dar! Nimm die Seite 215 zu Hilfe!

A4 Eine mittelgroße Kartoffel enthält durchschnittlich bis zu 20 Milligramm Vitamin C. Der Bedarf eines Menschen liegt bei 75 Milligramm pro Tag. Berechne, wie viele Kartoffeln ein Mensch essen muss, um den Tagesbedarf zu decken!

VERSUCH B ▸ Stärkenachweis

Hinweis: *Mit Iod-Kaliumiodid-Lösung weist man Stärke nach. Eine Dunkelblaufärbung zeigt das Vorhandensein von Stärke an.*

Material

Kartoffel, Iod-Kaliumiodid-Lösung, Tropfpipette, Messer

Durchführung

Schneide eine Kartoffel in zwei Hälften. Bringe einige Tropfen Iod-Kaliumiodid-Lösung auf die Schnittfläche.

B1 Schreibe ein Versuchsprotokoll! Nimm Seite 10 zu Hilfe!

B2 Führe den Versuch auch mit einer Küchenzwiebel, einem Bohnensamen und einem Rettich durch! Deute die Versuchsergebnisse!

Organe der Blütenpflanzen

Grundbauplan: Eine Blütenpflanze besteht aus den Organen Wurzel, Sprossachse, Laubblatt und Blüte.

Aufgaben der Pflanzenorgane: Die Wurzel verankert die Pflanze im Boden und nimmt Wasser und Mineralstoffe auf. Die Laubblätter stellen Nährstoffe her. Die Sprossachse hebt die Laubblätter und Blüten ans Licht. Sie leitet das von der Wurzel aufgenommene Wasser und die von den Laubblättern gebildeten Nährstoffe. Die Blüten dienen zur Fortpflanzung **(biologisches Prinzip: Struktur und Funktion).**

Pflanzenzelle: Die Zelle ist von einer festen Zellwand umgeben. Das Zellplasma wird innen und außen von je einer Membran begrenzt. Es enthält den Zellkern und zahlreiche, grüne Chloroplasten. Den Rest der Zelle füllt die wässrige Vakuole aus.

Bildung von Nährstoffen: Blütenpflanzen stellen durch die Fotosynthese in den Chloroplasten selbst Nährstoffe her. Sie benötigen dazu als Rohstoffe das gasförmige Kohlenstoffdioxid und Wasser sowie als Energiespender Licht. Durch die Fotosynthese entsteht auch Sauerstoff, der in die Luft entweicht.

Fortpflanzung und Vermehrung

Bau der Blüte: Eine vollständige Blüte besteht aus Kelchblättern, Kronblättern, Staubblättern und Fruchtblättern. Fruchtblätter sind meistens zu einem Stempel verwachsen.

Geschlechtsorgane: Ein Stempel ist das weibliche Geschlechtsorgan der Pflanze. Er besteht aus dem Fruchtknoten, dem Griffel und der Narbe. Ein Staubblatt ist ein männliches Geschlechtorgan. Die Eizellen liegen im Fruchtknoten, die männlichen Geschlechtszellen in den Pollenkörnern der Staubblätter.

Bestäubung: Die Übertragung von Pollenkörnern auf die Narbe eines Stempels bezeichnet man als Bestäubung. Von Insekten bestäubte Pflanzenarten haben meistens große, auffällig gefärbte Blüten. Vom Wind bestäubte Blüten haben oft nur kleine, unscheinbare Blüten **(biologisches Prinzip: Angepasstheit).**

Befruchtung: Die männlichen Geschlechtszellen der Pollenkörner werden im Pollenschlauch transportiert. Eine Eizelle wird befruchtet, wenn sie mit einer männlichen Geschlechtszelle verschmilzt und sich danach die beiden Zellkerne vereinigen **(biologisches Prinzip: Reproduktion).**

Samen und Früchte: Ein Samen ist eine winzige, mit einem Nährstoffvorrat versehene Pflanze, die vorübergehend ihr Wachstum eingestellt hat. Er bildet sich nach der Befruchtung aus einer Samenanlage und der darin liegenden Eizelle. Die Frucht entsteht aus dem Fruchtknoten und manchmal aus weiteren Blütenteilen.

Verbreitung von Samen und Früchten: Durch den Wind verbreitete Samen und Früchte haben meistens Flugeinrichtungen. Die von Tieren transportierten sind häufig nahrhaft, auffällig gefärbt oder haben Hafteinrichtungen **(biologisches Prinzip: Angepasstheit** und **Wechselwirkung zwischen Lebewesen).**

Ungeschlechtliche Fortpflanzung: Einige Blütenpflanzen können sich auch ohne Beteiligung von Geschlechtszellen fortpflanzen. So bilden Erdbeeren zum Beispiel Ausläufer und das Scharbockskraut Wurzelknollen sowie Brutknospen. **(biologisches Prinzip: Reproduktion).**

Keimung und Wachstum: Bei genügend Feuchtigkeit und Wärme wächst der Keimling im Samen, indem er die gespeicherten Nährstoffe als Energiequelle und Baustofflieferanten nutzt.

Vielfalt und Verwandtschaft

Ordnung der Vielfalt: In einer Pflanzenfamilie sind ähnliche, nahe miteinander verwandte Pflanzenarten zusammengefasst **(biologisches Prinzip: Variabilität).**

Bäume und Sträucher: Im Unterschied zu krautigen Pflanzen ist die Sprossachse der Bäume und Sträucher durch einen eingelagerten Holzstoff sehr fest und stabil.

Dickenwachstum: Stämme und Äste von Sträuchern und Bäumen werden durch eine dicht unter der Rinde liegende Wachstumsschicht dicker. Sie gibt je nach Jahreszeit verschieden große Zellen ab, sodass Jahresringe entstehen.

Laub- und Nadelbäume: Nadelbäume verdunsten meistens weniger Wasser als Laubbäume. Dadurch können sie auch an trockenen oder sehr kühlen Standorten wachsen. Der Laubfall im Herbst erleichtert den Laubbäumen, den frostigen und trockenen Winter zu überstehen. Laubblätter und Blüten können im Frühling schnell austreiben, weil sie bereits im Vorjahr als Knospen angelegt wurden **(biologisches Prinzip: Angepasstheit).**

Frühblüher: Nährstoffe in unterirdischen Speicherorganen ermöglichen es den Frühblühern, im Frühling sehr schnell zu wachsen und mit der Fotosynthese zu beginnen, bevor das Laub der Bäume den Waldboden beschattet **(biologisches Prinzip: Angepasstheit).**

Überwinterung: Die meisten krautigen Pflanzen sterben im Herbst bis auf die Samen oder unterirdische Pflanzenteile ab **(biologisches Prinzip: Reproduktion).**

Nutzpflanzen

Getreide: Einige Grasarten, vor allem Weizen, Reis und Mais, speichern in ihren Samen große Mengen an Stärke. Deshalb sind sie die wichtigsten Nährstoffproduzenten für den Menschen geworden. Ihre sehr kleinen, zu Ähren zusammengefassten Blüten stehen auf langen, stabilen Halmen und werden vom Wind bestäubt **(biologisches Prinzip: Struktur und Funktion).**

Kartoffeln: Die Kartoffelpflanze stammt aus Südamerika und wird in Europa erst seit ungefähr 500 Jahren angebaut. Ihre Sprossknollen sind ein wichtiges Grundnahrungsmittel, weil sie viel Stärke enthalten.

Verwandtschaft: Obwohl Pflanzen sehr unterschiedlich gebaut sein können und in einer großen Vielfalt auf der Erde vorkommen, sind sie alle aus einem gemeinsamen Vorfahren entstanden und daher miteinander verwandt **(biologisches Prinzip: Variabilität).**

Gefährdung und Schutz einheimischer Tiere und Pflanzen

In diesem Kapitel beschäftigst du dich mit

- den Ursachen für den starken Rückgang vieler einheimischer Tier- und Pflanzenarten. Du erfährst, welche Eingriffe des Menschen in die Natur zu ihrer Gefährdung führen.

- den Möglichkeiten, gefährdete Arten zu schützen. Du lernst, mit welchen Maßnahmen seltene Säugetiere, Reptilien, Amphibien, wirbellose Tiere und Blütenpflanzen vor dem Aussterben bewahrt werden können.

01 Luchs

Gefährdete Wirbeltiere müssen geschützt werden

02 Gänsegeier

03 Wisent

Der Luchs war in Deutschland von etwa 1850 bis 1950 in freier Wildbahn ausgestorben. Auch zahlreiche heute lebende einheimische Wirbeltierarten sind in ihrem Bestand gefährdet oder sogar vom Aussterben bedroht. Welches sind die Ursachen dafür und wie können diese Arten erfolgreich geschützt werden?

AUSGESTORBENE WIRBELTIERE · Neben dem Luchs, der größten europäischen Katzenart, sind in Deutschland in den letzten 150 Jahren auch das Wisent, der Wolf, der Braunbär und der Gänsegeier ausgestorben. In allen Fällen führte die unkontrollierte Jagd durch den Menschen zu ihrer Ausrottung. Heute kennt man jedoch die große Bedeutung dieser Arten für ihren früheren Lebensraum. Deshalb siedelt man mithilfe von Tieren, die in Zoos oder außerhalb Deutschlands überleben konnten, wieder kleine Gruppen an geeigneten Orten neu an. So leben Luchse jetzt wieder im Bayerischen Wald, Fichtelgebirge, Pfälzerwald, Harz und Elbsandsteingebirge.†

GEFÄHRDETE WIRBELTIERE · Die Verschmutzung oder sogar Zerstörung ihrer natürlichen Lebensräume bedrohen heute zahlreiche Arten aus allen Wirbeltiergruppen. Sinnvolle Schutzmaßnahmen sind daher neben strengen Jagdbeschränkungen vor allem die Erhaltung ihrer natürlichen Lebensbedingungen und die Wiederherstellung ihrer ursprünglichen Lebensräume.

04 Großes Mausohr

06 Smaragdeidechse

GROSSES MAUSOHR · Diese Fledermaus ernährt sich von Insekten, die sie nachts im Flug erbeutet. Tagsüber schläft sie in einem dunklen Versteck, zum Beispiel in alten, hohlen Bäumen, offenen Dachböden oder Kirchtürmen. Ihren Winterschlaf verbringt sie oft in Höhlen. Durch den Einsatz von Insektengiften findet sie zu wenig Nahrung und wird durch das von ihren Beutetieren aufgenommene Gift auch selbst geschädigt. Außerdem werden Bäume heute gefällt, bevor sie hohl werden und als Unterschlupf dienen können. Schließlich werden Dachböden oft ausgebaut und alte Gebäude abgerissen. Sinnvolle Maßnahmen zum Schutz aller Fledermäuse sind daher das Vermeiden von Insektengiften, die Sperrung von Höhlen im Winter, das Stehenlassen hohler Bäume und das Aufhängen von speziellen Nistkästen an geeigneten Orten, um ihnen Sommer- und Winterquartiere zu bieten.

SMARAGDEIDECHSE · Dieses seltene Reptil ernährt sich überwiegend von Insekten, Spinnen, Asseln und Schnecken. Die Smaragdeidechse hält sich in zur Sonne ausgerichteten Felsen und Steinhalden auf, wo sie sich aufwärmen und in Spalten und Ritzen Schutz vor ihren Fressfeinden finden kann. Sie ist durch den Einsatz von Schädlingsvernichtungsmitteln gefährdet, die ihre Beutetiere und über diese auch sie selbst vergiften. Außerdem wird sie durch die Beseitigung von Steinhalden bei Baumaßnahmen bedroht. Sinnvolle Maßnahmen zum Schutz aller Reptilien sind daher das Vermeiden von Schädlingsvernichtungsmitteln und die Erhaltung von Felsen, Steinhalden und alten Gemäuern. Die Errichtung von Trockenmauern, die aus mörtellos aufeinandergeschichteten Steinen bestehen, bietet ihnen einen neuen Lebensraum.

05 Nistkasten für Fledermäuse

07 Trockenmauer

08 Natürlicher Lebensraum für die Fortpflanzung der Erdkröte

09 Bedrohung der Erdkröte

10 Zeitweiliger **(A)** und dauerhafter Krötenzaun **(B)** mit Tunnel

ERDKRÖTE · Sie ernährt sich von kleinen Würmern, Schnecken, Asseln und Spinnen. Zur Fortpflanzung im Frühjahr benötigt sie saubere, stehende Gewässer. Auf ihren Laichwanderungen ist sie durch offene Kanaldeckel, Lichtschächte und vor allem den Straßenverkehr stark gefährdet. Die Verschmutzung oder sogar Vernichtung ihrer Laichgewässer bedroht sie und alle anderen Amphibienarten zusätzlich. Sinnvolle Maßnahmen zum Schutz aller Amphibien sind daher das Absichern von Kanaldeckeln und Lichtschächten mit engmaschigen Gittern und vor allem das Anlegen von Auffangzäunen und speziellen Straßentunneln. Auch die Reinhaltung der Laichgewässer ist von großer Bedeutung. Das Anlegen künstlicher Tümpel bietet ihnen einen neuen Lebensraum zur Fortpflanzung.

1) Stelle jeweils Vermutungen darüber an, weshalb Braunbär, Luchs, Wolf, Wisent und Gänsegeier so stark bejagt worden sind!

2) Stelle Vermutungen an, welche allgemeinen Voraussetzungen für eine erfolgreiche Wiederansiedelung von ausgerotteten und später nachgezüchteten Wirbeltieren erfüllt sein müssen!

3) Beschreibe geeignete Orte für das Anbringen von Fledermausnistkästen! Begründe!

4) Erläutere den Nutzen von Trockenmauern für Reptilien!

5) Erkläre, weshalb die Schutzmaßnahmen im Straßenverkehr alleine noch nicht ausreichen, um den Fortbestand der bedrohten Amphibienarten zu sichern!

Material A ▸ Wanderfalken und DDT

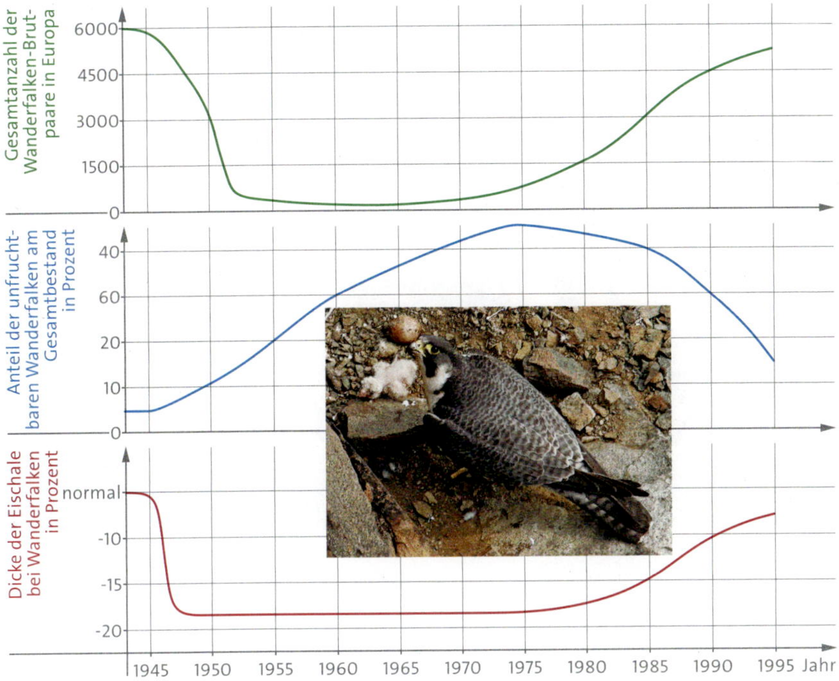

Der Wanderfalke ernährt sich von kleinen bis mittelgroßen Vögeln. Er baut als Felsenbrüter kein Nest. In weiten Teilen Europas galt er zwischen 1965 und 1975 bereits als ausgestorben. Als Hauptursache vermutet man den Einsatz des Insektenvernichtungsmittels DDT seit 1945, das Anfang der 1970er-Jahre wieder verboten wurde.

A1 Erläutere die Auswirkungen von DDT auf den Wanderfalken mithilfe der drei Diagramme!

A2 Stelle Vermutungen darüber an, wie DDT in die Körper der Wanderfalken gelangt sein könnte!

Material B ▸ Ausgestorbene und vom Aussterben bedrohte Säugetiere in Europa

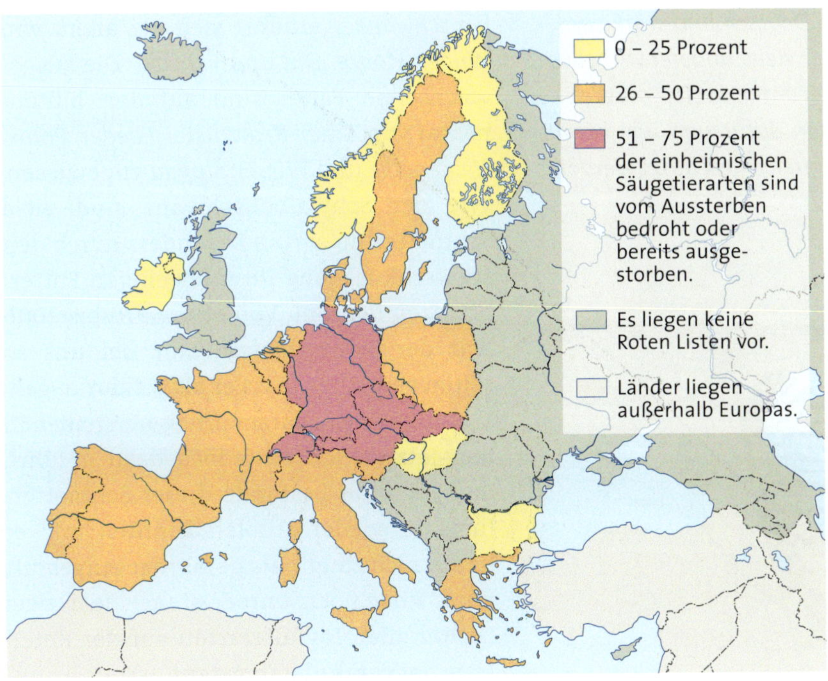

Die Weltnaturschutzunion veröffentlicht regelmäßig in **Roten Listen** gefährdete und bereits ausgestorbene Tier- und Pflanzenarten. Die Europakarte zeigt die Anzahl der Säugetierarten in den einzelnen Ländern, die auf den Roten Listen stehen.

B1 Benenne die Länder Europas, in denen über die Hälfte der einheimischen Säugetierarten vom Aussterben bedroht oder bereits ausgestorben ist! Nimm einen Atlas zu Hilfe!

B2 Stelle Vermutungen an, weshalb in einigen Ländern mehr Säugetierarten auf den Roten Listen stehen als in anderen!

01 Schwalbenschwanz

Gefährdete wirbellose Tiere müssen geschützt werden

Über viele Jahre ging die Anzahl der Schwalbenschwänze in Deutschland stark zurück. Auch die Bestände vieler anderer wirbelloser Tierarten nehmen immer weiter ab. Welches sind die Ursachen dafür und wie können diese Arten erfolgreich geschützt werden?

02 Raupe des Schwalbenschwanzes

SCHMETTERLINGE · Die Raupe des *Schwalbenschwanzes* ernährt sich vor allem von *Wilder Möhre, Dill* und *Fenchel.* Die ausgewachsenen Falter sind auf den Blütennektar von *Acker-Kratzdistel, Flieder, Phlox, Heidenelke* und *Wiesenpippau* angewiesen. Wie der Schwalbenschwanz sind viele Schmetterlingsarten besonders durch den starken Rückgang ihrer jeweiligen Futterpflanzen bedroht. Von etwa 1970 bis 2006 war der Schwalbenschwanz bei uns so selten geworden, dass er als gefährdet galt. Verschiedene Schutzmaßnahmen haben in den letzten Jahren jedoch dazu geführt, dass sich die Bestände dieser Schmetterlingsart wieder erholen konnten und er heute nicht mehr als gefährdet eingestuft wird. Aber noch immer stehen fast zwei Drittel aller Tagfalterarten auf der Roten Liste der gefährdeten Arten!

GEFÄHRDUNGEN · Landwirte mähen ihre Wiesen und lassen die geschnittenen Gräser und Kräuter trocknen, sodass sie als Heu an ihr Vieh verfüttert werden können. Um möglichst viel Heu zu gewinnen, werden die Wiesen bereits sehr früh und mehrmals im Jahr gemäht. Da die meisten Futterpflanzen der Schmetterlinge jedoch nur langsam wachsen, werden sie dann bereits vor der Entwicklung ihrer Blüten abgemäht. Deshalb können sie sich in vielen Fällen nicht mehr vermehren. Damit die Wiesenpflanzen nach dem Mähen möglichst schnell nachwachsen, müssen die Landwirte mehrmals im Jahr Dünger auf die Wiesen ausbringen. Dies führt dazu, dass sehr schnell wachsende Pflanzen den meist nur langsam wachsenden Futterpflanzen der Schmetterlinge das Licht nehmen und deren Wachstum dadurch stark behindern. Manche Futterpflanzen gelten auch als „Unkraut" und werden deshalb von vielen Gärtnern bekämpft. Das gilt vor allem für die Brennnessel, die eine wichtige Nahrungsquelle für den *Admiral*, den *Kleinen Fuchs* und das *Tagpfauenauge* darstellt.

Der Blütennektar vieler Heckensträucher ist eine wichtige Nahrungsgrundlage für das *Große* und *Kleine Nachtpfauenauge*, den *Zitronenfalter* und den *Ligusterschwärmer*. Um Wege zu verbreitern oder neue Anbauflächen zu gewinnen, werden diese Hecken heute oft beseitigt.

Nachtfalter werden durch die zunehmenden künstlichen Lichtquellen an Straßen und Gebäuden angelockt und verlieren dabei die Orientierung. Anstatt Nektarquellen zu suchen und sich fortzupflanzen, umfliegen sie die Lichtquellen bis zur völligen Erschöpfung. Sie können dort von ihren Feinden leicht gesehen und gefressen werden. Außerdem sind Schmetterlinge durch den Einsatz von Insektengiften gefährdet.

SCHUTZMASSNAHMEN · Die Erhaltung ungedüngter Wiesen, die nach der Blüte der meisten Wiesenpflanzen im Juli erstmals gemäht werden, sichert den Schmetterlingen einen ausreichenden Bestand an wichtigen Futterpflanzen. Auch der Schutz und die Wiederanpflanzung von blütenreichen Hecken an Feldern und Wegen sind für das Überleben zahlreicher Falterarten von großer Bedeutung. Schließlich vergrößert auch das Anpflanzen von Fliederbüschen das Nektarangebot in Gärten. Das Abschalten nicht benötigter künstlicher Lichtquellen bei Nacht verringert die Gefahren für Nachtfalter. Schließlich trägt auch der Verzicht auf Insektengifte und „Unkraut"-Vernichtungsmittel sehr zum Schutze der Schmetterlinge bei.

03 Brennnessel mit Schmetterlingsraupen

STECKBRIEF

Hirschkäfer
Nahrung: *Larven fressen abgestorbenes Holz alter, morscher Eichen, die erwachsenen Käfer saugen Säfte an den Wunden lebender Stämme;*
Gefährdung: *Eichen werden heute bereits gefällt, bevor sie morsche Stellen aufweisen, um möglichst hochwertiges Holz zu erhalten*

STECKBRIEF

Kleine Pechlibelle
Lebensraum: *Larven entwickeln sich in flachen stehenden Gewässern, ausgewachsene Tiere jagen an Tümpeln und Teichen nach Insekten;*
Gefährdung: *Teiche und Tümpel werden verschmutzt und trockengelegt, um neue Ackerflächen oder Bauland zu gewinnen*

STECKBRIEF

Löcherbiene
Nestbau: *nistet in kleinen Hohlräumen in morschen, Baumstämmen;*
Gefährdung: *abgestorbene, alte Bäume werden in Gärten, Parks und Wäldern heute meist sofort entfernt, um die Gefahr von herabfallenden Ästen und umstürzenden Stämmen zu verringern*

STECKBRIEF

Malermuschel
Lebensraum: *langsam fließende Bäche und Flüsse;*
Ernährung: *filtriert Kleinstlebewesen aus dem Wasser;*
Gefährdung: *Bäche und Flüsse werden verschmutzt durch Abwässer und Reste von Planzenschutzmitteln, Insektengiften und Düngemitteln*

Material A ▸ Eine Schutzmaßnahme für Wirbellose

Die hier abgebildete Konstruktion dient dem Schutze bestimmter wirbelloser Tierarten. In ein überdachtes Fachwerkgerüst wurden angebohrte Holzstücke, hohle Schilfrohre, Hohlblocksteine und löchrige Kalksteine eingesetzt.

A1 Stelle Vermutungen an, welche der auf Seite 278 vorgestellten wirbellosen Tierarten durch diese Maßnahme geschützt werden kann!

A2 Erläutere, unter welchen Voraussetzungen die Errichtung einer solchen Schutzmaßnahme an deiner Schule sinnvoll ist!

A3 Erläutere mithilfe ihrer Steckbriefe, auf welche Weise die anderen drei auf Seite 278 vorgestellten wirbellosen Tierarten geschützt werden können!

Material B ▸ Lebensräume von Wirbellosen früher und heute

Die Abbildungen zeigen die Umgebung eines Dorfes um 1900 und 1995. Im Laufe der Zeit sind hier Schmetterlings-, Libellen- und Holz bewohnende Käferarten, eine Krebsart und eine Muschelart ausgestorben.

B1 Beschreibe die Veränderungen dieses Lebensraumes!

B2 Erläutere mithilfe der beiden Darstellungen die möglichen Ursachen für das Aussterben der oben genannten wirbellosen Tierarten!

01 Gewöhnliche Küchenschelle

Gefährdete Pflanzen müssen geschützt werden

Der Bestand der Gewöhnlichen Küchenschelle gilt in Baden-Württemberg als gefährdet. In vielen anderen Bundesländern ist sie, wie zahlreiche andere Pflanzenarten auch, sogar vom Aussterben bedroht oder bereits ausgestorben. Wodurch sind diese Pflanzen bedroht und wie können sie erfolgreich geschützt werden?

PFLANZEN TROCKENER STANDORTE · Die *Gewöhnliche Küchenschelle* wächst, wie die meisten bedrohten krautigen Pflanzenarten, recht langsam. Da sie nur wenig Feuchtigkeit und Mineralstoffe benötigt, bevorzugt sie vor allem trockene und mineralstoffarme Böden. Wenn solche Flächen mehr Heu für die Landwirtschaft liefern sollen, müssen sie stark mit Mineralstoffen gedüngt werden. Dadurch verdrängen dort aber einige wenige, auf ein hohes Mineralstoffangebot angewiesene Pflanzen eine Vielzahl bedrohter Arten, die sich gegen diese schneller wachsenden Konkurrenten nicht behaupten können.

PFLANZEN FEUCHTER STANDORTE · Viele andere gefährdete krautige Pflanzen benötigen ebenfalls einen mineralstoffarmen, aber sehr feuchten Lebensraum. Sie bevorzugen daher sumpfige und moorige Standorte. Um zusätzliche landwirtschaftliche Anbauflächen und neues Bauland zu erhalten, werden solche Feuchtgebiete jedoch oft trockengelegt.

1 Nenne geeignete Maßnahmen zum Schutz der gefährdeten krautigen Pflanzenarten auf Seite 281!

02 Gefährdete Pflanzen trockener Standorte

03 Gefährdete Pflanzen feuchter Standorte

Gefährdung von Wirbeltieren

Viele große Säugetiere und Vögel wurden in Deutschland durch die unkontrollierte Jagd ausgerottet. Auch die meisten Amphibien und Reptilien sind durch Eingriffe des Menschen in die Natur in ihren Beständen gefährdet: Schädlingsvernichtungsmittel vergiften ihre Nahrung und damit sie selbst. Ihre natürlichen Lebensräume werden verschmutzt oder durch Baumaßnahmen zerstört. Amphibien werden in großer Anzahl im Straßenverkehr getötet.

Gefährdung von wirbellosen Tieren

Neben vielen Schmetterlings-, Käfer- und Libellenarten sind auch einheimische Muschelarten in ihren Beständen gefährdet oder sogar vom Aussterben bedroht. Auch hier sind Eingriffe des Menschen in die Natur die Hauptursache: Das häufige Mähen und das starke Düngen landwirtschaftlich genutzter Wiesen verdrängt die besonderen Futterpflanzen vieler Schmetterlinge. Das Fällen morscher Bäume zerstört den Lebensraum Holz bewohnender und Holz fressender Insekten. Die Verschmutzung und Trockenlegung von Tümpeln vernichtet den Lebensraum vieler Libellen. Der Einsatz von Insektengiften stellt eine weitere große Bedrohung dar. Die Verschmutzung von Bächen und Flüssen vergiftet dort lebende Muscheln.

Gefährdung von Pflanzen

Viele selten gewordene krautige Pflanzen wachsen sehr langsam und kommen daher gut mit mineralstoffarmen Böden zurecht. Werden Wiesen auf solchen Böden jedoch stark gedüngt, um einen höheren Heuertrag zu liefern, verdrängen mineralstoffliebende und schneller wachsende krautige Pflanzen diese seltenen Arten. Pflanzen, die auf eine hohe Bodenfeuchtigkeit angewiesen sind, verlieren durch das Trockenlegen von Sümpfen und Mooren ihre Lebensgrundlage.

Schutz von Wirbeltieren, wirbellosen Tieren und Pflanzen

Die Begrenzung der Jagd hat bereits viele Wirbeltierarten vor dem Aussterben bewahrt. Der Verzicht auf Schädlings- und Unkrautvernichtungsmittel dient dem Schutz gefährdeter Arten von Wirbeltieren, Wirbellosen und krautigen Pflanzen. Die Erhaltung oder Wiederherstellung ihrer natürlichen Lebensräume und Nahrungsgrundlagen aber sind die wirksamsten Schutzmaßnahmen für gefährdete Tier- und Pflanzenarten. Dazu zählen die Erhaltung von ungedüngten und selten gemähten Wiesen, das Stehenlassen alter, morscher Bäume und der Schutz von Mooren, Sümpfen, stehenden und fließenden Gewässern vor Verschmutzung und Trockenlegung.

Rote Listen

Die gefährdeten oder sogar vom Aussterben bedrohten Tier- und Pflanzenarten, die besonders geschützt werden müssen, werden in *Roten Listen* veröffentlicht.

f. = folgende Seite,
ff. = die folgenden Seiten

F

G

H

I

J

K

L

M

N

BILDQUELLENVERZEICHNIS

Titel: Alfred & Annaliese Trunk / mauritius images / imagebroker; **3 li.:** mauritius images / AGE; **3 re.:** Claude Cortier / Okapia; **4 ob. li.:** mauritius images / Minden Pictures; **4 unt. li.:** Martin Rügner / TopicMedia / Silvestris; **4 re.:** B. Roth / Okapia; **5 li.:** Hans Reinhard / Okapia; **5 re.:** Raimund Linke / mauritius images; **6 ob. li., 6 ob. re.:** TopicMedia / ppa; **6 unt. re.:** mauritius images / Alamy; **6 unt. li.:** Grégory Mairet / Okapia / BIOS; **6 unt. re.:** TopicMedia / ppa; **7 ob. li.:** TopicMedia; **7 ob. re.:** TopicMedia / Studio Heinemann / ib; **7 Mi. li.:** T. & L. Bomford / Okapia / Anglia; **7 Mi. re.:** Bühler / TopicMedia; **7 unt. li.:** TopicMedia; **7 unt. re.:** mauritius images / Alamy; **8.1:** H. Farkaschovsky / Okapia; **12:** mauritius images / AGE; **14.1:** mauritius images / age fotostock; **16.3:** Okapia / Lanceau / Cogis; **18.1:** mauritius images / age; **18.2:** Michael Weber / mauritius images / imagebroker; **19 unt.:** Bernd Zoller / mauritius images / imagebroker; **20 ob.:** Heinrich / TopicMedia; **20 unt. li.:** Klein & Hubert / Okapia; **20 unt. Mi.:** Klein & Hubert / Okapia / BIOS; **20 unt. re.:** Christine Steimer / Okapia; **21 Mat. B li.:** Klein & Hubert / Okapia; **21 Mat. B re.:** Frank Lukasseck / mauritius images; **22.1:** Lothar Lenz / Okapia; **25 Mat. A li., 25 Mat. A re.:** Lichtbildarchiv Dr. Keil; **25 Mat. C, 26.1:** mauritius images / Alamy; **28 Steckbr. li.:** Hans Reinhard / mauritius images; **28 Steckbr. Mi. und re.:** Michael Krabs / mauritius images / imagebroker; **29 Mat. A li.:** Birke-Blobel / Okapia; **29 Mat. A re.:** Jean-Michel Labat / Okapia / BIOS; **29 Mat. B li.:** mauritius images / Alamy; **29 Mat. B re.:** Karl Gottfried Vock / Okapia; **29 Mat. C li.:** mauritius images / Alamy; **29 Mat. C re.:** Klein & Hubert / Okapia; **30.1:** Hans Weißer / mauritius images; **32.5:** TopicMedia / px; **32.6:** Software-AG-Stiftung, Darmstadt; **32.7:** TopicMedia / px; **33 Mat. B:** TopicMedia / ib; **34.1:** Hans Reinhard / Okapia; **36.3:** Falck / Okapia; **36.4:** TopicMedia / ib; **37 Mat. A re.:** Okapia / NAS / Biophoto Associates; **38.1:** Josef Beck / mauritius images; **40.4 A:** mauritius images / Minden Pictures; **41 Mat. B:** Jean Mayet / Okapia / BIOS; **42.1, 44.4:** TopicMedia / ppa; **44.5:** Kurt Möbius / mauritius images / imagebroker; **45 Mat. C:** Manfred Danegger / Okapia; **46.1:** M. König / TopicMedia; **48.4 A:** Mauritius images / Alamy; **48.4 B:** Dietmar Nill / Okapia; **48.5:** Manfred Bail / TopicMedia; **50.1:** Mike Osmond / Okapia / Auscape / SAVE; **50.2:** Francois Gohier / Okapia; **52.5:** mauritius images / Alamy; **52.6:** mauritius images / Pacific Stock; **54.1, 55.2:** Zoo Leipzig; **55.3:** Marcel Schauer / Zoo Leipzig; **56.4:** Christian Handl / mauritius images / imagebroker; **56.5, 57 Mat. A:** mauritius images / Alamy; **57 Mat. B li.:** Sylvia Westermann / TopicMedia; **57 Mat. B Mi.:** David Cayless / Okapia / OSF; **57 Mat. B re.:** Martin Withers / Okapia / FLPA; **58.1:** Zoo Karlsruhe; **60.1:** Christian Heinrich / TopicMedia; **61.3:** Klein / TopicMedia; **61.4:** Uwe Walz / TopicMedia; **62 li.:** M. & C. Denis-Huot / Okapia / BIOS; **62 re.:** mauritius images / age; **63 Mat. B ob.:** Gerard Lacz / mauritius images; **63 Mat. B unt.:** Reinhard Dirscherl / TopicMedia; **67:** Claude Cortier / Okapia; **68.1, 71.4:** Volker Minkus; **71.5:** 3BScientific; **72.1, 72.2 A–C, 75 Mat. A:** Volker Minkus; **76.2:** Manfred & Kristina Kage / Okapia; **77.4:** David M. Phillips / Okapia / NAS; **79 Mat. B:** Volker Minkus; **80.1:** TopicMedia / ib; **84 Mat. B:** Volker Minkus; **86:** mauritius images / Minden Pictures; **88.1:** Bela / mauritius images; **92.1:** mauritius images / age; **94.5:** picture alliance / NHPA / photoshot; **96.1:** mauritius images / ACE; **96.2:** mauritius images / Alamy; **97.4 A–C:** Lichtbildarchiv Dr. Keil; **98.5 A, B:** Peter Parks / Okapia / OSF; **98.5 C:** J.A.L. Cooke / Okapia / OSF; **98.6:** mauritius images / Alamy; **99 Versuch A:** Volker Minkus; **100.1:** Hans Reinhard / Okapia; **101.4:** Martin Wendler / Okapia; **101.5:** Schauhuber / TopicMedia; **101.6:** Jens-Peter Laub / Okapia; **102.7:** Trötschel / TopicMedia / ppa; **102.8:** G. Synatzschke / Okapia; **102.9:** Davis Hosking / Okapia / FLPA; **102.10:** Hans Lang / TopicMedia; **103 Mat. A li.:** Winfried Schäfer / TopicMedia; **103 Mat. A re.:** mauritius images / Alamy; **104.1:** J. A. Jimenez Saez / Okapia / BIOS; **105.3 A:** Dr. Eckart Pott / Okapia; **105.3 B:** Malcolm Schuyl / Okapia / FLPA; **107 Mat. A li. und re.:** Manfred Danegger / Okapia; **107 Mat. C li.:** Tony Hamblin / Okapia / FLPA; **107 Mat. C re.:** Fritz Rauschenbach / mauritius images; **108.1:** Hans Lang / TopicMedia; **109.3:** Klein & Huber / Okapia / BIOS; **110.4:** Horst Jegen / TopicMedia; **110.5:** mauritius images / Alamy; **111 Mat. A ob. Mi.:** Anton Luhr / mauritius images / imagebroker; **111 Mat. A ob. re.:** Thomas Götzfried / TopicMedia; **111 Mat. A unt. Mi.:** mauritius images / Alamy; **111 Mat. A unt. re.:** mauritius images / Alamy; **112.1:** mauritius images / age fotostock; **115 Mat. B:** Friedrich Saurer / Okapia; **119:** Martin Rügner / TopicMedia / Silvestris; **120.1:** Hans Reinhard / Okapia; **123 Mat. A-A:** Carl-Werner Schmidt-Luchs / mauritius images; **123 Mat. A-B, C:** Andreas Hartl / Okapia; **125.2:** David Thompson / Okapia / OSF; **125.3:** Wet Waders / Okapia / Alaska Stock; **127 Mat. A-A:** Christen / Okapia; **127 Mat. A-B:** Marco König / TopicMedia; **127 Mat. A-C:** Christen / Okapia; **127 Mat. A-D:** Andreas Hartl / Okapia; **128.1:** mauritius images / age; **128.2:** Fred Bavendam / Okapia; **129.4:** mauritius images / Alamy; **129.5:** Peter Parks / Okapia / OSF; **130.8:** mauritius images / Alamy; **139.9:** Jochen Tack / TopicMedia; **131 Mat. A ob.:** Norbert Probst / mauritius images / imagebroker; **131 Mat. A unt.:** Reinhard Dirscherl / TopicMedia; **132.1:** picture alliance / dpa / dpaweb; **133.4:** Fritz Rauschenbach / mauritius images; **136.1:** Ronald Wittek / mauritius images; **136.2 A:** Lenz / TopicMedia; **136.2 B, C:** Partsch / TopicMedia; **137.2 D:** Rohdich / TopicMedia; **137.2 E:** Lenz / TopicMedia; **137.2 F:** Roland / TopicMedia; **140.1:** Gerhard Dagner / Okapia; **141.3 A:** mauritius images / photolibrary; **141.3 B:** Manfred Pforr / Okapia; **142.4:** TopicMedia; **142 unt. li.:** Karl-Heinz Jacobi / Okapia; **142 unt. re.:** Jörn Friederich / TopicMedia; **144.1:** John Cancalosi / Okapia; **144.2:** Lichtbildarchiv Dr. Keil; **146.5:** picture-alliance / dpa / kina; **146 Steckbr.:** Jacques Delacour / Okapia; **147 Mat. A:** Manfred Danegger / Okapia; **152.1:** Francois Gohier / Okapia; **152.2:** Larry Miller / Okapia / NAS; **157 Mat. B ob.:** Gerard Lacz / mauritius images; **161:** B. Roth / Okapia; **162.1:** Fritz Rauschenbach / mauritius images; **164.3:** Hans Reinhard / mauritius images; **164.4:** TopicMedia / TM / ppa; **166.1:** Satoshi Kuribayashi / Okapia / OSF; **166.2:** Heinz Kühlbauch / mauritius images / imagebroker; **169 Mat. B:** TopicMedia / TM / ppa; **170.1:** TopicMedia / ib; **171.2 A:** mauritius images / Alamy; **171.2 A Ins.:** mauritius images / Alamy; **171.2 B:** Ingo Arnd / Okapia / SAVE; **171.2 C:** Robert Harding / mauritius images; **172.5 A:** Lothar Lanz / Okapia; **172.5 B, C:** Dieter Hagemann / Okapia; **173 Mat. A:** Volker Minkus; **173 Mat. B ob. li.:** Ernst Haarstrick / mauritius images; **173 Mat. B ob. re.:** TopicMedia / ppa; **173 Mat. B unt. li.:** Kerstin Hinze / mauritius images / imagebroker / Arco Images; **173 Mat. B unt. re.:** Jens C. Schmitz / Okapia; **174.1:** R. Deseria / TopicMedia / ib; **174.2:** TopicMedia / rf; **177 Mat. A:** Bruckner / TopicMedia / pm; **177 Mat. B li.:** Fritz Rauschenbach / mauritius images; **177 Mat. B Mi.:** TopicMedia / ppa; **177 Mat. B re.:** Herbert Schwind / Okapia; **178.1:** James H. Robinson / Okapia / NAS; **179.3 A:** Fritz Rauschenbach / mauritius images; **179.3 B, C, 180.6 A:** TopicMedia / pm; **180.6 B:** Tomasz Zachariasz / iStock; **181 Mat. A ob. li.:** TopicMedia / libu; **181 Mat. A ob. re.:** Nigel Cattlin / Okapia / Holt Studios; **181 Mat. A unt. li.:** TopicMedia / pm; **181 Mat. A unt. re.:** Bartomeu Borell Casals / Okapia; **181 Mat. B ob. li.:** Andreas Hartl / Okapia; **181 Mat. B ob. re.:** W. Willner / TopicMedia; **181 Mat. B unt. li.:** mauritius images / Oxford Scientific; **181 Mat. B unt. re.:** TopicMedia / libu; **182.1 A:** Manfred Grebler / mauritius images / imagebroker; **183.2 A:** TopicMedia / libu; **184.1:** Volker Minkus; **187 Mat. C li.:** mauritius images / Phototake; **187 Mat. C re.:** Armin Maywald / Okapia / SAVE; **188.1:** mauritius images / Alamy; **190.4 A:** Oliver Giel / Okapia; **191 Mat. A ob.:** M. Pfeifer, Simmerath-Einruhr; **191 Mat. A unt.:** Hermann Gehlken / Okapia; **191 Mat. B ob.:** Andrew J. Martinez / Okapia / NAS; **191 Mat. B unt.:** TopicMedia / pm; **192.1:** mauritius images / Alamy; **193.2 A:** Manfred & Christina Kage / Okapia; **194.3 A:** B. & H. Kunz / Okapia; **194.3 B:** J-L Klein & M-L Hubert / Okapia; **194.3 C:** J.A.L. Cooke / Okapia / OSF; **195 Mat. A:** mauritius images / Alamy; **196.1:** TopicMedia; **196.2:** Jack Green / Okapia; **198.5 A:** mauritius images / Alamy; **199 Mat. A:** TopicMedia / ib; **205:** Hans Reinhard / Okapia; **206.1:** Werner Otto / mauritius images; **208.3 A, 208.4 A:** J. C. Révy / Okapia / ISM; **209 Mat. A li.:** Klaus Hackenberg / mauritius images; **209 Mat. A Mi.:** Harald Lange / mauritius images; **209 Mat. A re.:** Hans Reinhard / Okapia; **210.1:** Volker Minkus; **212.4:** Olaf Broders / Okapia; **212.5:** TopicMedia / ppa; **212.6:** Horst Jegen / mauritius images / imagebroker; **213 Mat. A-E:** Harold Taylor / Okapia / ABIPP / OSF; **213 Mat. B:** Volker Minkus; **216.1:** Werner Scheuber / Okapia / SAVE; **216.2 A:** TopicMedia / px; **216.2 B, 217.3 A:** Volker Minkus; **217.4 A:** TopicMedia; **218.5, 218.6:** Volker Minkus; **219 Mat. A li.:** Nigel Cattlin / Okapia / Holt Studios; **219 Mat. A Mi.:** Chris Martin Bahr / Okapia / SAVE; **219 Mat. A re.:** Rainer Förster / Okapia / Natur im Bild; **220.1:** mauritius images / Alamy; **222.3:** Hans Lutz / Okapia; **223 Mat. A li.:** mauritius images / Alamy; **223 Mat. B ob. li.:** Harald Lange / mauritius images; **223 Mat. B ob. Mi.:** TopicMedia; **223 Mat. B ob. re.:** TopicMedia / pm; **223 Mat. B unt. li.:** Hans Reinhard / Okapia; **223 Mat. B unt. Mi.:** Ake Lindau / Okapia; **223 Mat. B unt. li.:** mauritius images / Alamy; **224.1:** Niehoff / TopicMedia; **226.6 li.:** Okapia / imagebroker / Creativ Studio Heinemann; **226.7 li., 226.8 li., 226.9 li.:** Volker Minkus; **227 Mat. A:** Dr. Frieder Sauer / Okapia; **227 Mat. B ob. li. und re.:** TopicMedia; **227 Mat. B Mi. li.:** mauritius images / FreshFood; **227 Mat. B Mi. re.:** Thomas Bernhardt / Okapia; **228.1:** Dr. Eckart Pott / Okapia; **228.2:** Schreiter / TopicMedia; **228.3:** mauritius images / Alamy; **229.4:** Bernd Zoller / TopicMedia; **229.5:** mauritius images / Alamy; **229.6:** Lichtbildarchiv Dr. Keil; **229.7:** TopicMedia / pm; **232.1:** TopicMedia / ib; **232.2:** TopicMedia / pm; **236.1:** Hans Reinhard / Okapia; **239 Mat. A ob. li.:** TopicMedia / ib; **239 Mat. A ob. re.:** mauritius images / Alamy; **239 Mat. A unt. li.:** TopicMedia / ib; **239 Mat. A unt. re.:** Annette Launer, Remseck; **240.1:** mauritius images / CuboImages; **240.2 A:** TopicMedia / ppa; **241.3 A:** TopicMedia / ib; **241.4 A:** Nigel Cattlin / Okapia / FLPA / Holt St.; **242.5 A:** TopicMedia / pix; **243 Mat. A ob. li.:** TopicMedia / pjl; **243 Mat. A ob. re.:** Phil Mclean / Okapia / FLPA / Holt St.; **243 Mat. A unt. li.:** TopicMedia / pix; **243 Mat. A unt. re.:** mauritius images / Alamy; **244.1:** Robert Knöll / mauritius images; **244.1 unt. li.:** Seymour / mauritius images; **244.1 unt. re.:** TopicMedia; **245.3 A:** De Cuveland / TopicMedia / ib; **245.4 A:** TopicMedia; **245.5 A:** Werner Layer / Okapia; **247 Mat. A-A:** Gary K. Smith / Okapia / FLPA; **247 Mat. A-B:** mauritius images / CuboImages; **247 Mat. A-C:** Manfred Ruckszio / Okapia; **248.1 A:** TopicMedia / rf; **248.1 B:** TopicMedia / ppa; **251 A1-A:** Bruckner / TopicMedia / pm, ; **251 A1-B:** mauritius images / Granata Images; **251 A1-C:** mauritius images / Alamy; **251 A1-D:** Busse Yankushew / mauritius images; **251 A1-E:** Hans Reinhard / Okapia; **251 A1–F:** mauritius images / GAP; **251 A1-G:** mauritius images / Alamy; **251 A1-H:** Wolfgang Weinhäupl / mauritius images; **251 A1-I:** Ruckszio / TopicMedia; **251 A1-J:** Wolfgang Weinhäupl / mauritius images; **252.1:** Markus Keller / mauritius images / imagebroker; **253.3:** Thonig / mauritius images; **253.4:** Andreas Vitting / mauritius images; **253.5:** Martin Siepmann / mauritius images / imagebroker; **254.6 ob., 254.7A ob., 254.7B ob.:** Reinhard-Tierfoto; **254.7 C ob.:** Stefan Arendt / mauritius images / imagebroker; **255 Mat. B Insert:** mauritius images / Alamy; **256.1:** mauritius images / Alamy; **258.1:** mauritius images / CuboImages; **258.2:** mauritius images / Alamy; **258.3:** Frank Lukasseck / mauritius images; **258.4, 258.5, 258.6:** mauritius images / Alamy; **258.7:** Reinhard-Tierfoto; **258.8:** mauritius images / Alamy; **260.1:** Reinhard-Tierfoto; **261.4A li.:** Schauhuber / TopicMedia / ib; **264.1:** mauritius images / Photo Library; **265.2:** mauritius images / Alamy; **266.4:** picture-alliance / AKG; **267 Versuch B ob.:** Volker Minkus; **271:** Raimund Linke / mauritius images; **272.1:** H. Farkaschovsky / Okapia; **272.2:** Erich Kuchling / Okapia / SAVE; **272.3:** mauritius images / age; **273.4:** Torsten Brahm / Okapia / SAVE; **273.5:** TopicMedia / ib; **273.6:** Manfred Pfefferle / Okapia; **273.7:** Manfred Ruckszio / Okapia; **274.8:** Martin Wendler / Okapia; **274.9:** mauritius images / Oxford Scientific; **274.10 A:** mauritius images / Alamy; **274.10 B:** Christian Grzimek / Okapia; **275 Mat. A:** Jim Zipp / Okapia / NAS; **276.1:** mauritius images / age; **278 ob. li.:** TopicMedia / libu; **278 ob. re.:** Michael Weber / Okapia / imagebroker; **278 unt. li.:** mauritius images / Alamy; **278 unt. re.:** F. Hecker / TopicMedia; **279 Mat. A:** W. Lobin / Botanische Gärten der Universität Bonn; **280.1:** Erich Kuchling / Okapia; **281.2:** Martin Wendler / Okapia; **281.3:** David Hosking / Okapia / FLPA.